向为创建中国卫星导航事业

并使之立于世界最前列而做出卓越贡献的北斗功臣们

致以深深的敬意!

国家出版基金项目
NATIONAL PUBLICATION FOUNDATION

"十三五"国家重点出版物
出版规划项目

卫星导航工程技术丛书

主　编　杨元喜
副主编　蔚保国

卫星导航系统典型应用

Typical Application of GNSS

刘天雄　编著

国防工业出版社
·北京·

内 容 简 介

本书在介绍卫星导航系统定位、测速及授时功能的基础上,从定位服务、位置报告、导航服务、授时服务、军事应用和发展展望 6 个维度阐述卫星导航系统的应用情况,从工作原理、解决方案和典型应用 3 个层面全面剖析各类典型应用的关键技术和特点。对全球卫星导航系统(GNSS)的应用系统架构开发人员和系统用户都具有很高的实用价值,为今后我国北斗卫星导航系统在国计民生各个领域应用发展和创新应用具有一定的启迪性,可以供卫星导航系统应用领域的工程师、科研管理人员和高等学校师生学习和参考。

图书在版编目(CIP)数据

卫星导航系统典型应用 / 刘天雄编著. — 北京 :
国防工业出版社,2021.3
(卫星导航工程技术丛书)
ISBN 978 - 7 - 118 - 12090 - 5

Ⅰ.①卫… Ⅱ.①刘… Ⅲ.①卫星导航 - 全球定位系
统 Ⅳ.①P228.4

中国版本图书馆 CIP 数据核字(2020)第 139569 号

审图号 GS(2020)6306 号

※

国防工业出版社出版发行
(北京市海淀区紫竹院南路 23 号 邮政编码 100048)
天津嘉恒印务有限公司印刷
新华书店经售
*
开本 710×1000 1/16 插页 18 印张 19¾ 字数 373 千字
2021 年 3 月第 1 版第 1 次印刷 印数 1—2000 册 定价 158.00 元

(本书如有印装错误,我社负责调换)

国防书店:(010)88540777 书店传真:(010)88540776
发行业务:(010)88540717 发行传真:(010)88540762

孙家栋院士为本套丛书致辞

探索中国北斗自主创新之路
凝练卫星导航工程技术之果

当今世界，卫星导航系统覆盖全球，应用服务广泛渗透，科技影响如日中天。

我国卫星导航事业从北斗一号工程开始到北斗三号工程，已经走过了二十六个春秋。在长达四分之一世纪的艰辛发展历程中，北斗卫星导航系统从无到有，从小到大，从弱到强，从区域到全球，从单一星座到高中轨混合星座，从 RDSS 到 RNSS，从定位授时到位置报告，从差分增强到精密单点定位，从星地站间组网到星间链路组网，不断演进和升级，形成了包括卫星导航及其增强系统的研究规划、研制生产、测试运行及产业化应用的综合体系，培养造就了一支高水平、高素质的专业人才队伍，为我国卫星导航事业的蓬勃发展奠定了坚实基础。

如今北斗已开启全球时代，打造"天上好用，地上用好"的自主卫星导航系统任务已初步实现，我国卫星导航事业也已跻身于国际先进水平，领域专家们认为有必要对以往的工作进行回顾和总结，将积累的工程技术、管理成果进行系统的梳理、凝练和提高，以利再战，同时也有必要充分利用前期积累的成果指导工程研制、系统应用和人才培养，因此决定撰写一套卫星导航工程技术丛书，为国家导航事业，也为参与者留下宝贵的知识财富和经验积淀。

在各位北斗专家及国防工业出版社的共同努力下，历经八年时间，这套导航丛书终于得以顺利出版。这是一件十分可喜可贺的大事！丛书展示了从北斗二号到北斗三号的历史性跨越，体系完整，理论与工程实践相结合，突出北斗卫星导航自主创新精神，注意与国际先进技术融合与接轨，展现了"中国的北斗，世界的北斗，一流的北斗"之大气！每一本书都是作者亲身工作成果的凝练和升华，相信能够为相关领域的发展和人才培养做出贡献。

"只要你管这件事，就要认认真真负责到底。"这是中国航天界的习惯，也是本套丛书作者的特点。我与丛书作者多有相识与共事，深知他们在北斗卫星导航科研和工程实践中取得了巨大成就，并积累了丰富经验。现在他们又在百忙之中牺牲休息时间来著书立说，继续弘扬"自主创新、开放融合、万众一心、追求卓越"的北斗精神，力争在学术出版界再现北斗的光辉形象，为北斗事业的后续发展鼎力相助，为导航技术的代代相传添砖加瓦。为他们喝彩！更由衷地感谢他们的巨大付出！由这些科研骨干潜心写成的著作，内蓄十足的含金量！我相信这套丛书一定具有鲜明的中国北斗特色，一定经得起时间的考验。

我一辈子都在航天战线工作，虽然已年逾九旬，但仍愿为北斗卫星导航事业的发展而思考和实践。人才培养是我国科技发展第一要事，令人欣慰的是，这套丛书非常及时地全面总结了中国北斗卫星导航的工程经验、理论方法、技术成果，可谓承前启后，必将有助于我国卫星导航系统的推广应用以及人才培养。我推荐从事这方面工作的科研人员以及在校师生都能读好这套丛书，它一定能给你启发和帮助，有助于你的进步与成长，从而为我国全球北斗卫星导航事业又好又快发展做出更多更大的贡献。

孙家栋

2020 年 8 月

祝贺 卫星导航工程技术丛书

圆满出版

杨元喜

于2019年第十届中国卫星导航年会期间题词。

期待 卫星导航工程技术丛书

助力中国北斗系统发展

周承芝

于 2019 年第十届中国卫星导航年会期间题词。

卫星导航工程技术丛书
编审委员会

主　　任　　杨元喜

副　主　任　　杨长风　　冉承其　　蔚保国

院士学术顾问　魏子卿　　刘经南　　张明高　　戚发轫
　　　　　　　许其凤　　沈荣骏　　范本尧　　周成虎
　　　　　　　张　军　　李天初　　谭述森

委　　员　　(按姓氏笔画排序)

丁　群	王　刚	王　岗	王志鹏	王京涛
王宝华	王晓光	王　清太	牛　飞	毛　悦
尹继凯	卢晓春	吕小平	朱衍波	伍蔡伦
任立明	刘　成	刘　华	刘　利	刘天雄
刘迎春	许西安	许丽丽	孙　倩	孙汉荣
孙越强	严颂华	李　星	李　罡	李　隽
李　锐	李孝辉	李建文	李建利	李博峰
杨　俊	杨　慧	杨东凯	何海波	汪　勃
汪陶胜	宋小勇	张小红	张国柱	张爱敏
陆明泉	陈　晶	陈金平	陈建云	陈韬鸣
林宝军	金双根	郑晋军	赵文军	赵齐乐
郝　刚	胡　刚	胡小工	俄广西	姜　毅
袁　洪	袁运斌	党亚民	徐彦田	高为广
郭树人	郭海荣	唐歌实	黄文德	黄观文
黄佩诚	韩春好	焦文海	谢　军	蔡　毅
蔡志武	蔡洪亮	裴　凌		

丛　书　策　划　　王晓光

卫星导航工程技术丛书
编写委员会

主　　　编　杨元喜

副　主　编　蔚保国

委　　　员　（按姓氏笔画排序）

尹继凯　朱衍波　伍蔡伦　刘　利

刘天雄　李　隽　杨　慧　宋小勇

张小红　陈金平　陈建云　陈韬鸣

金双根　赵文军　姜　毅　袁　洪

袁运斌　徐彦田　黄文德　谢　军

蔡志武

丛书序

宇宙浩瀚、海洋无际、大漠无垠、丛林层密、山峦叠嶂，这就是我们生活的空间，这就是我们探索的远方。我在何处？我之去向？这是我们每天都必须面对的问题。从原始人巡游狩猎、航行海洋，到近代人周游世界、遨游太空，无一不需要定位和导航。

正如《北斗赋》所描述，乘舟而惑，不知东西，见斗则寤矣。又戒之，瀚海识途，昼则观日，夜则观星矣。我们的祖先不仅为后人指明了"昼观日，夜观星"的天文导航法，而且还发明了"司南"或"指南针"定向法。我们为祖先的聪颖智慧而自豪，但是又不得不面临新的定位、导航与授时（PNT）需求。信息化社会、智能化建设、智慧城市、数字地球、物联网、大数据等，无一不需要统一时间、空间信息的支持。为顺应新的需求，"卫星导航"应运而生。

卫星导航始于美国子午仪系统，成形于美国的全球定位系统（GPS）和俄罗斯的全球卫星导航系统（GLONASS），发展于中国的北斗卫星导航系统（BDS）（简称"北斗系统"）和欧盟的伽利略卫星导航系统（简称"Galileo 系统"），补充于印度及日本的区域卫星导航系统。卫星导航系统是时间、空间信息服务的基础设施，是国防建设和国家经济建设的基础设施，也是政治大国、经济强国、科技强国的基本象征。

中国的北斗系统不仅是我国 PNT 体系的重要基础设施，也是国家经济、科技与社会发展的重要标志，是改革开放的重要成果之一。北斗系统不仅"标新""立异"，而且"特色"鲜明。标新于设计（混合星座、信号调制、云平台运控、星间链路、全球报文通信等），立异于功能（一体化星基增强、嵌入式精密单点定位、嵌入式全球搜救等服务），特色于应用（报文通信、精密位置服务等）。标新立异和特色服务是北斗系统的立身之本，也是北斗系统推广应用的基础。

2020 年 6 月 23 日，北斗系统最后一颗卫星发射升空，标志着中国北斗全球卫星导航系统卫星组网完成；2020 年 7 月 31 日，北斗系统正式向全球用户开通服务，标志着中国北斗全球卫星导航系统进入运行维护阶段。为了全面反映中国北斗系统建设成果,同时也为了推进北斗系统的广泛应用,我们紧跟北斗工程的成功进展,组织北斗系统建设的部分技术骨干,撰写了卫星导航工程技术丛书,系统地描述北斗系统的最新发展、创新设计和特色应用成果。丛书共26个分册,分别介绍如下:

卫星导航定位遵循几何交会原理,但又涉及无线电信号传输的大气物理特性以及卫星动力学效应。《卫星导航定位原理》全面阐述卫星导航定位的基本概念和基本原理,侧重卫星导航概念描述和理论论述,包括北斗系统的卫星无线电测定业务(RDSS)原理、卫星无线电导航业务(RNSS)原理、北斗三频信号最优组合、精密定轨与时间同步、精密定位模型和自主导航理论与算法等。其中北斗三频信号最优组合、自适应卫星轨道测定、自主定轨理论与方法、自适应导航定位等均是作者团队近年来的研究成果。此外,该书第一次较详细地描述了"综合PNT"、"微PNT"和"弹性PNT"基本框架,这些都可望成为未来PNT的主要发展方向。

北斗系统由空间段、地面运行控制系统和用户段三部分构成,其中空间段的组网卫星是系统建设最关键的核心组成部分。《北斗导航卫星》描述我国北斗导航卫星研制历程及其取得的成果,论述导航卫星环境和任务要求、导航卫星总体设计、导航卫星平台、卫星有效载荷和星间链路等内容,并对未来卫星导航系统和关键技术的发展进行展望,特色的载荷、特色的功能设计、特色的组网,成就了特色的北斗导航卫星星座。

卫星导航信号的连续可用是卫星导航系统的根本要求。《北斗导航卫星可靠性工程》描述北斗导航卫星在工程研制中的系列可靠性研究成果和经验。围绕高可靠性、高可用性,论述导航卫星及星座的可靠性定性定量要求、可靠性设计、可靠性建模与分析等,侧重描述可靠性指标论证和分解、星座及卫星可用性设计、中断及可用性分析、可靠性试验、可靠性专项实施等内容。围绕导航卫星批量研制,分析可靠性工作的特殊性,介绍工艺可靠性、过程故障模式及其影响、贮存可靠性、备份星论证等批产可靠性保证技术内容。

卫星导航系统的运行与服务需要精密的时间同步和高精度的卫星轨道支持。《卫星导航时间同步与精密定轨》侧重描述北斗导航卫星高精度时间同步与精密定轨相关理论与方法,包括:相对论框架下时间比对基本原理、星地/站间各种时间比对技术及误差分析、高精度钟差预报方法、常规状态下导航卫星轨道精密测定与预报等;围绕北斗系统独有的技术体制和运行服务特点,详细论述星地无线电双向时间比对、地球静止轨道/倾斜地球同步轨道/中圆地球轨道(GEO/IGSO/MEO)混合星座精密定轨及轨道快速恢复、基于星间链路的时间同步与精密定轨、多源数据系统性偏差综合解算等前沿技术与方法;同时,从系统信息生成者角度,给出用户使用北斗卫星导航电文的具体建议。

北斗卫星发射与早期轨道段测控、长期运行段卫星及星座高效测控是北斗卫星发射组网、补网,系统连续、稳定、可靠运行与服务的核心要素之一。《导航星座测控管理系统》详细描述北斗系统的卫星/星座测控管理总体设计、系列关键技术及其解决途径,如测控系统总体设计、地面测控网总体设计、基于轨道参数偏置的 MEO 和 IGSO 卫星摄动补偿方法、MEO 卫星轨道构型重构控制评价指标体系及优化方案、分布式数据中心设计方法、数据一体化存储与多级共享自动迁移设计等。

波束测量是卫星测控的重要创新技术。《卫星导航数字多波束测量系统》阐述数字波束形成与扩频测量传输深度融合机理,梳理数字多波束多星测量技术体制的最新成果,包括全分散式数字多波束测量装备体系架构、单站系统对多星的高效测量管理技术、数字波束时延概念、数字多波束时延综合处理方法、收发链路波束时延误差控制、数字波束时延在线精确标校管理等,描述复杂星座时空测量的地面基准确定、恒相位中心多波束动态优化算法、多波束相位中心恒定解决方案、数字波束合成条件下高精度星地链路测量、数字多波束测量系统性能测试方法等。

工程测试是北斗系统建设与应用的重要环节。《卫星导航系统工程测试技术》结合我国北斗三号工程建设中的重大测试、联试及试验,成体系地介绍卫星导航系统工程的测试评估技术,既包括卫星导航工程的卫星、地面运行控制、应用三大组成部分的测试技术及系统间大型测试与试验,也包括工程测试中的组织管理、基础理论和时延测量等关键技术。其中星地对接试验、卫星在轨测试技术、地面运行控制系统测试等内容都是我国北斗三号工程建设的实践成果。

卫星之间的星间链路体系是北斗三号卫星导航系统的重要标志之一,为北斗系统的全球服务奠定了坚实基础,也为构建未来天基信息网络提供了技术支撑。《卫星导航系统星间链路测量与通信原理》介绍卫星导航系统星间链路测量通信概念、理论与方法,论述星间链路在星历预报、卫星之间数据传输、动态无线组网、卫星导航系统性能提升等方面的重要作用,反映了我国全球卫星导航系统星间链路测量通信技术的最新成果。

自主导航技术是保证北斗地面系统应对突发灾难事件、可靠维持系统常规服务性能的重要手段。《北斗导航卫星自主导航原理与方法》详细介绍了自主导航的基本理论、星座自主定轨与时间同步技术、卫星自主完好性监测技术等自主导航关键技术及解决方法。内容既有理论分析,也有仿真和实测数据验证。其中在自主时空基准维持、自主定轨与时间同步算法设计等方面的研究成果,反映了北斗自主导航理论和工程应用方面的新进展。

卫星导航"完好性"是安全导航定位的核心指标之一。《卫星导航系统完好性原理与方法》全面阐述系统基本完好性监测、接收机自主完好性监测、星基增强系统完好性监测、地基增强系统完好性监测、卫星自主完好性监测等原理和方法,重点介绍相应的系统方案设计、监测处理方法、算法原理、完好性性能保证等内容,详细描述我国北斗系统完好性设计与实现技术,如基于地面运行控制系统的基本完好性的监测体系、顾及卫星自主完好性的监测体系、系统基本完好性和用户端有机结合的监测体系、完好性性能测试评估方法等。

时间是卫星导航的基础,也是卫星导航服务的重要内容。《时间基准与授时服务》从时间的概念形成开始:阐述从古代到现代人类关于时间的基本认识,时间频率的理论形成、技术发展、工程应用及未来前景等;介绍早期的牛顿绝对时空观、现代的爱因斯坦相对时空观及以霍金为代表的宇宙学时空观等;总结梳理各类时空观的内涵、特点、关系,重点分析相对论框架下的常用理论时标,并给出相互转换关系;重点阐述针对我国北斗系统的时间频率体系研究、体制设计、工程应用等关键问题,特别对时间频率与卫星导航系统地面、卫星、用户等各部分之间的密切关系进行了较深入的理论分析。

卫星导航系统本质上是一种高精度的时间频率测量系统,通过对时间信号的测量实现精密测距,进而实现高精度的定位、导航和授时服务。《卫星导航精密时间传递系统及应用》以卫星导航系统中的时间为切入点,全面系统地阐述卫星导航系统中的高精度时间传递技术,包括卫星导航授时技术、星地时间传递技术、卫星双向时间传递技术、光纤时间频率传递技术、卫星共视时间传递技术,以及时间传递技术在多个领域中的应用案例。

空间导航信号是连接导航卫星、地面运行控制系统和用户之间的纽带,其质量的好坏直接关系到全球卫星导航系统(GNSS)的定位、测速和授时性能。《GNSS空间信号质量监测评估》从卫星导航系统地面运行控制和测试角度出发,介绍导航信号生成、空间传播、接收处理等环节的数学模型,并从时域、频域、测量域、调制域和相关域监测评估等方面,系统描述工程实现算法,分析实测数据,重点阐述低失真接收、交替采样、信号重构与监测评估等关键技术,最后对空间信号质量监测评估系统体系结构、工作原理、工作模式等进行论述,同时对空间信号质量监测评估应用实践进行总结。

北斗系统地面运行控制系统建设与维护是一项极其复杂的工程。地面运行控制系统的仿真测试与模拟训练是北斗系统建设的重要支撑。《卫星导航地面运行控制系统仿真测试与模拟训练技术》详细阐述地面运行控制系统主要业务的仿真测试理论与方法,系统分析全球主要卫星导航系统地面控制段的功能组成及特点,描述地面控制段一整套仿真测试理论和方法,包括卫星导航数学建模与仿真方法、仿真模型的有效性验证方法、虚-实结合的仿真测试方法、面向协议测试的通用接口仿真方法、复杂仿真系统的开放式体系架构设计方法等。最后分析了地面运行控制系统操作人员岗前培训对训练环境和训练设备的需求,提出利用仿真系统支持地面操作人员岗前培训的技术和具体实施方法。

卫星导航信号严重受制于地球空间电离层延迟的影响,利用该影响可实现电离层变化的精细监测,进而提升卫星导航电离层延迟修正效果。《卫星导航电离层建模与应用》结合北斗系统建设和应用需求,重点论述了北斗系统广播电离层延迟及区域增强电离层延迟改正模型、码偏差处理方法及电离层模型精化与电离层变化监测等内容,主要包括北斗全球广播电离层时延改正模型、北斗全球卫星导航差分码偏差处理方法、面向我国低纬地区的北斗区域增强电离层延迟修正模型、卫星导航全球广播电离层模型改进、卫星导航全球与区域电离层延迟精确建模、卫星导航电离层层析反演及扰动探测方法、卫星导航定位电离层时延修正的典型方法等,体系化地阐述和总结了北斗系统电离层建模的理论、方法与应用成果及特色。

卫星导航终端是卫星导航系统服务的端点,也是体现系统服务性能的重要载体,所以卫星导航终端本身必须具备良好的性能。《卫星导航终端测试系统原理与应用》详细介绍并分析卫星导航终端测试系统的分类和实现原理,包括卫星导航终端的室内测试、室外测试、抗干扰测试等系统的构成和实现方法以及我国第一个大型室外导航终端测试环境的设计技术,并详述各种测试系统的工程实践技术,形成卫星导航终端测试系统理论研究和工程应用的较完整体系。

卫星导航系统 PNT 服务的精度、完好性、连续性、可用性是系统的关键指标,而卫星导航系统必然存在卫星轨道误差、钟差以及信号大气传播误差,需要增强系统来提高服务精度和完好性等关键指标。卫星导航增强系统是有效削弱大多数系统误差的重要手段。《卫星导航增强系统原理与应用》根据国际民航组织有关全球卫星导航系统服务的标准和操作规范,详细阐述了卫星导航系统的星基增强系统、地基增强系统、空基增强系统以及差分系统和低轨移动卫星导航增强系统的原理与应用。

与卫星导航增强系统原理相似,实时动态(RTK)定位也采用差分定位原理削弱各类系统误差的影响。《GNSS网络RTK技术原理与工程应用》侧重介绍网络RTK技术原理和工作模式。结合北斗系统发展应用,详细分析网络RTK定位模型和各类误差特性以及处理方法、基于基准站的大气延迟和整周模糊度估计与北斗三频模糊度快速固定算法等,论述空间相关误差区域建模原理、基准站双差模糊度转换为非差模糊度相关技术途径以及基准站双差和非差一体化定位方法,综合介绍网络RTK技术在测绘、精准农业、变形监测等方面的应用。

GNSS精密单点定位(PPP)技术是在卫星导航增强原理和RTK原理的基础上发展起来的精密定位技术,PPP方法一经提出即得到同行的极大关注。《GNSS精密单点定位理论方法及其应用》是国内第一本全面系统论述GNSS精密单点定位理论、模型、技术方法和应用的学术专著。该书从非差观测方程出发,推导并建立BDS/GNSS单频、双频、三频及多频PPP的函数模型和随机模型,详细讨论非差观测数据预处理及各类误差处理策略、缩短PPP收敛时间的系列创新模型和技术,介绍PPP质量控制与质量评估方法、PPP整周模糊度解算理论和方法,包括基于原始观测模型的北斗三频载波相位小数偏差的分离、估计和外推问题,以及利用连续运行参考站网增强PPP的概念和方法,阐述实时精密单点定位的关键技术和典型应用。

GNSS信号到达地表产生多路径延迟,是GNSS导航定位的主要误差源之一,反过来可以估计地表介质特征,即GNSS反射测量。《GNSS反射测量原理与应用》详细、全面地介绍全球卫星导航系统反射测量原理、方法及应用,包括GNSS反射信号特征、多路径反射测量、干涉模式技术、多普勒时延图、空基GNSS反射测量理论、海洋遥感、水文遥感、植被遥感和冰川遥感等,其中利用BDS/GNSS反射测量估计海平面变化、海面风场、有效波高、积雪变化、土壤湿度、冻土变化和植被生长量等内容都是作者的最新研究成果。

伪卫星定位系统是卫星导航系统的重要补充和增强手段。《GNSS伪卫星定位系统原理与应用》首先系统总结国际上伪卫星定位系统发展的历程,进而系统描述北斗伪卫星导航系统的应用需求和相关理论方法,涵盖信号传输与多路径效应、测量误差模型等多个方面,系统描述GNSS伪卫星定位系统(中国伽利略测试场测试型伪卫星)、自组网伪卫星系统(Locata伪卫星和转发式伪卫星)、GNSS伪卫星增强系统(闭环同步伪卫星和非同步伪卫星)等体系结构、组网与高精度时间同步技术、测量与定位方法等,系统总结GNSS伪卫星在各个领域的成功应用案例,包括测绘、工业控制、军事导航和 GNSS 测试试验等,充分体现出 GNSS 伪卫星的"高精度、高完好性、高连续性和高可用性"的应用特性和应用趋势。

GNSS 存在易受干扰和欺骗的缺点,但若与惯性导航系统(INS)组合,则能发挥两者的优势,提高导航系统的综合性能。《高精度 GNSS/INS 组合定位及测姿技术》系统描述北斗卫星导航/惯性导航相结合的组合定位基础理论、关键技术以及工程实践,重点阐述不同方式组合定位的基本原理、误差建模、关键技术以及工程实践等,并将组合定位与高精度定位相互融合,依托移动测绘车组合定位系统进行典型设计,然后详细介绍组合定位系统的多种应用。

未来 PNT 应用需求逐渐呈现出多样化的特征,单一导航源在可用性、连续性和稳健性方面通常不能全面满足需求,多源信息融合能够实现不同导航源的优势互补,提升 PNT 服务的连续性和可靠性。《多源融合导航技术及其演进》系统分析现有主要导航手段的特点、多源融合导航终端的总体构架、多源导航信息时空基准统一方法、导航源质量评估与故障检测方法、多源融合导航场景感知技术、多源融合数据处理方法等,依托车辆的室内外无缝定位应用进行典型设计,探讨多源融合导航技术未来发展趋势,以及多源融合导航在 PNT 体系中的作用和地位等。

卫星导航系统是典型的军民两用系统,一定程度上改变了人类的生产、生活和斗争方式。《卫星导航系统典型应用》从定位服务、位置报告、导航服务、授时服务和军事应用 5 个维度系统阐述卫星导航系统的应用范例。"天上好用,地上用好",北斗卫星导航系统只有服务于国计民生,才能产生价值。

海洋定位、导航、授时、报文通信以及搜救是北斗系统对海事应用的重要特色贡献。《北斗卫星导航系统海事应用》梳理分析国际海事组织、国际电信联盟、国际海事无线电技术委员会等相关国际组织发布的 GNSS 在海事领域应用的相关技术标准,详细阐述全球海上遇险与安全系统、船舶自动识别系统、船舶动态监控系统、船舶远程识别与跟踪系统以及海事增强系统等的工作原理及在海事导航领域的具体应用。

将卫星导航技术应用于民用航空,并满足飞行安全性对导航完好性的严格要求,其核心是卫星导航增强技术。未来的全球卫星导航系统将呈现多个星座共同运行的局面,每个星座均向民航用户提供至少 2 个频率的导航信号。双频多星座卫星导航增强技术已经成为国际民航下一代航空运输系统的核心技术。《民用航空卫星导航增强新技术与应用》系统阐述多星座卫星导航系统的运行概念、先进接收机自主完好性监测技术、双频多星座星基增强技术、双频多星座地基增强技术和实时精密定位技术等的原理和方法,介绍双频多星座卫星导航系统在民航领域应用的关键技术、算法实现和应用实施等。

本丛书全面反映了我国北斗系统建设工程的主要成就,包括导航定位原理,工程实现技术,卫星平台和各类载荷技术,信号传输与处理理论及技术,用户定位、导航、授时处理技术等。各分册:虽有侧重,但又相互衔接;虽自成体系,又避免大量重复。整套丛书力求理论严密、方法实用,工程建设内容力求系统,应用领域力求全面,适合从事卫星导航工程建设、科研与教学人员学习参考,同时也为从事北斗系统应用研究和开发的广大科技人员提供技术借鉴,从而为建成更加完善的北斗综合 PNT 体系做出贡献。

最后,让我们从中国科技发展史的角度,来评价编撰和出版本丛书的深远意义,那就是:将中国卫星导航事业发展的重要的里程碑式的阶段永远地铭刻在历史的丰碑上!

杨元喜

2020 年 8 月

前　言

卫星导航系统为近地空间用户提供定位、导航和授时服务,是典型的军民两用系统。目前世界有美国全球定位系统(GPS)、俄罗斯全球卫星导航系统(GLONASS)、欧盟伽利略卫星导航系统(Galileo 系统)以及中国北斗卫星导航系统(BDS)四大全球卫星导航系统,也有日本准天顶卫星系统(QZSS)和印度区域卫星导航系统(IRNSS)两个区域卫星导航系统。卫星导航系统可以作为国家的空间和时间基准,具有与其他产业关联和融合的特性,使得卫星导航系统成为信息产业、大数据服务和人工智能技术的支撑,与国家安全、国民经济和社会发展密切相关,一定程度上改变了人类的生产、生活和斗争方式。正如 GPS 之父——美国工程院院士、斯坦福大学教授 Parkinson 先生所言:"卫星导航应用只受想象力的限制。"

2000 年我国发射两颗北斗一号卫星,基于卫星无线电测定业务(RDSS)工作原理,利用两颗地球静止轨道卫星为我国国土及周边地区提供定位、导航、授时和短报文通信服务,建成了北斗一号双星定位系统,我国成为世界上第三个拥有自主卫星导航系统的国家。2012 年我国建成了北斗二号卫星导航系统,基于卫星无线电导航业务(RNSS)和 RDSS 工作原理,为国土及部分亚太地区提供定位、导航、授时和短报文通信服务。2020 年我国建成了北斗三号卫星导航系统,目前正在为全球用户提供定位、导航和授时服务。

卫星导航系统已在金融网络、通信系统、电力系统、交通运输、救灾减灾、搜索救援、地理测绘、水文监测、气象预报、海洋渔业、精准农业、武器制导、精确打击等领域得到广泛深入的应用。北斗卫星导航系统(BDS)(简称"北斗系统")作为国家重大科技工程,只有服务于国计民生,才能产生真正的价值。北斗系统能否顺利成长并赢得国内外市场,取决于用户和管理人员对北斗系统的认识,GPS 能干的事情,我们的BDS 也能干,而且还有自己的特色服务,因此,编写一本介绍卫星导航系统典型应用的技术专著,让更多的用户、科研和管理人员系统地理解卫星导航系统的内涵,更好地认识和用好北斗系统是十分迫切和必要的。作者期望借此机会与国内外同行展开交流,共同推进北斗系统的建设和应用。

本书在介绍卫星导航系统定位原理和定位、测速及授时功能的基础上,从定位服务、位置报告、导航服务、授时服务和军事应用等方面给从事和将要开展卫星导航系统应用的用户和读者提供权威的参考,帮助用户和读者更好地开展卫星导航系统应用。

第 1 章介绍卫星导航系统的基本概念,为了更好地帮助读者理解和开展卫星导航系统的应用,本章阐明了被称为无源定位的卫星无线电导航业务和被称为有源定位的卫星无线电测定业务的工作原理,解释了为什么北斗卫星导航系统不仅能够确定用户的位置、速度和时间信息,而且还能借助特有的短报文通信服务让别人知道自己"在哪儿,干什么"的难题,便于读者理解后续章节内容。

第 2 章从工作原理、系统方案、典型应用 3 个维度,阐述了如何利用卫星导航系统的定位服务开展大地测量、地籍测量、桥梁形变监测和精准农业,需要借助卫星导航系统差分技术才能满足这 4 个典型场景的高精度定位要求。由此引出位置差分和观测量差分的概念,伪距差分、载波相位差分的内涵,通过介绍卫星导航系统定位服务,读者可以更好地理解差分系统如何减小卫星钟差、星历误差、电离层和对流层延迟等误差,由此提高系统的定位精度。

第 3 章通过介绍北斗星通公司的北斗渔船船位监控系统来解读区域位置报告的工作原理和系统方案,通过介绍北斗海上遇险救援系统来解读未来全球位置报告服务的可行性,读者可以更好地理解北斗卫星导航系统导航和通信一体化设计的先进性。目前,国外其他卫星导航系统也陆续推出了通信服务,Galileo 系统有搜索与救援(SAR)业务、GPS 有卫星遇险报警系统(DASS)、QZSS 有灾害(disaster)和危机(crisis)管理报告(DC - Report)服务,本章提出未来下一代北斗卫星导航系统应该继承和完善北斗一号双星定位系统的短报文通信业务,将服务区扩大到全球,将业务由短报文扩展到位置报告、非实时话音和图像等数据传输业务,这是卫星导航和卫星通信一体化发展的必然趋势。

第 4 章从工作原理、系统方案、典型应用 3 个维度,阐述了如何利用卫星导航系统的导航服务开展车辆监控、民航导航、船舶引航。以北斗系统"两客一危"车辆监控示范工程为例,阐述卫星导航系统实现车辆等运动载体位置监控工作机制。民航导航对卫星导航服务的安全性提出了更高的要求,本章详细解读了卫星导航系统在民航空管的应用,使读者更加深刻地理解卫星导航系统的定位精度、连续性、完好性以及可用性等关键系统指标的内涵。卫星导航系统为船舶自动识别系统(AIS)和船舶交通管理系统(VTS)提供位置、速度和时间信息,由此集成 AIS 和 VTS 的船舶引航系统可以让引航员准确判断船位和航道,保障水上交通安全。

第 5 章介绍卫星导航系统授时服务的基本概念,导航卫星播发具有精确的时间和频率信息的导航信号,是理想的时间同步时钟源,可以实现精确的时间或频率控制。为了帮助读者更好地理解和开展基于卫星导航系统授时服务的应用,本章简述时间基准和时间频率技术的基本概念,然后以金融网络时间同步为例分析时钟同步协议和时间同步系统方案。

第 6 章介绍卫星导航系统在精确打击、巡航导弹等典型场景的应用,系统阐述了卫星导航系统源于军事需求并应用于军事需求的初衷。在战时频谱对抗日趋激烈的电磁环境中,卫星导航系统由于地面接收信号弱、穿透能力差等固有弱点,极易受到电磁干扰和电子欺骗威胁,这是未来导航战不能回避的问题,关心卫星导航系统发展的读者可以在本章找到权威的解读。

第7章是对全书内容的展望,"天上好用,地上用好"是北斗系统首任工程总师孙家栋院士对北斗系统的期望。卫星导航系统在时间和空间的覆盖性上,在定位、导航和授时的服务精度上都取得了革命性的进步,彻底改变了人们的生产、生活和斗争方式。追求无止境,新的需求、新的技术也将促进卫星导航系统应用的新的发展。

本书在成稿过程中得到相关专家的指导和帮助,其中有解放军信息工程大学朱新慧副教授编写2.2节大地测量和2.3节地籍测量,雷科防务公司刘峰和黄焱高级工程师编写2.5.3节无人驾驶插秧机,北斗星通公司张正烜和程磊高级工程师编写3.2.3节北斗渔船船位监控系统,中国空间技术研究院总体部徐峰高级工程师和中国卫星导航系统管理办公室曾昭宪工程师编写3.4节搜索与救援部分内容,交通部信息中心张炳琪高级工程师编写3.4.4节BDS搜索与救援服务以及4.2节车辆监控,中国空间技术研究院总体部聂欣研究员和南京大学电子科学与工程学院赵康健副教授编写3.3节全球位置报告部分内容,中国空间技术研究院航天恒星科技有限公司云岗地面站刘天惠工程师编写3.5节航路跟踪,中国空间技术研究院总体部刘彬高级工程师编写5.5节典型应用,中国空间技术研究院总体部张弓高级工程师和中国卫星导航系统管理办公室曾昭宪工程师编写6.3节武器制导部分内容,中国空间技术研究院总体部刘庆军高级工程师编写6.5节导航战部分内容,中国长城工业总公司李克非高级工程师和国家授时中心石慧慧助理研究员编写6.5.5节导航战案例解读。感谢大家对本书成稿所做的努力!

本书出版之际,作者衷心感谢中国空间技术研究院范本尧院士、地理信息工程国家重点实验室杨元喜院士、北京卫星导航中心谭述森院士、北京卫星导航中心韩春好教授、清华大学陆明泉教授、中国航天科技集团宇航部张广宇高级工程师、中国东方红卫星股份有限公司李晓梅研究员、中国空间技术研究院总体部崔小准研究员,他们在百忙之中审阅了书稿并提出了建设性的修改意见。国防工业出版社的王晓光编审对本书的出版给予了很大的鼓励。感谢业内专家的帮助与支持!

卫星导航系统涉及多个学科的专业知识,技术发展迅速,应用也将更加精彩。限于作者专业水平,本书难免出现不妥与疏漏之处,敬请读者批评指正,共同促进北斗卫星导航系统又好又快地发展!

刘天雄

2020 年 8 月

目　录

第1章 绪 论

定位(positioning)、导航(navigation)和授时(timing)服务的发展伴随着人类文明的进步而不断发展,历史上历经了天文导航、惯性导航、无线电导航和卫星导航四个时代,目前世界上有美国 GPS、俄罗斯 GLONASS、欧盟 Galileo 系统以及中国 BDS 四大全球卫星导航系统(GNSS),此外还有日本 QZSS 及印度的 IRNSS 两个区域卫星导航系统。卫星导航系统主要利用导航信号(传播的)到达时间(TOA)来确定用户的位置。基本观测量是导航信号从位置已知的参考点发出时刻到达用户接收该信号时刻所经历的时间,将这个称为信号传播时延的时间乘以信号的传播速度,就可以得到参考点和用户之间的距离。用户通过测量 4 个位置已知的参考点所播发的信号的传播时延,就能够确定自己的位置。

卫星导航系统本质上还是无线电导航系统,能够为地球表面和近地空间的广大用户提供全天时、全天候、高精度的定位、导航与授时(PNT)服务,简单说,定位对应位置信息服务,导航对应路径信息服务,授时则对应时间信息服务。卫星导航系统可以作为时间和空间基准,是信息产业的基础设施,对经济发展和国家安全至关重要。一般用户几乎可以在任意时间和任意地点获得 10m 左右的定位精度、几十纳秒(ns)的时间精度。卫星导航系统改变了人们的生产、生活和斗争方式。

卫星导航系统源于军事,用于军事。美军当年建设 GPS 的主要目的就是用于武器精确打击,卫星导航系统已成为高技术战争的重要支撑,可以有效提高指挥控制、军兵种协同和快速反应能力,卫星导航系统被称为武器系统的"力量倍增器"。1991年 1 月 17 日,以美国为首的多国部队对伊拉克发动了"海湾战争",由 GPS 引导下的B-52 轰炸机在万米高空执行作战任务,可以将导弹轰炸位置的圆概率误差(CEP)缩小至 10m 左右。例如在"沙漠风暴"的空袭行动中,通过 GPS 定位服务,1 座伊拉克空军混凝土机库被 1 颗 GPS 制导炸弹命中,顶盖被完全穿透,第二颗炸弹从第一颗炸弹炸开的洞口穿入建筑物内部,实施定点精确打击,如图 1.1 所示。

卫星导航系统作为提供时空基准的空间基础设施,在定位、导航、授时方面发挥了举足轻重的作用:定位服务在交通运输、公共安全、水文监测、气象预报、救灾减灾、大地测量、形变监测、精准农业、航空遥感、地理信息和国防军事等领域得到广泛的应用。导航是引导人们和飞机、舰船、车辆和武器等运输载体,安全准确地沿着所规划的路线到达目的地的技术。车载导航是卫星导航系统最典型、最广泛的应用之一,不仅可以帮助驾驶员躲避拥堵,而且可以实现车辆的监视与调度。授时服务是指在全

图 1.1　利用制导炸弹连续打击同一个目标

世界任何地方和用户定义的时间参量条件下从 1 个标准得到并保持精密和准确时间的能力。在地面运行控制系统的监控下,导航卫星播发精确的时间和频率信号,是十分理想的时间同步时钟源,可以实现精确的时间或频率的控制。对国际用户承担的民用 PNT 服务责任越大,机会越多,政治、经济控制力度越大。因此,在卫星导航领域大力加强民用的深度和广度,促进各大卫星导航系统之间的兼容与互操作,既能推动和平发展,又能提高解决国际事务的影响力。

◤ 1.1　定位原理

用户利用卫星导航系统确定自身位置的方式有两种,一种是接收导航卫星播发的无线电导航信号,用户自主完成确定空间三维位置、运动速度以及时间的系统,称为卫星无线电导航业务(RNSS)。卫星无线电导航业务又称为无源定位服务。另一种是卫星无线电测定业务(RDSS),用户的位置确定无法由用户自己独立完成,需要由用户以外的中心控制系统通过用户对卫星转发中心控制系统的询问信号的应答来获得用户和卫星之间的距离观测量,中心控制系统计算出用户的位置坐标,并将位置计算结果通过卫星转发给用户。卫星无线电测定业务又称为有源定位服务,是一种非自主式定位,用户需要对卫星的询问信号做出应答,中心控制系统才能获得星地之间距离的观测量。下面简要说明两种定位方式的工作原理。

1.1.1　无源定位

从数学角度来讲,用户只要同时知道地球表面上的 1 个点(用户接收机)到 3 颗导航卫星(动态已知点)的距离,即知道空间已知 3 个点的位置(第一个解题条件),以及你到这 3 点的相对距离(第二个解题条件),以导航卫星为中心,以用户接收机到导航卫星的距离为半径绘制球面,用户的位置必然位于由这 3 个球面相交所确定的两个交点中的 1 个上,如图 1.2 所示,其中只有 1 个是用户的正确位置,对于地球表面的用户来说,可以剔除空间中明显不符合逻辑的另一点。因此,通过多个球面的相交可以实现用户三维定位[1]。

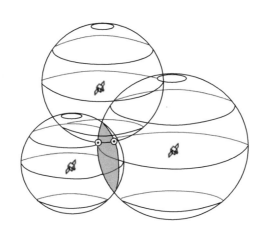

图 1.2　接收机位于 3 颗导航卫星确定的 2 个交点上

　　工程上可以这样理解,知道空间 3 个点的位置就是要确定天上的 3 颗导航卫星的轨道位置,要确定卫星所在的正确位置,首先要保证卫星在其预定的轨道上运行。这就需要设计卫星的运行轨道,并且要求监测站通过各种手段连续不断地监测卫星的运行轨道,当卫星运行轨道偏离预定轨道时,地面控制中心给卫星发送遥控指令以调整偏差。这样,地面运行控制系统可以将卫星的运动轨迹编成星历(开普勒轨道参数集合),注入卫星之后,再由卫星播发给地面用户。导航信号中调制有导航卫星的星历信息,只要用户机接收到导航信号,就能解调出导航卫星播发导航信号时刻的轨道位置坐标,因此,人们常常将空间中运动着的卫星称为“动态已知点”,这就满足了求解定位问题的第一个解题条件。

　　第二个解题条件是需要知道用户与这 3 颗卫星之间的距离,从物理概念上来说,测量信号传输的时间需要用两个不同的时钟,一个时钟安装在卫星上以记录无线电信号播发的时刻,另一个时钟则内置于用户接收机上,用以记录无线电信号接收的时刻,假设卫星时钟和接收机时钟完全同步,由于导航卫星的轨道高度大约为 20000km,导航信号传播到地面用户需要一定的时间,因此,通过准确测量信号传播的时间,再与信号传播的速度相乘,就能够测量到用户至卫星的距离。

　　卫星导航系统的基本观测量是导航信号从卫星到接收机的传播时延。卫星配置星载原子钟,如果卫星在时刻 t_0 播发了调制有测距码的导航信号,用户接收机有本地时钟,用户接收机在本地时刻 t_1 接收到卫星信号,假设卫星时钟和接收机本地时钟时间完全同步,那么根据导航信号的播发时刻(卫星时钟标记)和接收时刻(接收机时钟标记),通过计算时间差“$t_1 - t_0$”就能知道导航信号的传播时间 Δt,导航信号的传播时间乘以无线电信号的传播速度(c)就可以得到卫星与用户机之间的距离,星地之间的距离观测过程如图 1.3 所示,

　　因此,星地之间距离的测量实质是测距码信号从卫星到接收机传播时间(时延)的测量。

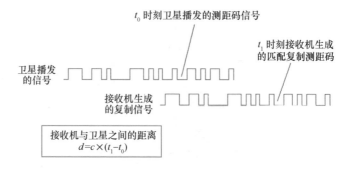

图 1.3 星地之间的距离观测过程

但是,上述推演都基于卫星时钟和接收机时钟完全同步的假设,这是准确测定卫星和接收机之间距离的物理前提,否则失之毫厘(测距误差)谬之千里(定位误差)。导航卫星上都安装有高稳定度、高准确度的空间气泡型铷(Rb)原子钟,这些原子钟在 1 年内误差不到 $10\mu s$,即在 100000 年内误差不到 $1s$。地面运行控制系统定期对卫星原子钟进行同步处理,使得卫星原子钟时间与地面系统时间保持同步。

为了实现卫星时钟和接收机时钟之间的时间同步、卫星时钟和地面运行控制系统时钟之间的时间同步,工程上需要定时对导航卫星的时间和地面运行控制系统的时间进行同步处理,而地面用户接收机接收到导航卫星播发的导航信号后,导航电文中注释有卫星时钟的时间信息,接收机解算程序会自动完成与星载原子钟时间的同步处理。利用第 4 颗导航卫星来定量估计用户接收机时间和系统时间之间存在的偏差,即把用户接收机时间相对系统时间的偏差也作为未知量求解。

定位方程组(1.1)中:用户接收机需要解算的是空间位置坐标(x_u, y_u, z_u)和接收机时间偏差(t_u) 4 个未知量;4 颗卫星的空间位置坐标(x_i, y_i, z_i),$i = 1, 2, 3, 4$;c 为导航信号传播速度(光速);R_i 为接收机到 4 颗导航卫星的距离。根据导航信号中的电文可得到卫星的位置坐标,当接收机同时接收 4 颗导航卫星的信号,测量出与 4 颗导航卫星之间的距离时,以卫星为球心、导航信号传播的距离为半径画球面,用户接收机一定在 4 个球面相交的一个点上,如图 1.4 所示。

空间 4 颗卫星按预定轨道运行,用户接收机接收到卫星播发的导航信号后,计算导航信号从卫星到接收机的传播时间,再乘以无线电信号传播速度,得到星地之间的距离,并得到如下含有 4 个未知量的定位方程组(1.1),待解算的未知量和 4 颗卫星的关系如图 1.5 所示。

$$\begin{cases} R_1 = \sqrt{(x_1 - x_u)^2 + (y_1 - y_u)^2 + (z_1 - z_u)^2} + ct_u \\ R_2 = \sqrt{(x_2 - x_u)^2 + (y_2 - y_u)^2 + (z_2 - z_u)^2} + ct_u \\ R_3 = \sqrt{(x_3 - x_u)^2 + (y_3 - y_u)^2 + (z_3 - z_u)^2} + ct_u \\ R_4 = \sqrt{(x_4 - x_u)^2 + (y_4 - y_u)^2 + (z_4 - z_u)^2} + ct_u \end{cases} \quad (1.1)$$

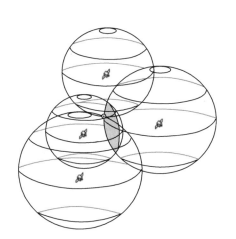

图 1.4　4 个球面相交确定用户位置

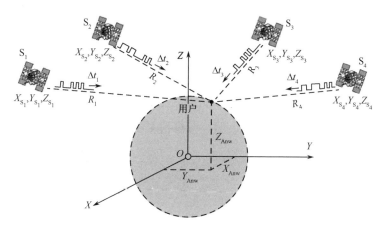

图 1.5　待解算的 4 个未知量与 4 颗导航卫星的关系

　　联合求解定位方程组(1.1),就可以解算出用户的空间位置(经度、纬度和高程)和接收机时钟相对系统时间的钟差。借助已知的地理信息及电子地图,将用户所在位置与目标位置比较,导航仪就可以引导用户到达目的地,从而实现卫星导航服务。

　　由用户接收卫星无线电导航信号,基于导航信号传播的到达时间原理,用户自主完成至少到 4 颗卫星的距离测量,自主实现位置、速度和时间参数的计算。卫星无线电导航业务需要导航卫星以电文形式给出导航信号播发时刻的位置和时间信息,位置信息分为历书和星历,同时包含 Keplerian 轨道参数和 Keplerian 参数变化率。用户接收机跟踪、接收、解扩、解调导航信号,导航信号调制有伪随机噪声(PRN)码和导航电文,接收机就可以计算并获取在给定时刻卫星的位置、导航信号播发的时刻以及信号在空间传递的时间。信号在空间传递的时间乘以无线电传递的速度(光速),就可以得到卫星和用户机之间的距离[2]。

1.1.2　有源定位

无线电测定业务采用两颗地球静止轨道卫星即可实现对用户的精确定位和双向数据通信服务,具体来说就是通过用户对卫星透明转发地面任务控制中心的询问信号应答,由用户以外的地面任务控制中心测量用户和卫星之间的距离,并由任务控制中心计算用户的坐标位置,再将定位信息通过卫星转发给用户,是一种非自主式定位,同时具有定位和通信功能,可以实现对用户的识别与跟踪和监视。定位系统包括一个地面任务控制中心(MCC),两颗运行在地球静止轨道(GEO)的卫星,一定数量的标校站。

三球交会(以两颗导航卫星为球心,以用户与两颗卫星之间距离为半径确定的两个球面以及不同高程的地球球面)是无线电测定业务的基本原理,MCC 通过两颗卫星 S_1、S_2 播发用于询问的标准时间信号,当用户接收到询问信号时,如果用户有定位或者报文通信需求,则用户机发射应答信号,信号经过卫星 S_1、S_2 分别回到 MCC,由 MCC 分别测量出应答信号经过卫星 S_1、S_2 返回的应答信号的时延。卫星 S_1、S_2 在各个时刻的位置是已知量,MCC 在地面的位置也是已知量,MCC 在实施数据处理过程中,考虑上述信号传输过程中卫星 S_1、S_2 的相对运动以及 MCC、卫星 S_1 及 S_2 转发器载荷的传输时延、用户机的传输时延,还有地球大气电离层和对流层对应答信号的影响,从而获得用户到两颗卫星 S_1、S_2 之间的距离,并根据用户所在点的大地高程数据,计算出用户的位置坐标。无线电测定业务信号信息流如图 1.6 所示。

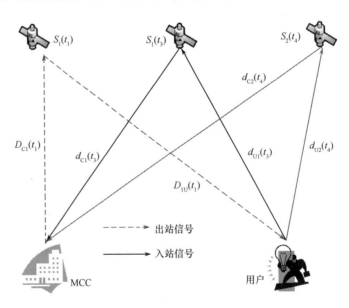

图 1.6　无线电测定业务信号信息流($S(t)$ 为卫星 S 的位置)(见彩图)

用户发出的经过卫星转发到 MCC 的应答信号称为入站信号,MCC 发出的通过卫星转发的询问或者定位结果信号称为出站信号。构成的基本观测量和数学模型可用如下公式表示[3]：

$$S_1 = D_{C1}(t_1) + c\delta t_{S_1}(t_1) + D_{1U}(t_1) + c\delta t_U(t_2) +$$
$$d_{U1}(t_3) + c\delta t_{S_1}(t_3) + d_{C1}(t_3) + c\delta t_{C1O} + c\delta t_{C1I} \tag{1.2}$$

$$S_2 = D_{C1}(t_1) + c\delta t_{S_1}(t_1) + D_{1U}(t_1) + c\delta t_U(t_2) +$$
$$d_{U2}(t_4) + c\delta t_{S_2}(t_4) + d_{C2}(t_4) + c\delta t_{C2I} \tag{1.3}$$

式中：S_1 和 S_2 分别为入站信号和出站信号的总时延（距离和）；t_1 为卫星 S_1 接收地面 MCC 询问信号并转发信号的时刻；t_2 为用户接收卫星 S_1 转发接收地面 MCC 询问信号的时刻；t_3 为卫星 S_1 转发用户应答信号的时刻；t_4 为卫星 S_2 转发用户应答信号的时刻；$\delta t_{S_1}(t_1)$ 为卫星 S_1 出站转发器的设备时延；$\delta t_{S_1}(t_3)$ 为卫星 S_1 入站转发器的设备时延；$\delta t_{S_2}(t_4)$ 为卫星 S_2 入站转发器的设备时延；δt_U 为用户机转发信号的时延；δt_{C1O} 为 MCC 到卫星 S_1 出站链路设备的时延；δt_{C1I} 为 MCC 到卫星 S_1 入站链路设备的时延；δt_{C2I} 为 MCC 到卫星 S_2 入站链路设备的时延；c 为无线电信号传播的速度（光速）；D_{C1} 为第一颗卫星 S_1 到地面 MCC 的距离；D_{1U} 为第一颗卫星 S_1 到地面用户的距离；d_{U1} 为由地面用户返回第一颗卫星 S_1 的距离；d_{U2} 为由地面用户返回第二颗卫星 S_2 的距离；d_{C1} 为地面用户返回 MCC 时，第一颗卫星 S_1 到 MCC 的距离；d_{C2} 为地面用户返回 MCC 时，第二颗卫星 S_2 到 MCC 的距离。

由用户定位求解方程式(1.2)和式(1.3)可知，用户的高程精度直接影响用户的定位精度，用户的高程数据由两种手段获得，一种是由地面 MCC 制作并存储于地面高程数据库，另一种是用户自己获取高程数据。信号在设备中的时延可以精确测定，所以对信号的接收与发射的时差为已知量。信号经卫星出站再经用户入站的转发时刻在几百毫秒量级，考虑卫星的运动，在图 1.6 中卫星 S_1 的位置相对拉开了。将各级距离用点坐标表示如下：

$$d_{U1}(t_3) = \sqrt{[x_{S_1}(t_3) - x_U(t_2)]^2 + [y_{S_1}(t_3) - y_U(t_2)]^2 + [z_{S_1}(t_3) - z_U(t_2)]^2}$$
$$\tag{1.4}$$

$$d_{C1}(t_3) = \sqrt{[x_{S_1}(t_3) - x_C]^2 + [y_{S_1}(t_3) - y_C]^2 + [z_{S_1}(t_3) - z_C]^2} \tag{1.5}$$

$$d_{U2}(t_3) = \sqrt{[x_{S_2}(t_4) - x_U(t_2)]^2 + [y_{S_2}(t_4) - y_U(t_2)]^2 + [z_{S_2}(t_4) - z_U(t_2)]^2}$$
$$\tag{1.6}$$

$$d_{C2}(t_4) = \sqrt{[x_{S_2}(t_4) - x_C]^2 + [y_{S_2}(t_4) - y_C]^2 + [z_{S_2}(t_4) - z_C]^2} \tag{1.7}$$

$$d_{C1}(t_1) = \sqrt{[x_{S_1}(t_1) - x_C]^2 + [y_{S_1}(t_1) - y_C]^2 + [z_{S_1}(t_1) - z_C]^2} \tag{1.8}$$

$$d_{1U}(t_3) = \sqrt{[x_{S_1}(t_1) - x_U(t_2)]^2 + [y_{S_1}(t_1) - y_U(t_2)]^2 + [z_{S_1}(t_1) - z_U(t_2)]^2}$$
$$\tag{1.9}$$

式中：下标 S_1、S_2 表示卫星号；下标 C 表示地面 MCC；下标 U 表示用户。计算卫星位置的时间参数由地面 MCC 根据出站信号时标和测量的距离和分离出来。式（1.2）和式（1.3）共同构成用户定位求解方程。以上给出的是用户响应卫星 S_1 的询问信号，并向两颗卫星发射应答信号。同样可以给出用户响应卫星 S_2 转发的询问信号，并向两颗卫星发射应答信号的数学表达式，需要将式（1.2）～式（1.8）中的卫星 S_1 的标号与卫星 S_2 的标号相互调换。

卫星无线电测定业务工作原理要求系统信息传输是内在的和必需的业务，以保证系统控制中心能够向用户传输位置坐标，同时用户在响应卫星转发的询问信号的入站信号中引入简短的文字信息并不降低系统的定位能力，换句话说，卫星无线电测定业务利用无线电信道传输短报文信息不会影响系统定位功能。用以传输用户位置信息的传输信道，也可以传输与定位无关的其他信息，用户可以选择定位模式、位置报告模式和报文通信模式，但是，这种定位方式难以提供用户的速度、偏航、到达目的地的预测时间等导航参数，以提供用户位置信息为主。这种询问应答式定位体制在定位的同时也能实现报文通信业务，是一种定位和通信一体化的设计体制。卫星无线电测定业务广泛应用在目标识别、状态监控、态势感知、跟踪监视、编队管理、指挥调度等领域。

卫星无线电测定业务出站信号的功能有两个，一是为用户提供时间信号同步响应基准，二是转发用户定位结果和数字报文通信信息。用户入站信号为伪码直接序列扩频信号，信号格式一般由同步头、精密跟踪段、帧标志、用户地址、分帧号、信息类型、数据、循环冗余校验（CRC）、卷尾组成，其中入站信号格式中的精密跟踪段、帧标志、用户地址、分帧号、信息类型统称为勤务段。同步头是为了完成对用户猝发信号的快速捕获而设计的特殊同步信息，约为 3ms；精密跟踪段是为 MCC 实现高精度测距能力而设计的测距码，约为 6ms；用户地址为用户的识别码；分帧号为用户响应出站信号的标识，用于测量距离解模糊度；数据段为通信信息，按一户一密、一次一密方式进行加密。同步头、勤务段和数据段采用不同的扩频编码方式，分别满足入站信号快速捕获、共有勤务和专用信息传输要求。

1.2 差分定位

GNSS 的定位精度取决于伪距或载波相位观测量的精度以及广播导航电文的质量，同时也与参与位置解算的导航卫星的空间几何位置有关。导航信号在空间中的传播会受到很多因素的影响，特别是地球大气层中的电离层和对流层会导致信号在空间传播时间发生变化，信号传播时间也称为时延。卫星在各种摄动力作用下将沿着另一条略微不同的轨道运动，需要及时更新导航电文中的卫星星历数据。卫星的空间几何位置也是影响定位精度的一个非常重要的因素。此外，有的系统还可以实施选择可用性（SA）技术人为降低用户定位精度[4]。

GNSS 误差源分为三类：一是与导航卫星有关的误差，包括卫星钟差、星历误差、卫星信号发射天线相位中心偏差;二是与导航信号传播有关的误差,包括大气电离层和对流层延迟误差;三是与观测和接收机有关的误差,包括电子线路中的内部热噪声、通道延迟、接收机天线相位中心偏差以及不确定性的多路径误差。文献[5-6]给出了误差分类情况和对 GPS 伪码测距观测量的影响,如表1.1所列。

表1.1 误差分类情况和对 GPS 伪码测距观测量的影响

分类	误差来源	对伪距测量的影响/m	
		P 码	C/A 码
卫星部分	星历误差与模型误差	4.2	4.2
	钟差与稳定性	3.0	3.0
	卫星摄动	1.0	1.0
	相位不确定性	0.5	0.5
	其他	0.9	0.9
	合计	9.6	9.6
信号传播	电离层折射	2.3	5.0 ~ 10.0
	对流层折射	2.0	2.0
	多路径效应	1.2	1.2
	其他	0.5	0.5
	合计	6.0	8.7 ~ 13.7
信号接收	接收机噪声	1.0	0.5
	其他	0.5	7.5
	合计	1.5	8.0
总计		17.1	26.3 ~ 31.3

利用差分技术可以消除第一类误差,可消除大部分的第二类误差,但取决于参考接收机和用户接收机之间的距离;无法消除第三类误差,例如多路径误差(变化很快的随机噪声)以及选择可用性和用户接收机噪声带来的误差。为了消除误差源,参考站配置高稳定度的原子钟以提供稳定频率标准,中心站获得原始测量值,对测量误差进行分析处理时,若采用误差分项分析及剥离方法,则必须建立分项误差模型。如果提高星历误差的估计精度,就要建立卫星动力学模型,这种动力学方法用载波相位作为测量值,因此,必须解决整周模糊度问题。

分析各种误差对定位精度的影响时,通常假设可以将这些误差源归属到各颗卫星的伪距中,并可以看作伪距值中的等效误差。各种偏差和误差最终都要反映在用户的测量结果,即距离测量误差中。实际应用中,人们往往把各种偏差投影到距离上来进行分析,所有这些投影偏差的和称为距离偏差。对于某一颗给定的卫星来说,用户等效距离误差(UERE)被视为与该卫星相关联的每个误差源所产生的影响的统计和,在每颗卫星之间,通常假定用户等效距离误差是独立的,并且分布是相同的。UERE

也可以理解为从地面用户接收机到空间导航卫星之间的距离误差。UERE 的计算值在统计上是无偏的,即零误差均值,以"$\pm X$"形式给出。例如,GPS 的典型 UERE 分量如表 1.2 所列。

表 1.2　GPS 的典型 UERE 分量[7]

误差来源	误差影响/m
C/A 码信号	± 3
P(Y)码信号	± 0.3
电离层延迟	± 5
星历误差	± 2.5
卫星原子钟误差	± 2
多路径效应	± 1
对流层延迟	± 0.5
C/A 码标准偏差 σ_R	± 6.7
P(Y)码标准偏差 σ_R	± 6.0

表 1.1 中还包括数值计算误差,其标准偏差 σ_{num} 为 $\pm 1m$,其中 C/A 码及 P(Y)码的标准偏差由各个分量的平方和的平方根计算得到。为了得到用户接收机解算位置的标准偏差,UERE 还要乘以相应的位置精度衰减因子(PDOP),即位置误差同时是伪距误差和卫星几何位置的函数。例如,C/A 码信号标准偏差 σ_R 乘以 PDOP 值(用户接收机和空间导航卫星之间几何位置的函数)可以得到用户接收机解算位置误差的标准偏差 σ_{rc},根据表 1.2 可以计算得到 C/A 码信号标准偏差 σ_R 为

$$\sigma_R = \sqrt{3^2 + 5^2 + 2.5^2 + 2^2 + 1^2 + 0.5^2} = 6.7 \ (m) \tag{1.10}$$

由此,可以得到用户接收机解算位置误差的标准偏差为

$$\sigma_{rc} = \sqrt{PDOP^2 \times \sigma_R^2 + \sigma_{num}^2} = \sqrt{PDOP^2 \times 6.7^2 + 1^2} \ (m) \tag{1.11}$$

GNSS 用户位置的测量值、4 个球面交汇确定的位置与真实值之间的关系如图 1.7 所示。

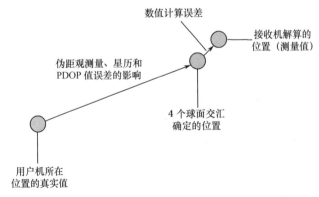

图 1.7　GNSS 用户位置的测量值与真实值之间的关系

测量误差(error)一般分为噪声(noise)和偏差(bias)两个部分。噪声一般指在很短的时间间隔内,变化非常快的误差,这里的短时间是相对于接收机的积分误差和滤波时间而言。偏差往往要持续一段时间,通常与某些变量如时间、位置和温度等有关系,因此,偏差的影响可以通过对偏差源建模的方法消除或抑制。误差则反映了测量本身和对偏差源建模后所产生残差的影响。噪声、偏差对位置估计的不利影响如图1.8所示。

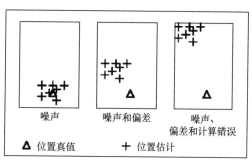

图1.8 噪声、偏差对位置估计的不利影响

差分技术利用一个参考站接收机提供的相对差分修正数据或者辅助信息(Assisted information)来间接改善用户接收机定位精度。差分技术可以有效地消除或者降低那些参考站和用户之间共同的或强相关的误差源,主要包括卫星钟差、星历误差、电离层延迟和对流层延迟误差以及基于选择可用性技术人为引入的星历误差。

1.2.1 工作原理

卫星导航差分系统利用位置已知点作为参考站来差分求解用户位置,一般在以参考站为中心的几十千米半径范围内的服务区域,差分系统的定位精度可以达到米级(1σ)。卫星导航差分系统的工作原理是广播星历(ephemeris prediction)、星载原子钟漂移率残差(residual satellite clocks)、大气电离层和对流层延迟(ionospheric and tropospheric delays)随时间和用户位置误差缓慢变化,参考站要么计算并播发卫星导航系统的位置修正参数,要么计算并播发参考站和用户之间的伪距观测量,用户接收机为了有效地使用参考站播发的这些参数,就必须确保用户机在参考站附近(电离层和对流层延迟随着距离增加差异变大,使得利用参考站无法消除这些误差)。多路径干扰和不相关的误差则不能靠差分技术来修正,必须采用扼流圈天线等抗干扰技术予以抑制。

差分系统的道理很简单,如果我们汽车往右偏了,那么谁都知道稍稍向左打轮调整。卫星导航差分技术也是同样的道理,电离层、对流层、钟差、星历的影响不是会产生误差吗?首先确定一些位置已知点的信息,如果已知点和被测点距离足够近,那么可以认为它们受到的那些影响基本是相似的。这样,计算过程中将它作为参照,来确定应该将接收机解算的结果"左调"还是"右调",从而得出更准确的定位结果。卫星导航系统用户接收机的伪距和载波相位观测量受到各种误差的影响,误差源给相距不远的用户所造成的误差都是类似的,且随时间缓慢变化。也就是说,误差在空间和时间上都是相关的,由于参考站接收机所在的位置是确定的,所以就可以估算出接收机的测量误差量,这种估算误差的方法习惯上称为差分修正。如果参考站接收机附近的用户能够接收到差分修正信息,那么就可以用差分修正信息来减少定位解算误差,该系统称为差分全球卫星导航系统(DGNSS),所有的 DGNSS 都使用这些误差的相关性来改善系统的定位精度。

差分技术意味着可以从至少两个相隔某一固定距离(又称为基线)的接收机中获得相似的测量值集合,将两个接收机得到的相似的测量值线性差分,就可以消除两个接收机共有误差。卫星导航差分系统组成如图 1.9 所示,包括能够接收差分修正信号的用户接收机,一座位置已知的卫星导航系统参考站(通常又称为差分台),参考站接收导航信号并确定位置坐标,由于参考站的位置是确定的,通过比较测量结果和实际位置(真值)之间的偏差,就可以计算出导航信号中包含的误差,由此,可以计算出卫星导航系统的改正数,然后再由参考站利用通信链路将差分修正信息播发给附近的用户。

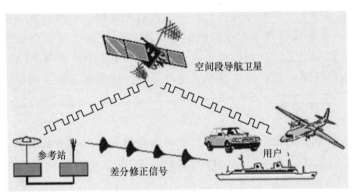

图 1.9　卫星导航差分系统组成

参考站通过数据通信链路为用户提供改正信息,包括:①终端用户原始伪距测量值的校正值,星钟误差、星历误差和电离层时延等改正数;②参考站原始测量值(伪距和载波相位);③完好性数据(可见卫星的"可用"或"不可用"标识,或提供校正值精度的统计值);④辅助数据,包括参考站的位置、健康状况和气象数据。卫星导航差分系统可以按照服务的地理区域来分类,小规模的差分系统服务区域为 10 ~ 100km,为了覆盖更大的地理区域,通常还需要采用多基站以及不同的算法。在服务区内分别采集各自站点对卫星的观测数据、气象数据、电离层延迟数据,上报主控站处理后,形成格网节点上的服务能力,如把复杂的电离层误差曲面化分割,用户可以利用内插方式选择电离层延迟修正值。区域系统覆盖范围最大可为 1000km,而广域系统的覆盖范围更大。

例如,根据 GPS 误差空间和时间相关特性的信息,文献[1]给出了局域差分 GPS(LADGPS)的误差预算,参考站和用户只依靠 GPS 标准定位服务(SPS),伪距误差预算如表 1.3 所列。表中的值假定等待时间误差是可以忽略的,例如,伪距校正值是通过高速数据链路传输的,同时还假定,参考站和用户在同一维度,或者它们使用了对流层高度差的校正值。多路径是短基线上的主要误差分量,对于长基线来说,残留的电离层或者对流层误差分量是主要的误差分量,在甚长基线上,可以通过在参考站和用户端都运用本地对流层误差模型来改善性能,而不是使用传统的短基线设计,短基线设计中任何一端都不采用模型。

表 1.3　GPS SPS 和 LADGPS 的伪距误差预算

区段源	误差源	1σ 误差/m(只有 GPS)	使用 LADGPS
空间/控制	广播时钟	1.1	0.0
	L1 P(Y) – L1 C/A 群延迟	0.3	0.0
	广播星历	0.8	(0.1～0.6)(mm/km)×基线(km)
用户	电离层延迟	7.0	(0.2～4)(cm/km)×基线(km)
	对流层延迟	0.2	(1～4)(cm/km)×基线(km)
	接收机噪声和分辨力	0.1	0.1
	多路径	0.2	0.3
系统 UERE	总计(RSS)	7.1	0.3(m)+(1～6)(cm/km)×基线(km)

差分系统的定位精度随与参考站的距离增加而降低,美国联邦无线电导航计划(United States Federal Radionavigation Plan)和国际灯塔导航机构协会(IALA)监测了全球卫星导航差分系统利用 283.5～325kHz 频段发播的误差估计结果,一般来说,距参考站的距离每增加 150km,定位误差将增加 1m。1993 年,美国交通部(DOT)发布了误差估计结果——与参考站的距离每增加 100km,定位误差将增加 0.67m。文献[8]给出了随时间(数据龄期)和距离(用户到参考站距离)变化,差分 GPS(DGPS)修正的伪距残差,如表 1.4 所列(假设存在 SA 误差)。

表 1.4　DGPS 伪距残差

误差源	无 DGPS 修正		零基线无 DGPS 修正(3 类)		延迟时间(2 类)		与地理位置反相关的伪距残差 /(m·(100km)$^{-1}$)
	偏差/m	随机误差/m	偏差/m	随机误差/m	速度/(m·s^{-1})	加速度/(m·s^{-2})	
接收机噪声	0.5	0.2	0.3	0.0	0.0	0.0	0.0
多路径	0.3～3.0	0.2～1.0	0.4～3.0	0.2～1.0	0.0	0.0	0.0
卫星钟差	21.0	0.1	0.0	0.14	0.21	0.004	0.0
未引入 SA 的卫星星历误差	10.0 最大	0.0	0.0	0.0	0.0	忽略	<15%

（续）

误差源	无 DGPS 修正		零基线无 DGPS 修正(3类)		延迟时间(2 类)		与地理位置反相关的伪距残差 /(m·(100km)⁻¹)
	偏差/m	随机误差/m	偏差/m	随机误差/m	速度/(m·s⁻¹)	加速度/(m·s⁻²)	
引入 SA 的卫星星历误差	100.0 最大	0.0	0.0	0.0	<0.01	<0.001	<0.5%
电离层误差	2 ~ 10 乘倾斜因子	<0.1 乘倾斜因子	0.0	<0.14	<0.02	忽略	<0.2
对流层误差	2 乘倾斜因子	<0.1 乘倾斜因子	0.0	<0.14	忽略	忽略	<0.2

对于一个参考站而言,其有效作用范围(覆盖范围)主要由差分系统定位精度要求和数据通信链路的性能决定。差分定位可以提高精度的原因在于它可以消除参考站与用户之间的公共误差,但随着用户距参考站距离的增加,对流层和电离层误差相关性逐渐减弱,定位精度逐渐降低。参考站和用户之间的距离对用户定位精度有着决定性的影响。

1.2.2 差分模式

提高系统定位精度的方法主要是对伪距或载波相位等观测误差进行改正,采用伪距及其误差改正数可以获得亚米级定位精度,采用载波相位观测及其误差改正数可以获得厘米级定位精度。改正数生成方式包括观测值域改正数和状态域改正数两类:观测值域改正数不对误差源细化细分,主要对伪距或者载波相位的观测量进行综合误差改正,该改正数与地面站地理位置空间强相关,适用于局域差分改正,是用户级差分,一般地基差分系统采用观测值域差分改正;状态域改正数对伪距和载波相位误差源细化为星历、钟差、电离层延迟等误差,并分别对相应误差进行建模和修正,改正数与地面站地理位置空间弱相关,适用于广域差分,是系统级差分服务,一般星基差分系统采用状态域差分改正。

根据参考站播发的改正信息,也可以将卫星导航差分系统的差分模式分为位置差分、伪距差分和载波相位差分三类,这三类差分方式的工作原理相同,都是由参考站发送改正信息,用户接收并对其测量结果进行改正,以提高定位精度,不同的是播发的改正数内容不一样,其差分定位效果也有所不同。

(1) 位置差分:从概念上讲,实现卫星导航差分系统最简单的办法是把参考接收机放置在位置已知的参考站上,参考站的接收机可解算出参考站的位置坐标。由于存在星历误差、卫星钟漂移、电离层及对流层延迟、多路径效应以及 SA 误差等其他测量误差,解算结果与参考站的已知坐标是不一致的,接收机测量值和真值之间必然存在误差,参考站利用数据链将误差修正信息播发给周边用户,用户接收到差分改正数后,可以消除参考站和用户之间的共有误差,特别是星历误差、卫星钟误差以及 SA 误差。

这种差分方法不足之处是要求所有接收机对同样一组卫星进行伪距测量,要求具有同样的几何精度衰减因子(GDOP),才能达到所受的偏差影响是相同的要求,因此,用户接收机必须与参考站参考接收机选择的导航卫星一致,或者参考站必须测定并发送对所有可见卫星组合而言的位置校正值,显然这种方法对用户来说不方便,对参考站来说也不经济。实际上,不同位置上的用户接收机和参考站参考的接收机很难保证定位解算过程中的 GDOP 值是相同的。位置差分法适用于用户与参考站间间隔在 100km 以内的局部区域。

(2)伪距差分:伪距差分是目前应用最广泛的一种差分技术。首先测量位置已知参考站与可见卫星之间的距离,与含有星历误差、卫星钟漂移、SA 误差、对流层及对流层延迟等测量误差的测量伪距加以比较;然后参考站将所有卫星的伪距测量偏差广播给用户,用户利用测距偏差来修正伪距观测量;最后用户利用改正后的伪距来解算自身的位置,由此消去公共误差,提高定位精度。

与位置差分类似,伪距差分能消除用户和参考站之间的公共误差,但随着用户到参考站之间距离的增长又出现了系统误差,这类系统误差用任何差分法都是不能消除的。用户和参考站之间的距离对于精度提高的程度有决定性影响。

(3)载波相位差分:由于导航卫星在轨高速运动,接收机在解算用户位置前需要解算出载波信号的多普勒频移。对多普勒频移积分能极精确地测量出各个时间历元之间的信号载波相位,利用这些精确的相位测量值,可获得厘米级的实时位置精度。虽然在历元之间信号相位的变化能极精确地测量出来,但从卫星到接收机传播路径上的载波整周期数仍是模糊的,确定传播路径上的载波整周期数称为"载波整周模糊度解算"。

实时动态(RTK)定位技术利用载波相位观测量获得高精度差分定位结果,在空间位置坐标精确已知的地点配置参考接收机,待测位置坐标处配置移动接收机,两部或多部接收机同时观测所有可见卫星,参考站将预先测绘的位置坐标、可见范围内所有导航卫星的双频载波和伪码测距值等差分改正数据通过通信链路实时发送给移动站接收机,移动接收机内置的软件合成并处理来自参考站信号和来自导航卫星的信号,实时解算用户站的三维坐标和精度,如图 1.10 所示。

RTK 技术以载波相位为观测量,重点在于快速(动态)解算整周模糊度,根据相对定位原理,实时解算用户位置,进行精度评定。实时动态测量的模式可以采用快速静态测量、准动态测量、动态测量等相对定位模式,在初始化时,可采用在航模糊度解算(AROF)技术,即无初始化动态 GNSS 测量,完成模糊度确定。在 20km 内,RTK 可以达到厘米级的定位精度。目前,初始的载波整周模糊度几乎可用 AROF 技术实时解模糊,适用用户与参考站的距离为 10 ~ 15km、用户需要实时解算出三维位置坐标、

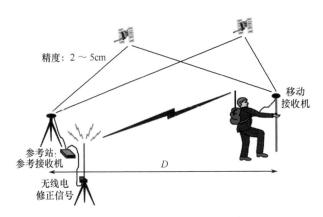

精度：2～5cm

移动
接收机

参考站：
参考接收机

D

无线电
修正信号

图 1.10　RTK 差分定位技术

信号传播路径无障碍情况。

　　RTK 技术的基本原则是如果用户机附近没有信号遮挡，那么接收机处理导航信号过程中存在的误差基本上是一个常数项，采用差分技术，就可以去掉这个常数项，该常数误差项包括星载原子钟误差、卫星轨道参数误差、导航信号电离层和对流层延迟。载波相位观测噪声远远小于伪码测距噪声，但载波相位测距过程存在载波相位模糊问题。利用两部接收机开展双频差分测量，可以解决载波相位模糊问题。RTK 技术的位置解算精度通常为几厘米，广泛应用在测绘领域。

　　RTK 技术的主要缺点：服务范围较小（距离参考站的范围有限，一般不到20km），需要通信链路提供实时通信服务能力；定位过程中，需要花几秒到几分钟的时间解决相位模糊问题，时间长短取决于具体算法和接收机到参考站之间的距离；为了避免导航信号处理过程中的再次初始化问题，用户接收机需要连续跟踪导航信号。因此，RTK 技术不适合在城市应用。近年来，业内提出了改善 RTK 技术局限性的方法，典型的方法有网络 RTK（Network RTK）和广域实时动态定位（WARTK）技术。

　　网络 RTK 原理是在一个较大的区域内稀疏地、较均匀地布设多个参考站，构成一个参考站网。通常在一个区域内建立多个（一般为 3 个或 3 个以上）卫星导航监测参考站，对该区域构成网状覆盖，并以这些参考站中的 1 个或多个为基准计算和发播卫星导航系统差分改正信息，从而对该地区内的用户进行实时改正。优点是在载波相位测距过程中载波模糊度保持不变，这样移动用户在从一个参考站切换到另一个参考站的过程中，不需要再次初始化以解决载波相位模糊问题。

1.3　基 本 功 能

　　导航卫星向地面和空间用户连续播发无线电导航信号，载波信号调制有周期数字码（periodic digital code）和导航电文（navigation message），周期数字码又称为伪随机噪声（PRN）码，用于实现卫星和用户之间的伪距测量。导航信号是可供无限用户共享的信息资源,对于陆地、海洋和空间的广大用户,只要能够同时接收到 4 颗以上导航卫星播发的导航信号,通过信号到达时间测距或者多普勒测速分别获得用户相对卫星的距离或者距离变化率等导航观测量,根据导航方程就能解算出用户的位置坐标。

接收导航信号的装置称为卫星导航接收机,接收机可以安装在低轨道卫星、飞机、舰船、坦克、潜艇、汽车、武器装备中,也可以个人随身携带。接收机有袖珍式、背负式,也有手持式,大小不一,样式各异,型号不同。虽然导航接收机可以设计成多种形状,但基本结构是一致的,主要包括接收天线、射频前端、基带数字信号处理、应用处理 4 个模块。导航接收机的工作原理完全相同,通过捕获、跟踪、解调、译码导航信号,得到卫星的星历、时钟偏差校正、电离层误差改正等导航电文数据,用户接收机才能够利用伪随机测距码测量出卫星与用户机之间的距离,代入定位方程后解算出用户的位置(positioning)、速度(velocity)和时间(timing)解,简称 PVT 解,其中位置解算结果分别以导航卫星信号发射天线的相位中心和用户机的接收天线相位中心为参考点。简而言之,卫星导航系统能够为用户提供全天候、全天时的定位、导航和授时服务。

1.3.1 定位功能

基于导航信号到达时间测距原理,通过求解含有用户位置坐标(x_u, y_u, z_u)和接收机时间偏差(t_u)4 个未知量的定位方程组(1.1),其中导航卫星位置坐标为(x_i, y_i, z_i) $i = 1, 2, 3, 4$,我们可以得到用户的位置坐标,非线性方程组(1.1)可以用闭合形式解、基于线性化的迭代技术以及卡尔曼滤波三种方法求解。线性化法求解过程简述如下:假设接收机的近似位置坐标为$(\hat{x}_u, \hat{y}_u, \hat{z}_u)$,可以将用户位置坐标真值与近似位置坐标之间的偏离用位置偏移$(\Delta x_u, \Delta y_u, \Delta z_u)$来标记,将定位方程组(1.1)按泰勒级数在近似位置处展开,便可以将位置偏移表示为已知坐标和伪距测量值的线性函数。将单一伪距表示为[1]

$$R_i = \sqrt{(x_i - x_u)^2 + (y_i - y_u)^2 + (z_i - z_u)^2} + ct_u = f(x_u, y_u, z_u, t_u) \qquad (1.12)$$

利用近似位置坐标$(\hat{x}_u, \hat{y}_u, \hat{z}_u)$和时间偏差估计$(\hat{t}_u)$,可以计算出一个近似伪距:

$$\hat{R}_i = \sqrt{(x_i - \hat{x}_u)^2 + (y_i - \hat{y}_u)^2 + (z_i - \hat{z}_u)^2} + c\hat{t}_u = f(\hat{x}_u, \hat{y}_u, \hat{z}_u, \hat{t}_u) \qquad (1.13)$$

如前所述,可以认为未知的用户位置和接收机的时钟偏差由近似分量和增量分量两部分组成,即

$$x_u = \hat{x}_u + \Delta x_u, \quad y_u = \hat{y}_u + \Delta y_u, \quad z_u = \hat{z}_u + \Delta z_u, \quad t_u = \hat{t}_u + \Delta t_u \qquad (1.14)$$

因此,有$f(x_u, y_u, z_u, t_u) = f(\hat{x}_u + \Delta x_u, \hat{y}_u + \Delta y_u, \hat{z}_u + \Delta z_u, \hat{t}_u + \Delta t_u)$,后一个函数可以围绕近似点和相关联的接收机时钟偏差的预测值$(\hat{x}_u, \hat{y}_u, \hat{z}_u, \hat{t}_u)$用泰勒级数展开为

$$f(\hat{x}_u + \Delta x_u, \hat{y}_u + \Delta y_u, \hat{z}_u + \Delta z_u, \hat{t}_u + \Delta t_u) = f(x_u, y_u, z_u, t_u) +$$

$$\frac{\partial f(\hat{x}_u,\hat{y}_u,\hat{z}_u,\hat{t}_u)}{\partial \hat{x}_u}\Delta x_u + \frac{\partial f(\hat{x}_u,\hat{y}_u,\hat{z}_u,\hat{t}_u)}{\partial \hat{y}_u}\Delta y_u +$$

$$\frac{\partial f(\hat{x}_u,\hat{y}_u,\hat{z}_u,\hat{t}_u)}{\partial \hat{z}_u}\Delta z_u + \frac{\partial f(\hat{x}_u,\hat{y}_u,\hat{z}_u,\hat{t}_u)}{\partial \hat{t}_u}\Delta t_u \tag{1.15}$$

为了消除非线性项,上述展开式中省略了一阶偏导数以后的高阶项,各偏导数经计算为

$$\begin{cases} \dfrac{\partial f(\hat{x}_u,\hat{y}_u,\hat{z}_u,\hat{t}_u)}{\partial \hat{x}_u} = -\dfrac{x_i-\hat{x}_u}{\hat{r}_i}, & \dfrac{\partial f(\hat{x}_u,\hat{y}_u,\hat{z}_u,\hat{t}_u)}{\partial \hat{y}_u} = -\dfrac{y_i-\hat{y}_u}{\hat{r}_i} \\[3mm] \dfrac{\partial f(\hat{x}_u,\hat{y}_u,\hat{z}_u,\hat{t}_u)}{\partial \hat{z}_u} = -\dfrac{z_i-\hat{z}_u}{\hat{r}_i}, & \dfrac{\partial f(\hat{x}_u,\hat{y}_u,\hat{z}_u,\hat{t}_u)}{\partial \hat{t}_u} = c \end{cases} \tag{1.16}$$

式中:$r_i = \sqrt{(x_i-\hat{x}_u)^2 + (y_i-\hat{y}_u)^2 + (z_i-\hat{z}_u)^2}$。

将式(1.13)和式(1.16)代入式(1.15),得到

$$R_i = \hat{R}_i - \frac{x_i-\hat{x}_u}{\hat{r}_i}\Delta x_u - \frac{y_i-\hat{y}_u}{\hat{r}_i}\Delta y_u - \frac{z_i-\hat{z}_u}{\hat{r}_i}\Delta z_u + c\Delta t_u \tag{1.17}$$

这样,我们完成了式(1.12)相对于未知量 Δx_u、Δy_u、Δz_u 和 Δt_u 的线性化处理。这里忽略了诸如地球自转补偿、测量噪声、传播延迟、相对论效应等次要的误差源,这些误差需要专门处理。将式(1.17)中的已知量放在等式左边,未知量放在等式右边,得到

$$\hat{R}_i - R_i = \frac{x_i-\hat{x}_u}{\hat{r}_i}\Delta x_u + \frac{y_i-\hat{y}_u}{\hat{r}_i}\Delta y_u + \frac{z_i-\hat{z}_u}{\hat{r}_i}\Delta z_u - ct_u \tag{1.18}$$

为方便起见,引入下述新变量以简化式(1.18):

$$\Delta R_i = \hat{R}_i - R_i, \quad a_{xi} = \frac{x_i-\hat{x}_u}{\hat{r}_i}, \quad a_{yi} = \frac{y_i-\hat{y}_u}{\hat{r}_i}, \quad a_{zi} = \frac{z_i-\hat{z}_u}{\hat{r}_i} \tag{1.19}$$

式(1.19)中的 a_{xi}、a_{yi}、a_{zi} 各项表示由近似用户位置指向第 i 号卫星的单位矢量的方向,对于第 i 号卫星,单位矢量的定义为 $\boldsymbol{a}_i = (a_{xi}, a_{yi}, a_{zi})$,于是方程式(1.17)可以记为

$$\Delta R_i = a_{xi}\Delta x_u + a_{yi}\Delta y_u + a_{zi}\Delta z_u - c\Delta t_u \tag{1.20}$$

对于方程(1.20)中的 4 个未知量 Δx_u、Δy_u、Δz_u 和 Δt_u 的求解,可以用对 4 颗卫星进行伪距观测而将这 4 个未知量求解出来,即通过求解下面的联立线性方程组得到

$$\begin{cases} \Delta R_1 = a_{x1}\Delta x_u + a_{y1}\Delta y_u + a_{z1}\Delta z_u - c\Delta t_u \\ \Delta R_2 = a_{x2}\Delta x_u + a_{y2}\Delta y_u + a_{z2}\Delta z_u - c\Delta t_u \\ \Delta R_3 = a_{x3}\Delta x_u + a_{y3}\Delta y_u + a_{z3}\Delta z_u - c\Delta t_u \\ \Delta R_4 = a_{x4}\Delta x_u + a_{y4}\Delta y_u + a_{z4}\Delta z_u - c\Delta t_u \end{cases} \tag{1.21}$$

方程(1.21)可以利用下列定义写成矩阵形式：

$$
\boldsymbol{\Delta R} = \begin{bmatrix} \Delta R_1 \\ \Delta R_2 \\ \Delta R_3 \\ \Delta R_4 \end{bmatrix}, \quad
\boldsymbol{H} = \begin{bmatrix} a_{x1} & a_{y1} & a_{z1} & 1 \\ a_{x2} & a_{y2} & a_{z2} & 1 \\ a_{x3} & a_{y3} & a_{z3} & 1 \\ a_{x4} & a_{y4} & a_{z4} & 1 \end{bmatrix}, \quad
\boldsymbol{\Delta x} = \begin{bmatrix} \Delta x_u \\ \Delta y_u \\ \Delta z_u \\ -c\Delta t_u \end{bmatrix} \quad (1.22)
$$

由此,可以记为

$$
\boldsymbol{\Delta R} = \boldsymbol{H} \boldsymbol{\Delta x} \quad\quad\quad (1.23)
$$

方程(1.23)的解为

$$
\boldsymbol{\Delta x} = \boldsymbol{H}^{-1} \boldsymbol{\Delta R} \quad\quad\quad (1.24)
$$

将式(1.24)代入式(1.14)就可以算出用户位置坐标(x_u, y_u, z_u)和接收机时间偏差(t_u)4 个未知量。只要位移$(\Delta x_u, \Delta y_u, \Delta z_u)$和时间偏差 Δt_u 是在线性化点的附近,这种线性化方法就是可行的,计算结果取决于用户的精度要求。如果计算结果超过了用户可以接收的范围,则需要重新迭代上述过程,以计算出的用户位置坐标(x_u, y_u, z_u)和接收机时间偏差(t_u)作为新的估计值,重新计算。实际工作过程中,用户到卫星伪距的测量值还要受到测量噪声、卫星轨道与电文给出的星历间的偏差以及多路径干扰等非公共误差的不良影响,这些误差转换为矢量 $\boldsymbol{\Delta x}$ 各个分量的误差,即

$$
\boldsymbol{\varepsilon}_x = \boldsymbol{H}^{-1} \boldsymbol{\varepsilon}_{means} \quad\quad\quad (1.25)
$$

式中：$\boldsymbol{\varepsilon}_{means}$是由伪距测量误差组成的矢量；$\boldsymbol{\varepsilon}_x$是表示用户位置和接收机时钟偏差的矢量。可以通过对多于 4 颗卫星进行测量,以使 $\boldsymbol{\varepsilon}_x$ 误差减小,此时,将对类似式(1.23)的超定联立方程求解。一般来说,每一个冗余观测量都包含独立的误差所产生的影响。冗余观测量可以用成熟的最小二乘估计技术加以处理,以改善对未知量的估算精度。目前商业接收机已经普遍采用对 4 颗以上的卫星进行伪距观测以解算用户的位置、速度和时间。

1.3.2　测速功能

GNSS 具有解算用户三维速度的能力,用户的速度记为$\dot{\boldsymbol{u}}$,速度可以通过对用户位置近似求解导数来估计,即

$$
\dot{\boldsymbol{u}} = \frac{\mathrm{d}u}{\mathrm{d}t} = \frac{\boldsymbol{u}(t_2) - \boldsymbol{u}(t_1)}{t_2 - t_1} \quad\quad\quad (1.26)
$$

只要在选定的时间段内用户的速度基本上是恒定的(即没有加速度),且$\boldsymbol{u}(t_2)$和$\boldsymbol{u}(t_1)$等位置的误差相对于差值$\boldsymbol{u}(t_2) - \boldsymbol{u}(t_1)$来说是比较小的,则这种方法的计算精度还是可以满足用户要求的,这种算法物理概念比较清晰,一些传统接收机采用这种方法计算用户的速度。

现代 GNSS 接收机中,需要对载波相位测量值进行处理以精确估计所接收导航信号的多普勒频率,我们知道导航卫星在轨处于高速运动状态,用户相对于卫星的相

对运动在用户接收导航信号过程中必然会导致多普勒频移,通过测量多普勒频移自然就可以对用户的速度进行估计。

导航卫星的速度矢量 v 可以用导航电文中的星历信息和存储在接收机中的轨道模型计算出来,当卫星向接收机飞近时,接收机所接收到的信号频率会增大,而离去时频率会下降。当卫星处于用户天顶(最接近用户的位置)时,多普勒频移为零。卫星运动过程中无线电信号的多普勒效应如图1.11所示,在所接收到的信号多普勒频移中,最大变化速率相应于导航卫星的最近通过点,当卫星经过这点时,多普勒频率的符号会发生改变,"上"多普勒频移和"下"多普勒频移之间的差值可用于计算卫星在用户最近通过点处星地之间的距离。

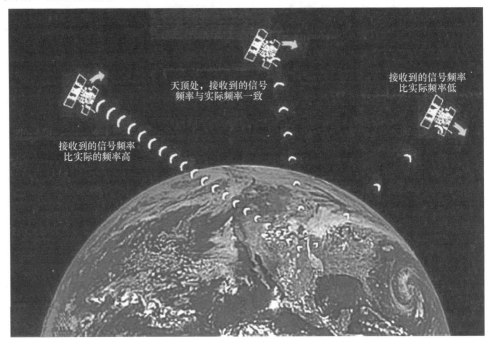

图1.11　卫星运动过程中无线电信号的多普勒效应(见彩图)

在用户接收机的天线上,所接收的频率可以用传统的多普勒方程近似地表示为[1]

$$f_R = f_T\left(1 - \frac{v_r \cdot a}{c}\right) \tag{1.27}$$

式中:f_T 为卫星发射信号的频率;v_r 为卫星与用户的相对速度矢量;a 为沿从用户指向卫星的直线方向的单位矢量;c 为导航信号传播速度;点积表示相对速度矢量到卫星的连线的径向分量。

相对速度矢量 v_r 是卫星的速度 v 与用户的速度 $\dot{u}$ 的差,即 $v_r = v - \dot{u}$,两者均以地心地固(ECEF)坐标系为参照。由式(1.26)和式(1.27),可以得到卫星和用户之

间相对运动引起的多普勒偏移为

$$\Delta f = f_{\rm R} - f_{\rm T} = -f_{\rm T} \frac{(\boldsymbol{v} - \dot{\boldsymbol{u}}) \cdot \boldsymbol{a}}{c} \tag{1.28}$$

对于 1.5GHz 导航信号来说,地球上静止用户的最大多普勒频率约为 4kHz,相应地视线速度约为 800m/s。由此可以进一步用多种方法从所接收到的多普勒偏移中求得用户的速度,这里简介一种常用的方法,假设用户的位置已经确定出来了,而且其离开线性化点的偏移值($\Delta x_{\rm u}, \Delta y_{\rm u}, \Delta z_{\rm u}$)在用户所要求的精度范围内。对于第 i 号导航卫星来说,由式(1.27)可知

$$f_{\mathrm{R}i} = f_{\mathrm{T}i} \left(1 - \frac{1}{c} (\boldsymbol{v}_i - \dot{\boldsymbol{u}}) \cdot \boldsymbol{a}_i \right) \tag{1.29}$$

对于第 i 号导航卫星来说,对所接收导航信号频率的估计值记为 f_i,这些测量值都是有误差的,而且与 $f_{\mathrm{R}i}$ 值差一个频偏偏移,可以把这个偏移与用户接收机时钟相对 GNSS 时间的漂移 $\dot{t}_{\rm u}$ 相关联,$\dot{t}_{\rm u}$ 的单位是"秒数/秒",它是用户接收机时钟相对于 GNSS 时间的运行快或者慢的速率。用户接收机时钟漂移误差 $\dot{t}_{\rm u}$、所接收导航信号频率的估计值 f_i 和所接收的频率 $f_{\mathrm{R}i}$ 之间存在下列关系式:

$$f_{\mathrm{R}i} = f_i (1 + \dot{t}_{\rm u}) \tag{1.30}$$

式(1.30)中,$\dot{t}_{\rm u}$ 的符号取正号表示用户接收机时钟相对于 GNSS 时间的运行快了,取负号则表示运行慢了,将式(1.30)代入式(1.29),做代数处理后得到

$$\frac{c(f_i - f_{\mathrm{T}i})}{f_{\mathrm{T}i}} + \boldsymbol{v}_i \cdot \boldsymbol{a}_i = \dot{\boldsymbol{u}} \cdot \boldsymbol{a}_i - \frac{c f_i \dot{t}_{\rm u}}{f_{\mathrm{T}i}} \tag{1.31}$$

将式(1.31)中的点积用矢量展开,得到

$$\frac{c(f_i - f_{\mathrm{T}i})}{f_{\mathrm{T}i}} + v_{xi} \cdot a_{xi} + v_{yi} \cdot a_{yi} + v_{zi} \cdot a_{zi} = \dot{x}_{\rm u} \cdot a_{xi} + \dot{y}_{\rm u} \cdot a_{yi} + \dot{z}_{\rm u} \cdot a_{zi} - \frac{c f_i \dot{t}_{\rm u}}{f_{\mathrm{T}i}}$$
$$\tag{1.32}$$

式(1.32)中的卫星速度矢量、方向单位矢量以及用户速度矢量可以简记为

$$\boldsymbol{v}_i = (v_{xi}, v_{yi}, v_{zi}), \quad \boldsymbol{a}_i = (a_{xi}, a_{yi}, a_{zi}), \quad \dot{\boldsymbol{u}}_i = (\dot{x}_{\rm u}, \dot{y}_{\rm u}, \dot{z}_{\rm u}) \tag{1.33}$$

式(1.32)中左边的所有变量要么已经计算出来,要么已经从测量值导出,方向单位矢量 $\boldsymbol{a}_i$ 的各个分量已经在求解用户位置时得到,卫星与用户的相对速度矢量 $\boldsymbol{v}_i$ 的各个分量由导航电文中的星历数据和卫星轨道模型求得,导航信号的频率 $f_{\mathrm{T}i}$ 由导航更新电文所导出的频率校正值获得,而所接收导航信号频率的估计值 f_i 可以用接收机的距离增量测量值来表示。为了简化方程式(1.32)的表述,引入一个新的变量 d_i,其定义为

$$d_i = \frac{c(f_i - f_{\mathrm{T}i})}{f_{\mathrm{T}i}} + v_{xi} \cdot a_{xi} + v_{yi} \cdot a_{yi} + v_{zi} \cdot a_{zi} \tag{1.34}$$

方程(1.32)中右边的 $f_i / f_{\mathrm{T}i}$ 项在数值上接近于 1,典型情况下的差值只有百万分

之几,可以近似为1,所带来误差可以忽略,这样方程式(1.32)可以改写为

$$d_i = \dot{x}_u \cdot a_{xi} + \dot{y}_u \cdot a_{yi} + \dot{z}_u \cdot a_{zi} - c\dot{t}_u \qquad (1.35)$$

对于方程式(1.35)中的用户速度未知量 $\dot{\boldsymbol{u}}_i = (\dot{x}_u, \dot{y}_u, \dot{z}_u)$ 以及接收机时钟漂移误差 $\dot{t}_u$ 的求解,可以用对 4 颗卫星进行伪距观测得到,即通过求解下面的联立线性方程组得到,与式(1.22)类似,可以用矩阵算法联立方程组求解未知量,这些矩阵和矢量表示为

$$\boldsymbol{d} = \begin{bmatrix} d_1 \\ d_2 \\ d_3 \\ d_4 \end{bmatrix}, \quad \boldsymbol{H} = \begin{bmatrix} a_{x1} & a_{y1} & a_{z1} & 1 \\ a_{x2} & a_{y2} & a_{z2} & 1 \\ a_{x3} & a_{y3} & a_{z3} & 1 \\ a_{x4} & a_{y4} & a_{z4} & 1 \end{bmatrix}, \quad \boldsymbol{g} = \begin{bmatrix} \dot{x}_u \\ \dot{y}_u \\ \dot{z}_u \\ -c\dot{t}_u \end{bmatrix} \qquad (1.36)$$

式(1.36)中的 $\boldsymbol{H}$ 与 1.3.1 小节中求解用户位置的式(1.22)中的 $\boldsymbol{H}$ 一致,用矩阵表示式(1.35)为

$$\boldsymbol{d} = \boldsymbol{H}\boldsymbol{g} \qquad (1.37)$$

方程式(1.37)的解是

$$\boldsymbol{g} = \boldsymbol{H}^{-1}\boldsymbol{d} \qquad (1.38)$$

在速度计算公式中所用的频率估计是由相位测量得到的,这种相位测量受到测量噪声和多路径等误差影响。此外,对用户速度的计算取决于用户位置的精度和对卫星星历以及卫星速度的准确掌握。在计算用户速度时由这些参数造成的误差与式(1.25)类似。如果采用 4 颗以上卫星的观测数据来计算用户速度,也是需要采用最小二乘估计技术来改善未知量的估计精度。

1.3.3 授时功能

导航卫星的时钟与导航系统时间精确同步是卫星导航系统的核心技术。导航卫星和地面控制系统的监控站均配置高精度的原子钟,使得导航卫星时钟与协调世界时(UTC)同步到纳秒级成为可能。卫星导航系统为精密时间和频率数据在世界的传播提供同步原子钟网络服务。对精确时间有需求的用户一般需要一个与民用时间标准保持同步的 1 秒脉冲(1PPS)信号。GNSS 导航信号中含有时间信息,信号中的导航数据"打上时间标记"。由定位方程组(1.1)可知,如果已知用户位置坐标(x_u、y_u、z_u)和卫星位置坐标(x_1、y_1、z_1),那么静止接收机可以根据单次伪距测量值 R_i 解算出接收机时间偏差 t_u。一旦确定了接收机时间偏差 t_u,从接收机的时钟时间 t_{rec} 减去偏差 t_u,就得到了 GNSS 的系统时间 t_E。

在任何特定时刻的接收机时钟时间 t_{rec} 可以表示为 $t_{rec} = t_E + t_u$,因此,有 $t_E = t_{rec} - t_u$。以 GPS 为例,根据 IS‑GPS‑200 接口控制文件[9‑11],美国海军天文台(USNO)维持的协调世界时(UTC(USNO)) t_{UTC} 的计算公式为 $t_{UTC} = t_E - \Delta t_{UTC}$,$\Delta t_{UTC}$ 代表整数闰秒

Δt_{LS}，GPS 时（GPST）与 UTC（USNO）t_{UTC} 之差的小数部分的估值 δt_A 可以根据导航电文数据中提供的二项式系数 A_0、A_1 和 A_2 计算。

所以，UTC（USNO）t_{UTC} 可依用户接收机按下式计算：

$$t_{UTC} = t_E - \Delta t_{UTC} = t_{rec} - t_u - \Delta t_{UTC} = t_{rec} - t_u - \Delta t_{LS} - \delta t_A \qquad (1.39)$$

对于用户而言，只需要解算联立线性方程组得到用户时间偏差 t_u，然后利用上述方法计算 UTC（USNO）。为了进行定时测量、给定位估算加时标和为相对精确定位做时间对准，导航接收机经常需要计算出接收机时钟相对于系统时间（例如，GPS 时（GPST））的偏差 δt_u。得到 δt_u 之后，接收机可以计算并显示出 UTC。接收机钟差（δt_u）计算的均方根误差由下式计算[12]：

$$\sigma(\delta t_u) = \sigma_{URE} \cdot TDOP \qquad (1.40)$$

例如，对于 24 颗卫星组成的 GPS 星座，时间精度衰减因子（TDOP）的典型值为 $1 \sim 1.5$，而伪距测量的标准偏差 $\sigma_{URE} \approx 6m$，因此，导航接收机可以估算出接收机钟差，其均方根误差约为 25ns（$\sigma(\delta t_u) \approx 25ns$）。对于无线电通信网络而言，要求多网点的时间同步精度为 100ns 或者更高。这种时间同步可以通过在每个网点的固定、已知地点安装一个 GNSS 天线和导航接收机来实现，各个网点的接收机可以跟踪单颗导航卫星并各自独立准确计算出时间，这种应用一般采用专门的单通道接收机，产生与 UTC 同步的 1PPS[12]。

利用卫星导航信号实现通信系统、电力系统、金融系统、证券交易系统的时间同步是卫星导航系统授时服务的重要应用，一般用户可以方便地免费使用原子钟给出的精确时间和频率信号，一般情况下，利用一台单频卫星导航接收机在已知站点上观测一颗导航卫星就可以得到 30ns（95%）的时间同步精度，采用更加高级的技术，则可以精确地实现优于 1ns 的全球时间同步精度。

1.4 时空基准

人类在地球上的一切活动都是在某一特定的时空中存在的，空间和时间参考系统是设计卫星导航系统的基础，利用卫星导航系统实现 PNT 服务首先就需要一个统一的空间位置和时间参考基准。卫星导航系统空间坐标基准规定了卫星导航系统的定位、导航和授时服务的起算基准、尺度基准以及实现方式。卫星导航系统时间基准规定了时间测量的参考标准，包括时刻的参考标准和时间间隔的尺度标准。卫星导航系统时间参考框架是在全球或者局域范围内，通过守时、授时和时间频率测量技术，实现和维护统一的时间系统[13]。卫星导航系统时空基准确保了卫星导航系统定位、导航和授时服务各个环节空间位置坐标和时间系统的统一，保证了空间位置坐标和时间服务的一致性。为了体现独立性，各卫星导航系统都有独立的时间和空间参考系统[14]。

1.4.1　时间基准

卫星导航系统以精确时间基准为工作基础,意味着反过来可以利用导航信号为其他用户或者系统提供非常精确的时钟和时标进行同步服务。即卫星导航系统的授时服务提供的精确时间可以作为一个共同的时间基准。精密测时是现代科技中的一项重要任务,与经典的测时方法相比,卫星导航系统测时具有精度高、稳定性好、方法简单、经济可靠等特点。

卫星导航系统时间是原子时系统,其秒长与原子时相同。例如,GPST 采用原子时系统,以美国海军天文台(USNO)维护的协调世界时(UTC)作为基准。GPST 与国际原子时(TAI)相差一个常数[15]:

$$TAI = GPST + 19.000 \tag{1.41}$$

在 GPS 标准历元 1980 年 1 月 6 日零时,GPST 与 UTC 一致。TAI 与 UTC 相差整数秒,2007 年 1 月,整数值为 33,也就是说,GPS 时间比 UTC 早 14s。美国国防部(DOD)下属的 GPS 地面运行控制系统负责监控和调整星载原子钟的时间与 GPST 之间的偏差,以保持两者的时间同步,同时还要监控和调整 GPST 与 USNO 维持的 UTC 保持同步,由此保证 GPST 与 UTC 之间的时间偏差在几纳秒之内,这样通过 GPS 的授时服务,我们与 UTC 建立了时间尺度的联系。

在地面监测站的监控下,导航卫星播发的导航信号中含有精确时间和频率信息,导航卫星每秒播发 1(次)秒脉冲(1PPS)时间基准信号,1PPS 信号的时刻准确度可达 50ns,例如,GPS 精密定位服务(PPS)的授时精度为 200ns,标准定位服务(SPS)的授时精度为 340ns,未来 GPS-Ⅲ 的授时精度将达到 5.7ns。因此,卫星导航系统是一个高准确度、高稳定度的授时系统,是理想的时间同步源。利用卫星导航系统播发的时间基准信号,能实现标准时间尺度的建立和高精度时间同步。高精度的时间同步和时间标记是通信系统、电力系统、金融系统、网络系统以及广播电视领域正常运行的前提条件,在无线通信系统可以更加有效地利用无线频率资源,在电子商务和电子银行系统使追踪金融交易和票据的时间成为可能。

1.4.2　空间基准

目前卫星导航系统已成为建立和实时维护高精度全球参考框架的重要技术手段,全球卫星导航系统的定位服务具有全球、全天候、全天时、高精度、监测站间无需通视等优点,目前已成为快速、高效建立不同国家平面控制网的技术途径,通过建立连续运行的卫星导航位置测量站和若干测量点组成一个国家的平面控制网,逐年解算连续运行参考网站的坐标,可以给出最新的站点坐标值,并推算这些站点坐标的年变化率。显然,利用卫星导航系统定位技术建立的国家平面控制网可以反映站点坐标和历元坐标的关联性以及随时间变化的规律。

例如,GPS 于 1987 年 10 月采用 1984 世界大地坐标系(WGS-84),该坐标系是在美国海军水面作战中心(NSWC)的子午卫星精密星历所用的 NSWC 9Z-2 大地坐标系基础上发展而成的。WGS-84 是由美国国防制图局依据 TRANSIT 卫星定位成果而建立的一种协议地球坐标系(CTS),CTS 是以协议地球极(CTP)作为基准点的地球坐标系[16]。WGS-84 原点 O 是地球的质量中心,Z 轴指向 BIH1984.0 定义的 CTP,CTP 由国际时间局(BIH)采用 BIH 站的坐标定义,X 轴指向 BIH1984.0 定义的零子午面与 CTP 所定义的地球赤道的交点,Y 轴垂直于 XOZ 平面,与 X 轴和 Z 轴构成右手坐标系,如图 1.12 所示,WGS-84 是随地球转动的地心地固(ECEF)笛卡儿坐标系。

WGS-84 采用的旋转椭球模型中,地球平行于赤道面的横截面为圆,地球的赤道横截面半径为地球平均赤道半径 6378.137km,垂直于赤道面的地球横截面是椭圆,在包含 Z 轴的椭圆横截面中,长轴与地球赤道的直径重合,半长轴 a 的值与球平均赤道半径相同,半短轴 b 的值取为 6356.752km。地球的椭球模型如图 1.13 所示。

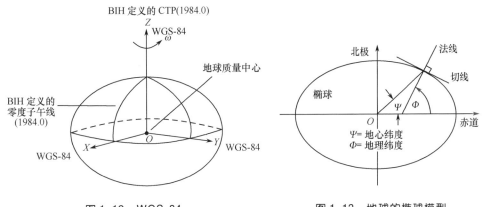

图 1.12　WGS-84　　　　　图 1.13　地球的椭球模型

WGS-84 的 3 个坐标轴指向与国际时间局(BIH)于 1984 年定义的地球参考系(BTS-84)一致,是目前最高精度水平的全球大地测量参考系统。WGS-84 回转椭球常数为国际大地测量学与地球物理学联合会(IUGG)第 17 届大会的推荐值,4 个主要参数如表 1.5 所列。

表 1.5　WGS-84 基本参数[17]

基本参数	参数值
半长轴	$a = (6378137 \pm 2)\,\mathrm{m}$
地心(含大气)引力常数	$G_M = (3986004.418 \times 10^8 \pm 0.008 \times 10^8)\,\mathrm{m^3/s^2}$
参考椭球扁率	$f = 1/298.257223563$
地球自转角速度	$\omega = (7292115 \times 10^{-11} \pm 0.1500 \times 10^{-10})\,\mathrm{rad/s}$

WGS-84 投入使用时的精度为 1~2m,1994 年 1 月 2 日,通过 10 个观测站在 GPS 测量方法上改正,得到了 WGS-84(G730),G 表示由 GPS 测量得到,730 表示为

GPS 时间第 730 个周。

卫星导航系统作为空间基准,在测绘领域的应用主要表现在建立和实时维护高精度全球参考框架,建立不同等级国家平面控制网,建立各种工程测量控制网和满足航空摄影测量、地籍测量、海洋测量等多方面的应用需求。利用卫星导航定位技术布设国家控制网、城市控制网、工程测量控制网时,定位精度比常规方法高很多,而且极大地提高了布网效率,节约了布网成本。1999 年,清江隔河岩大坝外观变形 GPS 自动化监测系统获得湖北省人民政府科学技术进步奖一等奖[18]。

参考文献

[1] KAPLAN E D. GPS 原理与应用:2 版[M]. 寇艳红,译. 北京:电子工业出版社,2007.

[2] 许其凤. GPS 技术及其军事应用[M]. 北京:解放军出版社,1997.

[3] 谭述森. 卫星导航定位工程[M]. 北京:国防工业出版社,2007.

[4] PARKINSON B W. Global positioning system:Theory and applications[M]. 370 L'Enfant Promenade, SW, Washington, DC 20024-2518:American Institute of Aeronautics and Astronautics Inc., 1996.

[5] 王惠南. GPS 导航原理与应用[M]. 北京:科学出版社,2003.

[6] 党亚民. 全球导航卫星系统原理与应用[M]. 北京:测绘出版社,2007.

[7] Error analysis for global positioning system[EB/OL]2019-8-1 https://en. wikipedia. org/wiki/ Error Analysis for Global Positioning System.

[8] 袁建平. 卫星导航原理与应用[M]. 北京:中国宇航出版社,2004.

[9] Interface Specification, IS-GPS-200, Revision D, Navstar GPS space segment/navigation user interfaces[S]. Headquarters:2420 Vela Way,Suite 1866 EI Segundo,CA 90245-4659 U. S. A:Space and Missile Systems Center(SMC)Navstar GPS Joint Program Office(SMC/GP),2004.

[10] Global positioning system, standard positioning service performance signal specification[S]. 2nd ed. Headquarters:2420 Vela Way,Suite 1866 EI Segundo,CA 90245-4659 USA:SMC/GP,1995.

[11] Global positioning system precise positioning service performance standard[S]. Headquarters:2420 Vela Way,Suite 1866 EI Segundo,CA 90245-4659 U. S. A:Space and Missile Systems Center (SMC)Navstar GPS Joint Program Office(SMC/GP), 2007.

[12] MISRA P. 全球定位系统-信号、测量与性能:2 版[M]. 罗鸣,译. 北京:电子工业出版社,2008.

[13] 孙娟娟,王永. GNSS 卫星导航系统概述[J]. 科技前沿,2018(31):1-3.

[14] 谭述森. 北斗卫星导航系统的发展与思考[J]. 宇航学报,2008(2):392-396.

[15] HOFMANN-WELLENHOF. 全球卫星导航系统[M]. 程鹏飞,译. 北京:测绘出版社,2009.

[16] 刘基余. GPS 卫星导航定位原理与方法[M]. 北京:科学出版社,2003.

[17] 杨元喜,陆明泉,韩春好. GNSS 互操作若干问题[J]. 测绘学报, 2016,45(3):253-259.

[18] 李征航,张小红,徐晓华. 隔河岩大坝外观变形自动监测系统的精度评定[J]. 哈尔滨工程高等专科学校学报,2001,11(3):1-6.

第2章 定位服务

◢ 2.1 概　述

48年前,美国建设GPS的主要目的就是定位——将5枚炸弹投入同一目标点上,用于武器精确投放[1]。2001年10月7日,为报复"911"恐怖袭击,以美国为首的联军对阿富汗基地组织和塔利班政权开展了代号为"持久自由行动"的空袭,打响了21世纪世界第一场战争,史称"阿富汗战争"。在战争的头3天里,共6架B-2轰炸机从本土起飞,经太平洋、东南亚和印度洋,对阿富汗实施空袭后再到迪岛降落,创造了连续作战飞行44h的新纪录,并投掷了96枚GPS制导的联合直接攻击弹药(JDAM),对阿富汗首都喀布尔的塔利班国防部大楼、机场等重要目标实施了精确打击,有效地阻止了阿富汗基地组织飞机的起飞和降落,SHINDAND机场飞机跑道被GBU-31型JDAM轰炸前后的卫星图像如图2.1所示。

图2.1　阿富汗SHINDAND机场飞机跑道被GBU-31型
JDAM轰炸前(左)后(右)的卫星图片

在卫星导航系统的制导下,导弹指哪打哪。卫星导航系统的定位服务已在大地测量、地籍测量、地理测绘、形变监测、精准农业、航空遥感、电力系统、通信网络、金融网络和国防安全等领域得到广泛应用。

高精度定位服务需要高精度的测量结果,例如厘米级的定位估算就需要将测量误差减少到厘米级。卫星导航差分测量技术可以将测量误差由米级减小到厘米级甚至毫米级,需要参考站网络为用户提供精密的卫星星历参数和星载原子钟偏差改正数,以双频卫星导航接收机获取的相位和伪距数据作为主要观测量,观测量中的电离层延迟误差通过双频信号组合予以消除,然后利用差分系统提供的广播星历和卫星钟差改正数,利用精确的误差改正模型来实现位置计算,能够实现静态厘米级定位精度。也可以通过双差载波相位测量使短基线达到毫米级精度,这种方法本质上消除了两个接收机之间的共同误差。

为了实现单点定位(绝对定位)实时、厘米级定位精度,需要载波相位测量技术,且必须设法去除双差法中很容易就能抵消的误差,这个方法称为精密单点定位(PPP)[2]。PPP的优点是不受两个点同步测量和基线长度的限制。对于短基线(小于100km)上的不同位置,两个站将有几乎相等的位移,相对定位可以达到厘米级的精度而无须关心固体地球潮汐(solid earth tides)和海洋负荷(ocean loading)、地球旋转(earth rotation)等参数的影响。长基线的不同测量点则需要对地球动力学特性精确建模,考虑国际地球参考框架(ITRF)规定的相关测地公约,否则将造成静态接收机定位的坐标与大地参考坐标之间出现偏差,一般采用国际地球自转服务(IERS)机构推荐的模型,模型包括地球固体潮汐、海洋负荷、地球旋转等参数。

PPP算法需要伪码测距观测量、载波相位观测量、精密的卫星星历以及星载原子钟偏差改正数,同时利用双频信号去除电离层延迟误差,精密单点定位算法简述为:在任何给定历元(epoch)、对于任何给定导航卫星,有[2]

$$
\begin{cases}
\rho = r + I + T + c(\delta t_u - \delta t_s) + \varepsilon_P \\
\phi = \lambda^{-1}(r + I + T) + c\lambda^{-1}(\delta t_u - \delta t_s) + N + \varepsilon_\phi
\end{cases}
\tag{2.1}
$$

式中:ρ 为伪码测距观测量(伪距);ϕ 为载波相位测距;r 为用户与导航卫星之间的几何距离(真实距离);I 为导航信号传播过程中电离层引起的路径延迟;T 为导航信号传播过程中对流层引起的路径延迟;δt_u 为用户接收机时钟与卫星导航系统时间之间的钟差;δt_s 为导航卫星时钟与卫星导航系统时间之间的钟差;ε_P 和 ε_ϕ 分别为码测量和载波相位测量未知因素、模型误差和测量误差的综合影响;N 为载波信号整周模糊度;c 为导航信号的传播速度(光速);λ 为载波信号的波长。

导航卫星广播的星历误差和钟差为2~3m均方根(RMS),利用广域或者全球接收机网络的后处理可以将误差减少两个数量级,通过国际GNSS服务(IGS)组织提供的服务,用户可以获得的星历误差小于5cm,钟差小于0.1ns,延迟为1~2周。高质量的星历和钟差测量值是PPP服务的基础。

关于电离层延迟误差,一般使用双频测量来估算并消除,残差将减小到厘米级。关于对流层延迟误差,需要建模并估算之,用 $T = T_s m$ 表示,T_s 是天顶方向延迟,m 是一个与仰角(即"高度角")相关的映射函数。多路径与接收机天线是不相关的,需要通过天线设计和选址、接收机设计和载波平滑码测量技术来减小多路径干扰影响并准确地计算出来。接收机噪声和接收机之间也是不相关的,需要通过天线和接收机设计来减小多路径干扰影响并准确地计算出来。

PPP算法建立伪距观测量模型的过程中,还要考虑导航卫星的质心(satellite center of mass)和导航天线相位中心(antenna phase center)之间的偏差,即所谓的相位缠绕(phase wind-up)问题(精密单点定位利用轨道动力学模型确定卫星轨道参数,精密定轨过程中以卫星质心为观测量,而伪码测距和载波相位测距过程中观测的是卫星载荷天线相位中心和接收机接收天线相位中心之间的距离,卫星载荷天线相位中心随卫星姿态变化而变化,由此造成相位缠绕问题)。否则将导致分米级误差,需要给出每颗导航卫星的相位中心频移和在导航卫星绕地球飞行过程中偏移矢量的方向。

此外,还要考虑相位曲线修正问题,导航卫星一般播发右旋圆极化无线电导航信号,因而,用户观测到的载波相位取决于卫星和接收机天线的相对方位。任何一个天线围绕它的内径(垂直)轴旋转将使载波相位改变最高一个周期。利用一部双频接收机的伪码和载波相位测量构成无电离层或者说电离层可以忽略的伪距测量值,无电离层伪距测量值为[2]

$$\rho_{IF} = \frac{f_{L1}^2}{f_{L1}^2 - f_{L2}^2}\rho_{L1} - \frac{f_{L2}^2}{f_{L1}^2 - f_{L2}^2}\rho_{L2} = 2.546\rho_{L1} - 1.546\rho_{L2} \qquad (2.2)$$

式中:f_{L1} 和 f_{L2} 表示 L1 和 L2 载波频率。

可以将伪码测距的无线电组合式建模为

$$\rho_{IF} = r + c\delta t_u + T_z \cdot m(el) + \varepsilon_\rho \qquad (2.3a)$$

同样可以将载波相位测量的无线电组合式建模为

$$\phi_{IF} = r + c \cdot \delta t_u + T_z \cdot m(el) + \lambda_{IF}N_{IF} + \varepsilon_\phi \qquad (2.3b)$$

式中:N_{IF} 为双频载波信号整周模糊度的组合,不再是一个整数;λ_{IF} 为与这个无电离层组合相对的波长;T_z 是对流层天顶方向延迟;$m(el)$ 为反映对流层延迟的倾斜因子映射函数。

在式(2.3)中一共有用户位置(x, y, z),用户接收机时钟与卫星导航系统时间之间的钟差 δt_u,对流层天顶路径延迟 T_z,可视导航卫星的载波相位模糊度 N_{IF} 4 类参数需要估算,用户接收机钟差会在每个历元间变化,天顶路径延迟将缓慢变化,量级为 cm/h,只要载波一直是连续的,载波相位模糊度将保持恒定。

使用初始值线性化式(2.3)的数值计算方法,求解线性方程组以确定估算值的修正值,再使用新的估值性化式(2.3),反复迭代,直到计算结果收敛,可以获得厘米级定位精度。PPP 算法在滤除测量噪声过程中需要使用序贯滤波器,根据接收机的动态特性、星载原子钟频率漂移率以及对流层的延迟实时特性,可以调整序贯滤波器参数。对于星载原子钟与系统参考时间的偏差,需要估计每个时间历元的偏差;载波相位模糊度也需要在算法迭代求解过程中每次都进行预估;对流层的延迟是天顶延迟的映射函数,需要在一定的时间间隔内估计对流层偏差。

影响精密单点定位解算精度的另一个因素是某一历元用户可见导航卫星的数量及其 GDOP 值、用户接收机动态范围、导航信号的质量。可见导航卫星数量越多,就越能提高天顶对流层延迟的可观测性。因此,联合处理 GPS 和 GLONASS 的观测数据,可以在短时间内提高位置解算精度,如图 2.2 所示[3]。

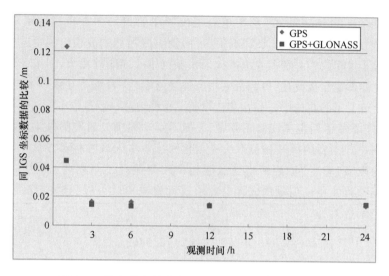

图2.2　静态精密单点定位性能(IGS GSLV 观测站)

IGS 目前不能提供实时的精密单点定位服务,主要困难是需要生成精密的卫星轨道参数和星载原子钟偏差估计,目前 IGS 实时导航项目(IGS real time pilot project)正在推进实时在线定位服务。精密单点定位的离线解算精度与 IGS 组织发布的结果相差一般为 1cm 左右。

2.2　大地测量

大地测量的主要任务是测量和描绘地球并监测其变化,为人类活动提供相关的地球空间信息。对地面点进行定位,需要测量人员能够精确地测量出地面点在空间中的位置,单靠传统的测量方法较难满足当前测量工作的需求。随着大地测量技术的不断发展,大地测量工作已经从单纯的地面测量完善到了空中测量,GNSS 技术广泛地应用到大地测量技术之中,能够对地面目标进行精确定位,改变了过去落后的测量方法,突破了厘米级的测量精度,有效提高了测量的精度,也使测量工作更加高效。如今,一名勘测员在一天里就可以完成过去一个勘测队数周才能完成的测量任务,同时也为其他相关工作提供了更为有效的数据支持[4]。传统的三角测量是一件十分辛苦的事,特别是在地面三角测量点缺乏、地标不明显的时候,野外测量工作格外困难。GNSS 定位则无须地面控制点的支持,只要在没有遮蔽的情况下,几乎不受地形地物的影响,GNSS 大地测量彻底颠覆了传统测量方法,是目前大地测量中主要的测量手段。现代大地测量的测量范围也已扩展到全球大地测量,从测量静态地球发展到测量地球动力学效应。GNSS 技术在建立与维持地球参考框架、建立和改善大地控制网、测定和精化大地水准面等方面已得到了成熟应用[5]。

为了解决国民经济建设对定位的需要,传统的大地测量工作方式是首先在全国范围内布设高精度的大地控制网(例如一等锁,二等网),然后逐级加密以向用户提供一系列遍布全国的有一定密度的点位和它们的坐标。这是一个很大的工程,我国已经花了几十年时间完成这一任务。传统大地测量存在的问题:①工程的周期很长,全部工程完毕时(经过整体平差),大量的点位已被破坏,用户不得不花费很多时间去寻找这些点位,而且经常使用户在制定计划时产生困难;②由于要考虑通视条件以及图形强度,最高精度的点位往往在交通不便的山上,当用户对精度要求高时只能按照精度要求自行引点;③传统大地测量的平面位置精度相对较高,但高程(大地高)精度偏低,这是由于传统大地测量方法不能直接给出点位的几何高程,水准测量虽可以较高精度测定高程,但它不是几何高程,换算为大地高时所需的高程异常又不精确;④由于科学技术的发展,某些国民经济建设对于定位的精度要求不断提高,大地测量工作者面临着要不要改造原有大地网或建立更高精度的大地控制网的问题[6]。由于 GNSS 高精度定位服务及其较高的投入产出比,使得 GNSS 成为在许多地方进行可持续性大地测量工作的首选技术。

2.2.1　工作原理

GNSS 对地面目标进行精确定位,是指将 GNSS 接收机静置在固定观测站上,观测数分钟至数小时,以确定观测站位置的卫星定位方法。按参考点的位置不同,可分成绝对定位和相对定位;按用户接收机在作业中或定位过程中的状态,可分为静态定位和动态定位。由于接收机的位置固定不动(即静态定位),就可以进行大量的重复观测,所以静态定位的可靠性高、定位精度高,在大地测量、精密工程测量、地球动力学及地震监测等领域内有着广泛应用。随着解算整周模糊度的快速算法的出现,静态定位的作业时间大为缩短,因而,静态定位在精密定位领域和国防领域有着广泛的应用前景。静态定位包括静动态定位、快速静态定位等类型,连同绝对定位和相对定位,都在大地测量领域有其广泛的应用。

(1)绝对定位。绝对定位(单点定位)是在地球协议坐标系中,确定观测站相对地球质心的位置。绝对定位的基本原理是以 GNSS 卫星和用户接收机之间的距离(或距离差)观测量为基础,根据已知的卫星瞬时坐标,来确定接收机所对应的点位,即观测站的位置。GNSS 绝对定位方法的实质是测量学中的空间距离后方交会。原则上观测站位于以 3 颗卫星为球心、相应距离为半径的球与观测站所在平面交线的交点上。

绝对定位可根据接收机所处的状态分为动态绝对定位和静态绝对定位。无论动态还是静态,绝对定位所依据的观测量都是所观测的接收机和导航卫星之间的伪距。绝对静态定位时接收机保持静止。因此,一个观测站点上可以获得连续多个历元的观测值。随着观测历元的增加,每个历元可视卫星的数量可能发生变化,解算系数矩阵的构成可以有所不同。静态绝对定位可以根据伪距观测量或载波相位观测量来进行。

（2）相对定位。相对定位也称为差分 GNSS 定位。这种定位方法采用两台 GNSS 接收机分别安置在基线两端,同步观测相同的 GNSS 卫星,两观测站同步采集的 GNSS 观测数据经过处理,以确定基线两端点在地球系中的相对位置或基线矢量。相对定位方法一般可以推广到多台 GNSS 接收机安置在若干条基线的端点,通过同步观测相同的 GNSS 卫星,以确定多条基线矢量。

在单点(绝对)定位的情况下,是用一台 GNSS 接收机观测 GNSS 卫星以求得单个观测站在协议地球系下相对于地心的绝对坐标;而相对定位则与绝对定位不同,不仅需要采用多台 GNSS 接收机,而且最根本的不同在于相对定位的结果是各同步跟踪站之间的基线矢量。因此,需要给出多个观测站中至少一个观测站的坐标值作为基准,去求解出其他各站点的坐标值。

在相对定位中,两个或多个观测站,同步跟踪同一组卫星(共视卫星)的情况下,卫星的轨道误差、卫星钟差、接收机钟差以及电离层和对流层的延迟误差,它们对于有关观测值的影响相同或者相近,利用这种相关性,可按观测站、卫星、历元 3 种要素来求差。从而可在相位差分值中削弱有关误差的影响。差分观测值作为相位观测量的线性函数,具有多种组合形式。按求差次数的多少,可分为单差、双差和三次差。

GNSS 相对定位是目前 GNSS 定位中精度最好的一种定位方法。静态相对定位试验表明,静态相对定位不仅缩短了测量的"外业"观测时间,而且对于边长不超过 20km 的控制测量,精度仍能保持在 $5mm + 1ppm \cdot D$ 的高水平($1ppm$ 为 10^{-6},表示 1km 内的误差变化小于 $1mm$, D 为基线长度),三维位置精度能够达到 $\pm 3cm$,它们的重复测量精度亦为 1×10^{-8} 量级[7]。因此,相对定位广泛地应用于大地测量、精密工程测量、地球动力学系统和精密导航。

静态相对定位一般采用载波相位观测值为基本观测量。在载波相位观测的数据处理中,为了可靠地确定载波相位的整周模糊度,静态相对定位一般需要较长的观测时间($1.0 \sim 3.0h$)。与快速静态相对定位法相对应,上述方法一般称为经典静态定位法。

（3）静动态定位。如果待测点相对于其周围的固定点没有位置变化,或者虽然有可察觉的运动,但这种运动相当缓慢,以至于在一次观测期间(一般为数小时至数天)无法被察觉,而只有在两次观测之间(一般为几个月至几年),这些相对运动才反映出来,从而使得在每次进行 GNSS 观测资料的处理时,待测点在协议地球坐标系中的位置可以认为是固定不变的(静态)。确定这些待测点的位置称为静态定位。如果待测点相对于其周围的固定点,在一次观测期间有可察觉的运动或明显的运动,则确定这些动态待测点的位置称为动态定位。

严格说来,静态定位和动态定位的根本区别并不在于待测点是否处于运动状态,而在于建立数学模型中待测点的位置是否可以看成常数。也就是说,在观测期间待测点的位移量和允许的定位误差相比是否显著,能否忽略不计。由于进行静态定位时,待测点的位置可视为固定不动,因而就有可能通过大量的重复观测来提高定位精度。

（4）快速静态定位。对于相距不超过 20km 的两个点进行 GNSS 相对定位,通常需要 1h 左右的同步观测,方可准确确定载波相位的初始整周未知数,推算出站间坐标差矢量。这种经典的 GNSS 定位技术称为静态定位。借助于接收机技术或误差处理模型的改进,如果能将获得合格成果的连续同步观测时间缩短到几分钟,这时为了区别于经典的静态定位,则将其称为快速静态定位。快速静态定位的本质仍为静态定位,是静态定位在特定条件下的作业模式[8]。

无论何种方法,都需要获取 GNSS 观测量来实现,从 GNSS 信号中可以提取多种信息,主要观测量包括由测距码信号所得到的伪距（测码伪距）和载波相位观测量,比如 GPS 的 L1 载波上加载的有 C/A 码伪距和 P 码伪距,L2 载波上加载的有 P 码伪距,其观测量的表达式如下:

$$\rho' + c\Delta t^j = \sqrt{(x^j - x)^2 + (y^j - y)^2 + (z^j - z)^2} + c\Delta t_r \tag{2.4}$$

由载波相位观测得到的伪距为测相伪距,比如 GPS 的 L1、L2 载波上的相位观测值,其观测量的表达式如下:

$$\begin{cases} \varphi(t + \Delta t) = \varphi(t) + f\Delta t \\ \Delta\varphi = f\Delta t \\ \lambda = c/f \\ \rho = \lambda\varphi \end{cases} \tag{2.5}$$

在进行 GNSS 定位时,除了大量使用伪码测距观测量和载波相位观测量进行数据处理以外,还经常使用由上面的观测量通过某些组合而形成的一些特殊观测值,如宽巷观测值（wide-lane）、窄巷观测值（narrow-lane）、消除电离层延迟的观测值（ion-free）等来进行数据处理。GNSS 大地测量技术的局限性有多路径效应的影响、大地水平面模型的影响以及高程基准面的影响三个方面,简述如下:

（1）多路径效应的影响。多路径效应分为直接的和间接的影响,直接影响能够干扰三维坐标产生分米量级的误差,间接影响主要指影响求解的整周模糊度。在观察时间足够的情况下,通过平均计算的模式来降低卫星几何位置改变带来的影响,然而当观察的时间较短时,这种平均效应将逐渐减弱,而多路径的效应将逐渐变大。从技术角度看,利用软件和设备虽然可以对多路径效应进行一定的减弱处理,但选择合适的站点来减弱多路径效应以及控制不确定因素的影响也是一个不错的解决措施。

（2）大地水平面模型的影响。通过 GNSS 网络测量得到的数据是椭球高度,所以经常通过测量高程的异常指数来获得正确的高度。在测量距离比较长的情况下,虽然会受到大地水准面和高程基准面的影响,但 GNSS 测量仍然可以非常精确有效地得到椭球高度,降低产生误差的可能性。在很多地区,唯一一个可以使用的大地水准面模型就是全球重力场模型,它可以拓展成为球体模型,能够较好地控制半度范围内的问题。但在实际测量布置中,绝对的精度和相对的精度一般都受到了国家级的网络模型的限制,所以一般都是通过计算当地的大地高程模型配合内插技术来提高高程测量精度的。精度的高低与否主要受重力值是否可靠的影响比较大,地区的高差越大,大地的水准面模型精度就会越低。

(3)高程基准面的影响。在大多数地区,高程基准面都可以使用正常的高度和正高来定义,但是也有一些地方定义了不止一个高程基准面,而且每个高程基准面都会有一个源点来推算,主要是通过一个或多个潮汐的平均海水平面值来确定此源点的高程值,由于受不确定因素的影响,有时候海洋测量或者水准测量会无法避免地出现一些误差,这些误差会直接影响到高程基准面的参考价值,而偏离真实的重力模型。解决这个问题的常用方法是增加一个曲面到大地水准面模型中。对于目前的高程基准面,在改进对高程信息管理的过程中,正常高或者正高只是存储在了大多数数据库中,然而高程基准会逐渐成为正常高和椭球高相结合的形式,这时就必须用特别严格的观测需求来对待大地水准高度了。在观测的操作中必须进行严格的管理,只有这样,才不会使不同的数据类型变成负面因素,以至将问题变得更加复杂和模糊,从而降低维护和改进高程基准面的难度。

2.2.2 系统方案

静态相对定位方案采用两套(或两套以上)接收设备,分别安置在一条(或数条)基线的端点,同步观测 4 颗卫星 1h 左右,或同步观测 5 颗卫星 20min 左右。当基线超过100km 时,观测时间适当延长。这种作业模式所观测过的基线边,应构成闭合图形,如图 2.3 所示,便于观测成果的检核,提高成果的可靠性和 GNSS 网平差后的精度。基线长度可达数千米至几百千米。静态相对定位适用于建立全球性或国家级大地控制网;建立地壳运动或工程变形监测网,建立长距离检校基线,进行岛屿与大陆联测,钻井精密定位等。

快速静态相对定位方案在测区的中部选择一个参考站(图 2.4),并安置一台接收设备连续跟踪所有可见卫星,另一台接收机依次到各点流动设站,并且在每个流动站上观测 1 ~ 2min。该作业模式要求在观测时段中必须有 5 颗卫星可供观测;同时流动站与参考站相距不超过 15km。定位精度为流动站相对参考站的基线中误差为 $5mm + 10^{-6} \times D$。

快速静态相对定位的特点是接收机在流动站之间移动时,不必保持对所测卫星的连续跟踪,因而可关闭电源以降低能耗。该模式作业速度快、精度高。缺点是直接观测边不构成闭合图形,可靠性较差。适用于控制测量和地籍测量等领域。

准动态相对定位方案在测区选择一参考站(图 2.5),并在其上安置一台接收机连续跟踪所有可见卫星;置另一台流动的接收机于起始点(图 2.5 中 1 号点)观测 1 ~ 2min;在保持对所测卫星连续跟踪的情况下,流动的接收机依次迁到 2,3,…,n 号流动点各观测数秒(几个历元)。

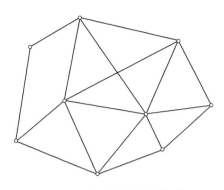

图2.3 静态相对定位模式

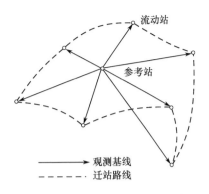

图2.4 快速静态相对定位模式

准动态相对定位模式方案要求在观测时段上必须有 5 颗以上卫星可供观测,在观测过程中流动接收机对所测卫星信号不能失锁,一旦发生失锁,则应在失锁后的流动点上,将观测时间延长 1～2min;流动点与基准点相距应不超过 15km。定位精度为基线的中误差,可达 1～2cm。

准动态相对定位特点是作业只需两台接收设备,效率比较高。即使偶然失锁,只要在失效的流动点上延长观测 1～2min,则继续按该模式作业。应用范围为开阔地区的加密测量、工程定位及碎部测量、剖面测量和路线测量等。

动态相对定位方案是建立一个参考站,如图2.6所示,并在其上安置一台接收机连续跟踪所有可见卫星,另一台接收机安置在运动的载体上,在出发点按快速静态相对定位法,静止观测导航卫星 1～2min(初始化),运动的接收机从出发点开始,在运动过程中按预定的时间间隔自动观测。

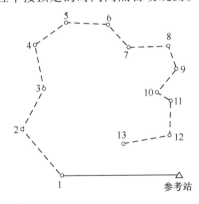

图2.5 准动态相对定位模式

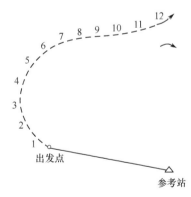

图2.6 动态相对定位模式

动态相对定位方案要求同步观测 5 颗卫星,其中至少有 4 颗卫星应保持连续跟踪,同时,运动点与基准点的距离应不超过 15km。当卫星失锁时,要重新初始化。定位精度(运动点相对基准点之点位精度)可达 1～2cm。特点是速度快,精度高,可实现载体的连续定位。应用范围是精密测定载体的运动轨迹(运动目标精密导航),道路中心(中线)测量、航道测量、航空摄影测量和航空物探中采样点实时定位,开阔地区的剖面测量等。

上述测量方案均用到实时动态(RTK)测量技术,RTK测量采用载波相位、双差分模型进行流动站的实时动态定位技术,与数据传输技术的结合是GNSS测量技术发展的新突破。RTK测量系统包括2台以上GNSS接收机,当参考站为多用户服务时,要采用双频接收机,采样率保持一致。数据传输系统包括参考站发射台、用户接收台。实时动态测量的软件系统以载波相位为观测量,重点在于快速(动态)解算整周模糊度,根据相对定位原理,实时解算用户位置,进行精度评定。实时动态测量的模式可以采用快速静态测量、准动态测量、动态测量等相对定位模式,在初始化时,可采用AROF技术,即无初始化动态GNSS测量,完成模糊度确定。在20km内,RTK测量可以达到厘米级的定位精度。

2.2.3 典型应用

2.2.3.1 建立或改善多种规模和级别的大地控制网

GNSS技术测定大地控制网具有定位精度高、设计和布点方便灵活、适应性强、操作简便、全天候作业、观测时间短、作业费用低、提供三维坐标等特点,简述如下:

(1)定位精度高。控制网中各点直接从GNSS卫星信号中获取三维定位信息,控制网各点之间不存在逐点推算和误差积累。因此控制网中各点GNSS定位精度可达$(0.1 \sim 0.01) \times 10^{-6}$,不仅比常规大地测量的精度高,而且精度均匀。在小于50km的基线上,其相对定位精度可达1×10^{-6},在大于1000km的基线上可达1×10^{-8}。国内外实践证明,用不同的作业和处理方法,GNSS可以达到各种要求的精度[9]。

(2)设计和布点方便灵活。尽管光电测距仪或全站仪可以快速、精确地测定两点之间的距离和任意点相对于观测站点的坐标,比传统的光学经纬仪和钢尺前进了一大步,但使用它们的必要条件是点与点之间必须通视。这对于障碍物较多的森林、居民点等地带,在做控制测量时既要求控制网结构合理,又要保证通视,这有时是很困难的。而GNSS在观测时只要求观测站上空视野开阔,观测站之间并不要求通视,而且定位精度与GNSS点的几何图形基本无关。这一特点使得控制网测量设计和选点变得非常灵活。

(3)适应性强。对地理条件和作业条件要求低,在沙漠、高山、孤岛、礁滩等地,都可以进行GNSS定位观测。

(4)操作简便。GNSS接收机自动化程度越来越高,操作智能化。在观测时,操作人员只需安装和开关仪器,量取仪器高度和监视仪器的工作状态,其他工作均由接收机自动完成。全套仪器由主机、天线和电源三大部分组成,包括脚架等附件在内,1~2人即可携带。

(5)全天候作业。由于卫星数量多且分布合理,所以可保证在任何时间、任何地点都可连续观测到至少 4 颗卫星,观测时基本不受气象条件的影响,这是常规的测量手段难以比拟的。

(6) 观测时间短。完成一条基线的精密相对定位一般需 1 ~ 3h,而对于短基线的快速定位只需几分钟。

(7) 作业费用低。GNSS 定位无需建造站标,因此整个 GNSS 测量所用经费,往往仅相当于常规大地测量所需经费的 1/3。

(8) 提供三维坐标。GNSS 测量可同时精确测定观测站点的三维坐标,其高程精度已可满足 4 等水准测量的要求。

国家测绘基准体系是国民经济建设、国防建设和社会发展的重要基础,在我国坐标系统、高程系统和重力系统的建立及各类地形图绘制、测绘成果服务等方面发挥了重要作用。我国测绘基准主要由大地基准、高程基准、重力基准等构成,它们是测绘成果的起算依据。改革开放以来,传统测绘基准体系不断升级改造,20 世纪 80 年代建立了 1980 国家大地坐标系、1985 国家高程基准、1985 国家重力基准,形成了我国第二代测绘基准体系。20 世纪 90 年代以来,我国进一步加快了测绘基准现代化建设,建立了 2000 国家重力基准和 2000 国家大地基准,区域性测绘基准体系也得到了较快发展。

1982 年,我国完成了全国一、二等天文大地网的布测和平差工作,建成了由 4.8 万个点组成的国家平面控制网,建立了 1980 国家大地坐标系,与 1954 国家大地坐标系相比,精度明显提高。

1984 年,我国建成了里程 9.3 万 km、包括 100 个环的国家一等水准网,1990 年,建成了总里程 13.6 万 km 的国家二等水准网,以上述成果为基础建成了 1985 国家高程系统,与 1956 黄海高程系统相比,密度增加、精度提高,结构更加合理。1991 年至 1999 年实施国家第二期一等水准网复测,进一步提高了 1985 国家高程系统的精度和现势性。国家高程控制网是确定地貌地物海拔高程的坐标系统,按控制等级和施测精度分为一、二、三、四等网。目前提供使用的 1985 国家高程系统共有水准点成果 114041 个,水准路线长度为 416619.1km。

1997 年,国家高精度 GPS A、B 级网建成,实现了三维地心坐标的全国覆盖,精度比 1980 国家平面控制网提高两个数量级,标志着我国空间大地网建设进入一个崭新阶段。2003 年,由 2500 个点组成的 2000 国家 GPS 大地控制网建成。2004 年,由近 5 万点组成的 2000 国家 GPS 大地控制网建成,定位精度显著提高。

2000 国家 GPS 大地控制网由原国家测绘局布设的高精度 GPS A、B 级网,原总参测绘局布设的 GPS 一、二级网,中国地震局、原总参测绘局、中国科学院、原国家测绘局共建的中国地壳运动观测网组成。通过联合处理将其归于一个坐标参考框架,形成了紧密的联系体系,可满足现代测量技术对地心坐标的需求,同时为建立我国新一代地心坐标系统打下了坚实的基础[9]。

2.2.3.2 建立和维持高精度的地心坐标系

为了表示、描绘和分析各种测量结果,必须建立统一的大地坐标系。随着大地测量学的不断发展,大地坐标系的建立和维护也随着测量工具和技术方法的完善不断取得突破性进展。尤其是20世纪90年代以来,随着空间大地测量技术的迅猛发展和GNSS的逐步完善,建立新的、高精度的地心坐标系成为可能。地心坐标系是以地球质心为原点建立的空间直角即"笛卡儿"坐标系,或以与地球质心重合的地球椭球面为基准面所建立的大地坐标系。GNSS是根据卫星在空间的位置来推算观测站点坐标的,而卫星是围绕地球质心运动的,所以由此推出的观测站点坐标是以地球质心为原点的地心坐标。

实现一个地球参考系,就是建立一个与之相应的地球参考框架。地球参考系从定义到实现需要给出理论定义和协议约定、建立地面观测台站、建立一个协议地球参考框架、建立并维持一个达到一定精度的动态地球参考框架,4步工作简述如下:

(1) 给出理论定义和协议约定,建立一个参考系时,首先应阐明其必须服从的一个基本原理,这种理论概念称为理想的参考系,即理论定义;但因地球是个形变体,地球各部分存在着相对运动,所以常采用国际协议一致的方式定义该系统的原点、尺度、空间定向和内部形变参数,这些参数及其确定理论与该基本物理框架构成了协议地球参考系(CTRS),例如国际地球自转服务(IERS)机构推荐的IERS规范,就成为建立地球参考系的各国技术处理中心共同参照采用的规范。

(2) 建立地面观测台站,用空间大地测量技术进行观测,包括GNSS、卫星激光测距(SLR)、星基多普勒轨道和无线电定位组合系统(DORIS)等。

(3) 建立一个协议地球参考框架,根据协议地球参考框架的约定,采用国际标准推荐的一组模型和常数,对观测数据进行数据处理。通过联合平差等方式解算出各观测台站在某一历元的坐标。

(4) 建立并维持一个达到一定精度的动态地球参考框架,对于影响地面台站稳定的各种形变因素进行分析处理,建立相应的时变模型,以维持该协议地球参考框架的稳定。在理想的参考架中,基本参考点的坐标应是固定的,或以一种理论上模型化了的方式运动。但地球不是刚体,地球表面和内部存在着运动和形变。如果能把这些运动和形变对点位坐标的影响精确地加以模拟并改正,就可以建立并维持一个理想的地球参考架。但是,地球的运动和形变十分复杂,我们只能在一定量级上对一些影响较大且有规律的因素加以模拟并改正,比如板块运动、地壳形变、冰期后地壳回弹、潮汐形变等,从而建立并维持一个达到一定精度的动态地球参考框架。

根据上述步骤,利用空间大地测量技术和GNSS技术,国际大地测量协会(IAG)适时向全球提供国际地球参考框架(ITRF),当前已更新到ITRF2014;世界各国也陆续更新和完善了各自的大地坐标系统及其相应的坐标框架。比如GPS的坐标系统WGS-84已更新到WGS-84(G1762)[10],GLONASS的基准PZ-90已更新到PZ-90.11,Galileo系统的参考框架已更新到GTRF18 V01。为适应全球地心坐标系统的发展趋势,2003年原国家测绘局、原总参测绘局和中国地震局形成了"2000国家GPS大地控制网",同时对原有的国家天文大地网进行了两网联合平差处理,建立了CGCS2000即"2000国家大地坐标系",并于2008年7月发布使用。

CGCS2000的定义与国际地球参考系统(ITRS)的定义一致,分两步完成:第一步,通过中国地壳运动观测网络,全国GPS一、二级网,国家GPS A、B级网和地壳运动监测网等在ITRF97框架内进行联合平差,得到约2600个GPS大地点在历元2000.0的一致坐标;第二步,通过处理中国地壳运动观测网络的10年观测数据,得到该网络1070个站的速度,进而用这些站的速度内插出其余约1500个非该网络点的速度,从而得到了CGCS2000全部框架点的速度场。

历经几十年的发展,我国现行的测绘基准基础设施陈旧和损毁严重、技术体系不完善的现实,破坏了测绘基准体系的完整性,降低了测绘基准的服务能力和成果的可用性,不能满足现代应用的需求。主要表现在:我国现行的坐标系统维持能力欠缺,未能彻底摆脱传统静态坐标系统的模式;高程基准成果现势性弱,属性成果维持难度比较大,同时高程系统局部和静态特点也不适应现代社会发展的需要,与国际高程基准的接轨以及动态维持成为难点;重力基本网的密度不够均匀,服务能力不足。因此,国家现代测绘基准体系基础设施建设工程于2012年启动,2017年5月通过了验收[11]。工程利用现代测绘空间信息技术,建设了一套地基稳定、分布合理、利于长期保存的全新测绘基准基础设施,更新了现有测绘基准成果,形成了一系列技术标准和规范,这些成果陆续在国家、省级基准服务以及行业领域得到了广泛应用。相对传统测绘基准:实现了国家大地坐标系统地心化,满足卫星导航系统坐标系与我国地图坐标系的一致性;实现了坐标系统动态更新,具备更加精确和客观描述地球自转运动科学规律的能力;统一了空间几何属性与物理属性,建立基准之间相互依存的联系;具备了测绘基准大规模数据科学运算、处理分析、存储备份的能力,初步形成全国范围实时米级/分米级精度的广域差分定位能力。基准工程具体完成了以下5个方面的内容。

(1)国家GNSS连续运行参考站网。完成210座国家卫星导航定位参考站建设(其中新建150座,改造60座),利用已有参考站150座,构成全国360座规模的卫星导航定位参考站网,形成国家大地基准框架的主体,可获得高精度、稳定、连续的观测数据,维持国家三维地心坐标框架,同时具备提供站点的精确三维坐标变化信息、实时定位和导航信息及高精度连续时频信号等的能力。

(2)国家GNSS大地控制网。建设完成2503座GNSS大地控制点,利用已有的2000座控制点,总规模达到4503座,作为国家GNSS卫星导航定位参考站的加密与补充,形成全国统一、高精度、分布合理、密度相对均匀的大地控制网,用于维持我国大地基准和大地坐标系统。

(3)国家高程控制网。建设完成26327点规模的国家一等水准网(新埋设7227点),全网路线长度12.56×10⁴km。全网包含148个环,246个节点,431条水准路线。建立全国统一、高精度、分布合理、密度相对均匀的国家高程控制网,改善局部薄弱地区的高程基准稳定性,并获取到高精度水准观测数据,全面升级和完善了我国高程基准基础设施,更新了我国高程基准成果。

(4) 国家重力基准点。在国家已有绝对重力点分布的基础上,选择50座新建卫星导航定位参考站,进行绝对重力属性测定,属性测定结果优于设计指标。实现每300km有一个绝对重力基准点,改善国家重力基准的图形结构和控制精度,形成分布合理、利于长期保存的国家重力基准的基础设施。

(5) 国家现代测绘基准管理服务系统。建设了由数据管理、数据处理分析、共享服务及全国卫星导航定位服务4个业务子系统组成的国家现代测绘基准数据中心,具备先进的现代测绘基准数据管理、处理分析和共享服务功能,有效提升和拓展了现代测绘基准成果应用服务的能力和服务范围。

基准工程建设GNSS连续运行参考站,利用其位置和速度通过内约束的方法与ITRF下对应的位置速度关联,实现我国区域参考框架的建设,并通过后验的统计检验定量分析和评估参考框架的短期和中长期稳定性,从而提供高精度的参考站时间序列以及速度场等内容的坐标框架服务。建立高精度、地心、动态、统一的现代测绘基准体系,对于提高我国测绘地理信息保障服务能力、满足经济社会发展具有重要意义[11]。

2.2.3.3 测定和精化大地水准面

大地水准面或似大地水准面是获取地理空间信息的高程基准面,过去某个国家或地区的局部高程基准面通常是由该国家或地区多年的验潮站资料确定的当地平均海平面,与真正意义上的大地水准面是不同的,传统的水准测量参考基准只是区域性大地水准面上一个特定的点,由精密水准测量建立的国家或区域性高程控制网是水准测量测定高程的参考框架。常用的高程测量方法有3种,即水准测量(几何水准测量)、三角高程测量和GNSS水准测量。GNSS技术结合高精度、高分辨力大地水准面模型,可以取代传统的水准测量方法测定正高或正常高,真正实现三维定位功能,使得平面控制网和高程控制网分离的传统大地测量模式成为历史[12]。

GNSS水准测量原理:GNSS水准测量方法是目前GNSS测量高程最常用的一种方法,它通过联测区内一定数量的高级水准点,采用一定的数值拟合方法求出测区的似大地水准面,计算出位置点的高程异常,从而求出这些GNSS点的正常高[13]。

GNSS水准测量经过近10多年来测绘界的应用实践,测量方法和测量精度不断提高,并被广泛应用于E级GNSS网的平面高程控制测量。和传统的水准测量相比较,其最大的特点是扩大了观测站距离,在5~10km的距离上,GNSS测高精度能达到三等水准测量精度水平,对于大范围的测量,测量精度能达到二等水准。对于传统的水准测量技术,在地面折射的影响下,很容易增加测量误差,而GNSS水准测量能有效避免这种现象的发生,GNSS水准测量具有全天候、全自动、测量速度快、测量精度高等特点。

1）技术模式

确定大地水准面的方法可归纳为几何方法（如天文水准、卫星测高及 GNSS 水准等）、重力学方法及几何与重力联合方法（或称组合法），如图 2.7 所示。目前，陆地局部大地水准面的精化普遍采用组合法，即以 GNSS 水准确定的高精度但分辨力较低的几何大地水准面作为控制，将重力学方法确定的高分辨力但精度较低的重力大地水准面与之拟合，以达到精化局部大地水准面的目的。先进的计算方法可以正确有效地利用不同类型的重力场相关信息和数据，但（似）大地水准面计算的最终成果的分辨力和精度主要取决于数据的质量、分辨力和精度。国内外目前在计算局部或区域（似）大地水准面中主要采用移去-恢复技术、快速傅里叶变换/快速哈达玛变换（FFT/FHT）技术、最小二乘配置法、最小二乘谱组合法及输入/输出算法等。重力大地水准面和 GNSS 水准数据的联合处理也可应用整体大地测量的方法来求解，但该方法涉及复杂的函数模型和随机模型，计算方法比较复杂，在某些地区不大适用。

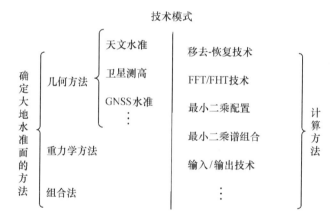

图 2.7　确定大地水准面的方法

目前省市级大地水准面的精化基于移去-恢复原理，主要采用 FFT 技术（1D/2D FFT），辅以多项式拟合法。在实际计算中通常采用分步计算方法（如 HKGEOID-2000 和 SZGEOID-2000 等），即首先应用移去-恢复原理和一维快速傅里叶变换（1D FFT）技术计算重力大地水准面，然后以高精度的 GNSS 水准数据作为控制，采用多项式拟合法或其他拟合方法将重力大地水准面拟合到由 GNSS 水准确定的几何大地水准面上，由此消除这两类大地水准面之间的系统偏差。一般说来，消除系统误差后的重力大地水准面与 GNSS 水准之间仍存在残差，这些残差包含了部分有用信息，再利用 Shepard 曲面拟合法、加权平均法及最小二乘配置等对这些剩余残差进行格网拟合，并将拟合结果与消除系统误差之后的重力大地水准面叠加，得到大地水准面的最终数值结果。计算流程如图 2.8 所示。

从应用于精化区域大地水准面的数据资料看，主要采用以下方式[14]。

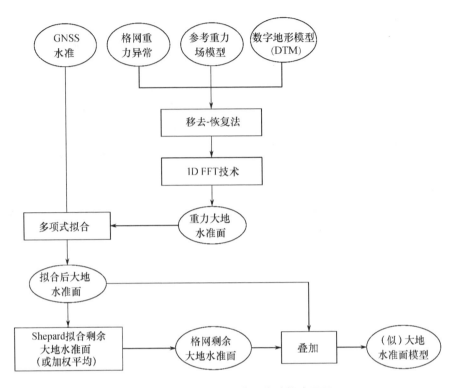

图 2.8　省市级大地水准面的计算流程图

（1）原国家测绘局已完成 1:250000 和 1:50000 数字高程模型（DEM）数据库的建设，某些省市和地区甚至完成了 1:10000 DEM 数据库的建设，因此，用于精化区域大地水准面的 DEM 主要从这些数据库中生成。

（2）收集已有的高精度 GNSS 控制点数据、水准数据、重力资料（陆地和海洋重力数据、卫星测高数据）。

（3）建立 B 级或 C 级区域 GNSS 水准网，并与国家 A 级或 B 级 GNSS 网点和一、二等水准点联测，获取高精度 GPS 水准数据，作为省市级大地水准面精化的控制。

（4）在国家重力基本网的基础上建立区域性重力基本网，加密陆地或海洋重力测量，获取高精度的陆地或海洋重力数据。

（5）选取适合本地区大地水准面精化的参考重力场模型，如 EGM96 和 WDM94 等。

2）数据处理

对于 GNSS 观测数据，需要经过特殊的处理，才能得出准确的测量结果，一般情况下，GNSS 测量得到的结果是空间直角坐标，但在实际工作中，经常以正高作为高程基准，因此，GNSS 观测数据的处理就是将空间直角坐标转换为平面坐标及高程。在测量工程中，为了得到某点的正高，不仅需要得出这个点的大地高，还需要得出这个点的大地水准面差距，由于实际测量过程中，不能准确地得出正高，但在测量过程中采用的高程系统是正常高系统,因此,需要得出这个点的大地高和高程异常,这样才能精准地得出这个点的正常高。大地高与正高、正常高之间的关系如图 2.9 所示。

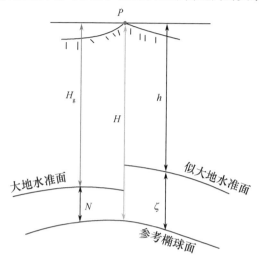

图 2.9　大地高与正高、正常高之间的关系图(见彩图)

大地高与正高之间的关系为

$$H = H_g + N \tag{2.6}$$

式中:H_g 为大地正高;N 为大地水准面至参考椭球面的距离,称为大地水准面差距。
大地高与正常高之间的关系为

$$H = h + \zeta \tag{2.7}$$

由 GNSS 测定的大地高转为正常高的关键是如何求取大地高 H 与正常高 h 之差,即高程异常 ζ。计算大地水准面差距和高程异常的方法主要是重力测量法,但一般的工程测量工作中是难以实现的,因此,需要采取其他方法。为了求出区域内多个点的高程异常,用水准测量的方法联测若干 GNSS 点的正常高公共点,根据 GNSS 所测的大地高即可求出公共点的高程异常,再利用公共点的高程异常值和平面坐标采用数值拟合的方法,拟合出该区域的似大地水准面,即可求出区域内多个点的高程异常值,并由式(2.7)计算出各点的正常高。通常称利用 GNSS 和水准测量成果确定似大地水准面的方法为 GNSS 水准法。

曲面拟合法仅是将高程异常近似看作是一定范围内各点坐标的曲面函数,用已联测水准的 GNSS 点的高程异常来拟合这一函数,在求得函数的拟合常数后,就可利用这一函数来计算其他 GNSS 点的高程异常和正常高。常用的拟合函数为二次曲面函数,其模型为

$$\zeta_k = a_0 + a_1 X_k + a_2 Y_k + a_3 X_k^2 + a_4 Y_k^2 + a_5 X_k Y_k - \varepsilon_k \tag{2.8}$$

式中:ζ_k 为高程异常;$a_0, a_1, \cdots, a_5$ 为拟合系数;X_k, Y_k 为平面坐标;ε_k 为残差。

在采用二次曲面拟合法时,一般应用 6 个以上的水准联测点,但当测区的联测水

准点少于 6 个时,可采用平面函数拟合,这时的拟合模型为

$$\zeta_k = a_0 + a_1 X_k + a_2 Y_k - \varepsilon_k \tag{2.9}$$

在实际工作中,应根据测区地理条件的不同、范围的不同等因素选择合理的拟合函数,以使测点的拟合精度达到最高。

◢ 2.3 地 籍 测 量

国务院 2008 年发布实施的《土地调查条例》规定,国家根据国民经济和社会发展需要,每 10 年进行一次全国土地调查。2017 年 10 月 16 日,国务院印发了《关于开展第三次全国土地调查的通知》,决定自 2017 年起开展第三次全国土地调查。第三次全国土地调查的对象是我国陆地国土,此次调查的主要内容包括:土地利用现状及变化情况,包括地类、位置、面积、分布等状况;土地权属及变化情况,包括土地的所有权和使用权状况;土地条件,包括土地的自然条件、社会经济条件等状况。进行土地利用现状及变化情况调查时,应当重点调查永久基本农田现状及变化情况,包括永久基本农田的数量、分布和保护状况。随着土地调查工作的陆续开展,全国许多测绘单位都或多或少地参与这项工作。

地籍调查和地籍测量是土地调查的组成部分,也是土地管理基础建设的项目之一,还是土地登记的基础。地籍调查是一项国家措施,在地籍测量工作中,利用现代测绘技术能有效提高测量的精度和速度,确定土地权属界线、面积、位置等情况,将有效、完整的相关土地资料提供给土地管理部门,为土地登记提供强而有力的依据。

随着 GNSS 技术在地籍测量技术过程中的广泛应用,在当代测绘技术体系中,GNSS 技术几乎已经覆盖到整个测量技术体系中的全部领域。GNSS 测量技术在地籍测量过程中实时获取测量数据,可以在测量工作现场完成对测量数据结果的检测,实现对后续处理负担以及返工影响的有效规避。

2.3.1 工作原理

现代测绘技术主要以全站仪及动态 GNSS 来对外业作业中的数据进行采集和解析,利用计算机和测绘软件来完成"内业"中的成图和成果输出,然后借助建库软件来完成野外数字化地籍调查成果数据的建库,同时建立数据库管理系统,相较于传统的测绘技术,现代测绘技术具有其自身的独特性,简述如下[15]。

(1)数字化程度高:利用计算机及测绘软件来对外业中所采集的数据进行处理,可以自动绘制出数字地形图,利用数字化测图不容易出现错误,而且能够自动对坐标、距离、方位和面积等数据信息进行提取,准确度较高。

(2)数据精度高:由于动态 GNSS 及全站仪具有较高的测量精度,所以在开展外业采集时,可以有效地保证数据具有较高的精度,所测量到的数据不仅可以实现自动

传输、记录、存储,而且还能够自动进行数据处理和成图,在作业全过程中,所采集到的原始数据精度不会发生变化,也不存在视距、方向、展点及绘图等方面的误差,可以有效地反映对外业测量的精度,确保了测绘成果的准确性。

(3)测绘成果更加全面:在数字测图时需要对界址点、地形、坐标地点进行测定,明确测点的属性,对测点的编码和连接信息进行记录,在成图时,需要在库中调出现测点编码一致的图形符号,在利用数字测图时,所利用的图形信息主要以定位信息、连接信息和属性信息为主,这样可以为查询和检索提供更多的便利条件。

(4)地籍测量更加灵活:在数字化测图中,测量结果分层存放,不受图面负载量的限制,便于成果的利用和更新。另外,利用数字化测图,可以有效地克服传统测图中的缺点,一旦有房屋、地籍及房产信息需要进行更新和变更时,则只需要输入相关的信息,经过数据处理后即可以实现对图形的更新和修改,确保图形具有较好的真实性和现势性。利用动态 GNSS 工作过程中,对通视性没有要求,对移动站的可升高性也没有要求的优点,可以多个流动站同时进行工作,这不仅有效地保护了环境,而且还能够节省大量人力、物力,有利于工作效率的提高,能够实现经济效益的最大化。另外数据库管理系统的应用,可以随时进行土地注册登记,地籍变更及图件、数据的输出工作,其良好的灵活性能够更好地为地籍测量工作提供优质的服务。

现代地籍测绘技术的基本框架包括 3 部分:资料分析、数据获取和数据的编辑、整理和入库。工作内容简述如下:

(1)资料分析:在进行测绘过程中要制定符合实际的操作步骤,为了加快测量进度,可以利用该地区保留的原始数据,并根据测量地区的地形地貌,选择合适的测量技术与仪器,通过对技术的选择能够满足地籍测量的技术要求。

(2)数据获取:在地籍勘测中可以选择两种获取数据途径,一是通过对原有正确的数据进行分析,如果无误可以直接应用,二是直接对该地区进行实地测量,采集数据的要求是必须获取地类数据、全要素的地形数据等内容,另外要根据建立数据库的要求进行测量。

(3)数据编辑、整理、入库:在获取数据之后首先对数据进行分析综合,然后对数据进行编辑、整理,最后建立一个数据库,根据需要建立一个地籍数据管理系统,以方便以后的查阅。

以第二次全国土地调查(城镇部分)GNSS 技术的应用为例,介绍 GNSS 技术在土地调查和地籍测量中的工作流程和工作原理,包括控制网布设、外业实施、控制网加密等内容,简述如下。

1)控制网布设

利用 GNSS 进行地籍控制网布设的原则是:①GNSS 网一般采用独立观测边构成闭合图形,如三角形、多边形或复合路线,以增加检核条件,提高网的可靠性,从而确保网的质量;②GNSS 网作为测量控制网,其相邻点间基线矢量的精度应当均匀;③GNSS点应尽量与原有地面控制点相重合,重合点一般不少于 3 个(不足时应联测),且在网中均匀分布,以利于可靠地确定 GNSS 网与地面网之间的转换参数;④GNSS网点应与水准点相重合,或在水准点附近;⑤GNSS 网应布设于视野开阔和交通便利的地方;⑥所布设的 GNSS 点应保证至少与 1 个相邻点通视,以便于导线网的布设。

根据全国第二次土地调查的相关规定以及测区具体情况,以四等 GPS 网作为首级控制网。四等 GPS 网要求最短边不短于 1km,最长边不超过 3km,平均边长为 2km 左右,最弱边相对中误差小于 1/45000。结合城镇地籍测量实际情况以及预期达到的精度要求,本着经济、实用的原则,采用分级布网的方式在城镇规划区约 15km² 内全面布设 GNSS 首级控制网,其等级确定为四等,要满足采用 RTK 技术和全站仪加密地籍测量图根点的需要。结合已有控制点资料,并考虑后期采用 RTK 和全站仪导线作业的技术要求,本次地籍控制测量共布设首级网控制点 11 个,其中原有控制点 3 个,新布设控制点 8 个,每个首级控制点可覆盖 1.5km² 半径范围,首级控制网可覆盖整个测区范围。

2)外业实施

选点:利用 GNSS 技术进行测量时,观测站之间不需要通视,图形结构也比较灵活,因此,点位选取比较简便。但综合考虑 GNSS 的观测要求、城区建筑密集的特点以及选址要便于长期保存和发展,根据 GNSS 选点的一般原则,首级控制网的点位可以主要选择在城区较高建筑物楼顶。

观测:根据 GNSS 卫星的可见预报图和 PDOP 值,选择最佳观测时段。最好选择可视卫星多于 4 颗且分布均匀,PDOP 小于 6 的时段进行观测,并编排好作业进度表。首级控制网的观测采用静态相对定位,卫星仰角 15°,时段长度 60min,每个点观测 2 个时段,采样间隔 15s。

数据处理:外业观测完成后,采用随机软件进行 GNSS 控制网的数据解算。环闭合差和重复基线的精度比较真实地反映了 GNSS 网的精度,只有在 GNSS 基线环闭合差检查都满足相关规范要求之后才能进行下一步的 GNSS 网平差工作。GNSS 网平差部分,首先要进行基于某种坐标系统下的无约束网平差,平差结果满足精度要求之后再输入已知点坐标进行约束网平差。

GNSS 网平差后所得到的坐标中误差在 X、Y 方向和高程 H 方向均要满足一定精度,比如水平方向均在 5mm 以内,高程方向均在 15mm 以内;控制网最弱边的相对中误差要符合四等 GPS 网的要求,能够满足图根控制网布设以及地形图测量的要求,可以作为地籍测量的首级控制网。

首级控制网布设过程分析:①首级控制网布设过程中网形必须有较低的 PDOP 值,其同步环、异步环、独立基线、复测基线的数量必须符合 GNSS 测量规范要求;②在数据采集过程中,应尽量根据卫星星历预报选择合理的观测时段,这可以在提高测量效率的同时提高控制网精度;③起算数据的分布与密度将直接影响 GNSS 控制网的整体精度。

高程控制方面,对地面上布设的 GNSS 控制点尽可能联测四等水准,在有足够水准点及水准点分布较均匀的情况下,对 GNSS 控制网进行水准拟合。

3) 控制网加密

控制网加密及其数据处理是关键环节之一,首级控制网布设完成之后,为方便测图,采用以 RTK 技术为主、全站仪导线测量技术为辅的方法加密图根点。RTK 加密图根测量须采用 3 台 GNSS 接收机,其中 1 台作为参考站,2 台作为流动站。首先在首级控制网点上安置参考站,设置好参考站坐标和差分数据播发通道,并且在流动站的 GNSS 手簿中事先设置好坐标系转换参数和高程面模型转换参数、图根点预设精度等。然后用三脚架将流动站安置在待求点上,按照操作步骤进行操作,屏幕上出现完成了初始化符号及提示时,开始测量。为保证 RTK 测量精度,在测量图根控制点之前,须在已布设的首级网点上进行检核,检核合格方可进行测量。每个图根点均须进行两次观测,要求两次 RTK 测量平面坐标较差不大于 2cm、高程较差不大于 5cm。

外业数据采集结束后,将存取在观测手簿中的数据导入后处理软件中,检查数据的观测质量,剔除不合格的数据。每个图根点均有两次观测结果,满足限差要求时,取均值作为最终结果导出,RTK 图根点控制测量误差平面方向和高程方向均要符合城镇土地调查设计书限差要求(平面 2cm,高程 5cm),这样就可以将其作为本例中地籍测量的图根控制点。由此可以证明 RTK 技术完全可以满足地籍测量中加密图根点的精度要求。

在部分 GNSS 信号遮挡严重的地区无法采用 RTK 观测图根点,则应在首级控制网和 RTK 图根点的基础上,利用全站仪导线测量技术布设导线图根控制点,从而完成整个地籍控制网的布设。

在控制网加密过程中,选择点位时应该保证尽量不要在建筑物附近,根据实际测量经验,如果所选点距一栋三层楼(或高于三层楼的建筑)2m 以内,那么在观测中无法达到 GNSS 测量所要求的精度,选点失败,如果是在城区进行选点,尽量在马路中线附近选点,测量效果较理想,观测卫星数量多,且所选点方便查找,不易破坏。另外,在测区内,同一个点,在下午 5 点至 8 点测量比在白天其他时段测量时所得的观测卫星的数量要多,这个时段观测效果较好,由此得出的结论是观测过程中合理选择观测时段,利用某时段经过测区卫星的数量较多,可以高效地完成测量任务[16]。

2.3.2 系统方案

土地调查的实施始终与现代测绘技术密不可分。GNSS 定位技术、全站仪测量技术、遥感技术等在土地调查中已有广泛而深入的应用。全面的土地调查工作任务重、成本高,第二次全国土地调查历时 3 年,仅中央政府投入调查经费已达 21 亿元,地方各级财政批复 130 亿元,两者相加超过了 150 亿元。第三次全国土地调查在 2018 年 1 月至 2019 年 6 月组织开展实地调查和数据库建设,调查对象较之第二次全国土地调查,多了自然资源(水域、森林、草原、湿地)、城市开发边界和生态红线的调查,有专家预测第三次全国土地调查投入预估 130 亿元。相比第二次调查,任务多经费少,因此积极探索新技术以提高土地调查的效率,降低土地调查的成本已成为当前科技工作者的重要任务。

例如,中海达公司外业采集方案是基于 Android 平台研发,通过 GNSS、通信基站、连续运行参考站(CORS)实现高精度定位,为调查人员提供便利的现场作业工具。系统提供任务管理模式,支持手绘、拍照举证、随记,实现第三次土地调查土地利用分类的快速标绘,大幅提高细化调查、核查效率。中海达公司根据第三次全国土地调查试点的相关规范,依托自身在北斗高精度、测绘及地理信息系统(GIS)行业的十多年经验积累,针对全国第三次土地调查外业使用的应用场景,设计了一体式和分体式两种方案,实现第三次国土调查外业采集、调绘、举证、编辑、成图、入库等一体化工作。武大吉奥(GeoStar)公司全国第三次土地调查方案的主要特色是北斗高精度、工业级三防设备,能够达到厘米级定位精度,满足野外测量的需要。

在土地调查中,全球卫星导航系统/便携式计算机(GNSS/PDA)集成技术,因其精度高、效率高、成本低的优势,引起了广大科技工作者的极大重视,并成为研究热点,具有广阔的应用前景。文献[17]给出了这种集成技术在第二次土地调查中的应用情况。

1)GNSS/PDA 技术

基于 GNSS/PDA 技术的土地调查信息采集与处理系统是一种集成 GNSS、PDA、GIS、RS(遥感)和 GPRS(通用分组无线服务)等技术进行土地调查,从而更新数据库的作业系统。将土地利用现状信息与遥感信息集成到 PDA 上,借助卫星定位及其他辅助手段,由土地调查人员在现场对变化图斑的几何信息和属性信息进行采集和记录,经编辑处理后返回到初始数据库,即可实现土地利用现状数据库的更新。

2)系统组成

系统的硬件包括计算机、GNSS 接收机、天线、PDA、固定或车载基站。基站通过互联网及无线公网为外业调查设备提供差分改正数据,从而保证 GNSS 定位的精度。系统软件包括 GNSS/PDA 野外土地调查作业系统和内业 GIS 数据处理软件。GNSS 接收机用于实时采集空间点位信息,PDA 上安装了相应的土地调查变更软件。该软件具有良好的图形显示和交互操作的特性,可以实现即测即显,记录变更图斑的空间几何信息及属性信息,现场编辑相关数据。

3)系统功能

基于 GNSS/PDA 技术的土地调查信息采集与处理系统能提供以下功能:存储调查区域的代码、地类代码体系;设置 GNSS 数据接收参数、图形显示方式;实现工作底图的导入、显示、编辑等功能;实现视图的放大、缩小、移动、查询等功能;实现 GNSS 接收数据的坐标解算、转换,以及原始数据、记录数据、解算数据的传输;实现记录数据格式与土地标准数据格式之间的转换。

4）作业流程

对最新的土地利用现状数据库及影像资料进行预处理,生成外业调查底图,导入PDA,并以矢量形式显示在 PDA 界面上,如图 2.10 所示。对于通过人工判读、解译、边界仍不清楚、地类仍不明确的图斑,须现场核实调查地块,确认调查地块的边界。利用 GNSS 接收机、PDA,在特征点上逐一定位、现场构图、录入属性。将 PDA 上记录的图斑位置信息和属性信息导入到计算机内,再用 GIS 数据处理软件对外业数据进行整理后,编辑处理。数据合格后再进行数据库更新、统计汇总、存盘上报。

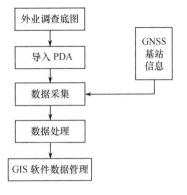

图 2.10　GNSS/PDA
系统作业流程图

利用 RTK 技术和专业测图软件开展地籍测量,应当在测量过程中配备相对应的绘图以及图像编辑软件。RTK 技术具有精度高、快速、实时、有效距离远等技术优点,在很大程度上可以有效减少测量控制点并且实现对测量工作效率的提升。RTK 接收机 + 便携计算机 + 全站仪 + 测试软件的地籍测量技术系统能够比较顺利地实现对地籍测量信息的全天候、高效以及无障碍快速采集技术目标[18]。

5）GNSS 地籍测量模式

GNSS 本身就是现代测绘技术的一种标志。在现代地籍测量中主要用 GNSS 控制整个测区,以满足精度的需要。随着 RTK 技术的迅速发展,RTK 技术几乎覆盖整个测量领域。RTK 差分定位技术是一种高效的定位技术,RTK 系统由一个基准站、若干个流动站及数据处理系统 3 部分组成。RTK 系统结构如图 2.11 所示,RTK 系统数据流程如图 2.12 所示。

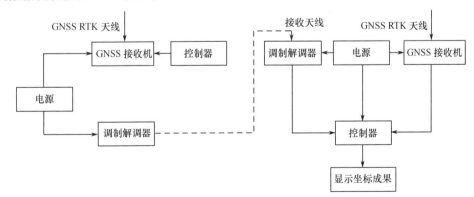

图 2.11　RTK 系统结构

RTK 关键技术主要是快速准确地求解整周模糊度,保证数据通信链路的优质完好,实现高波特率传输的高可靠性和强抗干扰性。RTK 系统要求参考站和流动站应

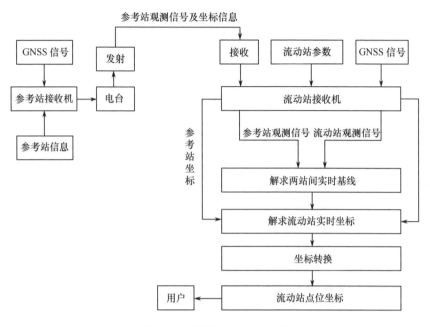

图 2.12　RTK 系统数据流程

确保同时接收 5 颗以上 GNSS 卫星信号和参考站发出的差分信号,而且要求连续接收 GNSS 卫星信号和参考站发出的差分信号,即流动站要保持对卫星连续跟踪,不能失锁,否则 RTK 系统须重新初始化。

GNSS + RTK 测量模式能实时地获取地籍要素坐标信息(实验证明可以得到厘米级甚至更高精度),能够在满足地籍测量高精度的前提下,在作业现场提供经过检验的测量成果,摆脱后处理的负担和外业返工的困扰。GNSS + RTK 技术主要有以下两种方式[19]。

1) GNSS RTK 接收机 + 测图软件

利用 RTK 接收机在野外实地测量各种地籍要素数据,经过 GNSS 数据处理软件进行预处理,按相应的格式存储在数据文件中,同时配绘制测量草图,供测图软件进行编辑成图。RTK 接收机是一种实时、快速、高精度的远距离数据采集设备。其显著的优点是控制点大大减少,测量效率大大提高。其缺点是必须绘制测量草图,一些无线电死角和卫星信号死角无法采集数据,必须用全站仪进行补充。

2) GNSS RTK 接收机 + 全站仪 + 便携式计算机 + 测图软件

克服集中数字测量模式的缺点,发挥各自的优点,可适应任何地形环境条件和任意比例尺地籍图的测绘,实现全天候无障碍、快速、高精度、高效的内外业一体化采集地籍信息。

GNSS 的应用涉及控制测量和高精度的大地测量各个领域。GNSS 的 RTK 定位模式,以实时、快速、操作简单及精度高而著称,使 GNSS 的应用领域更加扩大,精度也越来越高。RTK 测量技术可以不布设备级控制点,仅依据一定数量的基准控制点,便可以高精度并快速地测定界址点、地形点、地物点的坐标,利用测图软件还可以在野外一次测绘成电子地图,然后通过计算机和绘图仪、打印机输出各种比例尺的图件[20]。

2.3.3 典型应用

在全国第二次土地调查中,采用了瑞士 Leica 双频 RTK 实时动态作业系统,标称精度水平为 1×10^{-6} cm,垂直为 2×10^{-6} cm。系统由参考站、流动站、数据处理系统 3 部分构成。参考站由 Leica 双频 GPS 接收机、导航信号接收天线、数据电台、差分信号接收天线、电源、脚架等部分组成,用于接收卫星信号和实时传送数据链信号。流动站由 Leica 双频 GPS 接收机、导航信号接收天线、电子手簿、数据电台、差分信号接收天线、电源和背包等部分组成,用于接收卫星和参考站发来的信号,并进行实时处理。数据处理系统包括应用软件(Leica Geo Office Combined 软件、大地测量数据处理软件、南方测绘 CASS 软件)、打印机、绘图仪等。

在地籍测量工程中,为了提高作业效率和工程进度,首先利用 RTK 技术进行图根控制测量,在整个带状区域中,在已知的高等级 GPS 控制点基础上加密布设 RTK 图根控制点,以便进行碎步测量时使用。在局部地区障碍物较多,数据链不能正常传输,RTK 信号不稳定时,采用了 RTK 与全站仪结合的方式完成,可以使野外施工比较简单,而且定位精度高、速度快。

为了检测 RTK 的平面和测高精度能否满足地籍测量的实际需要和技术要求,保证测量数据精度的可靠性,文献[20]在全国第二次土地调查地籍测量中利用 RTK 技术检测了部分已知 GPS 控制点,检测结果如表 2.1 和表 2.2 所列。

表 2.1　检测结果　　　　　　　　　　　　　　　　　　单位:m

点名		X	Y	H	ΔS
G01	理论	598106.81	501428.24	90.78	
	实测	598106.77	501428.21	90.76	0.03
	差值	0.04	0.03	0.02	
G02	理论	597895.59	499931.95	88.87	
	实测	597895.55	499931.90	88.85	0.04
	差值	0.04	0.05	0.02	
G03	理论	595942.64	498576.60	111.87	
	实测	595942.60	498576.65	111.88	0.03
	差值	0.04	0.05	0.01	
G04	理论	593969.99	503949.54	56.45	
	实测	593970.00	503949.51	56.42	0.03
	差值	0.01	0.03	0.03	

表 2.2　点位精度统计　　　　　　　　　　　　单位:m

点位误差	最大值	最小值	平均值
MX	0.04	0.01	0.031
MY	0.05	0.03	0.036
MH	0.04	0.01	0.023

从表 2.1 数据检测结果可以看出,Leica RTK 的定位精度较高,确保了 RTK 测量点成果的可靠性,可以满足工程的技术要求,经过精度分析,还得出如下一些结论。

(1) GNSS 接收到的卫星数目越少,测量结果标准差越大,但只要能接收到 5 颗以上卫星,得出的固定解就能达到仪器的标称精度。

(2) 数据链信号链接收半径在 5km 范围内保持了较高精度,5km 以外的测量结果误差明显增大。

(3) 当 PDOP < 2 时,观测结果精度可靠;当 PDOP > 4 时,标准差明显增大,对点位精度有一定影响。

RTK 定位通过载波相位和星历数据来确定地面点的三维坐标,其误差主要来源于卫星星历误差、同仪器和信号干扰有关的误差、信号的传播过程和同距离有关的误差。RTK 定位误差可以通过各种校正方法予以削弱,同距离有关的误差将随移动站到参考站距离的增大而加大,可通过多参考站技术消除,主要减小了轨道误差、电离层引起的电磁波传播延迟产生的误差、对流层误差。同仪器和信号干扰有关的误差主要通过天线检验校正、参考站选择在地形开阔和不具反射面的点位、远离干扰源等方法来减小。

应用 RTK 测量时,在平坦地区 5km 范围内,一般都能顺利而且快速进行测量。但参考站的发射天线和流动站的接收天线由于障碍物阻隔不在可视距离的某些地区,如果数据链不能正常传输(即使能同时接收到 5 颗以上导航卫星信号),则难以成功进行 RTK 测量。与静态 GNSS 测量相比,RTK 测量会出现异常值的情况,为了有效地提高 RTK 定位精度和保证测量成果的有效性,在使用中采取下列一些解决方法。

(1) RTK 参考站设置在 RTK 有效测区中央最高的控制点上,以利于接收卫星信号和数据链信号,控制点间距离小于 RTK 有效作业半径的 2/3。

(2) RTK 流动站在测量流动点前,要在施测范围内检核一些高精度的控制点或已测过的 RTK 点,经过比较确认无误后才进行测量。

(3) 尽量提高参考站和流动站天线的架设调度,流动站天线可采用长垂准杆架设以保证成果精度。

(4) 在大于 5km 的距离,数据链信号强度不足时,移动参考站,缩短各流动点到参考站的距离,有地形、地物遮挡时,另增设中间站。

(5) 选择作业时段进行 RTK 测量,一般中午时间段卫星信号弱,不宜进行 RTK

测量,按照卫星星历计划预报表,利用良好时段进行 RTK 测量,不仅效率快,而且精度高。

2.4　桥梁形变监测

我国已经建设了一批特大型斜拉桥和悬索桥,如江阴长江大桥(悬索桥,主跨1385m)、香港青马大桥(悬索桥,主跨 1377m)、苏通长江大桥(斜拉桥,主跨 1088m)等,大跨度桥梁作为交通网络的重要连接,属于重大工程结构,在经济建设中发挥着重要作用。重大工程结构的使用期一般都长达几十年,甚至上百年,因此,要求结构在使用中能够保证自身的安全性、完整性、耐久性和适用性。大跨度桥梁事故中,设计不合理为事故诱因的情况很少,真正导致桥梁结构发生破坏和功能退化的原因,除了人为因素(劣质工程,如四川綦江彩虹桥等)外,更多的是外界因素,如:车辆超载及车辆行驶过程中产生的动应力载荷的作用;日照、突然温度变化,由于自身约束作用,导致局部拉应力较大,出现裂缝;风载荷造成的颤振(桥梁结构在气动力、弹性力和惯性力耦合作用下产生的一种振动),导致桥梁倒塌;缆索振动使相邻斜拉锁碰撞,护层受到破损,斜拉锁末端紧固件产生疲劳损伤,导致减振器破坏,威胁桥梁安全;抖振(桥梁结构在风湍流的作用下的一种强迫振动)导致结构的局部疲劳,影响行人和车辆行驶的安全性,美国 Tcoma 悬索桥 1940 年就是因强风抖振造成风毁事故[21-22]。

近年来,特大桥梁等超大空间结构基础设施的需求十分旺盛,这是我国大跨度空间结构领域面临的巨大机遇,同时也存在着较大风险,大跨度桥梁无论是在施工还是在使用中都出现过重大的安全事故,如 1999 年我国四川綦江彩虹大桥事件、宁波大桥事件,2000 年台湾高屏大桥事故,2005 年福建三明市混凝土大拱桥坍塌等。因此,与特大桥梁密切相关的监测与分析工作就面临巨大的发展机遇和紧迫需求[23]。

由于正常的以及非正常的载荷作用导致桥梁出现了不同程度的损坏,为保证桥梁的安全运营,桥梁的健康监测已经成为桥梁运营及管理阶段的主要任务之一。桥梁在考虑变形的情况下可视为一个动态系统,是由相互联系的各个部分组成的有机整体,系统整体性要求在分析监测对象时应有整体的观念,从整体掌握各个部分、各个点的变形。因此,空间多点同时的整体变形分析与变形预报应运而生。大型桥梁常常具有两种特征的变形,如由于基础沉降、桥梁的断裂以及索力的松弛等造成的长期(永久)变形,另一种是由于风、温度、潮汐、地震以及交通等引起的短期变形。长期变形是不可恢复的,而短期的变形在外力消失的时候桥梁是可以恢复到施加外力以前的状态的(除非外力载荷超过了桥梁自身所能承受的极限值,那么将会产生损伤或者永久的变形),所以短期变形被称为挠度变形。短期变形又可分为静态(或者准静态)成分和动态成分两种:静态成分比如某个时间段的均值,它是由于温度、行车载荷及持续风力等因素所引起的缓慢的接近于静态的变化;动态成分是由于桥梁自身结构在地震、风载荷及行车载荷等环境因素激发下产生的微小振动。对于桥梁的静态成分,传统的加速度计等传感器是无能为力的,然而 GNSS 却可以兼顾桥梁变形的静态成分以及动态成分,从而可以全面地反映桥梁变形的特性。

桥梁变形监测是对桥梁关键典型位置测点在空间三维几何位置上变化的测量,涉及桥梁变形区域的划分,观测项目的选定,观测精度的确定,观测仪器和方法的选择,参考点、观测点及监测控制网建设,观测频率及观测时段选择等内容,由此可以分析和评价桥梁的安全状态,研究变形规律和预报变形。桥梁几何线形监测主要指结构静态的变形,包括主梁线形(挠度和转角)、拱轴线形、索塔轴线、墩台变位(倾斜、沉降)等。混凝土徐变、温度变化等都会引起桥梁各部分轴线位置的变化,如果对设计位置的偏离超过规定值,则桥梁的应力分布甚至行车性能就会受到影响。因此,梁轴线、拱轴线或斜拉桥和悬索桥的主梁、索塔的轴线位置是衡量桥梁是否处于健康状态的重要指标。

当前桥梁挠度变形观测的方法有很多种,传统方法大体上可分为接触式和非接触式两类。前者以仪器或仪表与被观测变形点直接接触,读取形变量,常见的有简易挠度计法、百分表法等。这类方法的优点是设备简单、精度可靠、可以多点检测,缺点是准备工作时间过长,人力、物力耗费大,布设繁杂,安装不方便,如桥下有水或遇到跨线桥、跨越峡谷等的高桥则无法采用。因此,目前这类方法在桥梁挠度变形观测的工程中已很少采用。后一类方法以仪器或仪表与被观测变形点之间不直接接触,通过仪器观测安置在变形点上的目标装置从而间接测出变形量的方法,比较常见的有连通管法、桥梁动挠度惯性测量法、激光图像挠度测量法、倾角仪法、水准仪法、全站仪法等。其中:桥梁动挠度惯性测量法和激光图像挠度测量法基本上还处于试验与研究阶段,在目前的实际工程中的应用比较少;连通管法、倾角仪法、水准仪法、全站仪法则由于测点布设方便、操作简单、精度可靠而被广泛采用,但连通管法对于相对高差较大的挠度变形测量难度较大,全站仪法容易受到大雾等天气环境影响难以保证通视而无法测量,水准仪法对于纵坡较大和测程太远等情况无法适应。

传统桥梁形变方法简单,技术十分成熟,但存在着各测点之间时间不同步问题,不能满足实时监测的要求,不利于桥梁的变形监测。变形分析方法只是针对单点或单个时间序列进行,不能利用监测点之间相互联系的信息,给桥梁变形特性的分析带来困难。GNSS 技术不受天气影响、采样率高、可以全天时同时自动测量多个测点,测点间无需保持通视,可以实现各测点的时间同步,能够实时监测结构三维变形,是桥梁变形监测的新方法。在大型构件的变形监测中,GNSS 以其在静态相对定位过程中的高精度、高效率、全天候、不需通视等优点,已逐渐取代了常规的三角、三边、边角等传统测量方法,并在理论、实践中取得了可喜的成果[24-25]。

文献[26]研究结果表明,对于大型桥梁变形监测,GNSS 监测方法比传统的大地测量方法无论在速度、效率、精度等方面都具有很大的优势。但需要注意的是,GNSS 监测方法的水平位移精度较高,垂直位移精度相对较低,因此,在进行大型桥梁沉降位移监测时,往往需要结合其他方式,如水准测量、干涉合成孔径雷达(InSAR)、近景摄影测量、智能全站仪等进行联合监测,今后应针对大型桥梁的特点,进一步对多种变形监测技术集成、变形监测综合系统和实时分析系统等内容进行深入研究。美国奥斯汀德克萨斯大学应用研究实验室利用 GPS 开展建筑物形变监测试验,一系列试验的研究结果表明可以利用 GPS 实施大型桥梁形变监测。卫星定位单点形变监测方法已取代了传统的三角、三边、边角等测量方法,RTK 定位精度达到厘米级,短距离变形监测的精度可达毫米级,采样率 10 ~ 20Hz。采用事后差分处理技术后,卫星导航系统静态定位精度可达到毫米级,定位精度可以满足公路桥梁沉降和摆动监测、公路高边坡表面位移监测等一些交通基础设施的变形监测需求。基于静态高精度卫星导航定位技术的变形监测系统主要有如下优势。

(1)安装简单,不需要预埋,可在已经建成的桥梁和高边坡中安装。

(2)可靠性高、易于维修。一般卫星导航接收机的使用寿命都在 5 年以上,损坏后可以维修。一般的位移传感器使用寿命多在 2 ~ 3 年之间,由于要埋入结构中,损坏后无法维修。

(3)受天气条件影响小。卫星导航信号受雨衰、温度等气候影响很小,只要接收机防护得当,监测系统可全天候、全天时工作。其他传感器容易受温度、湿度等影响,导致较大的数据误差。

此外,在变形监测时最重要的是变形监测中所测量的同一监测点不同观测时刻坐标的差值,而不是监测点本身的坐标。监测中所含共同的系统误差虽会影响观测时刻的坐标值,却不影响不同时刻之间的差值,即变形值。卫星导航技术变形监测中,接收机天线的对中误差、整平误差、定向误差、量取天线高的误差等并不影响变形监测的结果,只要天线在监测过程中能保持固定不变即可。同样,变形监测网的起始坐标的误差、数据处理中的误差、卫星信号大气层传播误差(电离层延迟、对流层延迟、多路径误差等)中的公共部分的影响也可被消除或减弱。

根据监测对象的特点,利用 GNSS 技术开展桥梁变形监测有 3 种不同作业模式:周期性重复测量、固定连续卫星导航监测站阵列和实时动态监测。第一种是最常用的,每一个周期测量测点之间的相对位置(类似于控制测量),通过计算两个观测周期之间相对位置的变化来测定变形,数据处理方式是静态相对定位。第二种方式是在一些重点和关键地区(如地震活跃区、滑坡危险地段)布设永久卫星导航观测站,在这些观测站上连续观测,数据传输到数据处理中心处理。由于大桥变形缓慢,因此在数据处理时,几分钟甚至几十分钟的观测数据可作为一组,用静态相对定位方式处理。第三种主要是实时监测工程建筑物的动态变形,如大桥在荷载作用下的快速变形,这种测量的特点是采样密度高,例如 1s 甚至 0.1s 采样一次,而且要计算每个历元的位置。对于前两种监测模式采用的是传统的静态或快速静态卫星定位处理模式,数据结果稳定可靠,但只能满足于相邻两次观测变形量小且变形缓慢的情况,而对于桥梁和高层建筑的振动监测以及快速的滑坡监测就无能为力,对于第三种监测模式的数据处理方法目前还不成熟,目前的商业软件中对于每个历元给出位置的方法在观测开始后有几分钟的初始化过程,即用几分钟观测数据解算整周模糊度,然后用已求得的整周模糊度计算每一历元接收机的位置。

清华大学过静珺教授在虎门大桥首次采用 GPS RTK 技术监测桥梁变形的动态变化,虎门大桥处于热带风暴多发地区,大桥索塔高 147.55m,是珠江三角洲陆路交通的联系枢纽。为了监测到台风、地震、车载及温度变化对桥梁位移产生的影响,了解掌握大桥的安全特性,采用了 7 台 GPS 接收机测量悬索桥关键点的三维位移[27],测量结果表明应用 GPS 可以监测虎门大桥桥身和桥塔实时位移变形量,推算其相应构件的应力,结合风力效应、温度效应、交通荷载效应等的分析,可以有效评估桥梁结构的健康状态。过静珺教授研制了适用于桥梁监测的 HC-5 高精度接收机,研发了北斗/GPS/GLONASS 三系统八频点导航信号联合解算 RTK 算法、单历元算法和三系统八频静态基线自动处理软件,实时监测了大桥变形,前两种算法平面精度 10mm、高程精度 15～20mm,可用于桥梁桥面变形监测,特别是对风荷载、车载、温度变化引起的桥梁变形快、幅度变形大的监测。后一种 2h 观测数据,经过处理平面精度 1～2mm、高程精度 4～5mm,可用于桥塔、桥墩缓慢、微小变形。

卫星导航定位技术在变形监测中得到了大量应用,成为一种新的很有前途的变形监测方法。不足之处主要有三个方面:①点位选择的自由度较低,为保证卫星导航测量的定位精度,在卫星导航测量规范中对监测站的选择做出了一系列的规定,如监测站周围仰角 15° 以上不允许存在成片的障碍物,监测站离大型发电机、变压器、高压线及微波信号发射台、转播台等有一定的距离(例如 200～400m),监测站周围也不允许有房屋、围墙、广告牌、大面积水域等信号反射物,以避免多路径干扰等误差。在变形监测中,监测点的位置通常是由业主单位依据大坝、桥梁、大型厂房等的建筑结构和受力情况而确定,或由地质人员依据滑坡、断层等地质构造而定,变动的余地很小。②从整体上讲观测条件往往较差,如在长江三峡进行滑坡监测时,视场往往很狭窄,卫星遮挡严重。在大坝上进行变形监测时,由于大坝的一侧为大水库而另一侧为山地,自然地理环境和植被等的明显差别往往会导致大坝两侧的大气状况(温度、湿度等)产生明显的差异,从而影响对流层延迟改正的精度。③函数关系复杂,误差源多,与正倒垂法等变形监测技术相比,卫星导航定位的函数关系复杂,涉及的误差源较多。在卫星导航定位中参考站和变形监测点间的坐标差是依据两站的载波相位观测值和卫星星历经过复杂的计算后而求得的。定位结果受卫星星历误差、卫星钟钟差和接收机钟钟差、对流层延迟、电离层延迟、多路径误差、接收机测量噪声以及数据处理软件本身的质量等多种因素的影响。在数据处理过程中,还需要解决周跳的探测及修复、整周模糊度的确定等一系列问题,其中任一环节处理不好就将影响最终的监测精度。此外,接收机天线相位中心的准确度和稳定度也会影响卫星导航定位精度,目前利用 GNSS 进行变形监测的最好精度约为 0.5mm,这一精度还难以满足特种工程测量的精度要求[28]。

2.4.1 工作原理

桥梁变形监测的内容主要包括水平位移监测、垂直位移监测、挠度监测、倾斜监测、裂缝监测。桥梁变形监测的特点是重复监测,监测精度的要求较高,综合应用各种监测方法、严密的数据处理方法及多学科的配合等。由于形变随时间变化,所以要求对桥梁进行周期性的重复监测,其重复监测周期取决于变形的大小、速度以及监测的目的。

桥梁整体变形监测利用卫星导航系统的定位功能,监测桥梁关键部位的变形,并综合其他传感器信息,实现对桥梁在各种环境与运营条件下跨梁的扰度、桥面的振动、关键桥墩的倾斜等参数的实时自动监测、存储和查询。对大桥关键部位应力多级预警,并通过对监测数据的分析处理实现结构异常情况的自动诊断。通过评估桥梁的健康状态,为运营养护部门提供桥梁健康状态信息,为桥梁的日常检测、维护提供依据。

一般利用 RTK 技术获取桥梁关键部位监测点的变形数据,监测点的接收机与参考站的接收机选择接收相同卫星播发的导航信号,监测点的接收机同时接收参考站实时给出的差分改正数,给出每一时刻的三维空间坐标,并以一定的采样频率发送到桥梁形变监控中心,数据处理中心根据不同时刻观测点的三维空间坐标变化,获得观测点形变的毫米级三维变形量,并通过数据处理软件作进一步处理与分析,得到桥梁监测点在特定方向上的位移、转角等参数。

根据观测点在同一时间段内的三维空间坐标,可以通过直接比较坐标值的变化来获得桥梁的变形信息,也可以采用最小二乘曲线拟合方法,对每个观测点的任一坐标矢量值建立观测时间段内的位移与时间的函数关系曲线,进而获得各观测点在任意时刻(观测期内)的变形数据。桥梁的整体变形则是通过获得监测时间段内的任意时刻各变形特征点变形来体现的。

例如,杭州湾跨海大桥是一座横跨中国杭州湾海域的跨海大桥,它北起浙江嘉兴,南至宁波慈溪,全长 36km。针对工程建设点多、面广、线长,加上 S 状的桥型设计等特点,大桥指挥部在南北两岸和海中 B 平台上建立了 3 个连续运行的 GPS 参考站,保证在桥位区内任何一点离某一参考站的距离均小于 13km,从而使得参考站 GPS 数据完整、可靠地覆盖整个工程区域,在桥位区内任何位置都能实现厘米级实时测量,同时也为大桥南北两岸建立了长期的位移监测基准数据。各参考站将其获取的 GPS 原始观测数据及工况信息传送至数据处理及监控中心,由数据处理及监控中心负责监视各参考站的工作状态,并对数据进行处理,完成对参考站站址稳定性、设备工作可靠性的实时监测,并通过数据共享系统,向授权用户提供数据共享及高精度的 GPS 静态定位服务。杭州湾跨海大桥连续运行监测系统广泛应用于桥梁附属设施施工、桥梁基础施工、GPS 打桩定位以及桥梁实时动态变形监测中,而且在成功应用和实践中形成的规程和细则,也填补了中国桥梁建设在这一方面的空白[29]。

2.4.2 系统方案

桥梁形变监测系统一般是由多种传感器组成的实时数据采集系统、数据传输系统、系统管理与控制中心、数据处理与分析中心、健全监测评价几部分组成,如图2.13所示。监测传感器有加速度计、应变监测传感器、卫星导航接收机等;参考站接收机天线墩应选在桥梁附近结构坚固、不易沉降和变形、周围无电磁干扰的地方。监测接收机天线墩位置应根据桥梁设计特点,在桥梁结构受力变形大的地方。数据传输通常采用光纤通信。系统管理和控制中心主要完成数据采集、存储、处理、分析和系统管理等任务。系统能对桥梁状况进行自动化监测、分析,为桥梁专家对桥梁健康进行评价提供依据。

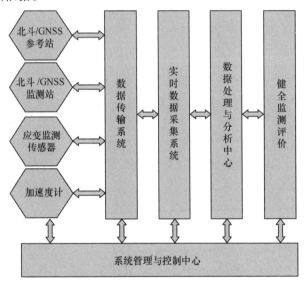

图2.13 桥梁形变监测系统组成

卫星导航监测系统一般由参考站、监测站、通信系统和监控中心组成。在利用卫星导航技术进行桥梁变形观测中,为了提高观测精度,必须采用载波相位实时差分技术测量监测点的变形。参考站的位置选择和布置工作相当重要,是一项关系到测量结果能否准确、可靠地反映桥梁变形情况的工作。

参考站作为基线的起算点,需为监测站提供精确的位置和地方转换参数,因此参考站必须建立在基础十分稳定的位置,同时,通过定期观测参考站的沉降对参考站参数进行修正。由于卫星导航参考站和测点间不需共视,只需保证各卫星导航接收机能接受到4个以上卫星信号、卫星导航参考站和测点间距离不超过10km,通过事后差分技术就可以保证较高测量精度$(1 + 0.5 \times 10^{-6})$mm,故可以把卫星导航参考站选在远离桥梁的地方,从而保证数据的准确度[30]。

利用卫星导航系统定位功能进行大桥变形监测主要有2种方法:①安装卫星导

航接收机,人工定期逐点采集数据,不能实现自动化,不能连续监测大桥变形;②在每个监测点上都安置一台卫星导航接收机,实现全天候、全自动化监测,也称为长期连续运行的卫星导航变形监测系统。实施步骤如下:①根据监测对象和监测内容,分析选择观测点,然后到现场踏勘,确保所选观测点位满足 GNSS 野外观测所具备的条件,考虑到监测的有效性和经济性,应优化测量点位布置,最终确定观测点;②观测时段和周期设计;③根据实验要求和要施测点位分布,确定接收机数量和施测方案;④数据解算;⑤利用图表或软件等方式对测试结果进行数据统计分析。

2.4.3　典型应用

目前国内外利用卫星导航技术监测桥梁形变的方案基本一致,下面引用文献[31]相关内容,简要说明如何利用卫星导航技术监测桥梁形变。上海市区南浦大桥于1991 年 11 月建成,总长 8346m,其中主桥全长 846m,引桥全长 7500m。主桥为一跨过江的双塔双索面叠合梁结构斜拉桥,两岸各设一座 150m 高的"H"形钢筋混凝土塔,桥塔两侧各以 22 对钢索连接主梁索面,呈扇形分布。桥下可通行 5 万吨级巨轮。主桥总宽度 30.35m,设置机动车道 6 条,两侧各设 2m 宽的观光人行道。浦西引桥长3754m,以复曲线呈螺旋形、上下二环分岔衔接中山南路和陆家浜路。浦东引桥长3746m,采用复曲线呈长圆形,与浦东南路相连并直通杨高路。

南浦大桥形变 GPS 动态监测试验采用环境激励法,利用地脉动、风载及行车载荷等随机环境因素作为输入,直接获取结构的动态响应来进行结构的频谱及模态分析。该法较工程常用的强迫振动法的优势在于不需要额外的激振设备,不影响交通以及适用于桥梁的在线健康监测,因而可以简化动态监测试验的程序以及降低用于激振设备的费用,缺点是输入能量可能过小,有时不能激发感兴趣的高阶模态振动。

由于单频接收机存在动态模糊度求解困难问题,所以一般采用双频接收机监测桥梁形变。南浦大桥形变监测系统 GPS 接收机的位置及编号如图 2.14 所示。总共14 台仪器,其中:3 台 Leica SR530 接收机,1 台位于参考站 2(Ref2),另外 2 台置于3 号和 4 号点;1 台 Trimble5700 接收机,位于参考站 1(Ref1);4 台 Thales Z-max 接收机,分别位于 1,2,8,9 号点;6 台 Ashtech Z-xtreme 接收机,分别位于 5,6,7,10,11,12号点。

试验采用两个参考站,距离 3m 左右,位于离桥梁大约 300m 的一座 7 层建筑物的楼顶,楼顶视野开阔,附近无遮挡物及干涉源。采用距离很近的两个参考站基于两点考虑:①对解算的数据可以进行检核以及在一个参考站出现问题的时候不至于整个观测时段作废;②可以评估参考站的多路径效应的影响程度,从而通过数据处理的方式削弱参考站多路径效应对测点的坐标精度的影响。桥面测点采用自制的托架使GPS 天线和桥面护栏固联,塔顶测点考虑到塔顶的构造特点,为了 GPS 天线能有开阔的视野,采用改装的花杆把 GPS 天线和护栏固联,这样使 GPS 天线与桥梁成为一

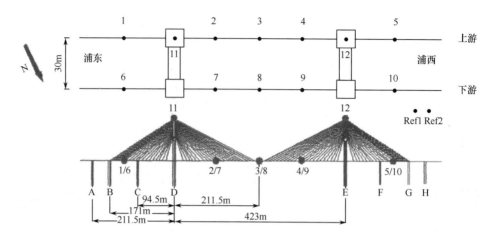

图 2.14　南浦大桥形变监测系统 GPS 接收机的位置及编号

个整体,从而 GPS 天线中心的位移就可以代表桥梁的位移[31-32]。

关于桥面整体变形信息的测量方案,重庆市勘测院的余成江和龙勇在文献[33]中给出了说明:先提取各观测点在监测时间段内测量高程数据,经最小二乘拟合建立高程与时间的时程函数,并绘制出各个监测点的变形图形,达到可视化的效果。然后由不同监测点在观察时段内的拟合多项式,对观测数据进行内插处理,得出同一时刻不同监测点的变形信息。由某一时刻桥梁不同监测点的变形信息,获得桥梁整体性变形信息。在监测时间段内,可对两个监测点的时程函数进行插值,获得任意时刻的变形数据,从插值结果可以识别相对于首时刻测点的最大负向(下压)变形和最大正向变形结果。

在大跨度桥梁变形的监测中,监测点的合理选取非常重要,关于桥梁关键监测点位置布设原则,文献[23]中给出了较好的说明,在不同桥型中,监测点的具体布设会有所差别,但监测点的测点数目及布设具体位置确定的总体原则是:①通过模拟施工计算,得到施工全过程中的包络线,从而知道其最危险的位置,这些数据是监测点选取的基础;②力求两岸的截面对称,以增加结果的可比性,便于分析;③充分与设计员沟通,了解设计意图;④变形监测点布设与应力、索力监测统一协调,达到相互印证效果。

综合考虑仪器的供电、存储卡容量、观测人员的休息、车辆高峰期及温度变化等因素,南浦大桥形变监测系统数据采集分 4 天进行(2006 年 9 月 22 日—25 日),每天3 个时段(9:00—11:00、16:00—18:00、23:00—1:00),接收机设置为静态采样模式连续观测。用卫星导航定位技术测定桥梁的自振频率时,卫星导航定位采样频率与桥梁最高自振频率或待定频率必须满足 Nyquist 采样定理,为了使离散的采样信号更好地反映真实的连续信号,一般实际的采样率设置为待测信号最高频率的 4~5 倍较好。大多数中大型桥梁的主要自振频率区域在 0~2Hz,所以南浦大桥形变监测中卫星定位结果的采样率设置为 10Hz,即采样间隔为 0.1s。

GPS 解算出来的坐标是基于 WGS-84 的,而对桥梁特性的分析主要基于桥梁纵向、横向及竖向,所以要建立分别平行桥梁三个轴线的桥梁坐标系。坐标转换过程:①WGS-84 空间(笛卡儿)坐标(X,Y,Z)转换到 WGS-84(B,L,H);②以 WGS-84 椭球为基准采用恰当的中央子午线把大地经纬度高斯投影为平面格网坐标,保持椭球高不变,从而形成平面格网坐标加椭球高的东-北-天坐标系(NEU);③把平面格网坐标逆时针旋转一个角度使平行于桥梁纵轴和横轴,保持椭球高不变,从而形成平行于桥梁三个轴线的桥梁坐标系(BCS)。NEU 与 BCS 的平面坐标轴旋转关系如图 2.15所示。

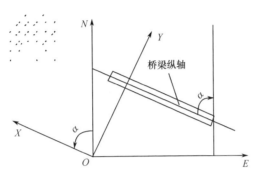

图 2.15　NEU 与 BCS 的平面坐标轴旋转关系

图 2.18 中 α 可以根据桥面同侧的两个接收机静态解算并经过转换后的平面格网坐标利用式(2.10)计算,然后通过公式(2.11)把 NEU 转换到 BCS。

$$\alpha = \arctan\left[(E_1 - E_2)/(N_1 - N_2)\right] \tag{2.10}$$

$$\begin{bmatrix} X \\ Y \\ Z \end{bmatrix}_{BCS} = \begin{bmatrix} \cos\alpha & -\sin\alpha & 0 \\ \sin\alpha & \cos\alpha & 0 \\ 0 & 0 & 1 \end{bmatrix} \begin{bmatrix} N \\ E \\ U \end{bmatrix}_{NEU} \tag{2.11}$$

进行桥梁变形结果分析的时候,各测点在时间上要精确同步,这样才能真实反映桥梁的振动情况以及振动模态。GPS 不但可以提供高精度的点位坐标,还是一个精确的授时系统,广播星历的卫星时钟精度已经达到了 7ns 左右,而 GPS 接收机的时钟精度也好于 10^{-5}s,因此,各测点的时间同步精度也将好于 10^{-5}s,而实际计算时往往还要进行接收机钟差改正而使得同步精度更高。为了方便进行两天的数据分析,测量的时间系统选择为 GPST,即用 GPS 星期数和周内秒来表示时间。

GPS 数据质量跟相应时刻天线接收到的卫星信号的数量以及该时刻卫星相对于天线的空间几何分布有关,卫星几何分布对数据质量的影响程度可以用 GDOP 值衡量,GDOP 值越小精度越高。对于 GPS 单历元定位至少需要 4 颗卫星,但要得到较好的定位结果一般要 5 颗以上的卫星,南浦大桥形变监测试验设定的下限为 5,对于

GDOP 的上限值的选择可以根据观测数据的具体质量来确定,试验设定上限为 6,对于超过限值的数据被认为是无效的数据。

南浦大桥形变监测试验使用的接收机的种类不同,因而采集的原始数据的格式不尽相同,因此,首先要把不同接收机各自格式的原始数据转换成统一的交换格式以便使用同一软件或者自行编制程序统一处理。试验采用动态后处理技术,具体做法是通过与同济大学永久 GPS 参考站联测得到 Ref2 参考站的至少厘米级精度的 WGS-84 三维坐标,以 Ref2 为参考进行静态解算基线 Ref2 - Refl 从而得到 Refl 的三维坐标,这两个坐标就作为参考站的已知值,桥上测点以 Ref2 或 Refl 为参考进行动态解算从而得到坐标时间序列。

由于 2 个参考站可以认为是固定不动的,那么以一个参考站为固定点所得到的另一个参考站的坐标变化序列可以认为是各种误差的影响结果。利用两天同一时段的坐标时间序列进行分析,平面精度为 3 ~ 4mm,垂直精度为 9 ~ 11mm。GPS 测量结果受多路径影响很大,然而多路径效应的一个特征是周期重复性,通过计算得 3 个方向的相关性分别为 0.676、0.713 及 0.847,可见相关性很强。采用自适应滤波的方法,对连续 2 天同一时段的结果进行处理,滤波后的坐标精度有了较大改善。

1）动态特性分析

由于桥梁结构的自振幅度较小,完全被 GPS 的多路径效应以及其他的误差所掩盖,所以无法从时域直接分析其周期性,必须借助傅里叶变换找出数据中的周期性。为了更好地分析,在进行频谱分析前首先利用自适应滤波（adaptive filter）对同一时段连续 2d（天）的数据进行削弱多路径效应的处理,然后利用移动平均滤波器（MAF）对信号进行平滑处理,减弱信号的高频噪声。

选择时段 1 具有代表性的 3 号测点（桥中点）的数据进行频谱分析,采用 Welch 平均周期图法对测点的时间序列进行谱估计,结果如图 2.16 所示。经理论计算南浦大桥的一阶频率约为 0.4Hz,为了图示直观,选择显示的频率范围为 0.2 ~ 0.8Hz。

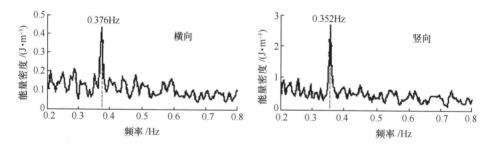

图 2.16　测点 3 的频谱图

2）静态特性分析

试验中由于风力比较小,所以桥梁横向由风力引起的静态变化不明显,但是试验中各测段的温度差较明显（尤其是深夜和白天的温差）以及由深夜和白天行车载荷的差异引起的桥面竖向(即测点高程)的变化较明显,因而试验只对竖向进行静态分析,表 2.3 给出连续 2d 3 个测段间高程值的变化情况,从中可见:1 号和 5 号测点由于位于跨度只有 76.5m 的副跨上所以变化不是很大,即使在温差及行车载荷变化较大的时段 2 和时段 3 变化也不超过 1cm;位于跨度为 423.0m 主跨上的测点变化较明显,而且呈现跨中测点变化大于两侧的规律;时段 1 和时段 2 的温度及行车载荷差异不大,因而各测点变化不明显,而时段 3 在深夜至凌晨,可以看出桥面由于斜拉索的热胀冷缩效应以及行车载荷差异而明显升高;同时可以发现 2 号测点高程的变化较 4 号测点的变化大,说明 2 号测点附近的斜拉索对温度的变化较敏感。

表 2.3 高程变化值

观测时段 Ⅰ	观测时段 Ⅱ	测点	高程变化值/m	
			9 月 22 日	9 月 23 日
时段 2	时段 1	1	− 0.002	0
		2	0.003	− 0.017
		3	0.007	− 0.011
		4	0	− 0.006
		5	0	0.004
时段 3	时段 2	1	0.008	0.009
		2	0.033	0.046
		3	0.055	0.062
		4	0.020	0.032
		5	− 0.008	− 0.005

注:高程变化值为观测时段 Ⅰ 对应的高程值减观测时段 Ⅱ 对应的高程值

由于南浦大桥自身的特性,纵向变形在环境随机激励下不明显,所以只分析桥梁的横向和竖向的动态特性。从图 2.16 中可以明显看到桥梁横向和竖向的自振频率分别为 0.376Hz 和 0.352Hz,这与南浦大桥建成后的通车试验的加速度计实测值很吻合,如表 2.4 所列,其误差分别为 1.6% 和 2.0%,造成差异是由于桥梁经过 10 多年运营后结构出现了微小的变化。表 2.4 横向的理论计算值(根据有限元方法计算所得)与实测值之间差异较大,说明由于桥梁结构以及环境的复杂性,模拟计算无法得到非常准确的结果,必须通过模态试验才能确定桥梁实际的固有频率。

表 2.4 GPS 与加速度计的实测频率和理论计算值比较

方向	频率/Hz		
	GPS 测试	加速度计测试	理论计算值
横向	0.376	0.370	0.346
竖向	0.252	0.359	0.352

南浦大桥试验论证了卫星导航定位技术可用于大中型桥梁的动态变形监测,其

优势为：①卫星导航定位技术不仅可以通过频谱分析技术监测桥梁的动态特性，而且可以监测由于温度、风力等引起的变形数据，从而掌握桥梁全面的健康状态；②基于卫星导航 RTK 技术进行大型桥梁的整体变形监测充分利用了卫星导航的定位和授时功能，使不同监测点的监测基于统一的时间参考系，避免了其他方法测量结果的时间同步问题；③在 RTK 观测数据的基础上，采用曲线拟合和插值方法获得桥梁的连续整体变形信息实现桥梁的整体变形监测是可行的，该法也可用于高大建筑物的整体变形监测[32]。

通信网络将监测终端获取的变形数据信息实时传递至数据分析中心进行解算。桥梁变形监测要求数据实时解算，对数据传输的实时性要求高，数据采集的频次也高，采集 GNSS 数据可达 5 次/s，甚至高达 10 次/s，传输数据量较大，因此参考站、监测站和数据处理中心的通信方式适宜采用光纤等可靠性高的有线通信。在不易布设光纤网络的监测点，也可采用无线 3G 或 4G 移动通信网络的方式。

监测数据分析处理中心是整个系统的核心部分，实时接收监测终端的原始观测数据（监测点三维坐标），并由监测数据处理服务中心将数据进行在线高精度解算，获得监测点三维坐标并进行形变特征的分析，解算结果将保存到数据库，同时可以直观显示监测点的历史变化过程及当前状态，为桥梁养护管理工作提供直观、有效的参考信息。

专家系统对历史采集到的信息数据进行分析，建立桥梁变形模型后，就可以根据实时解算数据判断监测点位是否异常，当变形量超过临界值时，系统能及时发出预警信息（包括声光报警、系统警示窗、监控大屏幕警示窗报警、分级手机短信报警等）；另外系统对设备故障、通信故障系统也会给出告警提示。针对监测点设备及现场的具体异常情况服务中心发出不同预警信息，以便管理养护部门及时制定正确有效的解决方案。

利用 GNSS 定位技术实施变形监测的优点总结如下：①监测站间无需保持通视；②能同时获得测点的三维位移；③全天候观测；④易于实现全系统的自动化；⑤可消除或削弱系统误差的影响；⑥直接用大地高进行垂直形变测量。

2.5　精准农业

20 世纪 90 年代以来，随着 3S（GNSS、GIS、RS）技术、变量控制技术、专家系统、作物生长模拟系统以及生产管理决策支持系统的研究和发展，使农业原有技术生产体系与现代信息技术相结合形成一种新型先进农业技术体系——精准农业（precision agriculture 或 precision farming），它将农业生产带入了数字信息时代，是合理利用农业资源、提高农作物产量、降低生产成本、改善生态环境的主要农业生产形式[34]。精准农业的发展历程如图 2.17 所示。

精准农业按田间操作单元的具体条件，精准管理土壤和作物，最大限度地优化使

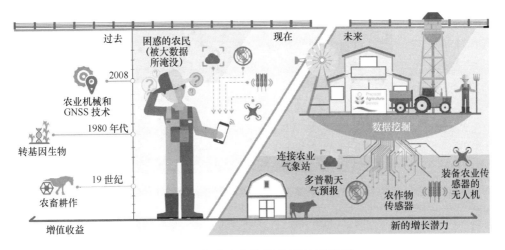

图 2.17　精准农业的发展历程(见彩图)

用农业投入(如化肥、农药、水、种子等)以获取最高产量和经济效益,同时减少使用化学物质,保护生态环境。精准农业根据作物生长的环境,调节对作物的投入,一面查清农田土壤性状与生长空间变异,另一面确定作物的生长目标,进行定位的"系统诊断、优化配方、技术组装、科学管理",以最少的投入达到最高的收入,是"减量化"的循环农业。精准农业由信息技术支撑,农业管理全过程数字化如图 2.18 所示,精准农业中无人机采集数据信号后计算机通过评估后绘制的土壤肥力分布如图 2.19所示[35]。

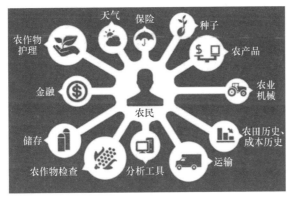

图 2.18　农业管理全过程数字化(见彩图)

　　精准农业将导航、通信与自动化控制技术运用于农业生产,利用自动农机装备与监测系统进行田间管理,针对田间具体环境与作物生长状况因地制宜、精细准确地开展施肥、施药、灌溉等土壤管理及播种、收割等作业。例如:精准施肥可以在肥料用量、控制方面做到最优,提高施肥效率及作物产量;精准灌溉对于节约用水、提高利用率的作用十分明显;精准喷药将准确把握虫害区域和程度等信息;精准耕作将最大化

图2.19　精准农业无人机数据确定土壤肥力分布（见彩图）

土地及阳光利用率。农机自动导航驾驶系统解决了人工长时间驾驶容易疲劳、影响作业质量、容易发生安全问题，可以保证农机直线行驶，结合线之间的偏差可以控制在 −5~5cm 范围内，解决了"耕地不直、播种重漏"问题。利用卫星导航技术具备的全天候、全天时提供 PNT 服务的优势，农机自动导航驾驶系统改变了传统农业日出而作，日落而息的生产模式。农业机械利用卫星导航系统实现自动驾驶与田间操作如图2.20所示。

图2.20　农业机械利用卫星导航系统实现自动驾驶与田间操作

　　精准农业应用卫星导航技术具有不同于其他行业的特点，精准农业不仅对定位精度要求高，而且不同农作物种类、不同作业方式、不同农业机械对卫星导航系统的定位精度要求也不同，例如，大型平移式喷灌机要求定位精度一般为 ±20cm、无人插秧机为 ±10cm、精确喷药为 10cm、播种机为 8cm、构筑种床为 5cm、联合收割机为亚米级、施除草剂为 1m[34,36]。精准农业要求卫星导航系统提供 2~5m 定位精度[37]，可显著提升作业效率，对于中小型农田作业具有良好的成本和效率优势。

　　对于特大型农田，需要尽量降低人力投入、提升作业效率和质量，同时还要提升作物产量，2~20cm 定位精度的播种与收割需要自动化农机完成，在这种条件下对于特大型农田采用差分定位系统的成本投入相对于产出仍具有良好的适应性。一般卫星导航系统的定位精度在 10m 左右，显然不满足精准农业对定位精度的要求，因此，需要将差分定位技术应用到精准农业中,降低卫星钟差、星历误差、电离层和对流层延迟等误差影响,使定位精度提高到厘米级甚至毫米级。

精准农业的理念就是需要多少给多少,需要什么给什么。农业遥感、产量监测、变量施肥技术、农机导航自动驾驶、自动收割/播种控制、可编程控制器、平板电脑、平地技术、GIS 和灌溉控制是精准农业 10 大技术运用[38]。精准农业的总体发展趋势是实现高精准、自动化作业,为了提升精准农业水平,推广卫星导航差分系统在精准农业中的应用,国外相关厂商正在逐步降低差分系统的成本,以适应各类农田特别是大中型农田应用对成本的需求。精准农业对卫星导航定位精度的需求与作物种类和作业方式高度相关,但随着定位性能的提升投入成本也迅速增加,精准农业对卫星导航系统定位精度的需求和成本间的大致关系如图 2.21 所示[39]。

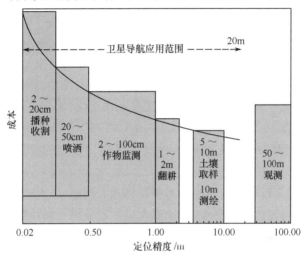

图 2.21　精准农业定位精度需求

农田是农业规划、生产、管理的基本单元,实时监测农田信息是农业数字化、信息化的基础。根据卫星定位信息,可以绘制作物与生长环境的空间位置关系,建立完善的基础数据库,方便查询、管理土地以及作物等信息[40]。美国是世界上实施精准农业最早的国家,1990 年后,美国将差分 GPS(DGPS)定位技术应用到农业领域,明尼苏达州农场进行了精准农业技术试验,用 GPS 指导施肥的作物产量比传统平衡施肥作物产量提高 30% 左右。试验成功后,小麦、玉米、大豆等作物的生产管理都开始应用精确农业技术。20 世纪 90 年代中期,精准农业在美国的发展速度相当迅速,美国成为世界上农业机械化、信息化和数据化最高的国家。

我国新疆农垦在棉花精准种植试验区分别对棉花灌溉使用人工灌溉和精准灌溉作业,2002 年对比结果表明在相同棉花品种、种植密度情况下,按照精准灌溉指标体系指导下的试验地子棉产量明显高于人工灌溉试验地,不仅产量提高 21%,而且灌水总量也节省了 17% 左右,节能与增产效益都非常明显[41]。

目前,中国农业正处于农业机械化与农机装备转型升级的特殊时期,应该结合中国农田特性发展我国精准农业:①发展节水精准农业,水资源短缺是中国许多地区农业生产的主要制约因素,据测算,我国全年降水量约 6.19 万 m^3,其中 55% 消耗于陆地蒸发,只有 45% 转径流和地下水,实际利用率不足 10%;②我国化肥施用的突出问题是结构不合理,利用率低。我国氮肥、磷肥、钾肥平均利用率分别为 35.0%、19.5% 和 47.5%,国外氮肥平均利用率可达 50% ~60%,当季利用率磷肥一般为 10% ~30%,钾肥一般为 20% ~60%[42]。

2.5.1　工作原理

精准农业利用遥感技术作宏观控制和监测手段,利用 GNSS 的定位服务精确确定作物位置信息,利用地理信息系统对地面信息(地形、地貌、作物种类和长势、土壤质地和养分、水分状况等)进行采集和存储,对农作物的长势、土地利用、土地覆盖、土壤墒情、水旱灾害、病虫草害、海洋渔业、农业资源、生态环境进行监测。控制中心根据位置信息按照地块区域对数据进行分析,设置控制变量,精确设定最佳耕作、施肥、播种、灌溉、喷药等多种操作参数。根据各地块土壤、水肥、作物害虫、杂草、产量等在时间与空间上的差异,卫星导航自动驾驶农机进行相适宜的耕种、施肥、灌溉、用药,其目的是以合理的投入获得最好的经济效应,并保护环境,确保农业可持续发展[43]。

卫星导航系统在精准农业中的应用主要体现在以下三个方面:①农业信息采集样点定位,在农田设置数据采集点、自动或人工数据采集点和环境监测点均需卫星导航定位数据,以便形成数字信息进行存储与共享,控制中心将农业信息和农田位置匹配分析,农田设置农业信息采集样点与无人机农田数据采集如图 2.22 所示。②农机作业的动态定位,根据控制中心发出的指令,对实施田间耕作、播种、施肥、灌溉、排水、喷药和收获的农机予以精确定位。卫星导航技术既是农业机械自动导航系统的核心,也是农业机械田间行走速度与姿态测量与控制的手段。另外,通过实时监控农机位置、统计作业进度等,完成农机作业的精细化管理,农机作业的自动导航系统与精准农业机器人如图 2.23 所示[35]。③遥感信息定位,对遥感信息中的特征点用卫

图 2.22　农田设置农业信息采集样点与无人机农田数据采集(见彩图)

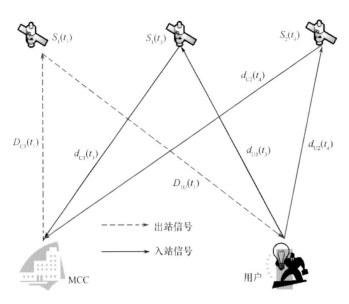

图 1.6　无线电测定业务信号信息流（$S(t)$ 为卫星 S 的位置）

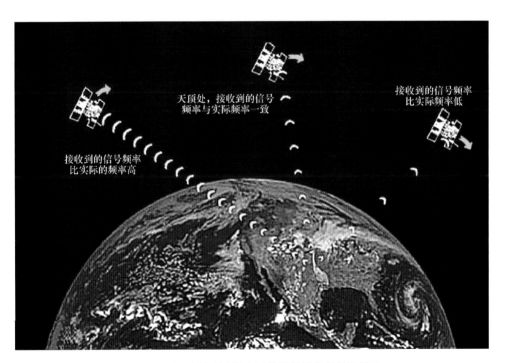

图 1.11　卫星运动过程中无线电信号的多普勒效应

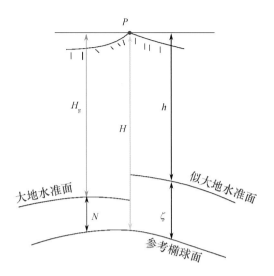

图 2.9 大地高与正高、正常高之间的关系图

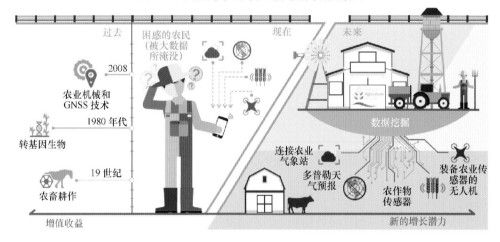

图 2.17 精准农业的发展历程

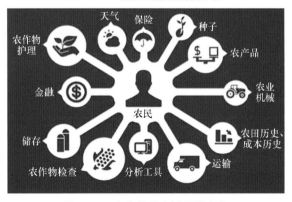

图 2.18 农业管理全过程数字化

图 2.19　精准农业无人机数据确定土壤肥力分布

图 2.22　农田设置农业信息采集样点与无人机农田数据采集

图 2.23　农机作业的自动导航系统与精准农业机器人

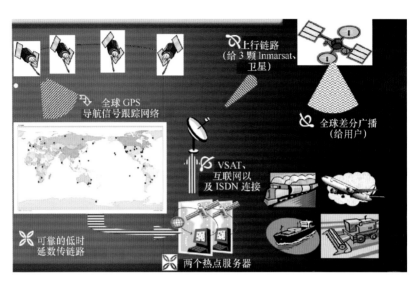

VSAT—甚小口径卫星终端站；ISDN—综合业务数字网。

图 2.27　StarFire 差分系统架构

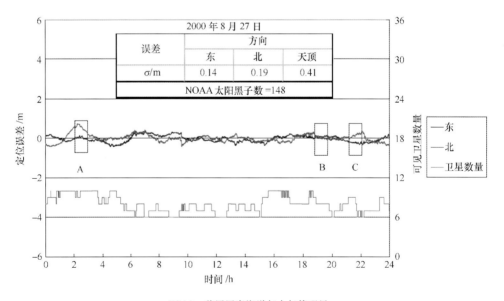

2000 年 8 月 27 日			
误差	方向		
	东	北	天顶
σ/m	0.14	0.19	0.41
NOAA 太阳黑子数 =148			

NOAA—美国国家海洋与大气管理局。

图 2.28　StarFire 差分系统在固定控制点的定位精度

（2000 年 8 月 27 日，双频接收机观测结果）

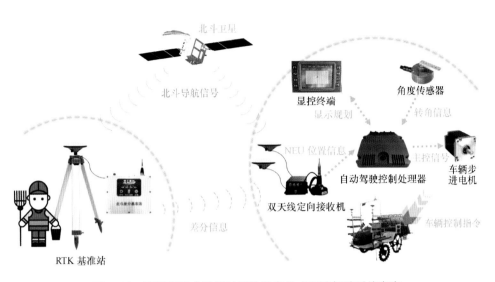

图 2.31　理工雷科自动驾驶插秧机电机式自动驾驶系统方案

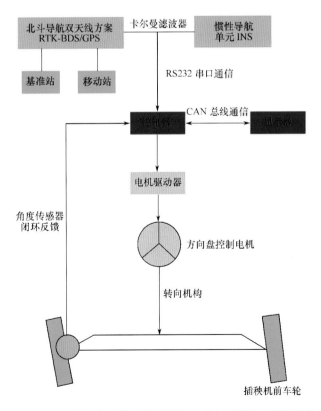

图 2.32　理工雷科自动驾驶插秧机电机式自动驾驶系统总体架构

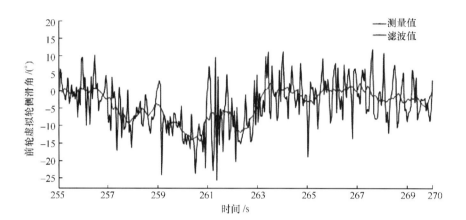

图 2.35　水田环境下的农机前轮侧滑角估计曲线图

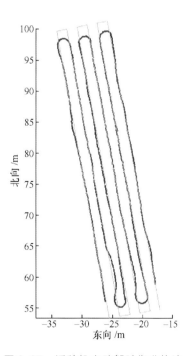

图 2.37　插秧机自动驾驶作业轨迹

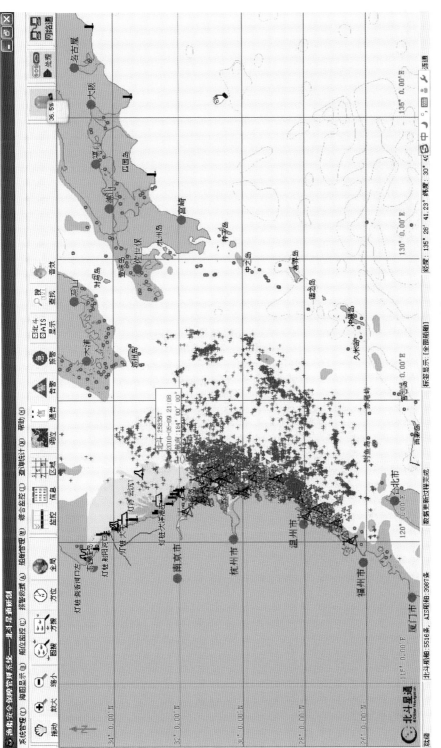

图 3.3　北斗星通通渔船船位监控系统实时监控船位

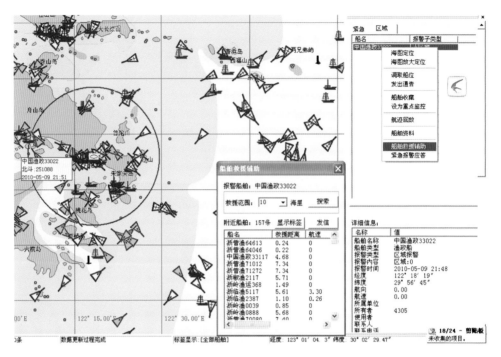

图 3.5 渔船救援辅助视图

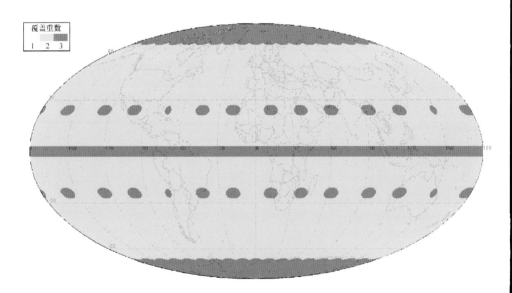

图 3.8 15 颗 MEO 卫星子星座二重覆盖性能(15°仰角)

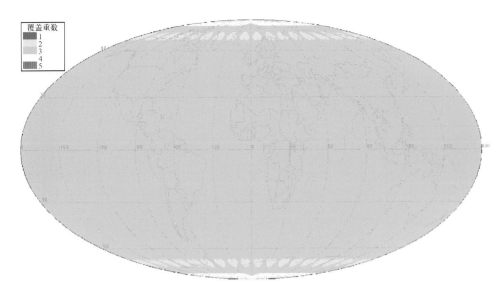

图 3.9　24 颗 MEO 卫星覆盖情况（30°仰角）

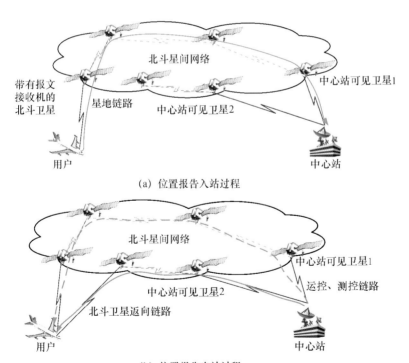

（a）位置报告入站过程

（b）位置报告出站过程

图 3.10　位置报告出入站过程

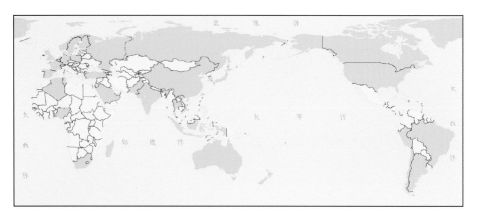

4 个创始国：加拿大、法国、美国、苏联

37 个成员国和地区：

阿尔及利亚	中国	希腊	韩国	挪威	塞尔维亚	瑞士	英国
阿根廷	塞浦路斯	印度	马达加斯加岛	巴基斯坦	新加坡	泰国	越南
澳大利亚	丹麦	印度尼西亚	荷兰	秘鲁	南非	突尼斯	
巴西	芬兰	意大利	新西兰	波兰	西班牙	土耳其	
智利	德国	日本	尼日利亚	沙特阿拉伯	瑞典	阿拉伯联合酋长国	

图 3.15　Cospas-Sarsat 成员国家和地区覆盖范围

图 3.16　Cospas-Sarsat 系统组成

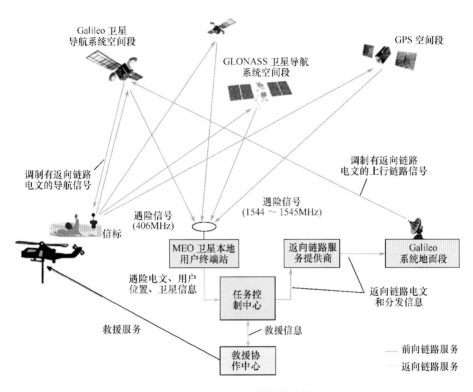

图 3.18　MEOSAR 系统概念框图

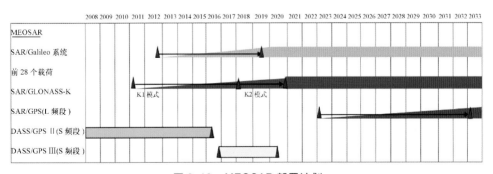

图 3.19　MEOSAR 部署计划

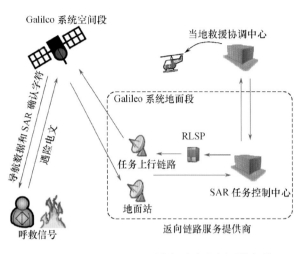

图 3.20　SAR/Galileo 系统搜索与救援系统架构

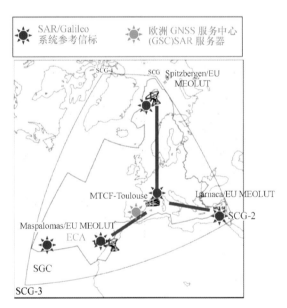

图 3.21　SAR/Galileo 系统 3 个地面终端站和一个地面终端站跟踪协作中心

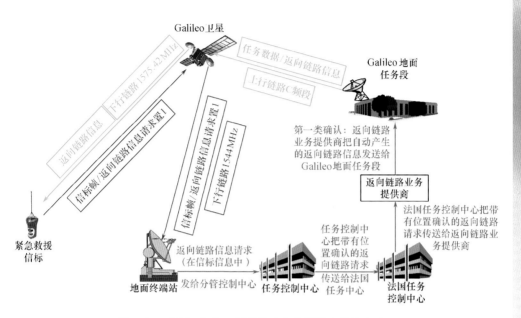

图 3.22 SAR/Galileo 系统搜索与救援服务的信息流程

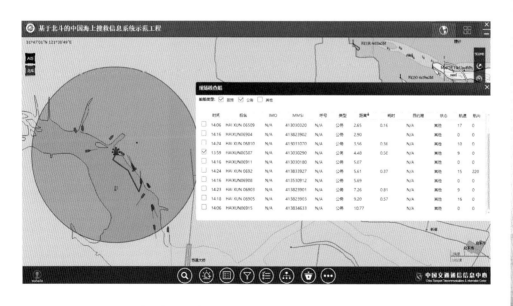

图 3.26 交通部北斗海上搜救系统的船位信息与海上遇险报警信息

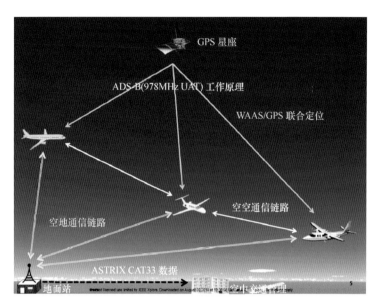

UAT—通用访问收发机。

图 3.33　ADS-B 系统信息流

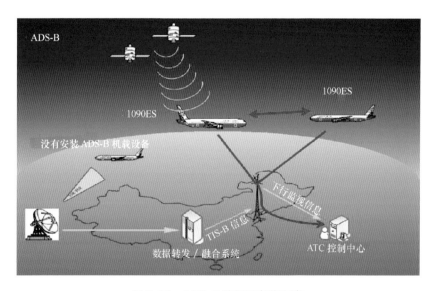

图 3.34　ADS-B 监视服务信息流

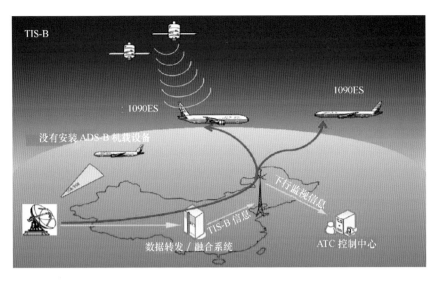

图 3.35　TIS-B 服务信息流

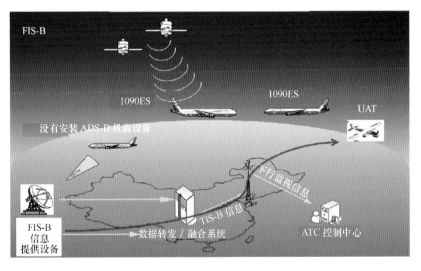

图 3.36　FIS-B 服务信息流

图 4.2　全国重点营运车辆联网联控系统车辆行驶路线显示信息

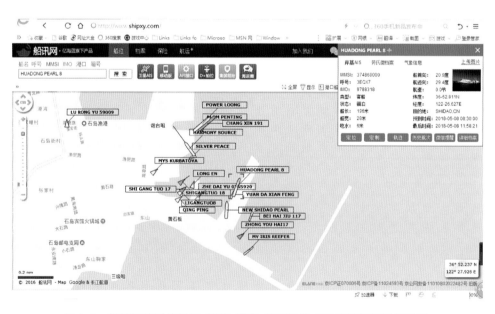

图 4.5　船舶引航系统船型、船位、航向、船速以及 AIS 信息的显示(截屏)

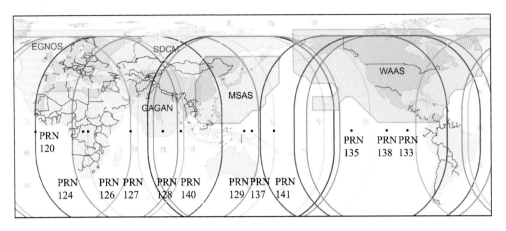

图 4.8　对美国 GPS 进行增强的 SBAS 服务区域

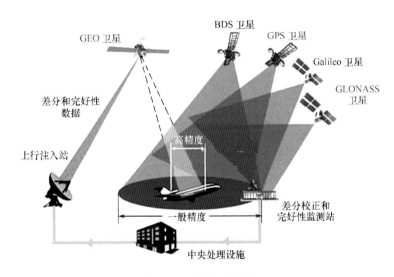

图 4.9　SBAS 信息流

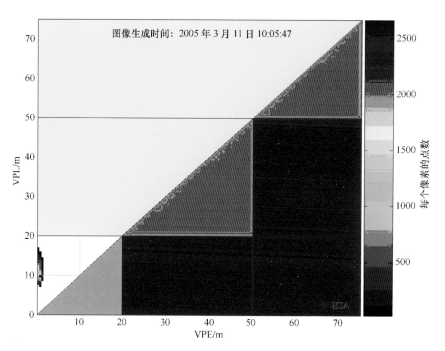

图 4.12　EGNOS 星基增强系统 I 类垂直引导进近 APV-I 实测 Stanford 图

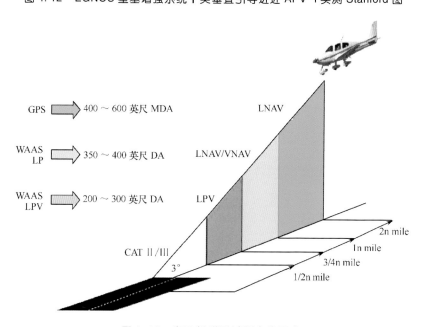

图 4.14　在飞机进近过程中的要求

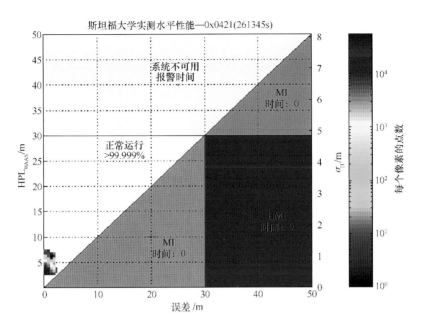

图 4.15　WAAS 的二维平面定位性能

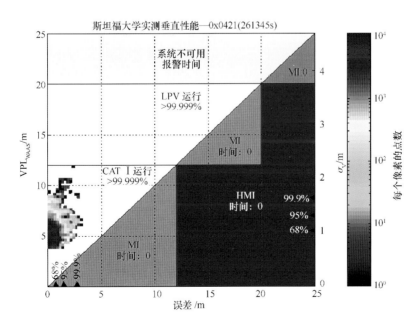

图 4.16　WAAS 的垂直定位性能

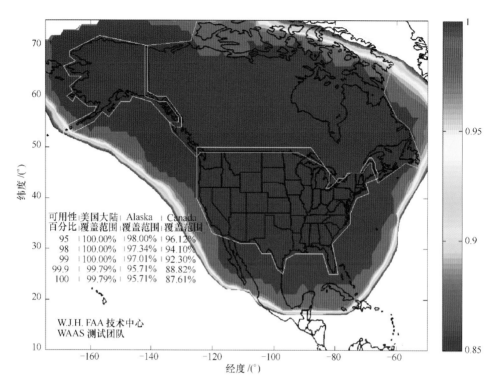

图 4.17 WAAS 的 LPV-200 服务的覆盖区域云图(08/14/14 WEEK 1805 DAY 4)

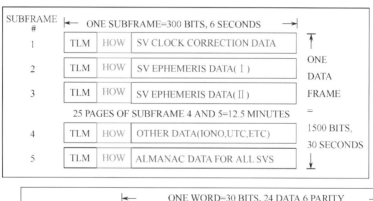

图 5.1 GPS 导航电文数据格式

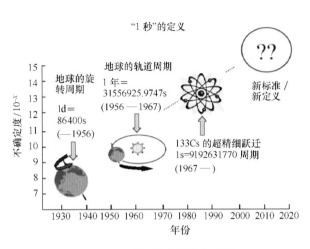

图 5.4 "1 秒"的定义演化过程

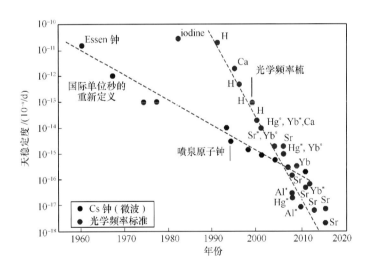

图 5.5 时间测量的精度演进

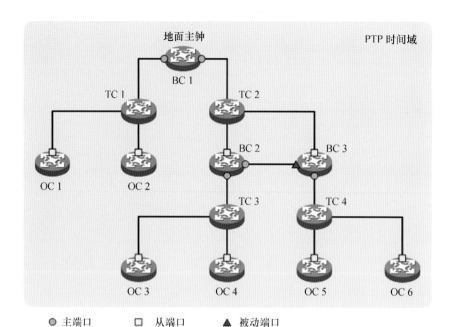

图 5.13 PTP 域基本时钟节点

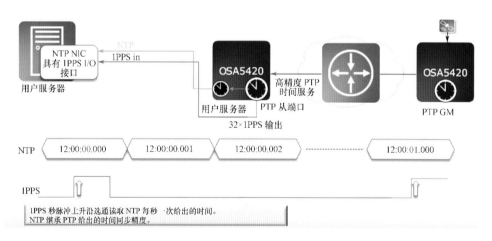

图 5.16 PTP 与 NTP 相结合高精度的时间同步方案

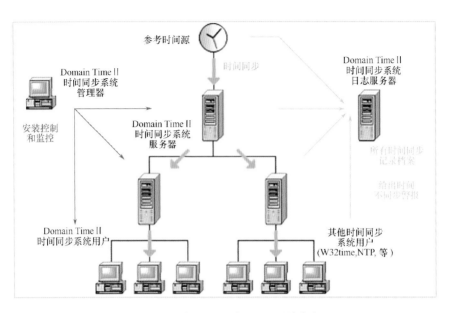

图 5.17　金融网络时间同步系统方案

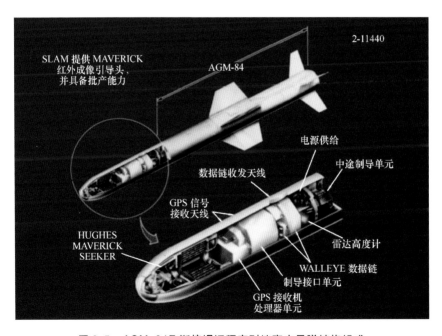

图 6.5　AGM-84E 斯拉姆远程空对地攻击导弹结构组成

导航战场景

<u>阻止对方使用：</u>　　　　　　　　　　使用干扰技术
<u>保护北大西洋公约组织（NATO）军事力量：</u>　使用抗干扰设备，接收受保护信号
<u>保持和平使用：</u>　　　　　　　　　　对实施干扰地区使用有限干扰

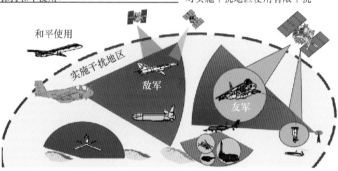

图 6.19　导航战的场景示意

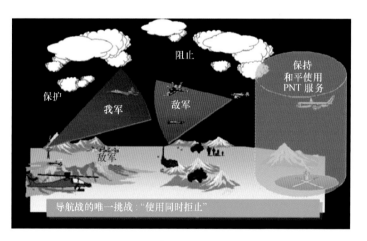

图 6.20　导航战中的保护、阻止和保持政策

抗干扰
接收 M 码大功率
导航信号

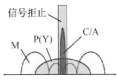

信号拒止

M　　P(Y)　　C/A

加强军事应用的同时
不妨碍民用

GPS 导航战：具备电子攻击能力的同时
保护军用导航信号

GPS 联队安全架构：
导航保护 (PRONAV)

防欺骗加强抗干扰措施确保美
军接收"正常"的 GPS 信号

防破坏
加强保护军用数据

图 6.21　GPS 导航战的主要内容

GPS 信号十分脆弱，容易受到干扰（有意干扰或其他干扰）。
制造 GPS 信号干扰机的成本极低，但干扰效果显著。
因此，对 GPS 信号实施干扰是敌方实施导航战最有效的方法。

卫星信号功率：60W
相当于家用灯泡点亮
时的功率

卫星 GPS 用户接收机的
距离：大约 16000km

GPS 信号落地功率
0.000 000 000 000 000 05W

干扰机功率：几毫瓦到几十千瓦

图 6.24　GPS 卫星信号落地电平比较分析

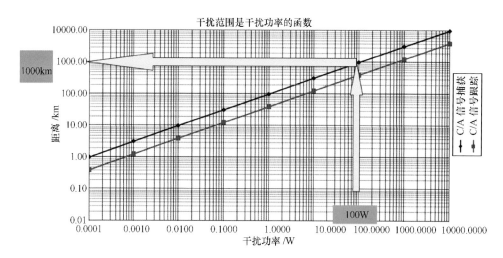

图 6.25 干扰范围与干扰功率的关系

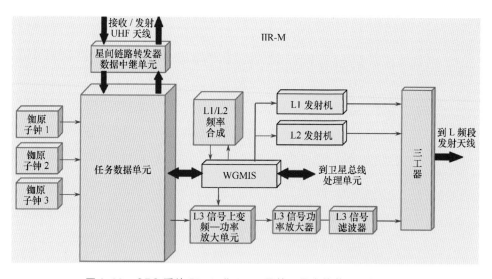

图 6.28 GPS 系统 Block Ⅱ R-M 导航卫星有效载荷功能模块

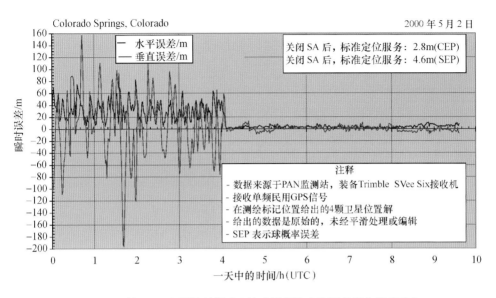

图 6.31　美国 GPS 系统关闭 SA 技术后标准定位服务定位精度变化

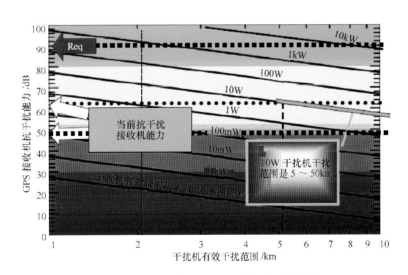

图 6.39　目前装备的 GPS 接收机抗干扰能力

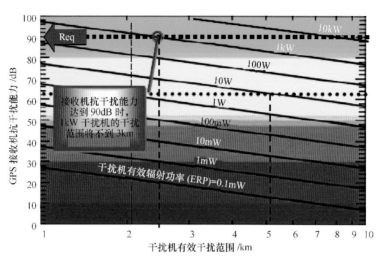

图 6.40　未来军用 GPS 接收机具有 90dB 抗干扰能力

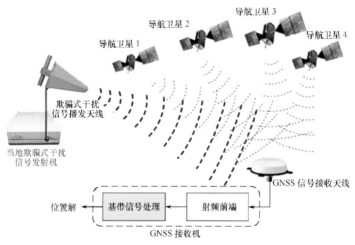

图 6.41　生成式欺骗干扰工作原理示意图

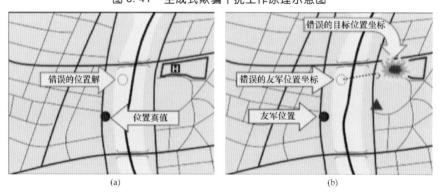

图 6.42　欺骗式干扰干扰机对接收机定位结果的影响

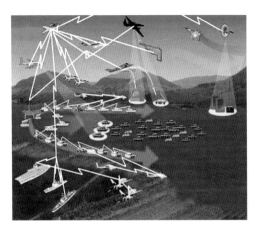

图 6.44　分布式干扰示意图

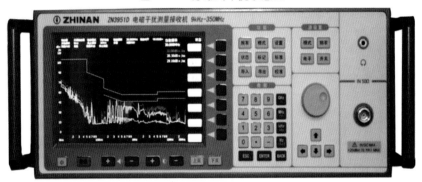

图 6.48　电磁干扰测量接收机

图 6.49　导航信号干扰源位置显示在电子地图上

FSL/NovAtel/QinetiQ
CAJS 天线 (7 个单元)

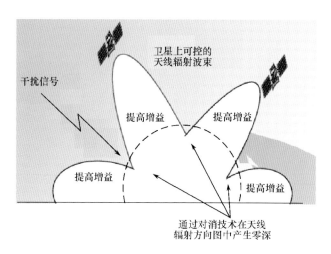

图 6.52　CRPA 组成工作模式示意

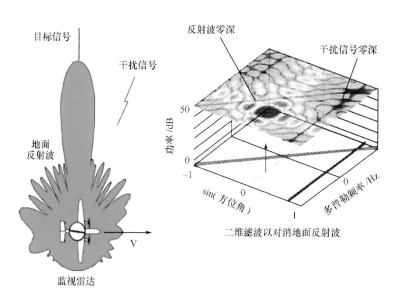

二维滤波以对消地面反射波

图 6.53　STAP 工作原理

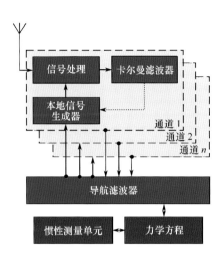

图 6.58 GNSS/IMU 数据融合组合导航接收机方案

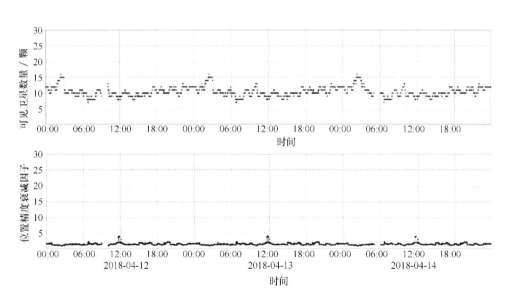

图 6.65 DRAG 监测站 LEICA 监测接收机的监测结果

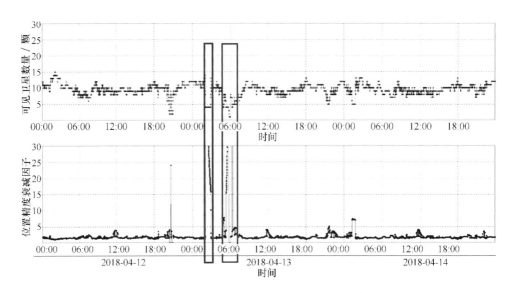

图 6.66　BSHM 监测站 JAVAD 监测接收机的监测结果

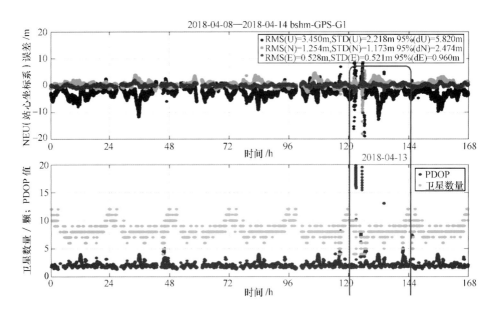

图 6.67　2018 年 4 月 13 日 UTC 2：00-2：54、5：18-5：42、6：14-6：23BSHM
监测站 L1C／A 信号异常

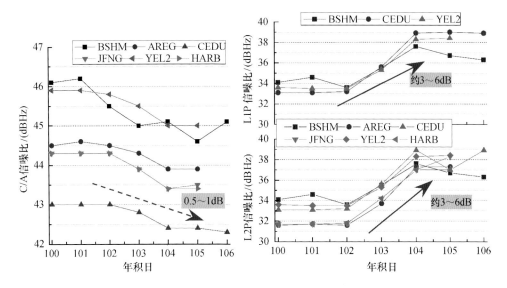

图 6.68　2018 年 4 月 10 日—16 日 GPS 导航信号信噪比的变化情况

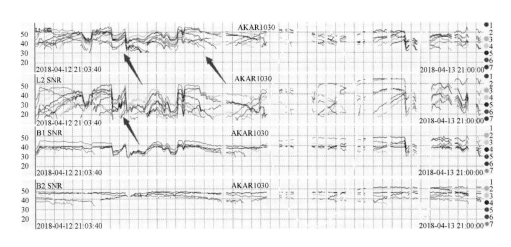

图 6.69　2018 年 4 月 13 日 GPS 和北斗系统导航信号
信噪比变化情况（AKAR 监测站）

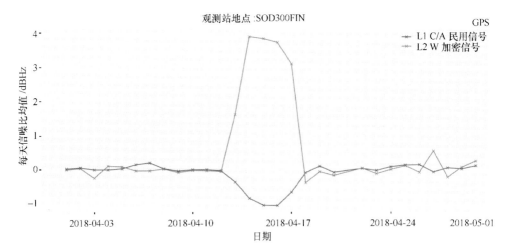

图 6.71 GPS 导航信号信噪比均值变化情况

(2018 年 4 月 13 日—4 月 17 日,SOD300FIN)

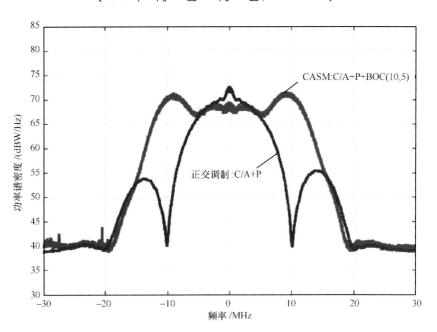

图 6.73 GPS Block Ⅱ F4 卫星导航信号功率谱变化情况

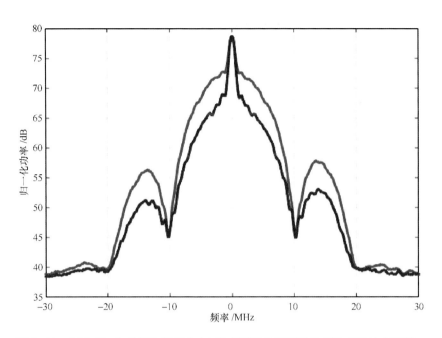

图 6.74 GPS Block Ⅱ F10 卫星的 L1 频点军用 P 码导航信号功率谱功率增强

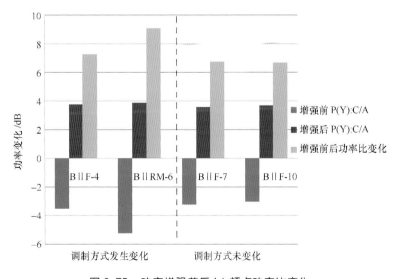

图 6.75 功率增强前后 L1 频点功率比变化

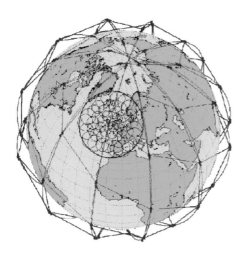

图 7.1　铱星系统组网星座图

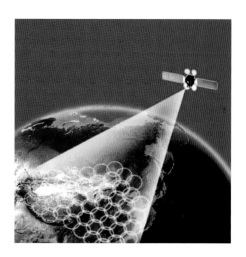

图 7.2　每颗铱星在地球表面生成 48 个点波束

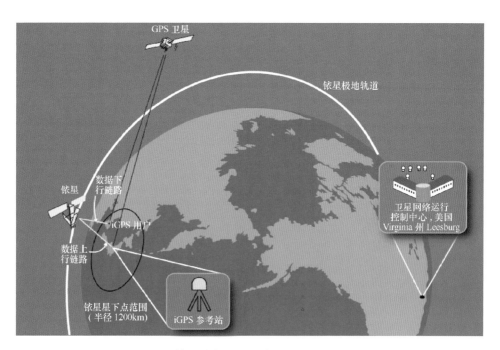

图 7.3　铱星系统对 GPS 完好性增强信息链路

图 2.23 农机作业的自动导航系统与精准农业机器人(见彩图)

星导航系统定位数据来表征,精确确定土壤、肥料、水分以及虫草病害与作物生长态势之间的分布关系,经过系统的监测分析,与 GIS 联合对土地资源合理利用、提高作物产量,卫星导航系统农机自动犁沟及收割过程如图 2.24 所示。

图 2.24 农机自动犁沟及收割过程

新疆伊犁合作社利用无人驾驶系统参加春耕后,农机在黑夜也能作业,一台无人驾驶的农机完成作业面积超过 5000 亩(1 亩 = 666.67m²),一辆人工驾驶的大马力农机完成作业面积大概在 2000 亩左右,而且作业质量普遍比人工驾驶的高。自动驾驶系统最大的优点是播得直,目前基于卫星导航系统的自动驾驶系统的农用机械可以实现 24h 不间断自动化作业,直线精度可达 5cm 内的定位精度指标,适合后期需要机收的作物。

农机自动驾驶系统利用卫星导航系统的定位服务来规划车辆的行驶轨迹,在车辆行驶和农机具作业过程中车载计算机综合车辆的位置信息、姿态信息、航向角度信息,通过电控液压转向或者电控方向盘转向控制装置,实现作业导航路径跟踪控制、农机自动避障导航与安全行驶控制、多机协同作业的主从导航控制。

农机自动驾驶作业系统一般由车载导航控制终端、电液比例转向系统、转向控制器、转角传感器、高精度北斗卫星接收机组成,典型农机自动导航驾驶系统组成如图2.25所示。转角传感器实时感应车辆转向轮的转向角度。两幅天线接收北斗卫星导航系统(简称"北斗系统")的信号,高精度GNSS接收机实时解算农机位置,输出定位信息和姿态信息(一般采用卫星导航和惯性导航的组合导航方式)。车载导航控制终端综合卫星导航信号、车辆姿态信号、转角传感器信号,输出农机自动驾驶控制信号。电液比例转向系统或者电动方向盘按照农机自动驾驶控制信号改变方向系统中液压油的流量和流向,进而改变车辆的行驶方向。

车载导航控制终端

高精度北斗卫星接收机

电液比例转向系统

转向控制器

转角传感器

图2.25 典型农机自动导航驾驶系统组成

借助无线通信链路,可以将农业机械运动状态和作业状态传输到后台控制中心或者监控终端,通过监控终端的触屏对拖拉机导航系统进行参数设置和电控操纵。卫星导航农机自动驾驶系统具有定位精度高(1cm)、作业范围广(根据选用的基站不同支持最小5km、最大50km作业)、作业标准高(对行精度2~3cm,往复结合线误差±2.5cm)的特点,可以24h不间断作业。

在总结国内外农机定位导航方法、自动导航系统中常用控制装置类型及其应用特点的基础上,中国农业机械化科学研究院张小超以福田雷沃M1004拖拉机为对象,综合利用卫星导航技术、机电液一体化技术、智能传感技术,研发了拖拉机自动导航系统。系统选用Trimble 5700RTK-GPS作为导航定位装置,Trimble公司的Zephyr流动站用于RTK流动测量,Zephyr Geodetic大地天线用于大地测量。拖拉机在自动驾驶过程中,通过车载传感器实时获取拖拉机各项运动参数,将车辆的实际位置和航向信息与预定义的路径比较,计算横向偏差和航向偏差,导航决策控制器以横向偏差和航向偏差信号作为输入,通过内置的控制算法计算出预期前轮转角并传输到下位机,下位机控制器控制拖拉机前轮转向跟踪期望前轮转角,以减小横向偏差和航向偏差,从而实现拖拉机自动导航。

基于卫星导航技术的农机自动驾驶系统有四大优点:①系统的作业精度高,农机自动驾驶系统厘米级精度杜绝了遗漏和重复作业,提高了土地的利用率和农田产量,节约了成本,保护了环境;②系统的作业时间长,可以连续24h连续作业,改变了日出而作,日落而息的传统农业生产模式;③系统的劳动强度低,卫星导航农机自动驾驶系统解放了驾驶员,避免了人为操作失误;④系统的标准化水平高,系统可以在任何时候任何人员的情况下保证农业生产的标准化,从而保证农田产量和质量的稳定。

2.5.2 系统方案

如1.2.2节所述,差分定位系统由参考站、移动站和通信链路组成,参考站将差分改正数据发送至移动站,移动站结合改正数据及自身观测数据解算出校正后的位置。差分通信链路一般采用电台或移动通信网络。根据差分数据内容可以将差分技术分为位置差分和观测量差分。精准农业卫星导航差分包括地面站差分和卫星差分两种大的模式,其中地面站差分又有地面实时差分(RTD)和地面参考站载波相位差分两种小的模式。

2.5.2.1 地面参考站伪距差分

参考站的卫星导航接收机观测可见卫星的伪距,并计算出该伪距的误差,然后利用数传发射电台把观测误差传输给田间作业机器(如联合收割机),田间作业机器上的卫星导航接收机在接收导航信号的同时利用数传接收电台接收测距误差来改正测量的伪距,最后利用改正后的伪距解出自身的位置,从而消去公共误差,提高定位精度。例如,GPS的定位误差一般在10m左右,不能满足农业生产中的定位需求。需要利用差分系统提高定位精度,精准农业地面参考站伪距差分系统组成如图2.26所示。

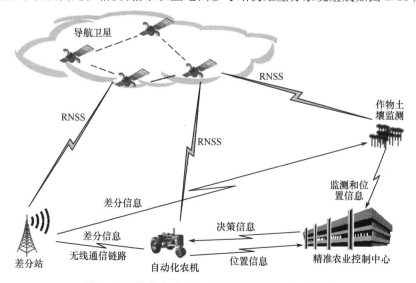

图 2.26 精准农业地面参考站伪距差分系统组成

黑龙江省友谊农场五分场二队 DGPS 由地面固定式 GPS 差分站和移动式 DGPS 接收系统组成。地面 GPS 差分站设备由 Ag214（MS750）型双频 GPS 接收机、GPS 接收天线、35W 数传发射电台、数传电台发射天线、12V 直流稳压电源组成。Ag214 型 GPS 接收机由美国 Trimble 公司生产，为精确动态定位而设计的双频 GPS 接收机，在精确定位、导航及控制等领域有广泛的应用，定位精度高，适合作为地面 GPS 差分参考站的接收机[44]。

定位数据链（PDL）数据传输电台是美国 PCC 公司推出的一种专用差分定位数据链，采用新型调制解调器，广泛应用于 DGPS 中，差分数据的无线传输使用特高频（UHF），多种频点可供用户选择；数据传输速率为 9600bit/s，占空比为 100%；差分数据的调制方式为高斯最小移频键控（GMSK）；灵敏度为-117dBm；数传发射电台功率器 2W/35W 可切换；通信采用标准 RS-232 串行接口；差分数据的格式为国际海事无线电技术委员会（RTCM）制定的 RTCM SC104 标准。

数据链传输距离与电台发射天线高度、功率及移动站天线和参考站天线间的阻挡有关。友谊农场五分场二队办公楼顶部 PCC 数传电台发射天线长度 2m，架设高度 14m。经过实际测试，数传电台作用距离为 30km，可以满足精准农业定位和导航服务的需求。移动式 DGPS 接收系统由接收卫星信号的移动式 Ag132 型 GPS 接收机和用于接收差分信号的 PCC 无线电数传接收机组成，PCC 无线电数传接收机通过 RS-232 串行接口与 Ag132 型 GPS 接收机相连接，RS-232 串行接口数据传输设置为 RTCM 格式。

2.5.2.2 地面参考站载波相位差分

载波相位差分通常称为 RTK 技术，建立在实时处理两个观测站的载波相位基础上，通过数据链路将参考站载波观测量的测量值、真实值同时发送至移动站，由移动站进行组差求解，定位速度快，几乎可完全消除多路径效应带来的影响，能实时提供观测点的三维坐标，并获得厘米级的定位结果。美国 Trimble 公司的 5700 双频 GPS 接收机的动态实时定位精度达到平面 10mm（RMS），高程 20mm（RMS），因此，RTK 技术是唯一可以满足精准农业高精度要求的差分定位技术[36]。

黑龙江省八五二农场、宝泉岭农场引进安装电控液压转向控制的自动驾驶大型拖拉机，采用载波相位差分方式对拖拉机进行自动导航驾驶。宝泉岭农场地面 GPS 差分站设备包括 Ag214（MS750）型双频 GPS 接收机、GPS 接收天线、25W Trimble 数传发射电台、Trimble 数传电台发射天线、直流 12V 输出 10A 稳压电源等设备。GPS 差分站设备安装在农场场部办公楼内，GPS 天线和数传电台发射天线架设在场部办公楼顶，数传电台发射天线长 3m，架设高度 26m。经过实际测试，数传电台作用距离为 25km。八五二农场地面 GPS 差分站设备包括双频 GPS 接收机、GPS 接收天线、30W PCC 数传发射电台、PCC 数传电台发射天线、直流 12V 输出 10A 稳压电源等。将 GPS 差分站设备安装在二分场一队农具场内，GPS 天线和数传电台发射天线架设在农具场内独立的天线架上，数传电台发射天线长 3m，架设高 40m。经过实际测试，数传电台作用距离为 30km[44]。

RTD 和 RTK 是局域差分技术,有效服务范围通常在 10～30km。为了将高精度定位技术广泛应用在更大的区域,还需要引入连续运行参考站(CORS)系统,通过组建参考站(网)并统一处理各区域的差分数据,使用可靠的传输通道,实现大范围的高精度差分定位。CORS 系统的定位精度同样可以达到厘米级,并且可靠性更高,还可用于精确的大地测量、地形测量、沉降测量等,以及提供导航、气象等服务,但建设和维护成本较高。

2.5.2.3　星链差分

星链差分 GPS 是美国 JOHN DEERE 公司下属的 NavCom 公司采用 RTG(实时 GIP-SY)软件建立的全球双频 GPS 差分定位服务系统,又称为 StarFire 差分系统,是广域差分 GPS(WADGPS)系统,也是世界上第一个可以提供分米级实时定位精度的星基差分系统,结合地基 RTK 系统数据,StarFire 差分系统可以提供 ±1cm 实时定位精度。

StarFire 差分系统由 GPS 地面参考站网络、数据处理中心、注入站、国际海事卫星(Inmarsat)和用户终端 5 部分组成,StarFire 差分系统系统架构如图 2.27 所示。GPS 地面参考站网络由遍布全球的、配置高性能双频 GPS 接收机的 55 个参考站组成,24h 连续采集 GPS 导航信号,将高质量的双频伪距和载波相位观测值数据发送至 2 个数据处理中心。两个数据处理中心分别位于美国 California 的 Redondo Beach 和 Il-linois 的 Moline,数据处理中心利用广域差分技术,计算出特定区域内的 GPS 卫星轨道和钟差的差分改正数,并将差分改正数发给 3 个地面注入站,注入站将 GPS 差分改正数实时注入 3 颗国际海事卫星,NAVCom 公司租用 Inmarsat 卫星的转发器通道,Inmar-sat 利用 L 频段向全球用户发播 GPS 差分改正信号,波束覆盖范围是南北纬76°之间,在波束覆盖范围内的所有用户均可以接收到稳定的、同等质量的 GPS 差分改正信号[45-46]。

VSAT—甚小口径卫星终端站;ISDN—综合业务数字网。

图 2.27　StarFire 差分系统架构(见彩图)

StarFire 差分系统与 RTK 系统相比,具有更强的灵活性和易用性,用户不需要考虑参考站建设问题,同时也不需要考虑作业的活动范围。用户只需要配置 StarFire 双频 GPS 接收机,接收 StarFire 系统差分信号,在南纬 76°和北纬 76°之间可以全天候、全天时、无机站提供单机实时分米级定位精度。NAVCom 公司给出 StarFire 差分系统在固定控制点的定位精度如图 2.28 所示。

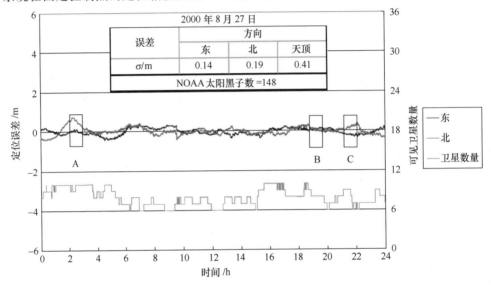

NOAA—美国国家海洋与大气管理局。

图 2.28 StarFire 差分系统在固定控制点的定位精度

(2000 年 8 月 27 日,双频接收机观测结果)(见彩图)

用户配置能够同时接收 GPS 双频导航信号以及 Inmarsat 卫星播发的 L 频段差分改正信号的终端,对伪距和载波相位观测量修正后,用户可以实时获取高精度定位结果。JOHN DEERE 公司给出了农机自动驾驶系统在农田作业时对卫星导航系统的定位精度要求,如表 2.5 所列,目前 StarFire 差分系统可以满足相关要求。

表 2.5 农机自动驾驶系统定位精度要求

农田操作	定位精度(2σ 水平)
液体施肥	12″(30cm)
固态施肥	18″(46cm)
初耕	12″(30cm)
整地	18″(46cm)
播种	10″(25cm)
喷药	18″(46cm)
中耕	2″(5cm)
收获	10″(25cm)
秸秆粉碎	10″(25cm)

黑龙江垦区大西江农场引进的大型气吹式变量施肥播种机幅宽 18m,依靠 RTG 系统对拖拉机进行自动导航,配置的 StarFire 双频 RTG 接收机"趟一趟"运动精度误差为 ±10cm,使用效果良好,系统方案如图 2.29 所示[44]。

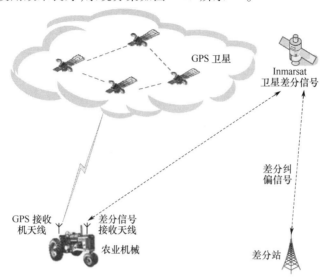

图 2.29　精准农业星链差分 RTG 系统组成

四川水利科学研究院的卢喜平利用 RTG 系统在开展黑龙潭水库库区控制点联测和大坝变形监测点坐标测量校验过程中,实测结果表明 StarFire 双频 RTG 接收机冷启动时间为 15s,5min 之内可以达到米级定位精度,30 ~ 60min 内可以连续达到分米级定位精度,1.5h 内平面可以连续保持亚分米级定位精度。一般情况下,RTG 测量模式水平精度为 13.5 ~ 20cm,垂直精度为 27 ~ 40cm,比 RTK 测量模式低一个量级,随着定位时间的延长,定位精度会明显提升[45]。

RTG 服务区域比较大,可以满足大面积农垦区域的对定位精度的需求,但以 StarFire 系统为代表的 RTG 服务是有偿的,每台 StarFire DGPS 定位系统每年要向美国 JOHN DEERE 公司交纳 800 美元差分信号服务费用。用户也根据自己预先计划好的工作时间来向 JOHN DEERE 公司购买差分服务,用户可以每季度、每半年或者每年一次向当地的代理商购买或者直接通过互联网向 NAVCom 公司购买[44]。

2.5.2.4　北斗精准农业系统作业模式

目前北斗系统已为全球提供定位、导航与授时(PNT)服务,具备为我国精准农业提供技术支撑的能力。相对于国外卫星导航系统,北斗在我国精准农业中的技术优势包括:①信号覆盖能力好。北斗系统特有的 GEO + IGSO + MEO(地球静止轨道十倾斜地球同步轨道 + 中圆地球轨道)3 种轨道混合星座分布使得我国国土及周边地区用户对卫星有更好的可见性。②提供三频导航信号服务。北斗已可为民用用户提供 1561.098MHz、1207.14MHz、1268.52MHz 三个频点的定位服务。对于单点定位,三频有助于更好地消除空间导航信号传播的电离层误差,获得精度更优的定位性能;对于载波相位测量,北斗的三频信号有助于整周模糊度的快速收敛,获得更快的定位速度。③提供短报文通信服务。北斗 RDSS 定位服务同时提供短报文通信服务,无需地面通信基站,可满足远程通信及偏远地区通信的应用。一部 RDSS 指挥机可与数百台流动站进行通信,通信成本较低,对于以长期、频繁、单次信息容量小为主要通信特点的精准农业应用,通信成本远低于地面移动通信。

北斗精准农业系统地面设施包括北斗地基差分站、装备了北斗差分接收机的自动化农机以及系统控制中心。北斗地基差分站接收北斗导航信号,并向服务区内播发差分信息,差分接收机接收导航信号和差分信号实现高精度定位。自动驾驶控制器根据定位数据和规划的路径调整行驶方向,并根据任务规划在不同的作业区域调整作业强度,如喷淋流量、播种密度等,利用北斗短报文通信或者地面通信网络将位置和农田土壤墒情等信息传递至控制中心开展进一步的分析处理。通常,一台差分站可实现数十千米内的差分接收机达到分米级至厘米级的定位精度。北斗精准农业系统作业模式示例如图 2.30 所示[39]。

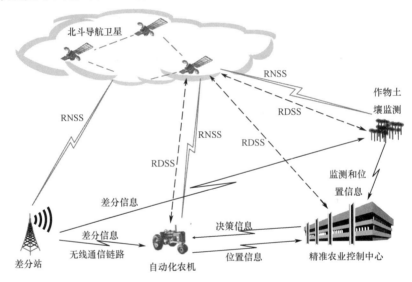

图 2.30　北斗精准农业系统作业模式示例

自动化农机是精准农业作业的实现载体,自动化农机作业包括自主驾驶和自主作业两部分,自主驾驶是指按照规划的轨迹自动完成运行和速度控制,自主作业是指在指定区域开展指定种类和强度的作业活动。达到这一目标需要实现精准定位、测向测姿、变量控制、自动驾驶和有效通信等。

北斗系统在自动化农机上的作用主要体现在三个方面:①通过北斗 RDSS 通信服务实现农机和管理中心间的信息交互,满足指令的传递和信息反馈;②通过北斗 RTK 接收机实现高精度定位,为运行和作业自动控制提供高精度位置信息;③通过北斗 RTK 多天线方式提供农机测姿测向数据,并和微机电系统(MEMS)陀螺给出的姿态和位置信息进行信息融合,为自动化农机设备自动控制提供可靠的测姿测向信息。

2.5.3　典型应用

传统插秧机需要一名驾驶员和一名铺苗员,长期作业常会导致轧苗或作业遗漏等问题,铺苗员负责添加整理秧苗。目前水田机械自主导航作业系统已取得实质性进展,利用卫星导航系统,实现了插秧机在水田中的无人自动驾驶。水田插秧作业条件下,水田机械一般可以 0.6m/s 的速度直线行驶,直线跟踪平均标准差小于 3cm。

北京理工雷科电子信息技术有限公司(以下简称"理工雷科")与江苏常发农业装备股份有限公司(以下简称"常发农装")联合研制电机(即电动机)式自动驾驶插秧机系统,并实现了自动驾驶系统的整车前装。系统应用理工雷科自主研制的高精度定位定向方案,通过 RTK 技术为插秧机提供高精度的位置信息,通过北斗定向与惯导组合为插秧机提供高精度测向信息。自动驾驶控制处理器对定位定向信息、预设路线、车辆姿态进行综合决判,然后对插秧机电控系统进行控制,从而使插秧机按照设定的路线(直线或曲线)自动驾驶。整个系统包括固定 RTK 基准站、车载系统两个大的环节,基准站应建立在固定位置,插秧机在地块作业,车载系统安装在插秧机上,通过接收 RTK 基准站播发的差分信息,实现插秧机在水田中的高精度自主导航作业,系统方案如图 2.31 所示[47]。

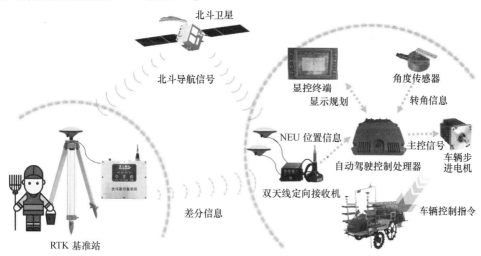

图 2.31　理工雷科自动驾驶插秧机电机式自动驾驶系统方案(见彩图)

车载系统又称为电机式自动驾驶系统,分为导航子系统、控制子系统和电机驱动子系统三部分。导航子系统采用北斗 RTK + 惯性导航系统(INS)技术,控制子系统包含控制器、显示器和角度传感器,电机驱动子系统主要包含电机和减速器。自动驾驶插秧机电机式自动驾驶系统的总体架构如图 2.32 所示。

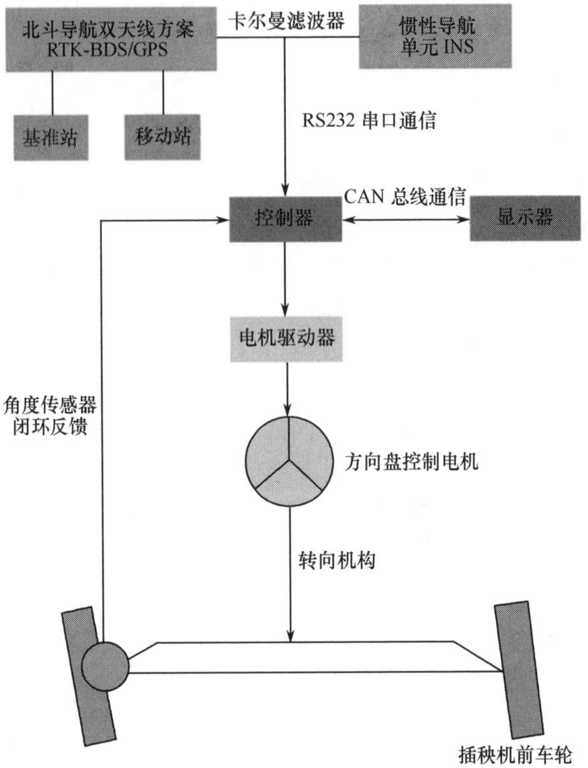

图 2.32　理工雷科自动驾驶插秧机电机式自动驾驶系统总体架构(见彩图)

　　车载系统的导航子系统采用 RTK 技术进行定位和定向,实时修正北斗导航接收机解算到的车辆位置误差,融合双天线定位和定向精确导航技术实现厘米级定位精度,并融合陀螺惯性导航数据,保证导航信号的连续可用。采用路径跟踪控制算法,将插秧机抽象建立成基于后轴中心为控制点的插秧机运动学模型,得出最终的期望前轮转角,该转角作为整个路径跟踪控制器的输出量。

　　理工雷科与常发农装联合研制的电机式自动驾驶插秧机由高精度双天线定位定向系统、北斗 RTK 接收机、自动驾驶控制器、车载显控终端、步进电机控制器和车轮角度传感器 6 个模块设备组成,如图 2.33 所示。系统具有工作效率高、成本低、作业质量高的特点,可 24h 不间断自动化作业;减少了驾驶员操作,只需一人完成铺苗工作,减少重量,可用于装载秧苗;利用 RTK 高精度定位技术,插秧机行走直线精度可达 2cm,极大提高了作业质量,避免了重耕、漏耕等人工驾驶的问题。

　　高精度双天线定位定向系统通过两个天线接收北斗卫星导航信号,利用载波测量技术和快速求解整周模糊度技术,解算出两个天线相位中心连线与真北方向之间的夹角,能够实现定向精度 0.2° 的航向信息,为插秧机提供高精度的直线航向数据。

　　利用 RTK 技术确定车辆的位置,实时修正卫星接收机解析到的车辆位置误差,

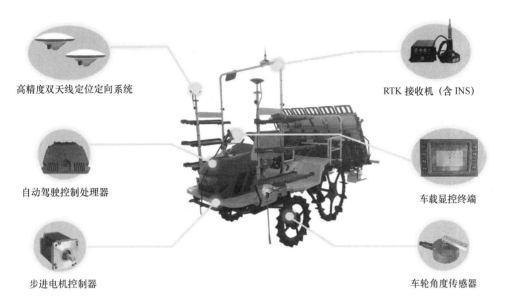

高精度双天线定位定向系统

RTK 接收机（含 INS）

自动驾驶控制处理器

车载显控终端

步进电机控制器

车轮角度传感器

图 2.33 理工雷科电机式自动驾驶插秧机组成

实现厘米级定位精度。采用 GNSS/INS（全球卫星导航系统/惯性导航系统）组合导航技术，当出现导航信号受遮挡的情况时，INS 仍然能够维持提供相对良好的定位与速度精度，实现插秧机定位误差不大于 5cm（5s 内）、航向误差不大于 0.5°（5s 内）、横滚误差不大于 0.5°（5s 内），有效提高了农业生产的易用性与作业效率。

自动驾驶控制器用于收集所有车辆状态信息，计算出插秧机当前位置姿态与期望值之间的差距，给出转向、前进、制动等行驶状态修正和控制指令。车载显控终端用于车辆位置、航向规划的可视化管理，可以定制自动行驶的轨迹边界，自动标绘出行驶路径，采用一键开启自动驾驶模式，便于人员操作使用。车轮角度传感器用于采集车辆实际轮角数据，为自动驾驶控制器辨识插秧机车轮转角状态，实施转向提供状态依据。

步进电机控制器驱动步进电机实施转向控制，步进电机是将电脉冲信号转变为角位移或线位移的开环控制电机，在非超载的情况下，电机的转速、停止的位置只取决于脉冲信号的频率和脉冲数，而不受负载变化的影响。

理工雷科与常发农装联合研制的电机式自动驾驶插秧机已在江苏省、黑龙江省得到验证定型和推广应用，卫星导航自动驾驶插秧机作业如图 2.34 所示，显著提高了作业时间和效率，实践表明，作业时间提升 100%，生产效率提高 30% 以上，产生实际的经济效益增加近一倍，获得应用者的广泛赞誉。

农业机械卫星导航及自动作业技术是现代农业机械装备的关键技术之一，是实施定位信息采集和精准农业的重要支撑技术。2004 年之前，我国农机导航系统全部依赖进口，主要是美国 John Deere、Trimble、Topcon 和 Hemisphere 等公司产品，价格昂贵。从 2004 年起，华南农业大学罗锡文院士团队和雷沃重工股份有限公司对农业机

图2.34 北京理工雷科高精度无人插秧机水田作业

械导航及自动作业技术进行了深入研究,打破了国外对我国农机导航技术的垄断。2006年,罗锡文院士团队在久保田SPU-60型插秧机上研制成功基于RTK-GPS的插秧机智能导航系统。2009年,罗锡文院士团队在井关PZ60型插秧机上,开发了基于RTK-GPS的直播机智能导航系统。

水田农业机械自主导航作业主要存在两方面问题:一是在水田泥脚深浅不一、滑转、滑移和侧滑严重条件下,导航控制精度不高、稳定性差;二是现有导航系统用于水田作业成本偏高。针对水田农机作业的侧滑影响农机导航精度的问题,华南农业大学罗锡文院士团队提出了基于水田农机侧滑在线识别的路径跟踪控制方法。罗锡文院士团队根据水田农机侧滑运动的特点,建立了具有侧向运动和横摆运动的二自由度车辆动力学模型,设计了估计转向轮侧滑角的非线性状态观测器,构建了水田农机非线性扩展运动学模型。实验结果表明,根据水田农机地头转向和直线行驶的运动状态数据估计获得的转向轮侧滑角与水田农机实际运动状态相符,转向轮侧滑角运动参数估计准确,为提高侧滑条件下的导航控制精度提供了依据,如图2.35所示。

根据水田农机侧滑在线识别的路径跟踪控制方法,采用非线性状态观测器对预瞄跟随的复合路径跟踪控制器的决策期望轮角进行侧滑补偿,利用水田农机非线性扩展运动学模型对农机运动状态预估器更新迭代,提高了转向轮侧滑角运动参数估计精度。水田农机自动驾驶作业表明,与无侧滑估计相比,采用水田农机侧滑在线识别的路径跟踪控制方法可以显著提高跟踪控制精度,路径跟踪平均横向偏差为1.0cm,横向偏差的标准差为3.0cm。

2006年,罗锡文院士团队以日本久保田SPU-68型插秧机为研究平台,在不改变水稻插秧机原有结构的基础上,对插秧机进行了技术改造:开发了插秧机导航控制与自动驾驶作业系统;研制了插秧机的自动转向控制系统,实现了插秧机的自动转向,提高了系统控制精度和稳定性;研制了插秧机作业速度控制系统,实现了插秧机在直线行走和地头转向时的速度调节;研制了插秧机具升降控制系统,实现了插秧机在地头转向时插秧机具的自动升降。以卫星导航差分系统和电子罗盘为导航传感器,采

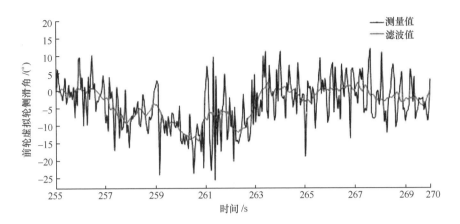

图 2.35　水田环境下的农机前轮侧滑角估计曲线图(见彩图)

用控制器局域网络(CAN)总线结构,集成导航定位、导航控制和自动作业控制技术,实现了插秧机在水田中无人驾驶和插秧作业,插秧机自动驾驶作业系统如图 2.36 所示,插秧机自动驾驶作业轨迹如图 2.37 所示。水田插秧作业条件下,插秧机自动驾驶作业系统可以 0.6m/s 速度直线行走,直线跟踪的平均标准差小于 3cm,转弯半径小于 1m。

图 2.36　插秧机自动驾驶作业系统

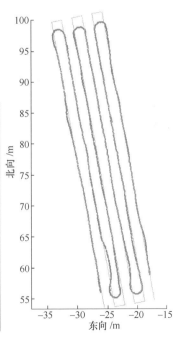

图 2.37　插秧机自动
驾驶作业轨迹(见彩图)

水稻是我国南方的主要粮食作物,占全国粮食总产量的 40%,我国常年水稻种植面积约为3000万公顷。在我国三大主要粮食作物中,水稻生产的机械化水平最低。高精度自动插秧机水田作业比人工撒播、抛秧等传统耕种方式增产10% ~ 30%。研究表明自动驾驶农机与人工驾驶相比,每小时工作效率提高40%左右,工作时间提高100%以上,降低用于驾驶人员的成本近一半以上。大力推进全程农业机械化与精准技术可以降低成本,并有效减少土壤污染。

国外精准农业的农机作业的动态定位和导航作业一般采用GPS,例如日本农水省农业研究中心开发出的无人播种机,利用GPS定位服务在指定位置播种稻苗,其植苗误差只有8cm,同时,还研究出无人插秧机、无人驾驶拖拉机等,控制精度均达到2cm。这种无人播种机由GPS天线、矫正位置偏差的传感器、控制计算机组成,提前将水稻田的形状输入到计算机之后,无人播种机能以时速3km的速度进行自动播种,行驶到田边时还可以自动折返。另外,多个无人播种机可同时在一块水田工作,可大大提高播种效率,无人播种机可在50min内播种20亩水稻。该中心还利用该技术开发出了稻田无人插秧机,定位精度可以控制在2cm以内[48-49]。

水质和利用效率、技术开发远远领先于价值创造、可持续发展的措施需要精准驱动的数据、最懂技术和最不懂技术农民之间的差异不断加大、无线接入的不一致性或均匀化以及专业技术人员缺乏是精准农业的6大急需解决的问题[50]。

综上所述,自动驾驶农机具备良好的推广应用前景,虽然当前中国农机自动导航系统尚未实现规模化和产业化,但卫星导航自动驾驶系统的作业效率和质量明显提高,而且起垄作业白天晚上都可以进行,改变了日出而作,日落而息的农业生产历史,彰显了巨大优势。随着精准农业的不断发展、人们对于土地利用及产出最大化的不懈追求,自动驾驶系统在直线度、精度方面的要求也渐渐提高。我国精准农业才刚刚起步,精准农业是我国现代农业发展的方向。

参考文献

[1] PARKINSON B W. Global positioning system:theory and applications. [M]. Washington,DC:American Institute of Aeronautics and Astronautics Inc. ,1996.

[2] KAPLAN E D. GPS 原理与应用:第 2 版 [M]. 寇艳红,译. 北京:电子工业出版社,2007.

[3] PPP Fundamentals[EB/OL]. [2019-08-15]. https://gssc. esa. int/navipedia/index. php/PPP_Fundamentals

[4] 曹冲. 北斗与 GNSS 系统概论[M]. 北京:电子工业出版社,2016.

[5] 夏林元,鲍志雄,李成钢,等. 北斗在高精度定位领域中的应用[M]. 北京:电子工业出版社,2016.

[6] 许其凤. GPS 技术及其军事应用[M]. 北京:解放军出版社,1997.

[7] 施品浩. WILD 200 GPS 测量系统快速静态定位试验及其成果分析[J]. 武测科技,1993(1):16-19.

［8］周忠漠,易杰军,周琪.GPS 卫星测量原理与应用[M].北京:测绘出版社,2002.

［9］陈俊勇,杨元喜,王敏,等.2000 国家大地控制网的构建和它的技术进步[J].测绘学报,2007,36(1):1-8.

［10］MALYS S. Evolution of the world geodetic system 1984（WGS 84）terrestrial reference frame ［C］//The 13th meeting of the International Committee on Global Navigation Satellite Systems （ICG-13），November 2018，Xi'an China.

［11］张鹏,武军郦,孙占义.国家现代测绘基准建设与服务[J],地理信息世界,2018,25(1):39-41.

［12］宁津生,罗志才,李建成.我国省市级大地水准面精化的现状及技术模式[J].大地测量与地球动力学,2004,24(1):4-8.

［13］史晓峰.GPS 水准测量在大型带状测区中的应用[J].城市建设理论研究,2014(8):10-12.

［14］宁津生,刘经南,陈俊勇,等.现代大地测量理论与技术[M].武汉:武汉大学出版社,2006.

［15］梁银娟.地籍测量工作中现代测绘技术的应用[J].建材与装饰,2017(27):204-205.

［16］张振宇.关于第二次全国土地调查（城镇部分）GPS 技术的应用探讨[J].低碳世界,2017(26):49-50.

［17］臧妻斌.GNSS/PDA 集成技术在土地调查中的应用[J].地理空间信息,2013,11(5):120-121.

［18］陈雷雷.现代测绘技术在地籍测量中的分析[J].科技与企业,2016(6):140-140.

［19］吴海燕.地籍测量中现代测绘技术的实践[J].江西建材,2012(1):222-223.

［20］冯伟,杨小伟,蔡勇.RTK 技术在全国第二次土地调查地籍测量中的应用[J].科技信息,2010(11):45-46.

［21］过静珺.卫星定位技术用于大桥变形和安全性监测探讨[J].建设科技,2016(6):18-20.

［22］过静珺,徐良,江见鲸,等.利用 GPS 实现大跨桥梁的实时安全监测[J].全球定位系统,2001,26(4):2-8.

［23］肖海威,秦亮军,刘洋,等.广州新光大桥变形监测控制网试验[J].测绘工程,2010,19(5):71-80.

［24］李传君,王庆,刘元清,等.GPS 在润扬大桥悬索桥挠度变形观测中的应用[J].工程勘察,2010(3):65-68.

［25］刘静,李传君,高成发.GPS 定位技术在大型构件变形监测中的应用——以润扬大桥动静载实验为例[J].舰船电子工程,2006,26(6):62-63.

［26］王江.GPS 在杭州湾跨海大桥变形监测中的应用[J].铁道建筑技,2010(增):278-281.

［27］过静珺,戴连君,卢云川.虎门大桥 GPS(RTK)实时位移监测方法研究[J].测绘通报,2000(12):4-5.

［28］李征航.全球定位系统技术的最新进展——第三讲 GPS 在变形监测中的应用[J].测绘信息与工程,2002(3):32-35.

［29］王勇.杭州湾跨海大桥工程总结(下卷)[M].北京:人民交通出版社,2008.

［30］韦汉金,李红祥.GPS 技术在工程变形监测中的应用研究[J].广西水利水电,2004(4):82-85.

［31］姚连壁.南浦大桥形变 GPS 动态监测试验及结果分析[J].同济大学学报(自然科学版),

2008，36(12)：1634-1664.

［32］姚平．GPS 在桥梁监测中的应用研究［D］．上海：同济大学，2008.

［33］余成江，龙勇．GPS 在桥梁变形监测中的应用探讨［J］．城市建设理论研究，2011（21）：102-
　　　105.

［34］王素珍，吴崇友．3S 技术在精准农业中的应用研究［J］．中国农机化，2010(6)：79-82.

［35］中国农民看了沉默，美国精准农业已到如此酷炫程度！［EB/OL］．［2017-03-28］．http：//
　　　m. sohu. com/a/130752724_115612.

［36］张小超，王一鸣，汪友祥，等．GPS 技术在大型喷灌机变量控制中的应用［J］．农业机械学报，
　　　2004，36(6)：102-105.

［37］MCLELLAN J F. Who needs a 20cm precision farming system［J］．Position Location and Navigation
　　　Symposium，1996：426-432.

［38］精准农业 10 大技术运用［EB/OL］．［2018-08-13］．https://mp. weixin. qq. com/s/
　　　SH9d5LDSwHMjcomnzKAO2g.

［39］何成龙．北斗导航系统在我国精准农业中的应用［J］．卫星应用，2014(12)：24-27.

［40］宋亚芳．差分 GPS 技术在精准农业中的应用［J］．河南农业，2014(5)：54.

［41］田珂，周卫军，龙晓辉．GPS 在精准农业中的应用［J］．农业科技通讯，2008(8)：26-29.

［42］李亚芹，夏峰．我国发展精准农业的必要性［J］．农机化研究，2006(6)：4-6.

［43］刘学，曹卫彬，刘姣娣，等．RTK GPS 系统在智能农业机械装备中的应用［J］．农机化研究，
　　　2007(9)：182-186.

［44］王熙，王新忠，庄卫东，等．黑龙江垦区精准农业三种 GPS 差分方式比较研究：中国农业机械
　　　学会 2006 年学术年会论文集［C］．北京：中国农业机械学会，2006.

［45］卢喜平，何荣智，伊滨，等．StarFire TM 差分 GPS 技术引进及水利行业应用［J］．测绘学报，
　　　2009，32(4)：175-179.

［46］王建成，王小刚，徐勇．星链差分 GPS 在电力线路测量中的应用［J］．人民珠江，2011(1)：81-
　　　83.

［47］智慧农业：插秧"神器"大显身手—雷科防务致力于高精度无人驾驶插秧机前装应用［EB/
　　　OL］．［2018-5-25］．https：//mp. weixin. qq. com/s/mJO0MPj-wKUiln3K9mtqAw.

［48］李强，李永奎．我国农业机械 GPS 导航技术的发展［J］．农机化研究，2009(9)：242-244.

［49］蒋欢．GPS 技术在农业机械中的应用研究［J］．农业科技与装备，2013，2(224)：75-76.

［50］石河子市烽火台电子科技有限公司．精准农业的六大发展趋势［EB/OL］．［2017-09-11］．
　　　https：//mp. weixin. qq. com/s/8U_CppygIomn_jtHj_KgQA.

第3章 位置报告

3.1 概 述

GNSS 解决了用户知道"我在哪里"的问题,但靠系统自身还不能知道"你在哪里"的难题,需要借助通信系统来完成位置报告服务。随着我国经济实力不断增强,经济全球化日益加深,国家利益与安全的内涵与外延、时空界域比历史上任何时候都更加宽广。"一带一路"国家战略对我国境外飞机、船舶、车队的位置报告、报文通信、搜索与救援服务以及话音、图像等数据传输需求迫切,用户需要及时掌控能源、矿产、贸易等陆上和海上通道的运输状况。具备全球范围内的定位(P)、导航(N)和授时(T)服务与数据传输业务是保障国家"一带一路"战略顺利实施的基本要求,同时也是实现我军舰船、飞机、导弹等武器装备的实时位置与工作状态监视的有力保障。

2000 年我国建设了北斗一号双星定位系统,基于卫星无线电测定业务(RDSS)工作机制,为国土及周边地区提供定位、授时和短报文通信服务;2012 年建设了北斗二号卫星导航系统,基于卫星无线电导航业务(RNSS)和 RDSS 工作机制,为国土及亚太地区提供定位、导航、授时和短报文通信服务。短报文通信服务很好地解决了 GPS 不能解决的"让别人知道你在哪里"的难题,目前北斗三号全球卫星导航系统已建成,并于 2020 年开通了全球用户提供定位、导航、授时和短报文通信服务业务。

北斗三号全球卫星导航系统的 PNT 服务将覆盖全球,具有独特的星间链路可以实现星间互联互通,届时将是我国唯一可以实现全球覆盖的星座[1-3]。通过在北斗全球卫星导航系统卫星上搭载全球报文通信载荷,利用星间链路和星地链路即可建立用户终端和地面控制中心之间的双向通信链路,构建全球数据传输系统,向全球用户提供位置报告、报文通信、非实时话音和图像等数据传输业务[4]。未来全球位置报告服务也可以利用北斗系统的 RNSS + 正在建设的全球覆盖的低轨移动通信系统来实现。全球位置报告业务在科考勘探、搜索与救援、救灾减灾、洲际货运、远洋航海等领域有着广泛的应用前景和巨大的应用价值,为热点区域态势感知、情报搜集、状态监视、前向目标指挥等业务提供全新手段[5]。

3.2 区域定位报告

3.2.1 工作原理

20 世纪 80 年代初期,"两弹一星"元勋陈芳允院士提出了利用两颗地球同步静止轨道卫星实现国土及周边用户的定位服务的北斗一号双星定位系统,这是当时被大家所公认的适应我国技术水平和国家财力开展卫星定位服务的最优方案。北斗一号双星定位系统为用户提供有源定位服务,其特点是用户响应地面任务控制中心的问询信号,发送定位申请信号或者报文通信信号,两颗卫星将定位申请信号或者报文通信信号转发给地面任务控制中心,地面任务控制中心利用用户定位申请信号的时延解算用户的位置,然后将用户的位置信息以及中心对用户的控制指令一并通过卫星转发给用户,北斗系统特有的 RDSS 和报文通信流程如图 3.1 所示。导航信号从地面任务控制中心到卫星、再从卫星到用户导航设备,最后再返回地面任务控制中心,整个信号传输时间被精确测量后,结合已知的卫星位置信息和用户海拔高度估值,根据三球交会原理,地面任务控制中心就可以解算出用户的位置并将位置信息传送给用户。RDSS 在完成用户位置确定的同时,实现短报文通信和授时服务。北斗一号双星定位系统为用户有效地解决了"我在哪里"的问题以及"你在哪里"的难题,导航通信一体化的设计方案震古烁今!

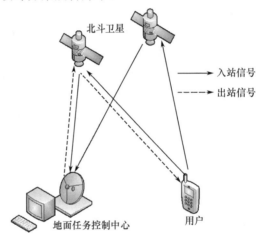

图 3.1　双星定位系统 RDSS 和报文通信流程

短报文通信服务是北斗系统的特色,RDSS 除了定位还可提供快速定位报告、短报文通信和高精度授时服务。地面任务控制中心站是 RDSS 的核心,GEO 卫星构成地面任务控制中心与用户之间的无线电链路,共同完成无线电测定业务。RDSS 利用工作在地球同步静止轨道的两颗导航卫星即可实现定位,一次定位的流程如下。

步骤 1,由地面任务控制中心向位于同步轨道的两颗卫星发射测距信号,卫星接到信号后进行放大,然后向服务区转播。

步骤 2,位于服务区的用户机在接收到卫星转发的测距信号后,立即发出应答信号,经过卫星透明中转,传送到任务控制中心。

步骤 3,任务控制中心在接收到经卫星中转的应答信号后,根据信号的时间延迟,计算出测距信号经过中心—卫星—用户机—卫星—中心的传递时间,并由此得出中心—卫星—用户机的距离,由于中心—卫星的距离已知,由此可得用户机与卫星的距离。

步骤 4,根据用上述方法得到的用户机与两颗卫星的距离,再根据三球交会定位原理,在中心站储存的数字地图上进行搜索,寻找符合距离条件的点,该点坐标即用户所在位置。

步骤 5,中心将计算出来的用户坐标通过卫星转发给用户机,用户机再通过卫星向中心站发送一个回执,结束一次定位作业。

3.2.2 系统方案

北斗一号双星定位系统地面段由一个地面任务控制中心和几十个分布于全国的参考标校站组成,空间段包括 3 颗部署在我国上空的地球静止轨道卫星。短报文通信是北斗系统的一大特色服务,"短报文"相当于现在手机发送的"短信息",北斗短报文通信服务可以为用户机与用户机、用户机与地面任务控制中心之间提供每次最多 120 个汉字或 1680bit 的短消息通信服务,短消息通信的传输时延约 0.5s,通信频度为 1 次/s。系统入站容量优于 54 万次/h,出站容量优于 18 万次/h。系统下行为 S 频段 2483.5 ~ 2500MHz,上行为 L 频段 1610 ~ 1626.5MHz[6-7]。用户在发短报文的同时也能够确定用户的位置,位置信息可以通过中心站出站链路播发给用户,也可以借助地面移动通信(2G/3G/4G)网络或者互联网反馈给用户。北斗短报文通信业务入站信号和出站信号工作过程分为如下三步。

(1)短消息发送方首先将包含接收方 ID 号和通信内容的通信申请信号加密后通过北斗导航卫星转发入站。

(2)地面任务控制中心接收到通信申请信号后,经解密和再加密后加入持续广播的出站广播电文中,经北斗导航卫星广播给用户。

(3)接收方用户机接收出站信号,解调解密出站电文,完成一次报文通信。

2012 年 12 月建成的北斗二号卫星导航系统,实现了 RNSS 定位(无源定位),保留了 RDSS 定位(有源定位)及短报文通信功能,北斗短报文通信业务已在搜索与救援、灾害监测、救灾减灾和应急通信等领域发挥了巨大作用。特别是在海洋、沙漠和野外地面通信网络没有覆盖的地方,配置了北斗系统终端的用户,可以通过 RNSS 和 RDSS 两种模式确定自己的位置,借助 RDSS 向外界发布信息同时接收外部指令。短报文不仅可实现点对点双向通信,而且具备一点对多点的广播传输,为各种平台应用提供了可能。

3.2.3 典型应用

我国地处亚洲大陆东南部,东南两面临海,渤海、黄海、东海和南海四大海域面积辽阔,大陆海岸线长达 18000 多 km,港湾众多、岛屿密布,海洋渔业水域面积 300 多万 km^2。我国现有渔船总数达 106 万艘,是世界上渔船数量最多的国家,约占世界总数的 1/4,其中海洋渔船总数达 31.61 万艘。目前的海洋渔业生产因为海上缺乏有效的通信手段和救援手段,渔船出现险情时无法得到及时的救助。为此,国家渔政主管部门提出了建设"平安渔业"的方案,利用卫星通信技术和导航技术建立我国海洋渔业渔船船位监控系统,逐步提高我国渔业生产安全保障能力、渔业协定水域等特定水域渔船管理及禁渔管理能力。既保障渔民生命财产安全,也维护国家海上主权,有效地保护渔业资源[8]。

渔政部门对渔船进行监管,包括渔船安全管理、海洋资源管理、海洋通信管理、海上交通管理、渔港水域管理,保证渔业生产安全、保护海洋生物资源和海洋环境、保障海上交通安全意义重大。近年来,船舶安全又出现了新的情况,我国在西沙、南沙等传统海域作业的船只经常遭到外国军舰的驱赶甚至攻击和抓扣。随着海上丝绸之路的推进、海洋捕捞业的深入开展,我国中远海船舶安全形势日趋严峻。黄岩岛事件,看似只在争夺一个不大的岛屿,实则是为了巨大的油气资源,维护国家主权和领土完整已经刻不容缓。为此,保护我国的船舶安全、维护国家海洋权益、国家主权的需求十分迫切。

为加强应急处置能力,提高应急处置水平,行业管理部门在制定部门应急预案的同时,把大量社会船舶列为应急响应保障船舶,为应急处置提供运力保障[9]。社会船舶在非应急状态下开展海上作业时,作业区域不是固定的,应急管理部门不掌握社会船舶的动态位置,致使一旦出现应急任务,应急指挥部门难以制定出合理高效的应急响应方案。海上救援往往还涉及跨部门协作,有些时候需要交通部海上搜救中心与渔业管理部门联合救援。如果不能提供出事船舶的准确位置,则往往会耽误救援时间、影响救援效果。利用卫星导航系统可以很方便地实时监控渔船等移动目标的位置(船位)。

3.2.3.1 工作原理

北斗系统为用户提供定位、导航与授时服务,同时提供双向短报文通信服务。北斗星通公司研发了基于北斗导航系统的渔船船位监控系统(船联网),与北斗卫星地面站之间建立了专线通信链路。渔船配置北斗卫星船载终端设备,把位置信息以短报文形式发送给北斗卫星,北斗卫星将信息传送到北斗卫星地面站,北斗地面站通过专线将信息发送到北斗船联网中心,北斗星通公司的北斗船联网中心通过互联网将信息推送到各地渔政主管部门的海洋渔业安全救助监控平台,从而实现对渔船的位置监控和管理,系统架构如图 3.2 所示。

渔政管理部门也可以通过海洋渔业安全救助监控平台将通知或者公告等信息发送到北斗星通公司运营的北斗船联网中心,北斗船联网中心通过自己的北斗卫星播发设备,将通知或者公告等信息通过北斗卫星播发到渔船上面的北斗卫星船载终端设备,从而完成了一次双向链路通信业务。

北斗星通公司渔船船位监控系统可以全天候、全天时与渔船保持通信联系,实时

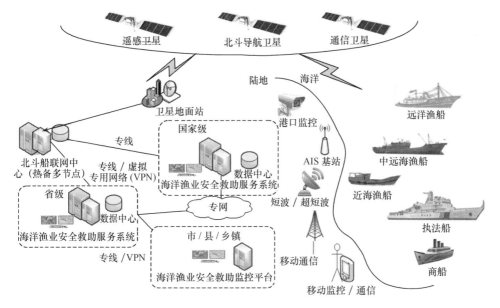

图 3.2　北斗星通公司渔船船位监控系统架构(船联网)

掌握渔船位置,渔船在航行和作业时,通信联络以及监控系统能够做到及时、准确、保密、畅通无阻,有效地提高渔船的远航和外海作业能力,避免或减少渔业海损事故,保障渔民生命财产安全,借助北斗星通公司渔船船位监控系统可以进一步提高政府处理和应对渔船紧急突发事件的能力。

3.2.3.2　系统方案

北斗星通渔船船位监控系统利用北斗系统的定位和短报文通信服务、自动识别系统(AIS)、卫星通信和地面移动通信系统、电子海图以及互联网,构建了海上渔船船位监控平台,实现渔船船位监控、短报文通信、紧急报警、区域越界报警、数据查询和报表、轨迹回放和多网互通服务。北斗星通公司渔船船位监控系统实时监控船位如图 3.3 所示,图中密集的红点为监控平台上的渔船实时位置。

船载终端配置北斗系统的无源定位(RNSS)模块有源定位(RDSS)模块、船舶自动识别系统(AIS)模块、地理信息系统(GIS)模块、移动通信模块,船载终端利用北斗定位模块确定自身船位信息,同时借助北斗的报文通信服务将船位传送到北斗系统的地面控制中心,北斗地面控制中心通过专线将船位信息发送到北斗星通渔船船位监控中心,如果渔船在近海作业和滩涂作业,则船载终端利用移动通信模块将船位信息直接传送到北斗星通渔船船位监控中心。北斗星通渔船船位监控中心借助地面通信网络或者互联网将船位信息推送到各地渔政主管部门的北斗卫星渔船安全监控平台。北斗星通渔船船位监控中心接收和移送渔船船位信息的同时,还能推送渔船工作状态以及鱼汛和天气等信息,实现渔船船位监控以及安全救助和信息管理。

船舶自动识别系统将船舶的实际位置、船速、航向以及航向改变率等船舶动态位

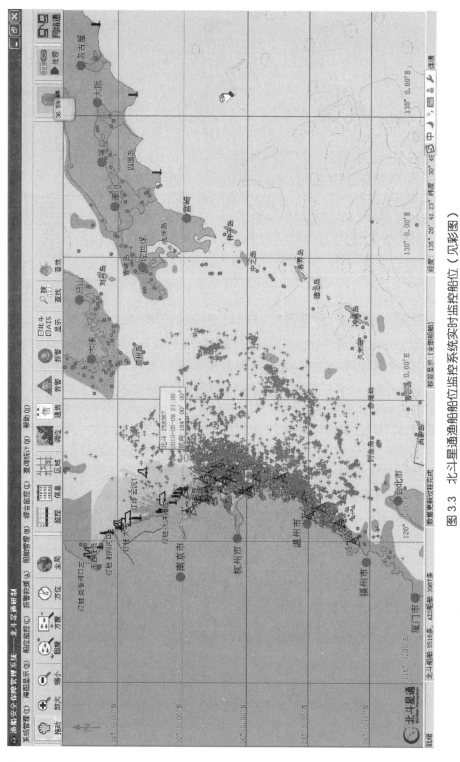

图 3.3　北斗星通渔船船位监控系统实时监控船位（见彩图）

置信息以及船舶名称、呼号、吃水深度、船舶尺度和危险货物等船舶静态信息通过特高频(UHF)通信链路向附近水域及岸台广播,使得临近水域船舶及岸台能够及时掌握附近水域所有船舶的动态和静态信息,由此可以采取必要的避让操作,保证船舶航行安全。

北斗星通公司北斗船载终端如图 3.4 所示,北斗短报文通信模块实现终端与终端之间、终端与手机之间、终端与平台之间的短信互通,即:能够按照规定的时间要求,或者航速、航向变化情况,进行动态的船位数据采集和位置报告;能够接收北斗运营服务中心以单播、组播和通播方式,发送给终端的短报文信息;具有紧急报警功能,终端可连续向监控平台报警;可设置 100 个报警区域(禁渔区报警、越界报警),船舶违反区域规定时会自动发出报警信号,向船上人员发出报警提示,同时向所属的管理部门发出区域报警信息;显控单元采用 S-57(国际海事组织电子海图数据标准)格式电子海图数据,海图显示符合 S-52(电子海图内容与显示规范)标准,可以实时显示船舶经纬度、速度、航向等导航数据,可以保存、显示航迹数据,包括列表显示方式和海图显示方式;显控单元还具有游标导航和标位点导航功能,用户可以通过设置若干航点来组成一条航线,在航行过程中,如果偏离航线,终端会产生偏航提醒。

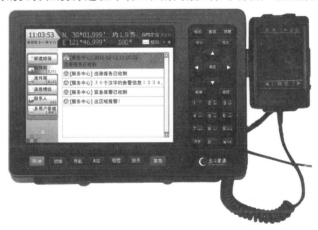

图 3.4　北斗星通公司北斗船载终端

3.2.3.3　应用情况

2004 年,北斗星通公司获国内首个北斗民用服务分理运营资质。2006 年,北斗星通公司中标由农业部投资的南沙渔船船位监控系统,利用北斗系统、海事和 AR-GOS 卫星通信系统对渔船进行船位监测,北斗星通公司为 900 艘在南沙海域生产作业的渔船安装了北斗卫星船载终端设备,开创北斗系统在海洋渔业船舶安全领域的应用先河。

在农业部南沙项目的示范带动下,后续 3 年共为 24000 多艘渔船安装了卫星导航系统船位监测终端设备,其中北斗卫星监测终端设备 19354 艘,占 80% 以上。2008 年浙江省投资 3.4 亿元,共建设 1 个船位监控中心、4 个市级监控中心和 25 个县级监控中心,为 14153 艘 185 马力(1 马力 = 735.499W)以上的渔船安装了卫星导航船位终端,其中北斗卫星终端数量为 11783 台。2009 年上海、江苏和山东陆续开展海洋渔业渔船船位监控系统建设,其中上海 334 艘,江苏 2667 艘,山东 1663 艘,共为 4664 艘渔船装备北斗卫星终端设备。2010 年海南省投资 7000 万元,为具备安装条件的 6000 艘渔船安装北斗卫星终端设备。广西壮族自治区投资 1840 万元,为 60 马力以上的 2780 艘渔船安装北斗卫星船载终端设备,辽宁、河北和天津也相继开展了安装北斗卫星终端设备的试点工作。

　　北斗星通公司渔船船位系统定时向海区内渔业船舶播发航行警告、气象预报信息,使渔民能及时了解天气、海流状况,提前做好预防措施。当发生事故时,渔船北斗船载终端可以立刻将船号、位置及相关信息自动发往监控通信指挥中心,监控通信指挥中心可在第一时间组织救助行动,提高搜救成功率,最大限度地减少人员伤亡和渔业经济损失,渔船救援辅助视图如图 3.5 所示。

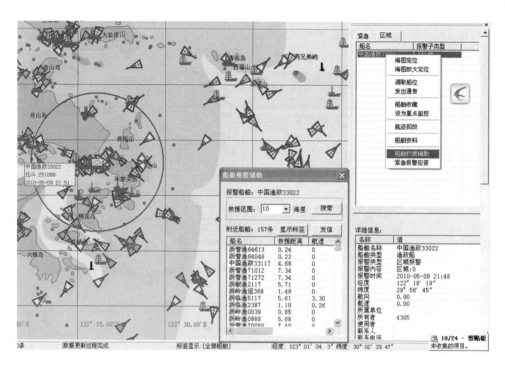

图 3.5　渔船救援辅助视图(见彩图)

　　利用北斗星通公司北斗渔船船位监控系统,能及时掌握海上渔船的船位动态信息,结合渔政管理信息系统中渔船证书、项目批准情况等,能判断渔船海上作业的合法性,从而有针对性地进行海上和港口管理。特别是在外海渔船和涉外渔船的管理中,能够及时发现渔船违规生产、越线生产情况,避免和减少涉外事件的发生,降低管理成本,使我国渔政管理跃上一个新台阶,是渔政管理部门的"千里眼"。

除了开展遇险救助任务外,北斗星通公司北斗渔船船位监控系统还提供公众业务通信功能,能够支持渔船与岸上管理部门之间的通信服务,并为渔民播发渔业生产生活信息,改善渔民的生活质量,方便渔民安排捕捞、养殖活动,提高渔业生产效益。

2018 年 6 月 19 日,2018 世界交通运输大会在北京开幕,中国科学院院士、北斗卫星导航系统副总设计师杨元喜接受记者采访时表示,同美国 GPS、俄罗斯 GLONASS 相比,中国北斗系统可以提供短报文通信服务,具有位置跟踪能力。中国北斗系统还具备搜救功能,可以直接进行搜救,其他卫星导航系统暂时还没有这个能力。目前中国有 4 万余艘渔船装有北斗接收器,有效地解决了渔业安全生产问题,被称为渔民海上的"保护神"[10]。

◢ 3.3 全球位置报告

3.3.1 工作原理

在全球位置报告业务的技术体制上,美国和欧洲利用"卫星导航系统 + 卫星通信系统"的模式,即通过 GPS、Galileo 系统或者 GLONASS 获取用户位置信息,通过海事卫星或者铱星等卫星通信系统再将用户位置转发给指定的用户,实现全球位置报告服务。

目前,国内已有的卫星通信系统不具备全球通信的能力。此外,美、欧等国家已经申请和使用非地球静止轨道(NGSO)卫星的移动通信服务频段,形成难以协调的技术壁垒,可以预见 2022 年前后我国卫星通信系统不具备全球覆盖能力的卫星通信网络,沿袭西方"卫星导航系统 + 卫星通信系统"的双系统发展思路,等待卫星通信条件完全具备后再着手发展全球位置报告和数据传输业务是不现实的。而北斗系统在设计之初就创新性地开展了导航和通信一体化的设计方案,利用卫星无线电测定业务(RDSS)实现了用户定位和短报文通信服务,成功地利用一个系统解决了"我在哪里"和"你在哪里"的难题。

在北斗全球系统建设和发展的过程中,应继承已有技术并进行创新发展,破解当前无法在全球范围内实现位置报告和数据传输业务的困境。2020 年北斗系统的 PNT 服务范围已覆盖全球,具有独特的星间链路实现星间互联,是我国唯一可以实现全球覆盖的星座[1-2]。

未来全球位置报告服务有三种模式:一是利用北斗系统的 RNSS/RDSS 定位功能 + 卫星通信系统的通信功能来实现;二是利用北斗系统的 RNSS/RDSS 定位功能 + RDSS 报文通信功能来实现;三是仅靠北斗系统自身的定位 RNSS 功能 + 新的全球报文通信功能来实现。三种模式的主要区别是服务区域和服务能力不同,可以为不同用户提供多方位、多渠道、多模式的位置报告服务。通过在北斗全球卫星导航系统部分卫星上搭载全球报文通信载荷,利用星间链路和星地链路即可构建用户终端和地面控制中心之间的双向通信链路,构建全球数据传输系统,向全球用户提供报文通信、位置报告、非实时话音和图像等数据传输业务[11-13]。因此,在开展北斗全球卫星导航系统建设过程中,应将北斗一号和二号系统的报文通信功能拓展至全球,同时进一步提升报文通信能力,支持全球位置报告与话音、图像等数据传输业务。

3.3.2 系统方案[11-13]

我们设想北斗全球位置报告系统由空间段(北斗卫星)、地面段(地面中心站)和用户段(用户机)组成,系统架构如图3.6所示。地面段完成全球位置报告和数据传输业务星上载荷资源管理、系统维护、用户服务控制、境内公网/专网信息分发及安全保障。用户段为各类用户终端,通过内置 GNSS 模块实现自身位置解算,通过内置通信模块实现数据收发,用户终端采用一户一卡方式进行管理。空间段卫星在北斗三号组网星星座中选取,实现 15°仰角双重覆盖、30°仰角单重覆盖。

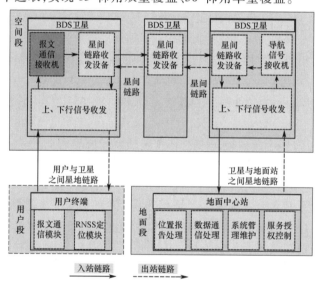

图 3.6　北斗全球位置报告和数据传输系统架构

地面终端集成 RNSS 定位模块和报文通信模块,实现全球位置报告和数据传输业务,有别于北斗二号区域系统 RDSS 定位体制下的短报文通信和定位报告服务。用户机发射的上行信号中含有指定接入北斗卫星导航系统(BDS)卫星的 ID,只有用户机指定的卫星才处理用户数据并借助星间链路转发给其他卫星。星载报文通信接收机用于实现地面用户接入、上行链路信息接收以及与星上综合电子系统接口及协议转换。

BDS 卫星在地面主控站不具备连续观测条件,需要利用星间链路进行信息中继。全球位置报告等数据信息通过一跳或者多跳后传递到境内中心站可视卫星,境内中心站可视卫星利用高速遥测通道将信息发送给中心站,实现了信息的入站(境外用户到境内中心站)。同时,利用北斗星间链路的双向通信功能,可以建立出站(境内中心站到境外用户)链路。

对于入站链路,用户到卫星的上行链路频点在北斗区域系统 RDSS 载荷的上行 L 频段 1610～1626.5 MHz 选取,主要用于用户发送上行信号;利用星间链路将信息传输给中心站可见卫星,星间链路采用 Ka 频段信号;中心站可见卫星使用现有 S 频段测控链路将信息传输至地面中心站。

对于出站链路,地面控制中心到导航卫星的上行链路可以采用北斗系统已有的地面运控系统上行 L 频段信号链路,利用星间链路将信息传输给用户可见卫星,星间链路采用 Ka 频段信号,使用北斗全球系统已在国际电联申请的 S 频段(中心频率 2492MHz)导航信号或者传统 L 频段(中心频率 1207MHz)导航信号播发下行链路信息,用于控制中心对用户上行信息传输的确认、通信和指挥[6-7]。

对于星间链路,在保证基本导航、遥测遥控、自主导航等原有业务信息星间传输的基础上,利用星间链路空余时隙传输全球位置报告和数据。全球位置报告数据在星间传输时,目的卫星不反馈确认信息,数据到达地面运行管理中心后,通过返向链路给用户反馈确认信息。

3.3.2.1 星座设计

全球位置报告和数据传输业务的基本问题为星座设计,关乎系统成本、服务范围、链路特性以及通信质量等多个方面。北斗全球系统中圆地球轨道(MEO)高度 21528km,分布于 A/B/C 三个轨道面,轨道倾角 55°,采用 Walker27/3/1 星座布局[14-15]。为与北斗全球系统的建设步伐一致,可以从北斗 Walker27/3/1 星座中选取特定卫星组成北斗全球位置报告和数据传输业务系统子星座。

全球报文天线覆盖区等效为半锥角 13.2° 的圆锥。为确保系统可靠性,考虑到不同仰角时通信性能受到雨衰、遮挡影响不同,系统基于不同仰角,以全球二重覆盖为目标进行星座设计。综合考虑系统研制成本与周期、用户不同仰角时覆盖特性、通信容量和系统可靠性等因素,可以在当前北斗全球 Walker27/3/1 星座中选取 15 颗卫星,每个轨道面选择 5 颗卫星搭载全球报文通信接收机,形成全球双重覆盖能力,如图 3.7 所示。

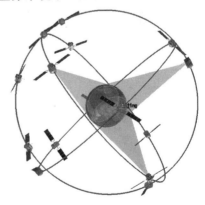

图 3.7 全球报文通信和位置报告服务系统星座设计

(1)利用航天任务仿真软件 STK 仿真表明,观测仰角 5° 情况下,9 星子星座可实现全球二重覆盖:除南北纬[60°,70°]部分区域外,可实现全球 100% 时间二重覆盖;时间可用性降为 99% 时,可实现全球二重覆盖。

（2）为了使得用户获得更好的体验,将观测仰角提高到15°和30°进行分析。STK仿真结果表明15颗卫星子星座可实现仰角15°时全球连续(时间可用性100%)二重覆盖,覆盖情况如图3.8所示。仰角30°时可实现全球连续(时间可用性99%)一重覆盖。

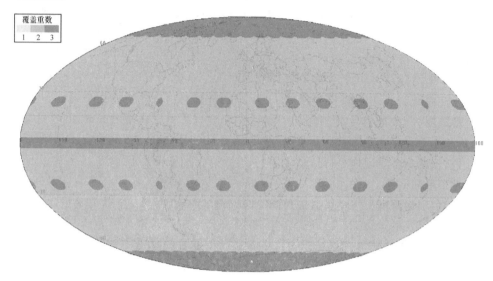

图3.8　15颗MEO卫星子星座二重覆盖性能(15°仰角)(见彩图)

若北斗星座所有卫星均搭载报文通信载荷,STK仿真表明:在最小观测仰角30°条件约束下,可实现全球连续二重覆盖,时间可用性100%,覆盖区域如图3.9所示。

图3.9　24颗MEO卫星覆盖情况(30°仰角)(见彩图)

3.3.2.2　过境时间分析

以上面分析所得的 15 星星座方案为例,进一步分析观测仰角 15°时该星座对全球典型位置的卫星过境时间(包括最大值、最小值、平均值以及一个周期内总过境时间)。仿真周期为一个回归周期,全球典型位置有堪培拉、大马士革、雅加达、内罗毕、巴黎以及华盛顿,如表 3.1 所列。

表 3.1　全球典型位置过境时间统计

全球典型位置	最小过境时间/s	最大过境时间/s	平均过境时间/s	总过境时间/s
堪培拉	2786	27136	17858	2303718
大马士革	1858	27599	18040	2309213
雅加达	2269	39251	24056	2598112
内罗毕	2764	37732	26420	2589217
巴黎	616	23824	15597	2292766
华盛顿	2072	26191	17485	2290603

仿真结果表明单颗北斗卫星最短过境时间为 616s,可以避免全球位置报告和数据传输业务单次服务流程中存在星地连接关系的频繁切换,从而保证服务可靠性。

3.3.2.3　信息传输链路

信息传输链路由用户机与北斗卫星之间的链路、星间链路、卫星和中心站之间的链路三部分组成。星地链路为用户到北斗卫星的星地链路,用于境外用户上传信息。卫星至地面控制中心的上行、下行通信链路继承当前卫星与运控、测控地面站上下行通信体制。北斗卫星到境外用户的返向链路频点可以采用下行 S 频段 2483.5 ~ 2500MHz,用于控制中心对用户上行信息传输的确认、通信和指挥[6-7]。利用北斗全球系统双向星间链路,实现信息的入站与出站[3-5]。星间链路能对北斗全球位置报告的资源决定服务的数据传输时延、通信容量、通信频次等系统指标,是系统发展的瓶颈。星间链路的双向通信特性,以及卫星与用户、卫星与地面站间的双向通信链路,使得传输链路具备正(前)向和反(返)向双向信息传输能力。

(1)前向信息流程:境外用户终端→MEO 卫星→境内中心站可见 MEO 卫星→中心站。

(2)返向信息流程:中心站→境内中心站可见 MEO 卫星→MEO 卫星→境外用户终端。

用户终端在继承北斗区域系统用户机的基础上(L 频点发射信号,S 频点接收信号)还需要进一步权衡星载接收天线的增益和方向图、入站全球数据通信接收机的灵敏度、上行及下行链路预算要有 3dB 余量等指标,进一步降低用户终端的重量、体积和功耗,北斗全球数传服务用户终端的发射功率为 10W,可支持 500bit/s 的上行通信速率[12]。

3.3.2.4　网络协议

以不改变当前北斗全球系统的星间网络方案和通信协议为前提,同时考虑入站和出站数据传输的特点开展网络协议设计。在入站传输时,由于同时存在多个中心站可见卫星,可能的选择策略包括直接发送和基于源路由优化的选择两种策略。直接发送是指用户可见卫星报文接收机对接入的用户数据以中心站为目的直接交付星间链路系统,数据经过星间链路系统转发,由经过的第一个中心站可见卫星完成入站接收。该方式的好处是报文接收机实现简单,位置报告依托星间链路系统转发,具有较强的鲁棒性,但转发路径未必最优。基于源路由优化的选择策略是指报文接收机根据最短路径算法计算星间转发路径和对应的中心站可见卫星作为目的,该策略的好处是能够根据当前接入卫星节点队列情况、星间拓扑和地面可见关系等,在星间转发不发生等待的情况下,可以实现按最短到达时间或最少跳数等准则完成最优路径转发,但受转发节点排队等影响,可能无法按照源路由计算结果转发,导致性能恶化。

对于出站链路,由于 MEO 卫星的移动性和用户的移动性,全球位置报告系统应当具备移动性管理能力,以出站数据发送时确定能够保证数据可靠交付的用户可见卫星作为目的。由于全球位置报告和数据传输系统的用户终端集成 RNSS 定位模块,中心站可以通过位置报告获取各用户终端的位置信息,因此,中心站利用用户位置信息实现用户移动性管理。考虑星座多重覆盖,可以进一步采用多重覆盖卫星多星广播的方式增加数据传输的可靠性。全球报文通信和位置报告服务系统数据入站、出站通信过程如图 3.10 所示。

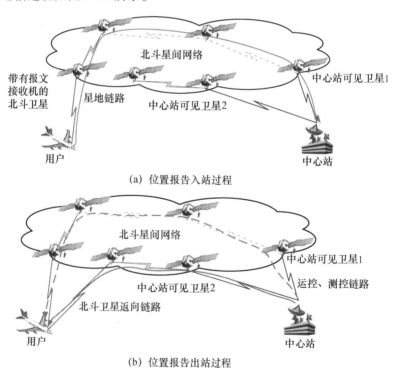

(a) 位置报告入站过程

(b) 位置报告出站过程

图 3.10　位置报告出入站过程(见彩图)

3.3.2.5　数据类型

数据类型在继承北斗区域系统短报文通信数据的基础上,扩展至位置报告、非实时话音、图像等数据传输,典型信息类型及数据量如表 3.2 所列。

表 3.2　典型信息类型及数据量

信息类型	数据量	内容或格式
位置报告	约 100bit	位置信息,包含经纬度和高程
短报文	约 560bit	40 个汉字
话音	40kbit	混合激励线性预测(MELP)编码,编码速率 2.4kbit/s,15s
图像	32kbit	联合图像专家组(JPEG)2000 压缩编码,256×256 灰度图像,1:16 压缩率

3.3.2.6　接入方式

接入方式分为随机接入、预约通信和境外星上存储入境转发 3 种。随机接入方式用于全球位置报告和短报文通信服务,用户终端随机选择位置报告信道向地面控制中心发送一帧位置报告帧,地面控制中心在接收到用户帧并确认其完整性与用户 ID 的合法性后,按原路径向用户终端发送位置报告应答帧。预约通信方式用于话音和图像数据传输服务,用户终端向地面控制中心发起接入请求,地面控制中心为用户分配信道和时长并将其返回给用户,用户按照分配信道进行数据传送。对于数据量巨大,且对时延不敏感的数据,可采用星上存储入境转发的方式。当卫星不在中心站可视范围内,通过星上存储器存储数据,待卫星入境后再下传至中心站。

参考灾情信息北斗短报文传输编码与解码技术规范[16],设计北斗全球位置报告和数据传输数据帧格式,如表 3.3 所列,其中电文内容根据用户机传输信息而具有不同长度,平均约为 350bit。基于北斗系统的全球位置报告和数据传输服务可以在全球范围为用户提供位置报告报文通信、话音、图像等数据非实时传输服务,同时为授权用户提供位置报告、搜索与救援、态势感知、指挥监控等特色服务。

表 3.3　全球报文通信和位置报告服务系统数据帧格式

同步头/精跟段	帧标志	用户 ID	信息类别				电文长度	电文内容	自定义	认证	CRC	卷尾
		源地址	报告类型	业务类型	特征信息	空						

3.3.3　能力分析[13]

系统容量的分析基于欧兰-B 公式。由话务理论可知,对于具有 N 个通道的系统,阻塞率 B 服从欧兰分布(其中 A 为话务量):

$$B(N,A) = \frac{A^N/N!}{\sum_{i=0}^{N} A/i!} \qquad (3.1)$$

因 B 是 N 和 A 的函数,故记为 $B(N,A)$。其中呼叫的失败是指系统中全部通道已被占用,因而新的呼叫不能得到所需通道。在话务理论中称呼叫失败率为阻塞率或呼损率(即呼叫遭受损失的概率),用 B 表示,定义为

$$B = 被阻塞的呼叫次数/总的呼叫次数 \tag{3.2}$$

在信号体制和信息体制固定的前提下,接收通道数增加相当于可提供服务的通道数增多,服务容量增大。根据欧兰-B 公式计算不同阻塞率(0.1%、1%、5%)时,系统入站容量如表 3.4 所列。

表 3.4 不同阻塞率对应的系统入站容量

接收通道数	系统入站容量		
	0.1%	1%	5%
1	0.24	0.72	1.92
2	2.16	4.32	7.68
3	5.76	9.6	14.88
4	10.32	15.6	22.8
5	15.48	22.44	31.2
6	18.24	25.92	35.52
12	21.24	29.52	39.84

出站信息由中心站注入,是一个单用户系统,因此出站容量主要由出站信息注入频率、单个信息内用户个数共同决定。星间链路传输速率不是主要影响因素。假设按照每颗目标星 10s 内注入不大于 9 组数据,1 组数据可包含 2 个用户出站信息计算,则对于四相相移键控(QPSK)信号的 I、Q 支路,每颗卫星每小时的服务容量为 $\frac{9}{10} \times 2 \times 2 \times 3600 = 12960 \approx 1.3$ 万次/h。系统容量为单星容量与卫星数量之积,则系统出站容量为 $1.3 \times 27 = 35.1$ 万次/h。

假设未来北斗全球系统有 24 颗 MEO 卫星均配置报文通信载荷,星间网络每时隙接入四星间帧的短报文数据。北斗星间网络业务数据包括自主导航业务数据、星间遥测业务数据、电文上注业务等数据。通过 OPNET 软件开展全球位置报告与数据传输业务入站能力仿真,按回归周期长度仿真,源路由优化转发策略,最快一跳到达准则下,帧交付时延累积概率密度如图 3.11 所示。

图 3.11 给出了短报文入站接收机采用 3.3.2.4 小节提出的基于源路由优化的转发策略和最快一跳到达准则时,星间网络转发短报文数据的交付时延的累积概率密度,99% 的星间帧在 6.7s 内完成星间网络入站转发,端到端时延小于 7s。所有短报文的交付时延如图 3.12 所示,最大交付时延小于 10s。

图 3.13 给出了短报文入站接收机采用基于源路由优化的转发策略和最短到达时间准则时,星间网络转发短报文数据的交付时延的累积概率密度,99% 的星间帧在 5.2s 内完成星间网络入站转发,端到端时延小于 5.5s。所有短报文的交付时延如

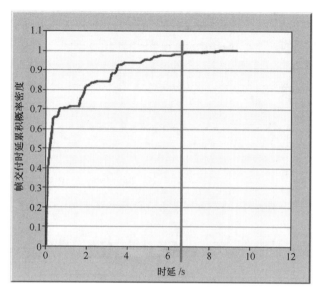

图 3. 11　全球位置报告与数据传输业务数据交付时延的
累积概率密度(最快一跳到达准则)

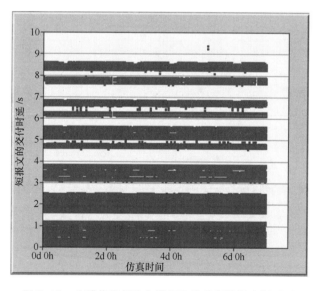

图 3. 12　全球位置报告与数据传输业务数据交付时延
(最快一跳到达准则)

图 3.14所示,最大交付时延小于 27s。99.9% 的短报文经过星间网络 1 跳转发到达,100% 的短报文在 2 跳内达到。

综合上面设计与分析的结果,北斗全球数据传输系统可望达到的能力如表 3. 5 所示。

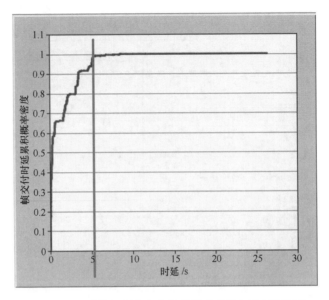

图 3.13　全球位置报告与数据传输业务数据交付时延的
累积概率密度（最快到达时间准则）

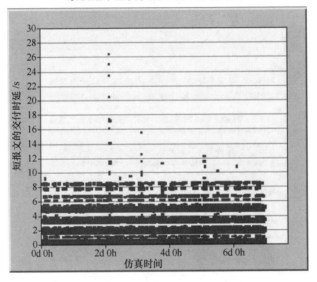

图 3.14　全球位置报告与数据传输业务数据交付时延
（最快到达时间准则）

表 3.5　北斗全球数据传输系统的能力预估

系统指标	具体内容
覆盖性能	全球 15°仰角二重覆盖,30°仰角一重覆盖
通信体制	上行链路:突发/预约模式。 下行链路:组播模式

（续）

系统指标	具体内容
容量（呼损率 5% 的用户容量）/（万次/h）	入站：39.84 万次/h。出站：35.1 万次/h
数据传输时延	99% 的数据时延小于 7s,100% 的数据时延小于 10s
典型服务类型	位置报告、搜救、报文通信和非实时话音图片

北斗全球位置报告和数据传输业务是在保证北斗定位、导航和授时（PNT）服务主任务的同时所提供的"增值"服务,目前影响北斗位置报告和数据传输业务能力的瓶颈主要是星间链路的通信能力。2017 年 4 月 12 日,我国发射了首颗高通量通信卫星,在地球同步静止轨道上开展了对地双向激光通信试验,通信速率高达 2.4Gbit/s[17-18],因此,未来北斗系统利用激光通信技术建设星间激光链路是可行的,届时北斗的全球位置报告和数据传输服务能力将更加强大。

未来天地一体化信息网络将成为国家信息化重要基础设施[19],目前北斗系统是国家规划建设的唯一具备全球覆盖能力的星座系统,且卫星之间具有互联互通能力的星间链路,北斗系统的空间资源理应得到充分利用,可以作为未来我国天地一体化信息网络天基骨干网的子网或者试验网,借助北斗全球位置报告和数据传输业务深入研究天地一体化信息网络的相关问题,无疑将进一步支撑乃至加速我国天地一体化信息网络的建设与发展。

3.4　搜索与救援

1970 年,一架载有两位美国国会议员的飞机在阿拉斯加偏远地区失事,由于无法确定失事位置,搜救行动以失败告终。此后,美国国会通过的《职业安全与健康法案》要求在美国飞行的飞机都应安装应急定位信标（(航空机载)应急定位发射机（ELT））。美国国家航空航天局（NASA）研发了通过卫星中继在地面站检测和定位应急定位信标的技术,这是最早的基于卫星的应急搜救通信技术。在此基础上,1979 年由加拿大、法国、美国和苏联共同建立了全球卫星搜救系统（COSPAS-SARSAT）,目前有 37 个国家和地区分别以"空间设备提供国"、"地面设备提供国"和"用户"的身份加入了该组织,覆盖范围如图 3.15 所示[20]。COSPAS-SARSAT 系统为成员国家和地区间免费提供海事、民航和陆地遇险报警信息和定位信息服务,组织成员国家和地区间开展搜索与救援业务协调,为全球船舶、航空器和个人用户提供遇险报警信息服务。

COSPAS-SARSAT 系统由地面部分、空间部分和用户三部分组成,如图 3.16 所示。用户部分由配置发射求救信号的示位标组成;空间部分包括配置搜索与救援（SAR）载荷的 GEO 卫星、低地球轨道（LEO）卫星以及中圆地球轨道（MEO）卫星;地面部分由任务控制中心（MCC）、本地用户终端站（LUT）、搜救协调中心（RCC）3 部分组成[20]。

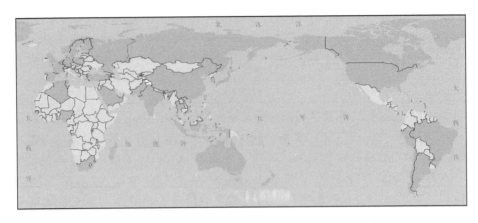

4 个创始国:加拿大、法国、美国、苏联

37 个成员国和地区:

阿尔及利亚	中国	希腊	韩国	挪威	塞尔维亚	瑞士		英国
阿根廷	塞浦路斯	印度	马达加斯加岛	巴基斯坦	新加坡	泰国		越南
澳大利亚	丹麦	印度尼西亚	荷兰	秘鲁	南非	突尼斯		
巴西	芬兰	意大利	新西兰	波兰	西班牙	土耳其		
智利	德国	日本	尼日利亚	沙特阿拉伯	瑞典	阿拉伯联合酋长国		

图 3.15 COSPAS-SARSAT 成员国家和地区覆盖范围(见彩图)

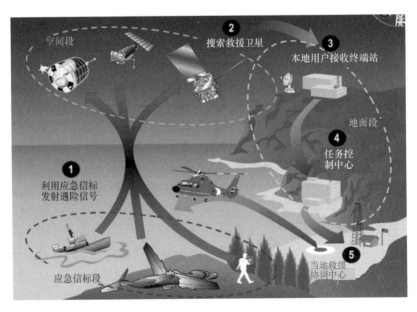

图 3.16 COSPAS-SARSAT 系统组成(见彩图)

COSPAS-SARSAT 系统用户配置的示位标包括船载应急无线电示位标(EPIRB)、航空机载应急定位发射机(ELT)和个人遇险定位信标(PLB)3 种类型,如图 3.17 所示。

EPIRB　　　　　　ELT　　　　　　PLB

图 3.17　COSPAS-SARSAT 系统用户示位标

COSPAS-SARSAT 的用户示位标发出频率为 121.5MHz 和 406MHz 的遇险报警信号,配置 SAR 载荷的卫星接收报警信号,同时完成多普勒频移测量,再用 1544.5MHz 将报警信号和相关信息播发给本地用户(接收)终端站(LUT),LUT 一方面接收卫星转发的遇险示位标的信号,完成对信标信号的检测、信标信息提取,利用卫星与信标机间的相对运动所产生的多普勒频移计算出信标位置,并将结果和返向链路请求信息发送给 MCC。MCC 将救援信息发送给当地 RCC,RCC 再组织对遇险人员的搜救工作,同时修正其跟踪卫星的轨道参数。MCC 的主要功能是搜集、整理和存储从本地用户终端发来的数据,以最快的速度把报警和定位数据分发到距离最近、最为合适的搜救协调中心,由当地救援组织实施搜救任务,使遇险者能得到及时有效的救助,从而实现全球全方位、全天候的卫星搜救服务。

COSPAS-SARSAT 是当前广泛使用的遇险搜救手段,具有大范围无线电搜索与救援的能力。其缺点:一是定位精度低,系统响应时间长,不利于当地救援组织开展搜索与救援工作,根据 COSPAS-SARSAT 标准,在低轨道搜救卫星系统的定位精度为主要方式下,概率 95% 的定位精度为 5km,概率 98% 的定位精度为 10km,在次要方式下,概率 60% 的定位精度为 5km,概率 80% 的定位精度为 20km,中圆轨道搜救卫星系统的定位精度与示位标有关,二代示位标尚未使用,以一代示位标为例,定位精度为首次脉冲信号,90% 概率定位精度为 5km;示位标激活 10min 内,95% 概率定位精度 5km,98% 概率定位精度 10km;二是用户与系统之间只有前向链路,没有系统给用户反馈信息和发送遥控指令的返向链路,即系统收到用户救援申请信息并确定用户位置后,没有手段将救援信息和相关指令发送给用户,也不利于救援工作的展开[21-22]。

同美国 GPS、俄罗斯 GLONASS 相比,中国北斗系统可以提供短报文通信服务,具有位置跟踪能力,可以开展搜救服务,北斗系统同时配置符合国际标准的搜索与救援服务载荷,搜救功能对全球用户提供服务。

3.4.1　MEO 卫星搜索与救援服务

COSPAS-SARSAT 系统空间段最初由 4 颗低轨卫星构成(目前 5 颗),第一代用户信标机利用低轨卫星多普勒频移定位用户终端,但是由于低轨卫星有数量限制,所以终端等待接入时间很长。第二代 COSPAS-SARSAT 系统增加了 3 颗 GEO 卫星实现近实时接入和全球覆盖(除两极区域外),但是用户终端自身必须具备定位能力,GEO 直接转发终端定位信息。目前,COSPAS-SARSAT 系统正在向采用 MEO 卫星配置搜索与救援载荷为主的第三代系统升级,称为中圆地球轨道搜索与救援(MEO-SAR)业务。未来 COSPAS-SARSAT 系统将以 GEO + MEO 取代原来的 GEO + LEO 方案。与前两代搜索与救援技术相比,MEOSAR 将兼具地球静止轨道卫星搜救(GEO-SAR)和低地球轨道搜索与救援(LEOSAR)的优点,同时具备近实时的全球覆盖及搜索与救援能力,以及独立的基于信标的位置解算能力。

卫星导航系统的星座能够实现全球覆盖,GPS、GLONASS、Galileo 系统、北斗系统等卫星导航系统在给用户免费提供定位、导航和授时服务外,都考虑利用有限的载荷资源实现一定的通信功能,特别是提供全球搜索与救援服务。目前具备或正在研制的导航星座通信功能主要包括搜索与救援业务和应急告警业务两类:一是搜索与救援业务通过加载转发器载荷(上行)并利用导航星座自身广播频率(下行)实现搜索与救援消息的入站接收或返向确认;二是应急告警业务则直接利用导航星座自身广播频率,播发应急告警报文。

MEOSAR 系统由用户段、空间段和地面段等部分组成,如图 3.18 所示,其中用户段包含 3 种主要的信标类型,即主要用于民用航空的机载 ELT、面向海事应用的应急

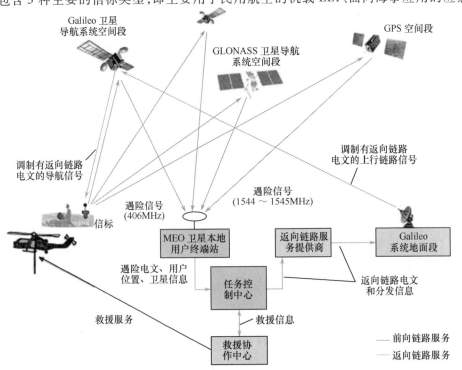

图 3.18　MEOSAR 系统概念框图(见彩图)

无线电示位标(EPIRB)以及用于地面个人应用的个人遇险定位信标(PLB),信标被自动或人工激活后将通过406MHz频率发送求救消息。空间段由Galileo系统、GPS和GLONASS 72颗搭载搜索与救援载荷的MEO卫星组成,通过406MHz频率接收并由1544~1545MHz透明转发到中圆地球轨道本地用户终端站(MEOLUT),MEOLUT利用多星定位原理(至少3颗卫星)进行定位解算(包括到达时间(TOA)和到达频率(FOA))。解算的位置信息由MEOLUT发送给COSPAS-SARSAT地面段任务控制中心并调度搜救协调中心(RCC)。与GPS和GLONASS不同,Galileo系统额外增加了返向链路服务(RLS),MCC能够在接收到用户信标后通过返向链路服务提供方(RL-SP)经Galileo系统地面站(返向链路)向搜救对象发送确认消息[23]。

Galileo系统、GPS和GLONASS配置MEOSAR载荷卫星的发射时间如图3.19所示,首批30颗Galileo卫星将总共携带28个SAR载荷(SAR/Galileo系统);GLONASS将在GLONASS-K1和GLONASS-K2系列卫星上部署搜救载荷(SAR/Glonass-K),此外,符合SAR信号兼容互操作标准的GPS载荷(SAR/GPS)将从2023年开始发射,预计到2033年左右完成SAR/GPS星座(24颗卫星)的部署。截至2016年底,GPS的Block Ⅱ卫星已搭载了20个卫星遇险报警系统(DASS)载荷,后续还有8个DASS载荷将搭载在GPS的Block Ⅲ卫星上发射。DASS和SAR/GPS的主要差别在于,DASS载荷采用S频段频率进行下行转发,而MEOSAR为保证不同国家系统间的互操作性,要求统一采用L频段下行转发。

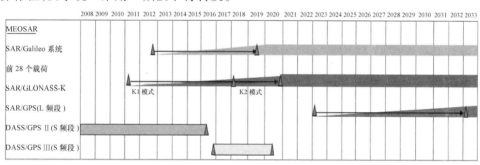

图 3.19 MEOSAR 部署计划(见彩图)

截至2018年1月,COSPAS-SARSAT已具备全球12个MEOLUT以及44颗配置SAR载荷的卫星,包括20颗SAR/Galileo系统,2颗SAR/GLONASS,22颗SAR/DASS,可以实现地球表面93%的覆盖(仅在南非有部分空白)。MEOSAR一代信标将采用与LEOSAR相同的体制,MEOSAR要求达到98%概率在10min内得到95%概率5km定位精度。MEOSAR二代信标体制将采用与GEOSAR类似的体制,MEOSAR也可以转发内含位置信息的信标,但是MEOSAR要求系统能够实现系统自主定位,由于Galileo系统、GPS、GLONASS和BDS本身就具备定位功能,所以用户示位标需要集成卫星导航定位模块。为提高MEOSAR系统性能,二代信标体制相关参数如表3.6所列,利用TOA与/或FOA估计用户位置,实现性能指标为:5km精度,信标激活后95%概率30s以内;1km精度,信标激活后95%概率5min以内;100m精度,信标激活后95%概率30min以内。此外,卫星搜索与救援业务另一项重要的性能指标是检测概率,MEOSAR要求在最开始的30s内必须以99.9%的概率接收到至少一个有效的消息。

表3.6 MEOSAR二代信标体制参数

调制类型	QPSK
比特率	300bit/s
扩频码速率	38400chip/s
前缀(preamble)类型	已知的伪随机噪声序列
前缀长度	166.6ms
使用的比特数	202bit
纠错码	BCH(250,202)
总长度	1s

2017年10月,我国北斗三号卫星导航系统在加拿大蒙特利尔举行的第31届COSPAS-SARSAT委员会会议上正式加入COSPAS-SARSAT系统,未来我国北斗系统将按COSPAS-SARSAT标准与Galileo系统、GPS和GLONASS共同为用户提供全球搜索与救援服务。

3.4.2 Galileo系统搜索与救援服务

Galileo系统除提供定位、导航和授时服务,还支持全球搜索与救援业务,简称SAR/Galileo系统业务。较传统的COSPAS-SARSAT搜索与救援业务,SAR/Galileo系统业务有两大技术突破:一是对用户上行救援信号的监测时间由平均45min减少到平均30s,定位精度从典型5km提高到10m;二是增加卫星对用户信标的返向链路通信功能,从而可以使用户确认系统已经收到求救信息。从2015年底开始,Galileo系统在10颗卫星上搭载一代SAR信标载荷[24],目前Galileo系统正在开展二代SAR信标载荷建设和三代信标载荷的论证工作。

3.4.2.1 系统方案

SAR/Galileo系统由空间段、用户段和地面段3部分组成,系统架构如图3.20所示。空间段Galileo卫星配置的SAR载荷为透明转发器,能够接收用户段的信标机发送的救援信标信号(频率406.05MHz,右旋圆极化(RHCP)),接收系统的品质因数(G/T)值约为-13dBK,经过Galileo卫星SAR接收机和透明转发器转发,救援信标信号上变频到1544.1MHz(左旋圆极化(LHCP)、有效全向辐射功率(EIRP)约17dBW,90kHz带宽自动电平控制,被称为L6信号,中圆地球轨道本地用户终端站(MEOLUT)据此开展用户的位置解算(理论上至少同时需要2颗卫星)。MEOLUT知道每颗卫星的轨道和位置,卫星接收的信标信号有不同的多普勒频率和到达时间,由此MEOLUT就可以计算出求救信标的位置。MEOLUT将求救信标的位置信息发给

COSPAS-SARSAT 搜救任务控制中心(SAR-MCC):SAR-MCC 一方面通知当地 RCC 组织对遇险人员的搜索与救援;另一方面将组织救援行动的信息发给 Galileo 系统任务控制中心,通过上注导航电文的方式将救援信息通过返向链路反馈给遇险人员[25]。

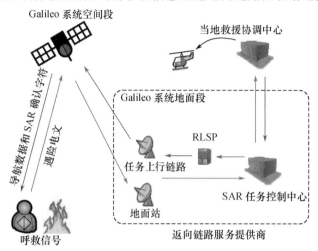

图 3.20　SAR/Galileo 系统搜索与救援系统架构(见彩图)

SAR/Galileo 系统地面站由 3 个 MEOLUT 和 1 个 MEOLUT 跟踪协作设施(MTCF)组成,如图 3.21 所示。MEOLUT 分别位于挪威的 Spitzbergen、塞浦路斯的 Larnaca 和西班牙的 Maspalomas,每个地面站都同时与位于法国 Toulouse 的 MTCF 相连,MTCF 负责优化 3 个地面站的卫星跟踪计划[26-27]。

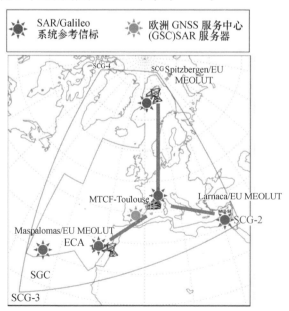

图 3.21　SAR/Galileo 系统 3 个地面终端站和一个地面终端站跟踪协作中心(见彩图)

SAR/Galileo 系统的目标是服务可用性99%;单次请求10min内定位服务精度98%达到5km以内,80%以上达到2km以内;每个MEOLUT的可用性为97.6%。2016年10颗Galileo卫星配置SAR载荷实现了初始服务,2018年20颗Galileo卫星配置SAR载荷,到2020年实现了24颗卫星配置SAR载荷,形成完整服务能力(6颗备份),SAR/Galileo系统服务性能如表3.7所列。

表3.7　SAR/Galileo系统服务性能

系统能力	每颗卫星能够同时接收并转发150个信标发出的求救信号
系统前向链路延迟时间	从信标到COSPAS-SARSAT系统地面站的通信链路建链时间,包括系统检测求救信号和确定信号所在位置的时间,应小于10min
服务质量	误码率小于10^{-5},从信标到COSPAS-SARSAT系统地面站的系统通信链路
应答数据速率	每分钟6个短报文,每个短报文100bit
可用性	大于99.8%

3.4.2.2　链路设计

SAR/Galileo系统搜索与救援服务的通信链路分为前向链路和返向链路两个环节。前向链路为处于紧急状态的用户向Galileo卫星发出一个406 MHz求救的遇险信标信号,卫星接收信号后将遇险信号放大和变频,再以1544MHz的频率下行播发给SARSAT地面终端站,又称为中圆地球轨道本地用户终端站(MEOLUT)。地面站完成对信标信号的检测、信标信息提取并计算出信标位置,然后将结果和返向链路请求信息发送给MCC。MCC将救援信息发送给当地RCC,当地RCC组织对遇险人员的搜救工作。返向链路为MCC接收到MEOLUT发来的遇险信标信息后,同时把经过位置确认的遇险信标信息发送给法国任务控制中心(FMCC)。FMCC把当地RCC组织对遇险人员的搜救信息传送给返向链路服务提供方(RLSP)。RLSP把系统自动产生的返向链路信息(第一类确认信息)发送给Galileo任务段(GMS),GMS把返向链路信息通过C频段上传给Galileo卫星,然后卫星利用1575.42 MHz下行链路播发对用户求救信标的确认信号。Galileo系统对返向链路工作模式定义了两种类型:Type-1返向通信链路的确认消息由系统的SAR任务控制中心自动发出;Type-2返向通信链路的确认消息由RCC发出,从而使用户知道自己发出的遇险信标信号已经被确认收到。SAR/Galileo系统搜索与救援服务的信息流程如图3.22所示[26]。

Galileo系统在2014年5月发布的空间接口控制文件(ICD)(v1.2)中定义了Galileo信号的RLSP可以产生的两种返向链路消息,分别是短返向链路消息(80bit数据)和长返向链路消息(160bit数据),其中短返向链路消息作为短应答,可以用来降低救援信标的发送频率以减少能耗,而长返向链路消息可以携带更复杂的指令。返向链路平均数据速率是10bit/s,因此短返向链路消息每8s发送一次,而长返向链路消息每16s发送一次。SAR/Galileo系统返向链路电文设计如表3.8所列[26]。

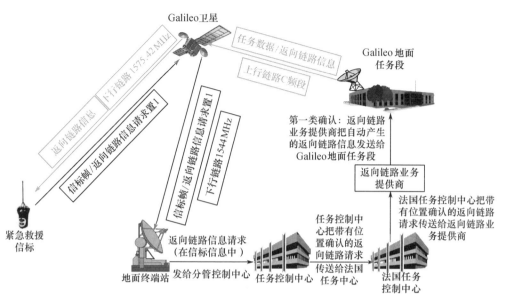

图 3.22　SAR/Galileo 系统搜索与救援服务的信息流程（见彩图）

表 3.8　SAR/Galileo 系统返向链路电文设计

	信标 ID	电文编码	短返向链路消息参数																			
返向链路服务	60	4	16																			
	Bit 1 * *	To..	Bit 60	Bit 61	Bit 62	Bit 63	Bit 64	Bit 65	Bit 66	Bit 67	Bit 68	Bit 69	Bit 70	Bit 71	Bit 72	Bit 73	Bit 74	Bit 75	Bit 76	Bit 77	Bit 78	Bit 79	Bit 80
确认服务类型　1	15bit 十六进制 ID		0	0	0	1	1	0	预留													奇偶校验
试验服务	15bit 十六进制 ID		1	1	1	1	预留															奇偶校验

目前返向链路服务仅支持系统应答,检测到救援信息后由 Galileo 系统自身独立产生应答消息。未来 SAR/Galileo 系统返向链路服务可能进一步支持以下业务:①RCC 应答,即 Galileo 系统在接到救援协同中心授权后发送应答;②双向短消息业务;③远程信标机激活。SAR/Galileo 系统具有如下特点。

（1）能够满足国际海事组织对灾害救援服务的要求,可以检测到全球海事灾害安全服务系统发出的紧急位置指示无线电信标;能够满足国际民航组织（ICAO）对灾害救援服务的要求,可以检测到国际民航组织发出的紧急位置终端发出的无线电位置识别信号。

（2）能够兼容国际 COSPAS-SARSAT 系统,Galileo 导航卫星可以接收地面舰船、飞机以及个人 SAR 终端发出的求救信号,上变频为 L 频段信号,然后将求救信号播发给地面救援中心,当地救援中心收到 Galileo 卫星导航系统播发的遇险人员的求救和位置信息后,由当地 RCC 组织实施对遇险人员的搜索与救援工作。

2014 年底,SAR/Galileo 系统地面终端信标的厂家都已经获得返向链路通信协议和相关指标要求并开展终端的生产。Galileo 系统对遇险用户的定位精度和定位时间较传统 COSPAS-SARSAT 的能力有了质的提高,有效地缩短了遇险信标位置检测时间,并且实现了向用户发送接收遇险电文的确认信息,未来信标的信息格式将与全球海上遇险与安全系统兼容,使得用户与搜救中心之间具有短信息通信的功能。

3.4.3　GPS 卫星遇险报警系统

美国是 SARSAT 系统成员国之一,基于 LEO 和 GEO 的 SARSAT 系统于 2013 年逐渐停止服务。1997 年加拿大研究发现基于 MEO 卫星的 SARSAT 系统是一种更好的方案,GPS 被认为是最理想的 MEO 星座,相比 COSPAS-SARSAT,基于 MEO 的星座的搜索与救援服务可以提供全球覆盖、使用更少的地面站检测信标的位置。2000年,NASA 戈达德航天飞行中心(GFSC)的 SAR 任务办公室与能源部的圣地亚国家实验室讨论在 GPS 卫星配置 SAR 转发器载荷的可行性,仿真结果表明 GPS 卫星接收到单个信标发射的信号后,系统可以准确计算出信标位置。随后 NASA 与美国空军空间司令部以及美国山迪亚国家实验室(SNL)深入论证如何在 GPS 开展搜索与救援业务,也就是后来的卫星遇险报警系统(DASS)。

2003 年,NASA、美国国家海洋与大气管理局(NOAA)、美国空军、海岸警卫队和能源部签订协议备忘录授权 NASA 开展 DASS 原理验证工作,包括研发空间段载荷和地面站以及在轨性能测试工作。DASS 地面站建在美国 NASA GFSC,地面站包括 4个 4.27m 的天线、4 套独立的接收机和用于测控的服务器及工作站,如图 3.23 所示。

4 个 4.27m 口径天线

4 套独立的接收机

控制和显示系统

图 3.23　GPS DASS 原理验证地面站

2006 年,GFSC 利用 GPS 的 Block Ⅱ R 卫星搭载 SAR 转发器载荷,开展 DASS 业务原理验证,利用 L 和 S 频段转发器播发用户示位标信号。2011 年 1 月,有 9 颗 GPS Block Ⅱ R 卫星搭载了 DASS 载荷,DASS 可以瞬时检测和定位到携带了应急信标的飞机、船舶和人员,极大增强了对处于灾难中的人员的搜救能力。美国计划将境内的 COSPAS-SARSAT 业务由 DASS 来替代。

　　DASS 是 MEOSAR 体制在 GPS 的原理验证,主要验证互操作参数、相关功能、频谱特性、转发器性能和发射机参数,其中互操作参数包括下行链路调制、频率、EIRP 和极化以及转发器带宽。DASS 的服务不是 COSPAS-SARSAT 系统的强制要求,DASS 数据可提供给 COSPAS/SARSAT 系统使用[28]。

3.4.3.1　系统方案

　　GPS 的 DASS 业务由空间段、地面段和用户段组成,系统架构如图 3.24 所示,空间段主要由配置 DASS 载荷的 GPS 卫星构成,地面段主要由 MEOLUT 和 MCC 网络组成。用户段主要指应急搜救的信标。DASS 的上行链路为遇险信标终端通过 406MHz 对可见卫星发出报警信号,下行链路为收到报警信号卫星通过下行 1554 MHz 将信号转发到地面站,地面站任务控制中心将信号处理后发送给救援中心进行处理开展救援。用户信标跟踪配置搜索与救援载荷的 GPS 卫星,卫星接收到信标发送的求救信号并转发到地面站[29]。

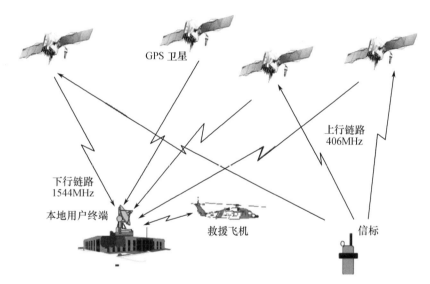

图 3.24　GPS 的 DASS 系统架构

　　由于每颗 GPS 卫星运行在不同轨道(轨道的位置是确定的),信标收到的信号有不同的多普勒频率和到达时间。MEOLUT 知道每颗卫星的轨道和位置,就可以计算出求救信标的位置,并将求救信标的位置信息发给 COSPAS-SARSAT 搜救任务控制中心(SAR-MCC),MCC 把接收到的信息传送给其他 MCC 或者发给事发当地的 RCC 实施具体的搜索和救援。在 DASS 正式运行阶段,地面站将在夏威夷和美国东部地区建设,该地面站将同时能够接收处理来自 Galileo 系统和 GLONASS 卫星播发的 SAR 信号。

DASS 的空间段建设分原理验证和全面实施两个阶段实施,在原理验证阶段,NASA 利用 9 颗 GPS Block Ⅱ R 和所有的 Block Ⅱ F 卫星上搭载 DASS 载荷[30]。DASS 载荷不对地面信标进行在轨处理,直接透明转发到地面站,2009 年 1 月完成了原理验证。在全面实施阶段,GPS 所有 Block Ⅲ 卫星上将配置 DASS 载荷,并通过 L 频段(计划 1544 ~ 1545MHz)转发到地面站[31]。虽然作为卫星通信系统不需要四重覆盖,但是由此在地球任何地点、任何时间的用户在 30°仰角可以看到 4 颗以上装有 DASS 载荷的 GPS 导航卫星,就可以大幅度提高用户搜索与救援服务的可靠性和用户体验。

3.4.3.2 系统验证[32]

DASS 原理验证测试的目的是验证系统功能的有效性和技术方案的可行性,其中系统测试的最重要部分就是验证 406MHz 应急信标是否可以在任何环境下被检测和定位,系统测试的主要目标是确认 DASS 设计的指标是否达到预期效果,识别系统是否有新的需求,定义系统主要的性能指标体系以用于下一阶段系统建设。

在原理验证测试阶段,系统性能测试主要包括检测概率、定位概率和定位精度。测试中系统用 5 个系统指标进行了三个测试场景测试(最大信标参数值、最小信标参数值和可变功率),测试结果如表 3.9 所列。

表 3.9　各个测试场景下的信标参数

名称	信标 ID	等效集成辐射功率/dBm	调制指数/rad	信息速率/(bit/s)	未调制载波持续时间/ms	调制上升和下降持续时间/ms
场景 1 最大信标参数值	ID1	37.0	1.1	400	160.0	150
	ID2	37.0	1.2	400	160.0	150
	ID3	37.0	1.1	404	160.0	150
	ID4	37.0	1.1	400	161.6	150
	ID5	37.0	1.1	400	160.0	250
场景 2 最小信标参数值	ID1	37.0	1.1	400	160.0	150
	ID2	37.0	1.0	400	160.0	150
	ID3	37.0	1.1	396	160.0	150
	ID4	37.0	1.1	400	158.4	150
	ID5	37.0	1.1	400	160.0	50
场景 3 可变功率	ID1	37.0	1.1	400	160.0	150
	ID2	40.0	1.1	400	160.0	150
	ID3	35.0	1.1	400	160.0	150

检测概率:检测概率主要用于统计检测到应急信标发射的信号和卫星恢复出一条有效短信的概率,目前系统要求检测概率为 95%。检测概率测试结果如表 3.10 所列。在各种测试场景下检测概率达到 99%,满足系统设计指标要求。

表 3.10　DASS 系统检测概率测试结果

测试场景	ID1 标称	ID2 调制指数	ID3 信息速率	ID4 载波	ID5 调制上升 和下降
场景 1 最大信标参数值	99.11%	99.11%	99.56%	99.56%	99.70%
场景 2 最小信标参数值	99.41%	99.11%	99.59%	99.85%	99.41%
	ID1	ID2	ID3		
场景 3 可变功率	(37dBm) 99.55%	(40dBm) 99.85%	(35dBm) 98.80%		

定位概率:定位概率主要用于统计信标激活后系统在一定时间内得到信标位置的概率。系统要求在信标激活 5min 内,系统对信标的定位概率大于 98%。由于测试中搭载 DASS 载荷的 GPS 卫星数量少,所以系统性能有限。在 3 颗卫星可视,仰角 15°情况下测试结果为:5min 内定位概率 85%;10min 内定位概率 92%;15min 内定位概率 94%。在 4 颗卫星可视,仰角 10°情况下的测试结果:5min 内定位概率 91%;10min 内定位概率 96%;15min 内定位概率 97%。从以上测试结果可以看出,随着越来越多 GPS 卫星配置 DASS 载荷,系统定位性能会进一步提高。

定位精度:定位精度主要用于统计信标激活 5min 内,系统对信标的定位结果与信标真实位置之间的偏差。系统要求信标在信标激活 5min 内,达到 5km 定位精度的概率为 95%,达到 10km 定位精度的概率为 98%。在系统只有 8 颗带有 DASS 载荷卫星时,DASS 定位精度测试结果如表 3.11 所列。若按照全系统有 24 颗 GPS 卫星配置 DASS 载荷,考虑精度衰减因子(DOP)值影响,则 DASS 定位精度测试结果如表 3.12所列。

表 3.11　DASS 定位精度测试结果(8 颗卫星)

场景	信标 ID	不大于 5km 计数	不大于 10km 计数	所有计数	不大于 5km 百分比	不大于 10km 百分比
所有	所有信标	4696	5920	6194	76%	96%

表 3.12　DASS 定位精度测试结果(24 颗卫星)

场景	信标 ID	不大于 5km 计数	不大于 10km 计数	所有计数	不大于 5km 百分比	不大于 10km 百分比
所有	所有信标	5942	6132	6194	96%	99%

对各类用户信标发射单次求救消息情况下,系统对定位精度开展了全面的测试,测试结果如表 3.13 所列,可以看出在定位精度为 5km 情况下,信标单次发射被成功定位的概率达到 83%。

表 3.13　DASS 单次消息定位精度测试结果

距离误差	所有信标
小于 5km	83%
小于 6km	88%
小于 7km	91%
小于 8km	94%
小于 9km	95%
小于 10km	97%

在原理验证测试阶段,只有 8 颗 GPS 卫星配置了 DASS 转发器,在 15°仰角情况下,GFSC 地面站在同一时刻最多可以观测到 3 颗卫星,在某些时段,地面站只能看到 1 颗卫星,因此地面站不可能从可见的卫星中进行最优选择。当整个 GPS 星座都安装了 DASS 载荷时,GFSC 地面站通常可以看到 7 ~ 13 颗 GPS 卫星,此时地面站可以从可见的卫星中选择信号最强、位置最好的进行定位,系统性能会进一步提升。

3.4.4　BDS 搜索与救援服务

我国海岸线总长度约为 32000km,大陆海岸线超过 18000km,海上交通具有流量大、密度高、通航范围大、通航环境复杂等特点。近年来,随着我国经济的不断发展,需要进一步开发利用海洋资源,越来越多的海事工作人员参与海洋渔业养殖、海洋油气资源开发、海上交通运输、海洋旅游业等海洋事业。与此同时,海上自然灾害或意外事故时常发生,导致海上遇险事故数量居高不下[33]。海上发生的遇险大多数情况是突发事件,由于人在水中特别是水温较低时存活时间较短,加上海上气候条件等不利因素影响,海上搜救难度很大[34]。目前我国海上从事运输、作业的船舶已近百万艘,包括船员、渔民和钻井平台作业人员在内的涉海人员约 1300 万[35]。海上搜索与救援服务是国家应急救援体系的重要组成部分,担负着保障海上人员财产安全,保护海洋环境的重任。2003 年 6 月 28 日,交通部所属的北海、东海、南海救助局以及烟台、上海、广州打捞局正式成立,在交通部救助打捞局的统一领导下,担负起各自辖区救助与打捞职责,标志着救捞体制改革基本完成,救助与打捞工作从此进入了发展的快速通道[36]。

保证在我国沿海生产作业人员的安全是我国政府作为负责任大国、负责任政府的一项重要职责。2017 年 2 月 3 日,国务院印发的《"十三五"现代综合交通运输体系发展规划》中明确提出:加快推动北斗系统在通用航空、飞行运行监视、海上应急救援和机载导航等方面的应用,加强全天候、全天时、高精度的定位、导航、授时等服务对车联网、船联网以及自动驾驶的基础支撑作用。

国际海事组织(IMO)建立了全球海上遇险与安全系统(GMDSS),并强制规定 300t 以上的运营货船和所有的客轮均要安装 GMDSS 遇险报警设备,GMDSS 非常完善,但是系统终端价格采购和使用成本均很高,沿海小型运输船舶和渔业船舶很少使用此类终端。

我国交通运输部、原总装备部协商在道路运输、海上搜救、内河航运、货运物流、公众出行、远洋运输和民航空管共 7 个领域开展北斗重大专项示范工程,计划"十三五"前完成所有示范工程建设。2014 年 9 月 29 日,交通运输部、原总装备部联合启动基于北斗系统的中国海上搜救信息系统示范工程建设,该示范工程将联合中国联通面向广大海洋用户推广 40 万套北斗海上搜救型手机、3000 套具备北斗系统 RDSS 业务通信功能的手机配件,并通过在救助船舶上建设船载基站,将公众手机信号延伸到沿岸基站无法覆盖的救助船舶周围区域。险情发生后,救助船舶在接近遇险船舶约 30km 时,即能准确定位,缩短搜寻时间。选取 20 艘船舶进行基于北斗的船舶自动识别系统(AIS)和船载应急无线电示位标(EPIRB)示范应用;选取 2 艘船舶进行基于北斗落水人员(MOB)报警装置基站和终端示范应用;在救助船舶、海事船舶上安装应用 400 套北斗 RDSS 智能船载终端[35,37]。2018 年 5 月 23 日,中国卫星导航系统管理办公室在第九届中国卫星导航学术年会大会报告全国 4 万余艘渔船安装了北斗系统终端,累计救助渔民超过 1 万人,已成为渔民的海上保护神。

3.4.4.1 工作原理

北斗系统特有的卫星无线电测定业务(RDSS)具有全天候快速定位能力,结合自身的短报文通信功能就可以为用户提供搜索与救援服务。北斗系统的短报文通信业务为用户提供每次 120 个汉字的短报文通信服务,通信时延约 0.5s,通信的最高频度为 1 次/s。系统下行为 S 频段 2483.5 ~ 2500MHz,上行为 L 频段 1610 ~ 1626.5MHz[6-7,38]。自然灾害发生后,地面的通信网络往往会受到影响甚至被完全切断,从而给减灾救灾工作带来极大的不便,因此,通过北斗系统短报文通信功能对应急通信、抢险救灾而言就格外重要。自 2000 年,北斗一号双星定位系统 RDSS 提供服务以来,北斗系统已在救灾减灾、搜索与救援、状态监控、态势感知、环境监测、森林防火、应急抢险、指挥调度等诸多领域得到广泛应用,例如在 2008 年南方冰冻灾害、四川汶川抗震救灾中,抢险救灾人员利用北斗系统 RDSS 的短报文通信功能第一时间报告了灾害的位置和灾情具体信息。

为满足小型船舶和人员的遇险报警需求,利用北斗系统独特的短报文通信功能,交通运输部中国交通通信信息中心研发了基于北斗系统的海上搜救系统,海上遇险报警信息的接收主要包括 3 种方式:在手机信号能够覆盖的区域,通过一键触发基于北斗的海上遇险报警手机终端,发送手机短信和基于北斗的船舶位置信息;在手机信号无法覆盖的区域,且在遇险对象(人员)配置了北斗 RDSS 手机通信配件的条件下,通过 RDSS 短报文报警并报送北斗位置信息;在手机信号无法覆盖的区域,且遇险对象(船舶)配置了北斗 RDSS 船载终端的条件下,通过 RDSS 短报文报警并报送北斗位置信息[34,39-40]。交通部北斗海上搜救系统的海上遇险报警信息流程如图 3.25 所示。

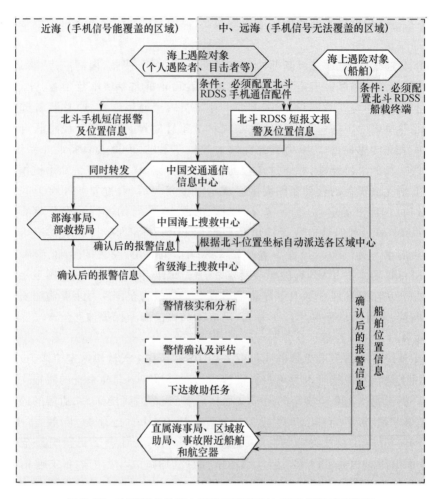

图 3.25 交通部北斗海上搜救系统的海上遇险报警信息流程

在日常情况下,中国交通通信信息中心接收船舶位置信息,在电子海图上实时直观显示船位信息,海上遇险报警信息如图 3.26 所示,实现了海上搜救系统的动态监管,能够有效提高海上遇险救援的可靠性,实现救援管理的信息化,根据报警位置坐标发送给部海事局、部救捞局、区域救助局以及海上公众。

报警信息通过北斗卫星 RDSS 通信链路或移动通信链路接入中国交通通信信息中心后,经处理转发给中国海上搜救中心、交通部海事局、交通部救捞局,系统自动将含有位置坐标的报警信息转发给各省级海上搜救中心,由各省级海上搜救中心承担报警信息的核实工作,并将核实结果反馈给中国海上搜救中心、交通部海事局、交通部救捞局区域救助局,区域救助局根据实际情况考虑是否提前通知海事和救助船舶、启动备车、制定救助方案等准备工作。

北斗海上搜救系统主要利用北斗 RNSS 的定位功能和北斗 RDSS 短报文通信功能,提升 300t 以下非国际公约船舶和人员的遇险报警和搜索与救援能力。在有地面

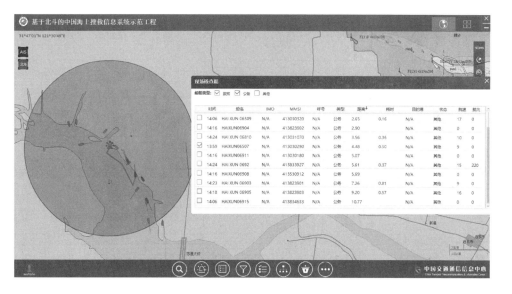

图 3.26　交通部北斗海上搜救系统的船位信息与海上遇险报警信息（见彩图）

移动通信覆盖的近海区域，北斗遇险报警终端采用北斗系统确定船舶或人员位置，通过地面移动通信网络发送遇险报警信息。在没有地面移动通信覆盖的我国周边中远海域，通过北斗 RDSS 短报文通信服务，发送遇险报警信息。

3.4.4.2　系统方案

交通部北斗中国海上搜救信息系统由北斗系统、地面指挥中心、用户终端 3 部分组成，用户终端主要是救生型用户机和指挥型用户机，其中救生型用户机为被救人员携带的小型终端，指挥型用户机配置安装在搜救车辆、搜救直升机和救援船上。遇险人员携带的北斗用户机进行定位操作过程中，在获得自身位置信息的同时，北斗地面指挥中心也同样获得该用户机的位置信息，从而确定遇险人员的位置。如果被救人员具备操作用户机能力，还可以通过短报文通信功能向指挥中心报告自身的安全状态、环境条件等信息。确认被救人员信息后，北斗地面指挥中心组织营救。海上搜救信息系统由三大应用系统、四大应用支撑平台、数据库、软硬件系统、网络系统和终端系统组成，如图 3.27 所示。

海上搜救信息系统包括基于北斗的海上遇险报警管理系统、基于北斗的海上搜救调度辅助系统和海上综合信息服务系统三大应用系统，同时在救捞、海事船舶上推广安装基于北斗系统的船载终端，实现海上救助力量的动态监控和高效调度，大幅度提高搜救效率[39]。

应用支撑层包括北斗通信信息处理平台、移动通信信息处理平台、电子海图平台和数据交换平台四大应用支撑平台。数据层包括电子海图数据库、救助力量基础数据库、遇险对象基础数据库 3 个基础数据库，以及运行监测数据库、搜救调度数据库、信息服务数据库 3 个应用数据库。软硬件平台层包括主机及存储系统、安全系统和

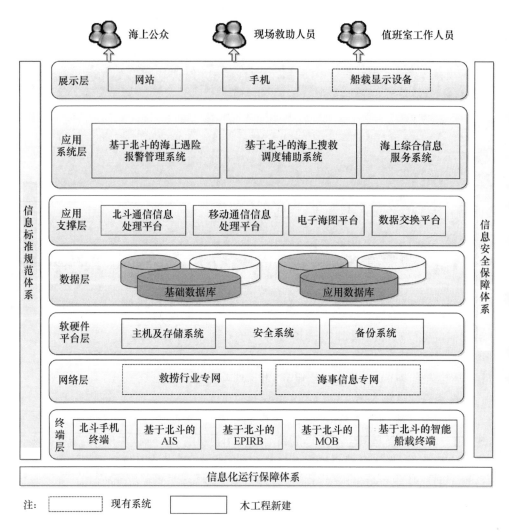

图 3.27　基于北斗系统的海上搜救系统

备份系统。网络层充分利用现有海事信息专网和救捞行业专网。终端层为基于北斗的海上航行安全和遇险报警设备,包括船舶自动识别系统(AIS)、船载应急无线电示位标(EPIRB)和落水人员(MOB)报警装置,以及基于北斗 RDSS 的智能船载终端,也包括基于北斗的海上遇险报警手机终端或配件。

3.4.4.3　典型应用

2014 年 9 月,北斗系统重大专项在交通运输行业的第二个示范工程"基于北斗的中国海上搜救信息系统示范工程"项目正式启动,工程以提高海上搜救效率和推动北斗产业化为核心目标,基于海上搜救现有信息基础设施,在不改变现有搜救体制的基础上,建设系列搜救通信和信息服务平台,构建基于北斗的海上搜救技术体系,推广北斗海上搜救型手机及其他北斗终端,提高海上搜救与信息服务水平,推动北斗产业发展。建设内容如下：

（1）研制并推广基于北斗的海上遇险报警手机，基于北斗定位的 AIS、EPIRB 和 MOB，同时在交通部公务船舶上示范应用北斗 RDSS 智能船载终端。

（2）建设基于北斗的海上遇险报警管理系统、搜救调度辅助系统、船舶监管系统和海上综合信息服务系统等四大应用系统以及相应支撑平台。

（3）在沿海部署 15 套固定基站，并完成海上移动通信系统陆地系统的建设。

（4）制定基于北斗的海上搜救终端技术标准、遇险报警通信协议和符合国际海事组织要求的北斗海上遇险安全船载终端设备标准。

通过"基于北斗的中国海上搜救信息系统示范工程"项目，在所有参与海上搜救的相关单位部署了北斗搜救系统平台，北斗应用系统正逐步纳入各单位的业务体系。形成了《基于北斗 RDSS 的水上个体搜救模块技术要求》《基于北斗 RDSS 的水上个体遇险报警通信协议》《基于北斗的船载自动识别系统（AIS）技术要求》等标准。示范工程为推动北斗在搜救领域的应用，满足沿海小吨位船舶遇险报警和高效救援的迫切需求打下了坚实基础。

此外，北斗系统在国内救灾减灾环节也发挥了巨大作用，取得显著效益。我国是世界上遭受自然灾害影响最严重的国家之一，几乎所有自然灾害都在中国出现过。灾害种类多，分布地域广，发生频率高，造成损失重。除现代火山活动外，70% 以上的大城市，50% 以上的人口，75% 以上的工农业产值分布在灾害风险区。自然灾害严重制约着经济社会发展，减灾工作任务艰巨[41]。2015 年，民政部启动建设北斗综合减灾应用示范项目，2017 年投入试运行。北斗综合减灾应用示范项目建设了 3 级应用平台（部级、省级和现场 3 级），实现了 6 级应用，纵向到底，研制了 3 类终端，总规模超过 4.5 万台。通过"北斗导航定位 + 移动互联网 + 卫星通信 + 地理信息系统"的融合应用，实现减灾救灾业务系统在地面办公网、移动网的一体化运行。按照"1 + 32"体系架构，以民政部国家减灾中心为主中心，各省（自治区、直辖市）民政厅（局）为分中心，建设任务全部完成。服务中心获得"民政北斗减灾运营服务资质"，开通了中国联通北斗定位总站数据专线，提供全国民政减灾救灾系统北斗终端入网注册及短报文通信服务。各级减灾救灾车辆、各级各类灾害信息员安装北斗减灾应用 APP。2018 年 5 月 23 日，国家减灾中心应急管理部在第九届中国卫星导航学术年会做报告《北斗在国家减灾救灾业务中的应用》，民政部建设了北斗综合减灾应用平台，平台总体架构如图 3.28 所示，研制 3 类终端、总规模超过 4.5 万台。

由此各级民政减灾救灾部门可以实现本辖区的人员和车辆位置及动态的监控管理。应用救援型北斗终端、车辆导航监控型北斗终端，北斗短报文通信功能可以实现位置、突发灾害信息和灾区救助信息的报告，同时接收上级相关部门的遥控指令。各级民政部门可以实现全天候、全天时灾区救灾人员和救灾物资监控，不受地面通信基站中断影响。

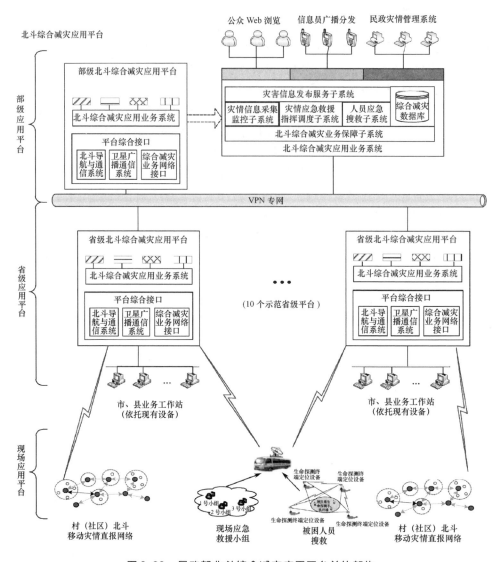

图 3.28　民政部北斗综合减灾应用平台总体架构

　　针对不同的救灾减灾工作人员,北斗综合减灾应用示范项目研制了 3 型信息终端:具有全网通功能的灾情直报型终端,分配给村级灾害信息员;具有 3G 和北斗短报文通信功能的车辆导航监控型终端,分配给各级各类救灾车辆;具有"五网"通和北斗短报文功能的应急救援型终端,分配给各级民政减灾救灾人员。为了提高系统的可靠性,三型终端均能接收北斗和 GPS 信号。全国部署三型北斗减灾信息终端总计近 5 万台。其中,带北斗短报文功能的近 2 万台[42]。

　　北斗系统在救灾减灾业务中的应用可细分为 5 个方面:一是全国救灾人员与车辆监控,通过给各级救灾减灾车辆、各级各类灾害信息员安装北斗减灾应用 APP,使各级民政减灾救灾部门可以实现本辖区的人员和车辆位置及动态的监控管理。二是灾情信息采集报送,目前在全国有约 70 万名灾情信息采集员,通过集成网络通信功能和北斗短报文功能的终端,可以实现北斗报灾 APP 软件、现场灾情核查 APP 软件与全国报灾系统的无缝整合。三是全国救灾物资管理与调运实时监控帐篷等救灾物资的远程调运轨迹,实时了解调运车辆反馈的现场情况。四是现场人员应急搜救,第一时间上报现场被困人员情况和灾情救助需求,实现人员物资调度及实时监控现场救援进展。五是灾害现场位置服务,向全国各级灾害管理人员、现场救援人员及社会团体及时发布灾害当地地质、气象、水文信息以及灾情信息。

3.4.4.4　SAR/BDS 服务

20 世纪 70 年代,国内外专家探索依托现代通信和定位技术服务建立海上搜救体系,国际海事组织(IMO)建立全球海上遇险与安全系统(GMDSS)。GMDSS 利用卫星定位和通信技术,实现全球海上搜救通信系统,系统主要由国际海事卫星(Inmarsat)通信系统和全球卫星搜救系统(COSPAS-SARSAT)、海岸电台(地面无线电通信系统)以及海上安全信息播发系统三大部分构成。

随着全球卫星导航系统应用的推广,卫星导航系统成为 GMDSS 服务的重要支撑。我国北斗系统已经进入国际海事标准中,北斗系统也将搭载中轨搜救载荷MEOSAR 来提供 MEOSAR 业务。2014 年 5 月,国际海事组织海上安全委员会第 93次会议审议并批准了《船载北斗卫星导航系统(BDS)接收机设备性能标准》(草案),正式颁发标准号 MSC. 379(93)[43]。《船载北斗卫星导航系统(BDS)接收机设备性能标准》是我国正式取得的第一个北斗海事国际标准,标志着我国北斗系统国际海事标准化工作取得了突破性进展。BDS 船载接收机设备性能标准的正式通过,意味着 BDS 正式拥有海事应用的接收机设备标准,为北斗在国际海事领域取得合法地位,走向国际航海,走向全球应用奠定了坚实基础[44]。同年 9 月,北斗系统重大专项在交通运输行业的第二个示范工程"基于北斗的中国海上搜救信息系统示范工程"项目正式启动,由中国交通通信信息中心组织实施,在海(水)上搜救领域中北斗/GNSS 终端和系统逐步推广应用。

海上搜救的过程包括遇险事件发现与报警、遇险情况确认与救援方案制定、搜索与救援 3 个环节。第一个环节遇险事件发现与报警是救援行动的基础,卫星导航系统用于确定遇险船舶和人员位置,为搜索与救援提供准确的位置信息。第二个环节是遇险情况确认与救援方案制定,卫星导航系统提供救援船舶位置,生成救援行驶路线。经过人工确认遇险报警为真实遇险事件后,搜救执行单位调取遇险船舶或人员附近船舶的位置信息和专业救助力量的位置信息,根据预案制定救援方案。第三个环节是开展搜索与救援,卫星导航系统能够提供遇险船舶和人员的实时位置,引导救援船舶到达遇险事故区域,发现遇险船舶和人员。

可靠、及时、准确地发出遇险信号是实施救援的基础,为此,IMO 强制规定 300t(吨)以上的运营货船和所有的客轮均要安装 GMDSS 遇险报警设备。GMDSS 系统包括两种用于遇险报警的卫星通信服务,一种是国际海事卫星(Inmarsat)组织提供的话音或数字通信服务,另一种是 COSPAS-SARSAT 提供的遇险信息报告服务。

利用 Inmarsat 的海事卫星通信终端的紧急报警功能将船舶基本信息、实时位置信息通过海事卫星发送给遇险搜救指挥系统,实时位置信息由定制的海事卫星终端内置的卫星导航定位模块得到,定位精度一般在 10m 左右。除遇险紧急报警信息传输外,海事卫星系统还可传输话音和数据。在海事卫星提供的服务中,紧急报警信息的优先级最高,可随时中断非紧急业务保证紧急业务。COSPAS-SARSAT 是专门为接收和转发遇险信息建立的卫星通信系统,系统的海上终端称为船载 EPIRB 和 MOB 报警装置。EPIRB 可手动操作报警,也可落水后自动触发报警。COSPAS-SARSAT 卫星接收到报警信息后,通过无线电测向和测距的方法确定遇险船舶的位置,一般精度在数千米范围。这两种遇险报警终端功能完善,技术成熟。近年来我国尝试在 300t 以下船舶采用北斗 RDSS 短报文和 AIS 发送遇险报警信息。

在借助北斗系统自身的定位和短报文通信功能,为用户提供天基搜索与救援服务的同时,我国作为负责任的大国,积极承担国际义务,2017 年 10 月,我国北斗三号全球卫星导航系统在加拿大蒙特利尔举行的第 31 届 COSPAS-SARSAT 委员会会议上正式加入 COSPAS-SARSAT 系统,按 COSPAS-SARSAT 标准,在北斗全球卫星导航系统的 MEO 轨道卫星上将搭载搜索与救援载荷,载荷设计方案如图 3.29 所示[45],搜索与救援载荷接收、滤波并发送信号,提供具备符合 COSPAS-SARSAT 标准的搜索与救援服务。

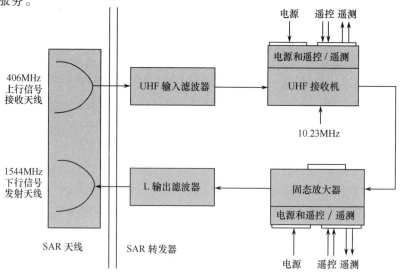

图 3.29　北斗搜索与救援业务载荷设计方案

SAR/BDS 业务与基本 MEOSAR 系统采取相同的体系结构,分为地面段和空间段,空间段由配置搜索与救援载荷的北斗卫星组成,地面段包括 LUT、MCC 和 RCC。SAR/BDS 业务的信标体制、检测概率、定位精度、定位概率与 SAR/Galileo 系统的指标基本一致,系统上行采用 406MHz 信标信号,接收信号中心频率有 50kHz 带宽和 90kHz 带宽两种模式,卫星到地面采用 1544 ~ 1545MHz 下行转发,下行信号功率为 − 148 ~ − 159dBW。

地面段 LUT 与各系统 MEOSAR 载荷兼容,能够接收 L/S 频段下行信标信号,并将信息转发给 MCC。MCC 完成信标数据的接收和处理,向中国海事搜救中心发送告警消息,并根据数据共享计划向西北太平洋数据节点发送相关消息[45]。

3.4.5　QZSS 灾害和危机管理报告服务

日本准天顶卫星系统(QZSS)已完成第一阶段 3 颗地球倾斜轨道卫星和 1 颗地球同步静止轨道卫星的部署,2018 年实现了亚太区域的覆盖和服务。QZSS 主要开展对 GPS 的补充(卫星导航业务)、精度提高(亚米级、厘米级差分服务)、导航新技术验证和短消息业务,其中短消息业务可在指定区域以高仰角提供位置报告和应急广播服务,用于实时发布灾害信息、及时开展指挥和救援工作,称为卫星灾害和危机管理报告(DC-Report)业务,DC-Report 信息流如图 3.30 所示[46-47]。

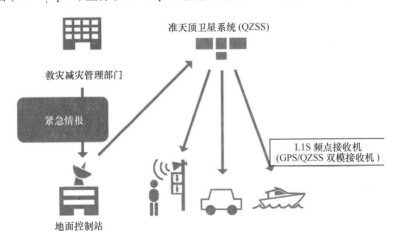

图 3.30　QZSS 系统 DC-Report 信息流

当发生灾害时,日本政府灾害救援及应急指挥部管理部门将灾难与危机信息发送给 QZSS 的卫星地面注入站,通过卫星地面站每 4s 上传一次灾害和危机管理报告电文给 QZSS 卫星,QZSS 卫星利用 L1-SAIF 信号播发系统灾害和危机管理报告信号,L1-SAIF 信号电文方式包含地震、海啸等自然灾害相关信息、恐怖活动等危机管理相关信息,以及紧急疏散等指向指令,地面终端接收 L1-SAIF 信号后可以及时获取灾害警报并根据政府指示开展救援工作。DC-Report 和导航增强信号的广播模式是固定的,采用中心频率为 1575.42MHz,二进制相移键控(BPSK)调制,250bit/s 信息速率,L1-SAIF 信号与 GPS 的 L1C/A 信号频点及信号体制完全一致,因此,用户可以使用 L1C/A 信号/L1S 信号兼容的接收机[48-49]。

此外,用户终端通过地面通信网络可以把自己的位置信息发送给地面灾害管理地面站数据库,地面站根据用户位置信息给用户发送灾害救援指令信息并同时开展救援工作。卫星发送 DC-Report 短报文的最小间隔时间为 4s,考虑地面卫星接收终端电源功耗情况,终端可以每分钟发送一次。目前 DC-Report 短报文业务除了覆盖日本之外,在东南亚等地区用户也可以使用该系统提供的服务。

当发生大规模自然灾害时,地面通信网络往往受到破坏而不能使用,QZSS 卫星导航系统可以为注册用户提供 QZSS 生命安全确认服务(Q-ANPI),用户利用手持终端可以将受灾信息、救助情况等信息发给 QZSS 卫星,QZSS 卫星将信息转发给政府灾害救援及应急指挥部,用户终端发出的安全确认信息同时会自动附带位置信息,QZSS 生命安全确认服务 Q-ANPI 业务信息流如图 3.31 所示[50]。

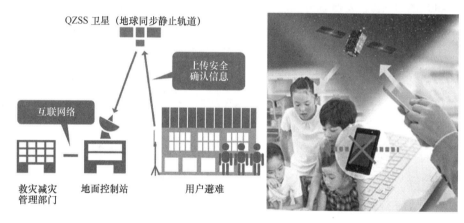

图 3.31　QZSS 生命安全确认服务 Q-ANPI 业务信息流

QZSS 的同步静止轨道(GEO)卫星接收用户发出的上行生命安全确认电文数据,卫星利用 S 频段对地转发电文数据,QZSS 主控站接收到生命安全确认信息后,再通过互联网等地面网络将生命安全确认信息传递给政府灾害救援及应急指挥部管理部门。QZSS 生命安全确认服务(Q-ANPI)的范围仅限于日本本土及沿岸区域。目前 Galileo 卫星系统正在研究利用 E1B 或 E5B 信号提供应急告警服务的可能性,E1B 有 128bit 可用,E5B 有更大的可用带宽,智能手机可以直接接收 E1B 和 E5B 信号。

3.5　航路跟踪

2014 年 3 月 8 日,马来西亚航空公司 MH370 航班与地面失去联系。失联 17 天后,2014 年 3 月 24 日,马来西亚总理纳吉布宣布马航 MH370 可能"终结"于南印度洋,如图 3.32 所示,并称机上人员可能皆已遇难。马航 MH370 失联后,先后有 26 个国家投入到搜索行动中,动用了卫星、飞机、舰船、核潜艇以及拖曳定位探测仪等手段,开展陆、海、空和天全方位搜索,仍未找到飞机残骸,致使公布出的飞机"坠毁"结论难以完全服众,马航 MH370 失联事件可能演变成这个时代最大谜团之一,其飞行航迹真相或许无从知晓。

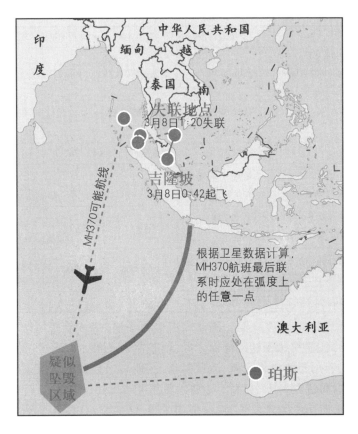

图 3.32　马航 MH370 可能"终结"于南印度洋

马航 MH370 航班失联事件说明需要一个集导航、控制、监视为一体的应用卫星系统来监控民航的安全。马航事件后,IMO 建议今后各国民航客机利用 GPS 定位,然后连同航向、航速、飞行高度等飞行数据一并传送到 IMO 的卫星上,每 15 min 传一次数据。据此,全球将有 1.1 万架商业客机可以置于 IMO 的监控下。航迹追踪服务费用由 IMO 承担。此外,美国的"GPS + 铱星"海空安全应用国际标准制定进入最后阶段,星基广播式自动相关监视(ADS-B)系统基本建成。俄罗斯用卫星通信系统 + GLONASS 构建全球飞机、船舶安全报告系统。

空中交通管理是为了维护空中交通秩序,保障空中交通安全,根据通信系统、导航系统和监视系统的信息,实施空中交通管理包括空中交通服务、空中交通流量管理、空域管理三方面内容。对航路的监视是民航空管一项非常重要的任务,航路跟踪的手段多样,一般民航运输飞机均安装二次应答机、飞机通信寻址与报告系统(ACARS)以及广播式自动相关监视(ADS-B)系统等,通过地面二次监视雷达

(SSR)、数据链网关、ADS-B 地面站和多点(时差)定位(MLAT)系统等实现对合作目标的实时监视,各类监视手段如表 3.14 所列[51]。

表 3.14　航路跟踪技术手段

监视手段	精度	覆盖范围	应用区域	更新周期	定位方式
二次雷达	200n mile:388m 60n mile:116m 18n mile:35m	250n mile	航路、终端区	4~10s	询问应答
ADS-B	30m	依赖于地面站数量和布局	航路、终端区、机场	1s	GPS
ADS-C	30m	全球	洋区、荒漠	300s	GPS
多点时差定位(MLAT)	终端7.5m 其他20m	依赖于远端站数量和布局	机场或航路	1s	测量时间差
场面监视雷达(SMR)	方位角小于0.4° 测距小于17m	场面,视野范围内	机场	1s	测量反射回波
精密跑道监视(PRM)	方位角小于0.48° 测距小于17m	32n mile,高度小于4500m	进近和跑道	1s	询问应答
注:ADS-C—合同式自动相关监视					

　　航路跟踪的二次雷达系统是一种非相关监视手段,这种监视系统的地面和机载设备复杂、价格高,监视精度随距离而降低,服务范围有限。ADS-B 系统是一种基于卫星导航系统,利用相关机载设备,通过空空、空地高速数据链交互通信实现航空器运行监视和信息传递的航信技术。与雷达系统相比,ADS-B 系统有 3 方面的优越性:一是 ADS-B 地面站的体积小,建设费用少很多;二是 ADS-B 系统以秒级周期更新一次报文,而传统雷达系统信息更新慢,十几秒才能更新一次;三是 ADS-B 系统获取和发送的信息比雷达系统精确很多。此外,ADS-B 技术还将进一步发展地空通信技术,将在地面上采集到的场地信息、气象信息、机场情报等与空中飞行相关的信息及时、准确地广播出去,使飞行员可以根据这些信息及时调整飞行计划,减少对地面管制员的依赖,并保证飞行的安全与快速。

3.5.1　广播式自动相关监视

　　ADS-B 系统使用机载卫星导航设备得到飞机精确的位置和速度信息,并从机载大气数据系统中获得飞机的气压高度信息,利用机载电子设备向外周期性地广播飞机的 ID 识别号、空间位置参数、速度矢量、高度参数、飞行方向、爬升速率以及航行意图等信息,地面站通过空地高速数据链接收这些数据并传递给空中交通管制部门,为空中交通管制提供丰富和准确的监视信息。ADS-B 所具有的良好通信功能和监视手段能够帮助管制员及时、准确和连续地掌握航空器飞行动态,对民航客机有效实时管制。

空中一定空域范围内的航空器之间可以依靠机载通信设备相互交换各自的位置和飞行意图等 ADS-B 信息,数据经过处理之后,通过驾驶舱交通信息显示(CDTI)系统动态显示飞机位置信息,增强情景感知意识,从而判断和避让冲突,实现空空监视,不再依靠地面雷达进行监视和管制。因此,ADS-B 系统不仅加强了对飞机的监视与识别能力,同时也大幅度提高了空管系统容量、效率和安全。此外,ADS-B 系统还能为航空器提供实时气象数据、航行情报信息以及地形和空域限制等飞行信息,在进近目视增强、机场场面监视、机载数据采集等方面也能发挥作用,从而实现空、天、地一体化信息共享和协同监视。同雷达系统相比,ADS-B 系统无需使用询问、应答方式即可获取航空器目标信息数据,并且更精确、更高效、更全面和更可靠。ADS-B 系统提供了安全性更好、覆盖范围更广、效率更高的空中交通监视手段[52-53]。

CDTI 是 ADS-B 系统中一个重要的机载设备,它不仅能将 ADS-B 监视信息提供给飞行员,还能将地形信息、气象雷达信息、交通态势信息等通过显示系统提供给飞行员,使得飞行员能够更加清晰地掌握本机周边空域的空中交通信息。机场场面装备了 ADS-B 设备的车辆,可以发送自身的位置信息给塔台管制员和周围飞机,这样便能够有效防止跑道入侵。

根据飞机接收和发送 ADS-B 信息的方向(图 3.33),ADS-B 机载设备可分成 ADS-B OUT(飞机发送信息)和 ADS-B IN(飞机接收信息)两类[54]。ADS-B OUT 是指 ADS-B 机载发射机能周期性对外广播本机的识别、位置、速度、高度、航向等 ADS-B 信息。ADS-B OUT 不仅是 ADS-B 机载设备的基本功能,更是 ADS-B 应用的先决条件。通过接收的飞机的 ADS-B OUT 信息,地面管制员可以对管制空域内的飞机进行管制。ADS-B IN 是指飞机 ADS-B 机载设备接收来自本机周围其他飞机或者场面车辆的 ADS-B OUT 信息以及 ADS-B 地面站设备广播的交通态势信息。ADS-B IN 可以帮助飞行员在驾驶舱交通信息显示(CDTI)上直观了解本机周边飞机的飞行状况和邻近空域的气象信息以及地形信息,不仅能有效提高飞行员的空中交通情景意识,还能够保障空中飞行间隔,有效防止空中飞行冲突,最终使民用航空的运输更加安全、高效和可靠。

机载 GNSS 设备通过接收 GNSS 导航信号,可以实时解算出飞机的位置、速度和时间信息。装备了 ADS-B OUT 设备的飞机,通过数据链向地面塔和监测站和 ADS-B IN 设备广播本机精确的位置、速度和时间信息。ADS-B 系统能够在无雷达覆盖的偏远地区对飞机进行有效的监视。ADS-B 系统在低空域和地面都能够有效运行,因此,ADS-B 系统能够用于终端区和机场场面监视。基于 ADS-B OUT 和 ADS-B IN,ADS-B 系统可以具备自动相关监视广播、交通信息服务广播和飞行信息服务广播 3 种功能。

(1)自动相关监视广播:同时安装了 ADS-B IN 机载设备的飞机之间可以共享对方的位置、速度、高度等信息。通过获取周围飞机的位置等信息,可以计算出邻近飞机相对于本机的位置,增加本机的空中交通态势感知。同样,ADS-B 地面站通过

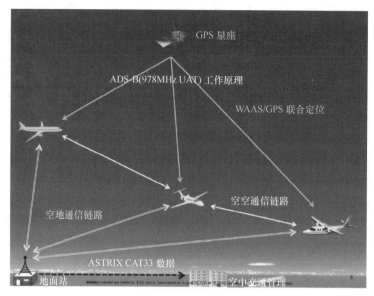

UAT—通用访问收发机。

图 3.33 ADS-B 系统信息流(见彩图)

接收飞机广播的 ADS-B OUT 信息,并传输给空中交通管制(ATC),使得地面管制员能够对空域内飞机进行有效的航管监视。ADS-B 监视服务信息流如图 3.34 所示。

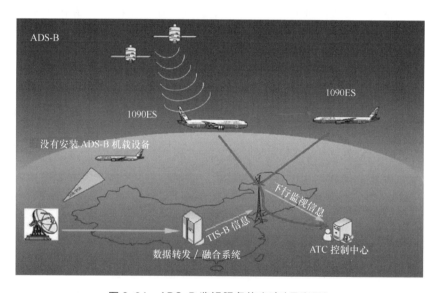

图 3.34 ADS-B 监视服务信息流(见彩图)

(2)交通信息服务广播:交通信息服务广播(TIS-B)是一种基于地面基站的监视服务,它可以将地面基站系统获取的交通全景信息供给配置有 ADS-B IN 设备的飞机,意味着安装了 ADS-B IN 设备的飞机能够获得没有安装 ADS-B 机载设备飞机的飞行状态信息(通过雷达或者其他监视手段获得),并显示在 CDTI 上。TIS-B 服务信息流如图 3.35 所示。

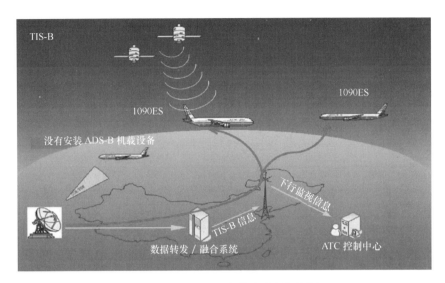

图 3.35　TIS-B 服务信息流(见彩图)

(3)飞行信息服务广播:与 TIS-B 相类似,飞行信息服务广播(FIS-B)也是一种基于地面基站的监视服务。根据美国联邦航空管理局(FAA)对 FIS-B 的定义,FIS-B 信息只在通用访问收发机(UAT)数据链路上广播。FIS-B 服务信息流如图 3.36 所示。

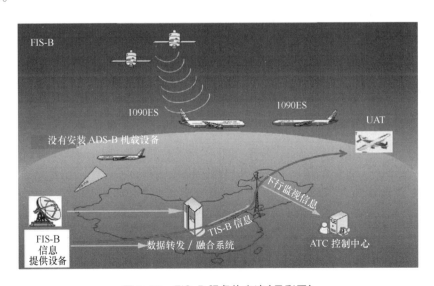

图 3.36　FIS-B 服务信息流(见彩图)

3.5.1.1　ADS-B 数据链

目前的 ADS-B 系统有 3 种系统工作体制:1090 ES 模式数据链、UAT 数据链以及 VDL Mode 4(模式 4 甚高频数据链),其中基于 S 模式数据链的 ADS-B 系统是国际民航组织唯一推荐的 ADS-B 系统,也是目前应用最广泛的一种 ADS-B 系统。

(1) 1090 ES 数据链:1090 ES(1090MHz Extended Squitter)数据链是 S 模式数据链的一种。在现有二次雷达导航系统的基础上,改动少量软件,可以将二次雷达 S 模式的调制器和 1090MHz 发射机应用于 S 模式的 ADS-B 导航系统中。所以 1090 ES 数据链 ADS-B 导航系统可以更快、更方便地应用到现有的各个机场。ADS-B 消息格式是简单的脉冲位置调制(PPM)编码,ADS-B 消息的时序特征如图 3.37 所示[55]。

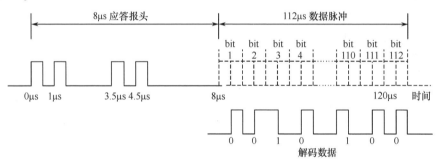

图 3.37　ADS-B 消息时序特征

每个 ADS-B 消息都包含消息前导头和消息数据块。ADS-B 的消息前导头固定为 4 个脉冲,4 个脉冲的起始时刻点为 $0.0\mu s$,$1.0\mu s$,$3.5\mu s$ 和 $4.5\mu s$,每个脉冲的持续时间为 $(0.5\pm0.05)\mu s$。ADS-B 消息数据块包含 112bit(bit 1 ~ bit 112)脉冲位置调制(PPM)编码的 0/1 数据位,从第 $8\mu s$ 开始,每比特占用 $1\mu s$。

(2) UAT 数据链:UAT 数据链是 FAA 专门为 ADS-B 广播式数据链设计的一种数据链格式。UAT 数据链不但建设成本较低,而且上行链路的容量大,是目前唯一一种能够满足航空无线电技术委员会(RTCA)关于 ADS-B 最低航空系统性能标准要求的数据链技术。UAT 数据链频带宽度在 1 ~ 2MHz 之间,工作于 L 频段。ADS-B 航空器和地面站 UAT 数据链的数据传输均采用 978MHz 频点信号,采用双向传输体制,信息传输速率为 1Mbit/s。这种单一的信道和频率体制确保了准确无误的空空、空地链路连通性,避免了多个频道接收和频率转化过程。

(3) VDL Mode 4:VDL Mode 4 是由国际民航组织和欧洲电信标准协会推荐的一种在规范化甚高频(VHF)频段并基于开放系统互联(OSI)参考模型的数据链技术。VDL Mode 4 要求数据链具有严格的时间同步关系。VDL Mode 4 工作在 VHF 的 108 ~ 136.975MHz 频段,一般采用 2 个独立的 25kHz 全域标示信道(GSC),对于高密度区域,可增加 1 个附加的本地信号信道。VDL Mode 4 采用高斯频移键控(GFSK)调制,传输速率为 19.2kbit/s。VDL Mode 4 技术的最大特点是采用信道预约访问协议,这样不仅可以高效地交换重复信息以及支持实时应用,还能够将有效的传输时间分为大量短时隙,这样每个时隙便可用于1个无线应答机的数据传输。VDL Mode 4采用自组织时分多址(STDMA)方式接入,因此 VDL Mode 4 的运行不需要任何地面设施,能有效支持空空和地空的通信。

就技术发展而言,1090 ES、UAT 和 VDL Mode 4 已经相当成熟,但是三者之间互不兼容。目前,仅 1090 ES 和 VDL Mode 4 拥有 ICAO 制定的相关标准和建议实施的措施,而 UAT 的国际标准仍处在制定当中。这 3 种数据链技术的对比如表 3.15所列。

表 3.15　ADS-B 数据链技术的对比

类型	1090 ES	UAT	VDL Mode 4
工作频率	1090MHz	978MHz	建议使用 VHF 频段
编码速率	1Mbit/s	1Mbit/s	19.2kbit/s
接入方式	随机接入	下行:随机接入; 上行:固定分配	时隙由 GPS 同步
ICAO 标准	Annex 10 等	暂无	Annex 10
主要文件	RTCA DO-242/A、 DO-260/A/B 等	RTCA DO-282	ED 108

由于 1090 ES 数据链技术被很多国家和地区所接收并应用,考虑到我国空管系统的现有资源和技术条件,我国民航局选取 1090 ES 作为国家 ADS-B 系统建设实施的优选数据链技术。

3.5.1.2　ADS-B 应用

国际民航十分重视 ADS-B 技术的研究以及推广应用。ADS-B 导航技术已经在部分国家的民航空中交通管制中得到应用。美国阿拉斯加地区的通用航空飞机已经使用了 ADS-B 技术,全美范围内的 ADS-B 系统部署工作已经完成。欧洲也将ADS-B技术作为未来的主要空中交通监视导航技术之一,部分欧洲国家的航空公司机队已经安装了符合规定的机载 ADS-B 设备,并且通过了试航认证,开始运行。在澳大利亚,目前 ADS-B 系统覆盖了 90% 的澳大利亚空域,澳大利亚已经成为全球应用 ADS-B 系统最广泛的国家。我国也同步开展了 ADS-B 技术的应用推广,2008 年开始了 ADS-B 地面站的建设和机载设备的加装,并开展了相关的测试和试验工作,中国民用航空管理局(CAAC)于 2012 年 11 月颁布了《中国民用航空 ADS-B 实施规划》。

1)监视应用

在机场场面区域,传统的场面雷达监视作用范围有限,机场建筑等障碍物对雷达信号遮蔽严重,因此无法完全覆盖较低的空域,利用 ADS-B 技术,可以在机场场面大量布设站点,ADS-B 信号可以无死角地覆盖整个机场。只要飞机开启ADS-B机载设备,地面管制单位就可以对其进行有效监视,而且在飞机起落时,不存在需要重新识别和挂标牌的情况,因此,利用 ADS-B 技术可以实现机场场面监视的无缝覆盖。在航路和终端区,利用飞机广播的 ADS-B OUT 信息,地面管制员可以对空中的飞机进行实时监控。在远洋和偏远地区,ADS-B 地面站系统信号无法覆盖,可以通过卫星通信技术建立监视中继链路。通过互相广播的 ADS-B OUT 信息,飞机之间仍然可以进行相互监视。

2) 防撞应用

目前飞行员的航行情报信息主要来自地面管制员的话音通报,而且只能依靠空间想象来把握本机与邻近飞机的相对位置和速度等信息。采用 ADS-B 技术,飞行员通过 CDTI 系统不但可以清晰"看到"邻近飞机的位置、航向、速度等信息,而且还可以获取本机所处地区的地形信息,这样便能够有效地避免飞行碰撞事故的发生。

ADS-B 还可以与空中防撞系统(TCAS)相结合。目前民航飞行员主要使用 TCAS Ⅱ 来获取本机周围飞机位置信息,飞机位置信息是 TCAS Ⅱ 通过机载应答机询问应答时间差来确定,因此位置误差较大。同样,当发生决策咨询警告(RA)时,TCAS Ⅱ 只能提供航向和高度信息。将 ADS-B 与空中防撞系统 TCAS 相结合不仅可以提供飞机航向和高度指示以避免飞机上下碰撞,还能具备获取水平位置信息以增加左右避撞能力。

3) 辅助进近

为了能够让飞机安全降落到机场的跑道上,飞机在进近时的高度和速度必须按照相应规则逐渐降下来。目前大部分机场都安装了仪表着陆系统(ILS)。若飞机在两条平行跑道实施进近操作,为了使得 ILS 间不相互干扰,两条相邻平行跑道横向间隔必须大于 4300 英尺(1 英尺 ≈ 0.3048m)。然而,若使用 ADS-B 系统,由于飞行员可以通过 CDTI 系统掌握本机与周围邻近飞机的相对位置等信息,因此,两相邻平行跑道的间隔可以缩小至 2500 英尺,这便可以有效地提高机场的使用率。利用ADS-B系统,飞行员可以在没有 ILS 的机场或者必须进行目视进近的机场获取跑道信息和周边飞机状态,因此可以在能见度条件恶化的情况下继续实施目视进近。

飞机广播式自动相关监视系统根据卫星导航系统给出的定位数据,通过数据链自动发送给地面数据处理中心,包括飞机识别、空间位置坐标和所需附加的信息,由此,空管系统可以实时获取民航客机的位置、速度等信息,从而提高对飞机的监视与识别能力,提高空管系统容量、效率和安全。随着航空器机载设备能力的提高以及卫星导航等先进技术的不断发展,国际民航组织提出了"基于性能的导航(PBN)"概念,PBN 是在总结各国区域导航(RNAV)和所需的导航性能(RNP)运行实践和技术标准的基础上,提出的一种新概念。PBN 将航空器的机载设备能力与卫星导航及其他先进技术结合起来,涵盖了从航路、终端区到进近着陆的所有飞行阶段,提供了更加精确、安全的飞行方法和更加高效的空中管理模式。

3.5.2　北斗通航航路跟踪

北斗系统所特有的卫星无线电测定业务(RDSS)具有与生俱来的导航与通信融合特性,集定位服务与信息传输为一体,具备对目标进行管理和监视的双重能力,可以作为通航空管的一个技术手段。在空管雷达不能覆盖的区域,提供位置报告和双向报文通信服务,解决空管雷达"盲区"问题;在空管雷达能够覆盖的区域,可以作为一种备份和增强系统。北斗系统 RDSS 从用户层面解决了导航与通信的集成,定位与位置报告同时完成,解决了"是谁、在何时、在何处"的相关问题,增强了导航能力和搜索与救援能力[56]。

综述可知,RDSS 可以作为一个完整的通信、导航及空中监视(CNS)协同系统,不但能够完成地面指挥人员对空中飞机位置的监视,还能够提供机上人员对航线上相邻飞机位置的监视能力。通过 RDSS 地面中心向飞行员提供一幅 30～60n mile 空中交通管制(ATC)形势图,飞机自身的位置显示在中心附近,就可以避免碰撞事故的发生[6]。

北斗通航空管系统组成如图 3.38 所示,机载 RDSS 终端通过北斗卫星将飞行器的位置信息发送给地面控制中心,地面控制中心再通过专线传递给北斗通航数据处理中心。经数据处理中心处理后,再传递给空管部门,若有必要也可同时将信息递交给通航服务公司、机场等相关部门。空管部门收到由通航北斗数据处理中心递交的信息后,即可知晓飞行器的位置及其他飞行参数,实现对通航飞行器的监视[57]。

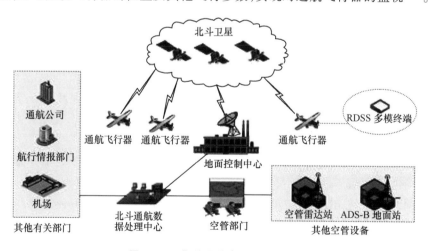

图 3.38　北斗通航空管系统组成

空管中心还可以利用 RDSS 的出站链路,向通航飞行器发布信息和指令。对装备了传统空管设备的飞行器而言,在地面空管雷达和 ADS-B 等能够覆盖的空域,RDSS 可作为一种低成本的备份手段。对没有装备传统空管设备的飞行器,或者在传统手段不能覆盖的空域,RDSS 将是解决传统空管手段"连不上""看不见""看不全"的主要手段。由图 3.38 可见,RDSS 应用于通航空管,除了机载设备外,只需新建一个北斗通航数据处理中心。数据处理中心与目前的民用行业运营中心并无本质上的区别。与传统的空管方式相比,将北斗 RDSS 应用于航空空管具有一定的优势,主要有如下 5 个方面。

1)覆盖范围广

由于民航飞机航线相对固定,空管设备往往只安装在机场和航路上,再加上单个雷达和 ADS-B 地面站覆盖范围有限,使得民航空管监视设备存在较大的盲区。而北斗 RDSS 对我国全境及周边区域至少实现了两重以上的卫星覆盖,真正实现了对我国领土和领空的无缝覆盖。因此,可以做为飞行航线不固定的通航空管。

2)受地形影响小

由于通航飞行器基本都位于相对开阔的地域或者空域,在飞行过程中不会有遮挡,因此,与空管雷达和 ADS-B 地面站相比,一般的地形地貌不易对 RDSS 卫星导航信号造成遮挡。

3)成本低

与其他空管方式相比,这种方式只需建设一个数据处理中心,而无须建设遍布全国的地面站,系统建设投资较低。此外,随着北斗应用逐步推广和深入,终端技术日趋成熟,成本也会越来越低,非常适合低成本通航用户使用。

4)工作方式灵活多样

机载 RDSS 多模终端向空管中心报告飞行器位置,可以采用 RDSS、RDSS + RNSS、广义 RDSS 等多种方式。其中,RNSS 定位可以是北斗系统,也可以是 GPS 或者 Galileo 系统。终端可以在不同的方式之间灵活做出合适的切换,灵活多样的选择增强了系统的可靠性和可用性。

5)安全可靠性好

北斗系统是我国自主研发的系统,使用系统的 RDSS 可以摆脱我国在空管领域长期依赖进口的现状,扭转技术上受制于人的局面。在大数据时代,使用自主研发的系统,是保证信息安全的一个重要途径和手段。

但是,北斗 RDSS 应用于通航空管也存在一些挑战,主要有如下 5 个方面。

1)服务频度低

目前北斗系统 RDSS 提供给民用用户的服务频度为 10 ~ 60s/次,且严格限制 10s/次的用户数量。与空管雷达、ADS-B 等空管方式相比,刷新频率明显偏低。

2)入站容量受限

虽然在具体实施过程中,可根据飞行器所处位置,适当调节位置报告的频度。例如,在巡航状态或者雷达覆盖区域,可以适当降低位置报告的频度。但是由于 RDSS 为有源服务,其系统容量受限,限制了管控飞行器的总数。

3)出站容量受限

虽然空管中心能够清晰掌握某一飞行器周围的飞行器情况,但是由于 RDSS 系统出站容量的限制,空管中心无法及时向飞行器下发态势信息,飞行器就无法像ADS-B那样实现空空监视和防碰撞。

4)单条报文容量受限

短报文通信作为北斗系统的一大特色服务,为拓展北斗系统的应用领域和提升国际竞争力发挥了至关重要的作用。但是由于单条报文容量受限(最多120个汉字),在飞行器与空管中心之间,只能进行简单的信息交互,制约了更进一步的应用。

5)终端功耗较高

目前RDSS终端发射功率在10W左右,在部分通航飞行器上加装RDSS设备也存在一定的障碍。

由此可见,北斗RDSS大规模应用于通航空管的一个最大挑战就是系统容量受限,解决了容量问题后,频度问题就迎刃而解了。

2018年8月1日—3日,通用航空"北斗 + ADS-B OUT/IN"演示验证在新疆石河子机场举行,演示验证取得圆满成功[58]。通用航空"北斗 + ADS-B OUT/IN"是"中国民航局第二研究所"科研中心参照国际标准,历时4年,自主研发的具有北斗短报文通信和ADS-B OUT/IN功能的通航机载设备。此次演示验证针对通用航空空管监视需求,验证基于北斗系统的地空双向通信、基于兼容GPS/北斗双模定位ADS-B OUT的地空监视、基于ADS-B IN的空中交通态势感知与空中临近提醒技术。ADS-B OUT/IN技术在欧洲、美国、澳大利亚等国家和地区已经获得较为广泛的应用,主要应用于一般航空器的高度层变更、辅助进近以及小型通用飞机的交通态势感知、冲突防撞上;而我国对ADS-B技术的应用仅局限在ADS-B OUT方面,在ADS-B IN方面的应用几乎还是空白。

演示验证过程中,两架飞机先后起飞,进入预定航线,在空中保持6.5n mile的平行间隔;当接到北斗短报文指令"开始测试"后,其中一架飞机以一定切入角向另一架飞机靠近,两机横向间隔6n mile时,"临近"提示触发;两机横向间隔5.5n mile平行飞行,"临近"提示持续告警;当其中一架飞机执行避让指令、两机呈远离趋势时,"临近"提示消失;当两机间隔大于7.5n mile时,机组发出北斗短报文消息"完成避让",最终按预定顺序退出试验空域返场落地。整个飞行演示验证时间约40min,结果显示,通用航空"北斗 + ADS-B OUT/IN"运行正常,性能良好,达到了预期目标[58]。

中国民航局领导充分肯定了通用航空"北斗 + ADS-B OUT/IN"演示验证结果,他指出,此次通用航空"北斗 + ADS-B OUT/IN"验证飞行,是民航安全能力项目落地工程,也是国内首次自主研发的ADS-B OUT/IN设备演示验证,十分具有开创性。地空监视是通用航空保障的技术支撑,实验过程中的数据资料,要作为标准出台的基础和依据,尽快提出该领域的行业标准,加快完善运行标准,帮助企业安全运行,促进通航产业安全健康发展[58-59]。

参考文献

[1] 冉承其.北斗卫星导航系统运行与发展[J].卫星应用,2016(6):13-16.

[2] 新一代北斗卫星关键技术得到验证[EB/OL].[2016-2-4].www.beidou.gov.cn/新闻中心/正文.

[3] 漫谈北斗:"星间链路"到底是条什么路?[EB/OL].(2017-11-08).http://www.sohu.com/a/203126717_768825.

[4] 刘天雄,范本尧.北斗卫星导航系统全球位置报告和数据通信业务方案设想[C]//第七届中国卫星导航学术年会论文集.长沙:中国卫星导航学术年会组委会,2016.

[5] 杨元喜.详解北斗三号:新增全球位置报告功能[EB/OL].[2017-04-01].http://www.beidou.gov.cn/2017/03/08/20170308b21a480247fe4c289c27470c299e6e56.html.

[6] 谭述森.卫星导航定位工程[M].北京:国防工业出版社,2007.

[7] 谭述森.广义卫星无线电定位报告原理及其应用价值[J].测绘学报,2009(1):1-5.

[8] "十三五"渔业科技发展规划[N].农渔发[2017]3号,农业部,2017.

[9] 国家突发事件应急体系建设"十三五"规划[N].国办发[2017]2号,国务院办公厅,2017.

[10] 杨元喜.北斗被渔民称为"保护神"[EB/OL].[2018-06-19].https://mp.weixin.qq.com/s/TMI8-e5v-q5Jw5IehHN46Q.

[11] 范本尧,刘天雄,徐峰,等.全球卫星导航系统数据通信业务发展研究[J].航天器工程,2016,25(03):6-13.

[12] 刘天雄,聂欣,谢军,等.基于北斗卫星导航系统的空间微信服务设想[J].卫星应用,2017(6):16-22.

[13] 刘天雄,聂欣,赵小鲂,等.北斗全球数据传输系统方案研究[C]//首届中国航天大会会议文集.哈尔滨,2018.

[14] 倪育德.基于STK的BDS星座仿真和性能分析[J].计算机测量与控制,2016(1):24.

[15] WELLENHOF B H,LICHTENEGGER H,WASLE E.GNSS-Global navigation satellite systems GPS,GLONASS,Galileo,and more[M].New York:Springer Wien,2007.

[16] 中华人民共和国民政行业标准.灾情信息北斗短报文传输编码与解码技术规范:MZ/T 2016[S].北京:中国标准出版社,2016.

[17] 宋城.我国首颗高通量通信卫星实践十三号成功发射[J].信息之窗,2017(04):6.

[18] 王旭.实践十三号卫星成功发射开启中国通信卫星高通量时代.[J].中国航天,2017(5):13.

[19] 吴曼青,吴巍,周彬,等.天地一体化信息网络总体架构设想[J].卫星与网络,2016(3):30-36.

[20] Cospas-sarsat system overview[EB/OL].[2019-08-15].https://cospas-sarsat.int/en/system-overview/cospas-sarsat-system.

[21] 柳邦声.全球卫星搜救系统(COSPAS-SARSAT)的发展与应用[J].世界海运,2006(10):4-6.

[22] 曾晖,林墨,李瑞,等.全球卫星搜索与救援系统的现状与未来[J].航天器工程,2007(9):80-84.

[23] MEOSAR new generation GNSS role in search and rescue[EB/OL].[2014-11-01].https://

www. insidegnss. com.

［24］Galieo M. A technological revolution in the world of search and rescue［EB/OL］. ［2015－09－11］. http://info. mcmurdogroup. com/rs/633－HPE－712/images/McMurdoMEOSARGallileoPressKit-2015September. pdf.

［25］LEWANDOWSKI A. Performance evaluation of satellite－based search and rescue services: galileo vs. cospas－sarsat［C］// Presented at 68th IEEE Vehicular Technology Conference. Calgary, 2008.

［26］MAUFROID X. Galileo and SAR/Galileo return link service［EB/OL］. ［2014－05－01］. http://www. sarsat. noaa. gov/BMW% 202014 _ files/2014% 20BMW _ Galileo% 20return% 20link% 20service_Final_Maufroid. pdf.

［27］NURMI J,LOHAN ES,SAND, S. GALILEO positioning technology［M］. Berlin:Springer Science + Business Media,2015.

［28］AFFENS D, DREIBELBIS R, MENTALL J. The distress alerting satellite system: taking the search out of search and rescue［J］. GPS World, 2011(1):72－79.

［29］MILLER J J. The on－going modernization of GPS［EB/OL］. ［2013－03－01］. http://www. gps. gov/multimedia/presentations/2013/03/satellite2013/miller. pdf.

［30］NASA develops enhanced search and rescue technologies［EB/OL］. ［2010－5－24］. https://phys. org/news/2010-05-nasa-technologies. html.

［31］陈强. GPS定位法与COSPAS定位法的比较［J］. 航海技术,2001(6):19-20.

［32］LANGLEY R B. Innovation: the distress alerting satellite system［EB/OL］. ［2011-1-20］. http://gpsworld. com/innovation－the－distress－alerting－satellite－system-10883/.

［33］杨世洪. 北斗手机在中国海上搜救领域的应用［J］. 天津科技,2016, 7(143):84-87.

［34］吴海乐,蒋玉龙. 北斗助力海上搜救［J］. 卫星应用,2017,64(04):22-24.

［35］刘健. 北斗海上搜救示范工程启动［J］. 数字通信世界,2014(10):58.

［36］宋家慧. 关于救捞体制改革后加快发展的思考［J］. 航海技术,2004,(4):3-7.

［37］曹德胜. 基于北斗的中国海上搜救信息系统示范工程［J］. 数字通信世界,2014(1):59.

［38］范本尧,李祖洪,刘天雄. 北斗卫星导航系统在汶川地震中的应用及建议［J］. 航天器工程, 2008,17(4):6-13.

［39］方崇沁. 基于北斗AIS通信系统的海上搜救终端方案［J］. 数字技术与应用,2017(1): 28-31.

［40］卢聪,刘宏波. 一种基于北斗海上搜救终端改进设计［J］. 通讯世界,2016, 297(14):256.

［41］赵飞. 北斗在国家减灾救灾业务中的应用:第九届中国卫星导航学术年会报告［R］. 哈尔滨:中国卫星导航学术年会组委会,2018.

［42］廖永丰. 北斗在国家减灾救灾业务中的应用:中国宇航学会卫星应用委员会2017年导航专业学术交流会［R］. 北京:中国卫星导航学术年会组委会,2017.

［43］齐中熙. 北斗导航系统获国际海事组织认可［N］. 新华每日电讯,2014-11-25(002).

［44］吴海玲,李作虎,刘晖. 关于北斗加入RTCM国际标准的总体研究［J］. 全球定位系统,2014, 39(01): 27-33.

［45］Search and rescue payload based on BeiDou system:plan & advancement［EB/OL］. ［2017-06-

15]. http://www. unoosa. org/documents/pdf/icg/2017/wgb/wgb_9. pdf.

[46] INABA N. Design concept of quasi zenith satellite system[J]. Acta Astronautica 65（2009）：1068-1075.

[47] Satellite report for disaster and crisis management（DC Report）[EB/OL].[2018-7-25]. http://qzss. go. jp/en/overview/services/sv08-dc-report. html.

[48] HAUSCHILD A. Signal, orbit and attitude analysis of Japan's first QZSS satellite Michibiki[J]. GPS Solution, 2012(16):127-133.

[49] Performance standard（PS-QZSS）and interface specification（IS-QZSS）[EB/OL].[2019-5-6]. http://qzss. go. jp/en/technical/ps-is-qzss/ps-is-qzss. html.

[50] 赵爽. 盘点各卫星导航大国间的国际合作[J]. 国际太空,2014(3):24-26.

[51] 顾春平. 空中交通管制监视新技术简介[J]. 现代雷达,2010(9):1-5.

[52] 康南,刘永刚. ADS-B 技术在我国的应用和发展[J]. 中国民用航空,2011(11):36-38.

[53] 许凡. ADS-B 技术在我国通用航空中的发展与前景研究[J]. 科技展望,2016,26(22):154

[54] Automatic dependent surveillance-broadcast,[EB/OL].[2019-8-5]. http://en. m. wikipedia. org/Automatic_dependent_surveillance_broadcast.

[55] Minimum operational performance standards for 1090 MHz extended squitter automatic dependent surveillance-broadcast（ads-b）and traffic information services-broadcast（tis-b）[S]. Washington DC（USA）:Radio Technical Commission for Aeronautics（RTCA）Inc., 2006. Special Committee No. 159, Document RTCA DO-260, 2009.

[56] 谭述森. 北斗卫星导航系统的发展与思考[J]. 宇航学报,2008,129(2):391-396.

[57] 赵陆文,李广侠,戴卫恒,等. 北斗 RDSS 应用于通航空管的机遇与挑战[J]. 全球定位系统,2015(2):26-30.

[58] 河南省北斗科技. 民航"北斗+ADS-B OUT/IN"演示验证成功[EB/OL].[2018-08-17]. https://mp. weixin. qq. com/s/RglwWGTtp2M7949Rgal96.

[59] 中国航空器拥有者及驾驶者协会. 李健赴新疆开展民航新技术与通用航空工作调研[EB/OL].[2018-08-06]. http://www. caac. gov. cn/XWZX/MHYW/201808/t20180806_190233. html.

第4章 导航服务

4.1 概 述

导航是引导运动载体沿一定路线从一点运动到另一点的技术或方法。车辆导航是卫星导航系统最典型、最广泛的应用,车辆导航系统的基本功能是为驾驶员提供实时、连续的位置信息,将位置信息实时显示在电子地图上,为驾驶员提供导航服务。车辆监控是利用车载终端的导航模块确定车辆的位置信息,然后通过车载终端的通信模块将车辆的位置信息传输给监控中心,监控中心可以将车辆的位置信息实时地显示在电子地图上,此外,监控中心还可以通过移动通信系统给车载终端的通信模块发送控制指令和服务信息,实现车辆与监控中心的信息交互。因此,车辆监控系统还可以提供指挥调度、防盗反劫、医疗求助、保密安全、定位监控以及物资管控等特殊服务。车载卫星导航接收机是实现车辆导航与监控服务的核心,目前,国内外大型汽车制造商都已将基于卫星导航系统的车载导航设备作为出厂汽车的标准配置或选配产品。

随着机动车辆规模的快速增长和高速客运、物流配置等行业的蓬勃发展,道路堵塞、交通事故、环境污染、能源浪费等现象变得越来越严重,需要采取措施解决交通拥堵、车辆防盗报警等热点问题,对于高速客运和物流配送等行业,监控中心须实时监控车辆的位置信息和行驶状态。根据车辆的位置、速度、方向和道路的交通状态等信息,车辆监控中心可对公安消防、紧急救助、运钞、邮政等各类运营车辆等实施跟踪和调度,并帮助司机选择最优路径避开交通堵塞,提高客/货运公司的运输效率、降低运输成本、改善运输环境,缓解城市交通拥挤和交通堵塞问题,同时还可以避免和减少交通事故。全球卫星导航系统(GNSS)、地理信息系统(GIS)、全球移动通信系统(GSM)等技术在车辆监控领域的应用使得智能交通系统(ITS)成为现实。

在航空领域,根据通信系统、导航系统和监视系统的信息,航空管理部门可以实施空中交通管理,其中卫星导航系统为空中交通管制提供飞行器的位置信息,是实现空域监视、维护空中交通秩序、保障空中交通安全的基础。目前卫星导航系统在精度、完好性、连续性及可用性4个方面都不能全面满足民用航空的导航服务需求,考虑到民航对导航服务安全的第一要求,建立卫星导航增强系统是解决这一问题的有效途径,通过卫星导航系统的增强系统来提升系统的完好性和定位精度等导航性能。

在航海领域,引航员引领船舶在水道航行过程中,需要实时准确判断船位,并让船舶始终不偏离航道是保障海上交通安全的关键。船舶引航是港口生产的首要程序,随着港口进出港船舶数量与集装箱吞吐量逐渐增多,大型船舶的比例日益加大,大吨位、深吃水船舶对港口航道、码头的软硬件设施提出了越来越高的要求,也日益加大了船舶引航作业的风险。如何为引航人员提供高精度、全天候、辅助功能强的导航定位系统,确保大吨位、深吃水船舶进出港的安全,是当前亟待解决的重要问题。利用卫星导航系统、电子海图显示与信息系统(ECDIS),监管部门可以实时获知船位信息,并显示在标准化的电子海图系统中。一方面直观地为引航员显示船舶是否行驶在安全航道上,为船舶的安全航行提供有力保障;另一方面可将船位信息、船舶状态借助通信网络给后台船舶动态监控系统。

在某些特殊情况下,卫星导航信号会受到遮挡,这时导航接收机可以利用惯性测量单元(IMU)等外部参考数据(多普勒频移、速度、加速度、姿态等动态测量信息)或者历史数据外推用户位置坐标,GNSS/IMU组合导航技术能够有效提高卫星导航系统导航服务的可靠性。

△ 4.2 车 辆 监 控

车辆监控系统利用卫星导航技术和无线通信技术,对装有卫星导航系统的车载终端进行全程跟踪定位、车辆所在位置显示、车辆行驶路线回放、车辆行驶速度等运行状态监测。车辆监控功能分为行驶线路管理、驾驶行为管理、车辆安全管理以及指挥调度。行驶线路管理是运输企业或运输管理部门根据车辆位置信息,核查车辆是否按照批准的营运线路或预先指定的运输路线行驶,及时发现偏差并采取相应手段制止和纠正行驶路线偏离问题。驾驶行为管理是通过速度信息、油耗信息、刹车信息等监控司机的驾驶行为,发现司机的超速、疲劳驾驶等严重影响行驶安全的行为。车辆安全管理是通过设置电子围栏等措施,监控车辆是否超出作业范围等异常情况,防止车辆被盗。指挥调度功能是根据运输业务情况和车辆位置信息,生成运输路线规划,指挥运输车辆执行运输任务。目前,车辆监控管理系统在交通管理中已广泛应用到公共交通、公共服务、交通管理、交通应急、电子政务、电子收费和货物运输7大领域。

车辆监控是运输企业组织开展运输任务的核心工作,也是交通运输管理部门宏观管理运输服务质量和公安交通管理部门提高运输安全水平的重要保障。基于卫星导航技术的车辆监控系统利用安装在车辆中的卫星导航定位终端获得车辆实时位置、速度等信息,通过移动通信网络将信息发送到监控管理平台,管理平台根据管理业务要求生成管理控制信息,司乘人员通过车载终端接收管理控制指令后执行。通过车辆监控系统,运输企业可以实时掌握运输车辆的分布情况及工作状态,了解驾驶员的工作情况,同时优化调度方案。运输管理部门可以利用车辆的位置信息,分析公路运输市场宏观态势,掌握运输车辆行驶状况以及执行运输管理规则的情况。交通管理部门可以掌握车辆超速情况、运行过程信息,为安全管理、事故原因分析提供精细准确的信息。

基于卫星导航技术的车辆监控系统为提高我国车辆运输市场的管理水平、安全生产起到了非常重要的作用,改变了以往"看不到、摸不着、管不到"的行业管理难题。从智能交通系统发展历程来看,日本从 1992 年开始大规模应用车载导航系统,1996 年车载导航系统进入快速发展期。目前年销售量维持在几百万套,超过 60% 的新车出厂时就安装了车辆导航系统[1]。调查显示,中国车载导航市场在市场启动初期需求约为 55 万台,市场价值约为 27.6 亿元。伴随着中国汽车市场的迅速增长,在 3 ~ 5 年后可能会成为百亿规模的市场,而长远来看,市场规模将达到千亿[2]。根据中国卫星导航系统管理办公室在第九届中国卫星导航学术年会的大会报告,截至 2018 年 5 月,我国有 500 多万辆营运车辆上线,建成全球最大的北斗车联网平台,相比 2012 年,道路运输重大事故率和人员伤亡率均下降 50% 以上,公安出警时间缩短近 20% ,突发重大灾情上报时间缩短至 1h 内,应急救援响应效率提升 2 倍[3]。

北斗系统除了提供 PNT 服务,还可以提供短报文通信服务,因此,借助北斗系统,可以方便地实现车辆定位、导航、跟踪及监控服务。在车辆跟踪方面,车辆安装北斗报文通信模块的车载导航终端时,可以实现实时监测"两客一危"车辆的运行状态;在铁路运输方面,利用北斗系统可以监测高铁列车的速度、位置以及道路附近自然灾害等信息,同时还可以为铁路行车时刻提供授时服务。

4.2.1　工作原理

车辆监控系统利用卫星导航系统获取车辆位置信息,利用通信系统作为双向通信链路,融合传感器技术以及时频监控技术,实现对运行车辆的监控。车辆监控系统一般由监控中心、道路车流检测系统和车载终端 3 部分组成。车载终端负责确定并采集车辆的位置数据和行驶状态参数,并通过无线通信模块实现与监控中心的双向数据通信。道路车流检测系统基于超文本传输协议(HTTP),利用互联网接收并保存来自监测站点现场采集到的车流数据,完成各个道路车流的统计。监控中心通过无线通信网络接收来自车载终端的车辆位置和状态信息以及道路车流检测系统的道路车流统计数据,完成数据的处理、保存、显示和更新,并在电子地图中实时显示车辆当前的位置。

监控中心根据用户的请求,可以提供访问车辆监控系统中心服务器显示车辆的当前位置,回放行驶轨迹,查看车流统计信息以及查询车载卫星导航终端行驶数据、监测站点信息等服务。基于安全考虑,利用权限设置工具将系统用户划分为普通用户和管理员两大类。普通用户需要完成系统注册才允许登录系统,查看车辆、道路交通状况以及个人信息的基本操作。管理员不仅拥有普通用户的功能,而且还需要负责车辆监测站点和车载卫星导航终端的信息录入、修改、删除等操作以及后台的维护等职责。车辆监控分为 4 个步骤，每个步骤的工作原理如下[4-5]。

1）车辆位置与状态获取

安装在车辆上的监控调度终端通过接收卫星导航信号实时计算得到的车辆位置和速度信息，并以较高的频率更新信息（一般为 1s 更新一次）。此外，一些终端还具备从车辆内部电子系统获取车辆刹车信息、油耗信息、发动机状态等信息。

2）状态信息上报

车辆监控调度终端配置移动通信模块，通过地面移动通信系统向监控调度平台上报车辆位置和工作状态信息，发送频度与应用需求和通信成本有关，一般在 10s ～ 1min。一些终端具备北斗短报文通信和卫星通信功能，可以不依赖于地面移动通信网络实现与监控中心的双向数据通信。上报的状态信息主要包括位置信息、速度信息、车辆属性信息、车辆发动机工作状态信息等。

3）车辆状态判断和调度方案确定

监控中心获得上述信息后，一般在电子 GIS 中显示车辆位置，并按照一定规则自动或人工判断车辆状态是否正常，根据运输业务需要或其他规则生成控制调度信息。

4）调度指令下发

监控中心给出的调度指令通过移动通信网络传输给车载终端，利用人机交互方式，如话音、文字、图形告知车辆驾驶员，或通过车载监控终端与车辆电子系统的接口，控制车辆的状态，如限制车辆速度及发动机再次启动等车辆工作状态。

4.2.2　系统方案

车辆监控系统方案如图 4.1 所示，车载终端是监控系统的信息采集和信息交换的核心设备，由卫星导航模块、移动通信模块、视频监控模块、车辆行驶记录模块、数据存储模块、显示模块和报警模块组成。道路车辆检测系统主要由道路交通数据采集模块、图像处理模块组成，负责主干道路的交通流的采集、处理和传输。监控中心是车辆监控系统对车辆监视、调度与控制的枢纽，由无线电信号接收/发送机、数据库、GIS 服务器和 Web 网络服务器组成，负责接收处理车载终端和监测站数据、响应并处理来自浏览器的用户请求并为用户提供 Web 服务等[6-7]。

车载终端可在车辆出厂前配置，也可以在车辆出厂后安装。导航模块一般配置导航信号接收天线和多模卫星导航芯片，主要功能是实时解算车辆位置、速度和姿态信息，导航信号接收天线一般安装在易于接收卫星导航信号的车辆前风挡等位置；移动通信模块为车载终端和监控中心间提供双向信息交互的链路，根据使用环境和成本约束，可选择地面移动通信网络或者卫星移动通信系统。

监控中心通过无线电信号接收机接收车载终端发射的信号，并将信息存入到数据库中。地理信息系统服务器包括道路信息、交通管理信息和地理信息兴趣点（POI）等信息，具备地图缩放、搜索、信息查询、轨迹显示、轨迹查询、电子围栏等功能。根据用户要求，应用程序服务器进行数据处理，在 GIS 实时显示车辆位置、工作

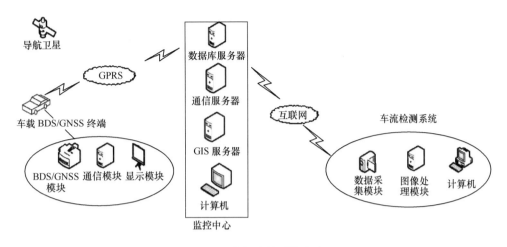

图 4.1　车辆监控系统方案

状态,同时监控中心通过 Web 网络服务器为用户提供网络查询服务。监控中心一般包括监控客户端和远程服务器两部分。监控客户端能够实时显示车辆当前位置、行驶轨迹,并能够对车辆进行远程控制。远程服务器系统由远程服务器和数据库两部分组成,远程服务器是连接车辆和客户端的纽带,实现车辆和客户端通信;数据库保存系统数据信息,包括车辆的当前位置信息和历史轨迹信息[8]。

　　监控中心生成控制指令和告警信息,利用无线通信链路对车辆实施远程控制,监控调度软件具备车辆用户管理、数据分析、管理调度、维修保障等功能。车辆监控系统可以实现运输车辆和物资动态监控服务。通过实时记录车辆行驶参数和轨迹、统计行驶里程和速度、掌握车辆损耗情况、车辆维修保养和使用情况,实现车辆科学使用服务;通过驾驶员身份识别并与车辆绑定,分析车辆操控数据,实现对驾驶员的行驶管理;通过视频监控系统将车辆维修视频发送到监控中心,实现对车辆远程维修保障服务[9]。

4.2.3　典型应用

　　为满足日益增长的货运运输市场管理需求,我国交通运输部信息中心经过 10 多年努力,逐步建设了全国性的营运车辆监控体系,建成了"全国重点营运车辆联网联控系统"和"全国道路货运车辆公共监控与服务平台",指导地方政府和企业建立了各级营运车辆管理平台。目前总在网车辆数达到 450 万辆以上,是全球最大的车辆监控系统。

　　2011 年,交通运输部信息中心结合北斗系统民用推广工作,开展了"重点运输过程监控管理服务示范系统工程",在天津、河北、江苏、安徽、山东、湖南、宁夏、陕西、贵州 9 个省市开展示范工作,建设"全国道路货运车辆公共监控与服务平台",在示范省推广北斗/GPS双模车载监控终端。截至2013年底,工程已经完成了14万套北斗/GPS兼容车载终端的安装应用,推动了北斗车辆监控与调度市场的发展。

通过北斗系统车辆监控示范工程,带动了400多万台北斗终端和1000多家北斗终端企业进入交通领域,实现上百亿元产值。示范工程为国产卫星导航芯片提供了启动市场、发展壮大的机遇。装载了北斗系统的重点营运车辆联网联控系统,可以有效加强道路安全监管。通过北斗车载终端的应用,重特大道路运输行车事故逐年下降。2015年,全国较大等级以上道路运输行车事故起数和死亡人数同比2011年分别减少31.5%和37.1%,其中重特大道路运输行车事故起数和死亡人数同比分别减少46.7%和48.9%,创历史最好水平[10]。交通运输部信息中心全国重点营运车辆联网联控系统车辆行驶路线显示信息如图4.2所示。

图4.2 全国重点营运车辆联网联控系统车辆行驶路线显示信息(见彩图)

根据中国卫星导航系统管理办公室在第九届中国卫星导航学术年会的大会报告,北京有33500辆出租车、21000辆公交车安装了北斗系统终端,实现北斗定位全覆盖;1500辆物流货车及19000名配送员,使用北斗终端和手环接入物流云平台,实现实时调度[3]。卫星导航车辆系统为车辆安全监管、车辆运输组织、车辆融资租赁提供了革命性的手段,目前我国大部分运输车辆已经安装了北斗系统监控终端,交通运输部依托北斗卫星导航车辆监控平台实现道路运输安全管理;物流运输企业、公交企业、出租车公司和汽车租赁等公司只能依靠北斗系统车辆监控与调度服务进行组织管理。

◢ 4.3　船舶引航

如何在夜间、雾天和雷雨天等能见度低的环境下引航一直是困扰船舶引航的难题,船舶在狭长水道航行时,引航员要实时准确判断船位,保持船舶始终不偏离航道,是保障海上交通安全的关键。船舶引航是港口安全生产的首要程序,随着港口进出港船舶数量与集装箱吞吐量逐渐增大,如何为引航人员提供全天候、高精度、辅助功能强的导航定位系统,确保大吨位、深吃水船舶进出港的安全,是当前亟待解决的重要问题[11]。

船舶运输是当今世界国际化程度最高的行业,每天有大量的船舶来往于世界各地,提高船舶航行效率、加强海上运输和进出港安全、防止和控制船舶污染海洋环境等事项是海上船舶运输的关键问题。通过雷达观测仪、自动雷达标绘仪(ARPA)通过显示本船周围目标、海岸的反射回波信号,使得在能见度低的情况下操纵船舶成为可能,但是存在近距盲区,而且对周围环境的显示符号和图像过于单一,显示效果不直观的问题。传统纸质海图作业定位方法存在时间滞后、效率低、误差大、不连续等问题,不利于船舶的安全航行,电子航海图(ENC)具有携带方便、方便保存、容易改正、可以放大/缩小等优点。

随着卫星导航系统的精度、完好性、连续性和可用性指标的逐步提高,卫星导航系统已经成为船舶导航、海洋地理、海洋石油和海洋天然气开采、海洋渔业为代表的重大海洋活动的基础。为船舶提供海上航路导航服务过程中,卫星导航系统又分为两类典型应用,一类是集成卫星导航定位数据的 ENC,另一类是鱼群识别。在各种天气条件下,卫星导航系统可以为船舶海上、沿岸、进港、港口机动等作业提供安全的导航服务,船舶进港状态如图 4.3 所示。此外,卫星导航系统还可以用于观测海平面高度变化、航道测量、港口疏浚、船舶定位、海底管道铺设、搜索和救援、港口货物作业、海上石油钻井平台定位以及卫星海上发射等业务。

图 4.3　船舶进港状态

卫星导航系统可以为船舶自动识别系统(AIS)和船舶交通管理系统(VTS)提供位置、速度和时间信息,AIS 利用海事 VHF 信号实时播发船舶状态信息,船舶位置信息来自卫星导航系统的定位服务,VTS 根据雷达、AIS 以及闭路电视提供的船舶位置信息,为船舶提供主动监测和导航建议信息。AIS 和 VTS 是海上交通防碰撞和交通控制机制的核心。

国际海事组织(IMO)制定了卫星导航系统在船舶导航应用的性能指标要求,包括绝对定位精度、完好性、可用性、连续性、覆盖范围、服务间隔等指标,如表 4.1 所列[12-13]。IMO 定义精度为在给定时间船舶的估计的或者测量的位置坐标、航速、时间以及方位角等参数与那个时刻真值之间的符合程度。绝对精度又称地理精度,是指相对于地球地理坐标的估计的船舶位置精度。告警门限又称阈值,是指在完好性监测过程中,在触发告警之前,船舶测量位置精度所允许的最大误差。可用性是指在给定状态下系统能够实现所要求功能和性能指标的时间百分比,计划内中断和非计划中断都会造成系统不可用。信号可用性是指无线电导航信号在指定覆盖范围的可用性;系统可用性是指系统对用户提供 PNT 服务的可用性,包括信号可用性和用户终端的可用性两个环节。连续性是指假设接收机没有故障时,在规定的时间间隔,在规定的信号覆盖范围内,用户能够以规定的精度确定船舶位置坐标,同时能够监测确定位置完好性的概率。

表 4.1　国际海事组织对卫星导航系统 PNT 服务的性能要求

航行阶段	系统参数				服务参数			服务间隔
	绝对精度	完好性			可用性 /30d	连续性 /3h	覆盖范围	
	水平 /m	告警 /m	告警 时间/s	完好性 风险/3h				
海上	10	25	10	10^{-5}	99.8%	N/A①	全球	1 s
海岸	10	25	10	10^{-5}	99.8%	N/A②	全球	1 s
进港和 限定水域	10	25	10	10^{-5}	99.8%	99.97%	区域	1 s
港口	1	2.5	10	10^{-5}	99.8%	99.97%	局域	1 s
内陆航道	10	25	10	10^{-5}	99.8%	99.97%	区域	1 s
① 若船速超过 30 节/h,则告警时间及更新间隔两个参数指标应更为严格。 ② 远洋和近海导航不考虑连续性								

4.3.1　工作原理

船舶引航系统通过卫星导航差分系统确定船舶位置、航行速度和时间,将船舶位置以及遇险报警等信息报告给引航系统监控中心。引航员携带的船载终端主要由卫星导航差分系统接收机和引航计算机两部分组成,如图 4.4 所示,差分接收机与引航计算机之间通过内置的无线网卡实现数据通信。引航计算机配置 VTS 数据接口以及 Pilot Plug 接口,可以直接获取船上 AIS 接收机数据。差分接收机由卫星导航差分板卡、数传电台、短距离数传调制解调器、控制电路板等组成。差分接收机与岸基数传电台之间具有双向高速数据通信链路,接收监控中心给出的 GNSS 差分信号,由此获取高精度的船位信息,同时接收监控中心播发的 AIS 信息和潮汐、风暴、海流等数据,通过内置无线网卡将上述数据发送给引航计算机,在引航计算机中运行船舶引航系统软件,在电子海图上动态显示船位、AIS 以及引航信息[11]。

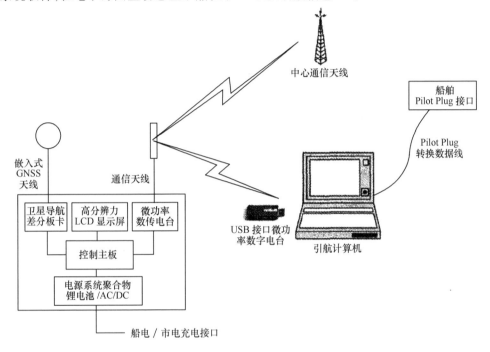

图 4.4　船载终端组成示意图

根据港口及其航道条件、进出港船舶与通航环境,船舶引航系统需要采用卫星导航差分系统来提高船舶的定位精度,确保大型船舶进出港、靠离泊位的安全。目前国内外已建的船舶引航系统大多数采用差分 GNSS 定位的方式。按照参考站发送信息的不同可将差分定位分为位置差分、伪距差分和载波相位差分。船舶引航系统通常采用伪距差分定位的方式来提高引航船舶定位的精度,国际海事无线电技术委员会(RTCM)推荐使用的 RTCM SC-104 GNSS 信号差分数据标准格式传输差分数据。引航船舶差分数据信号的获取主要有 2 种方式:一种是引航船舶直接接收中国沿海无线电信标差分 BDS/GPS 的差分信号;另一种是在岸上通过自建差分参考站将卫星导航差分数据实时发送至船载单元,实现引航船舶差分定位。

利用卫星导航差分系统获得船舶高精度位置信息,利用图像处理技术获取船舶的航向,并以船舶的实际尺度按照电子海图当前比例在电子海图上进行叠加显示,再将本船信息、引航员信息经压缩编码后通过无线通信网络传输给航运管理部门或者航运公司,由此实现船舶动态监控[14]。

便携式的船载单元能够独立工作,在电子海图上实时显示船型、船位、航向、船速以及 AIS 信息,例如"船讯网"是一个船舶实时动态查询的公众服务网站(www. shipxy. com),能够为船东、货主、船舶代理、货运代理提、船员及其家属提供船舶实时动态查询,如图 4.5 所示,能给船舶安全航行管理、港口调度计划、物流、船运代理、货运代理带来极大方便。岸上监管中心可以实现全港引航船舶的动态监管和调度管理,能够有效提高船舶引航的安全性,实现调度管理的信息化,在海港船舶引航、港口生产和船舶安全监管等工作中发挥了重要效用。

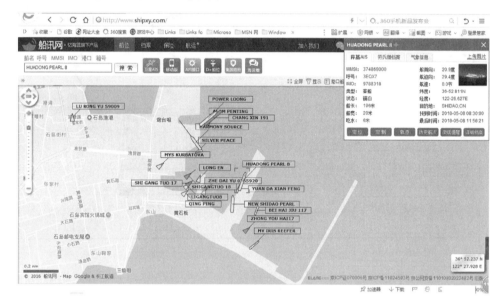

图 4.5   船舶引航系统船型、船位、航向、船速以及 AIS 信息的显示(截屏)(见彩图)

全球卫星导航系统的 PNT 服务,以及电子海图显示与信息系统使得用户可以方便获取船位信息、感知环境态势,通过电子海图系统,操船者可以直观地看到船舶是否行驶在安全航道上。一方面直观地为引航员显示船舶是否行驶在安全航道上,为船舶的安全航行提供有力保障;另一方面,可将船位信息、船舶状态借助通信链路传送给后台船舶动态监控系统。

此外,为了支持航行安全、遇险报警、指挥调度等业务,内河航行的船舶也可以采用卫星导航系统引航,利用岸基通信链路或者卫星通信链路将船位等信息传给航道管制部门,与陆地上的通信导航台站建立双向数据通信,数字化电子地图可以直观地显示船舶动态位置信息。航道管制部门能迅速、安全、有效地进行管理和调度。根据中国卫星导航系统管理办公室在第九届中国卫星导航学术年会的大会报告,全国 4万余艘渔船安装北斗系统,累计救助渔民超过 1 万人,已成为渔民的海上保护神[3]。

4.3.2 系统方案

船舶引航系统组成包括船载单元和岸上单元两大部分,如图 4.6 所示,船载单元的主要功能是船岸信息的接收、处理,高精度的船舶定位,在电子海图上综合显示本船实时动态位置、他船动态位置、航行水域情况以及水文气象等船舶引航所需的各类信息,船载单元应能够脱离船上设备独立工作。岸上单元包括监管中心、船舶自动识别系统(AIS)接收机和卫星导航系统差分信号接收机等,监管中心实现船岸信息的无线发播、基于电子海图的全港船舶的实时动态显示、引航管理信息的显示、监管中心还向船载单元播发指令和船舶引航过程的历史回放等功能。

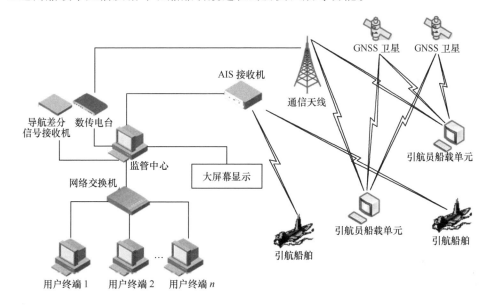

图 4.6 船舶引航系统

电子海图包括电子导航图和电子海图显示及信息系统。国际航道组织(IHO)制定了 S-57 标准的电子海图和 S-52 电子海图显示与内容规范的国际标准,使电子海图技术国际化成为可能。

船舶自动识别系统(AIS)采用自控时分多址连接技术,利用 VHF 频段自动连续播发本船静态、动态、航次信息以及安全等短消息,同时也自动接收周围船舶发出的这些信息,并与岸基台进行信息交换。IMO 制定了《关于全球船舶自动识别系统性能标准的建议案》,明确 AIS"满足以下需要:①船对船模式的避碰;②港口国获得船舶和它所运货物的信息;③作为船舶交通管理系统的工具"[15]。

AIS 信息的接收方式有 2 种:①在岸上单元设置一台 AIS 收发设备,将 AIS 信息实时通过船岸数据通信发送至船载单元;②由船载单元的引航插头直接插入船上的 AIS 引航插座(Pilot Plug)中,通过船上 AIS 接收设备直接获得 AIS 信息。第 2 种方式只适合于船上已按国际海事组织(IMO)要求装有 Pilot Plug 接口的船舶。

IMO 规定,国际航线的 300t 以上船舶和公约国航行于国内航线的 500t 以上的船舶,2002 年 7 月 1 日起到 2008 年 7 月 1 日止分阶段装配 AIS 设备。中国海事局 2005 年 10 月 14 日颁布通知规定"沿海航行的所有客船,500t 及以上的油船、危险化学品船、集装箱船必须于 2006 年 4 月 30 日之前配备船载自动识别系统",AIS 的应用对整个航运的安全和管理将带来深刻的变化。

数据通信是船舶引航系统的一个重要环节,常用的通信方式有全球移动通信系统短信通信、通用分组无线服务通信以及数传电台等方式。

4.3.3　典型应用

厦门港位于我国台湾海峡西岸,是我国综合运输体系的重要枢纽、集装箱运输干线港、东南沿海的区域性枢纽港口、对台航运主要口岸。船舶引航作为船舶运输和港口生产相连接的一个纽带,对保证船舶航行安全、提高船舶周转速度以及维护航行秩序起着极其重要的作用。引航员利用引航设备来辅助港内航行,引航站也需要随时了解厦门港海域的所有被引船舶动态信息,以实施管理和调度。

厦门港港口海流复杂,航道狭窄且雾天多,厦门港海沧码头位于厦门湾九龙江入海口附近,为岸壁式结构,海沧航道设计宽度为 200m,航道水深为 12.5m,10 万 t 级船舶单向通航,海沧港区一带水域潮流为往复流,流速较大,港区冬季吹东北风,风力较大,常常达到 5~6 级,这给船舶特别是受风面积较大的客轮、集装箱货轮的靠泊带来一定的困难。在海沧航道入口处常有渔船,运砂驳船频繁过往,给引航工作带来很大的难度;特别在夜晚和雾天等能见度不良的引航作业中,船舶为确保安全而无法按计划进出港、靠离码头是厦门港口安全生产的重要隐患。

厦门港船舶引航系统的建设充分考虑了厦门港及其船舶引航的特点:①厦门港航道狭窄、港区来往船舶多,引航对船舶定位的精度要求高;②进港引航,引航员是在船舶航行中登轮,对随身携带引航设备的便携性、防振性和防水性要求较高,同时,要求引航设备能够脱离船上设备独立工作;③为确保船舶引航的安全,需要岸上监管中心(引航站)的实时监控,及时发现引航员的失误操纵,避免海上交通事故的发生。同时,监管中心对全港船舶引航工作实施实时的调度指挥,实时掌握全港引航船舶的动态。根据厦门港的实际情况,厦门港"郑和一号"船舶引航系统选择自建数传电台作为船岸的通信方案,可实现港区无缝隙覆盖。厦门港船舶引航系统采用岸上信标差分方式来确定进港和离港船舶的位置信息。

厦门港"郑和一号"船舶引航系统的岸上单元安装在厦门港引航站大楼上,包括数传电台基站、DGPS 差分信号接收机、AIS 接收机、调度值班显示中心、管理服务器、多用户网络监管终端。监管中心和船载单元间通过数传电台建立双向高速数据通信,可以有效地覆盖厦门港区。监管中心将 DGPS 差分信号接收机和 AIS 接收机所接收的数据广播至各船载单元;在监管中心的电子海图上显示引航船舶位置信息和

AIS 信息；监管中心运行网络版监管软件以支持多用户端监管服务。

　　厦门港"郑和一号"船舶引航系统同时具有 AIS 功能，电子海图平台采用符合国际航道组织(IHO)S-57 标准的电子海图、S-52 电子海图显示与内容规范。在船载单元实现了 AIS 信息的显示等基本功能，AIS 信息在船舶引航系统中得到充分应用。

　　厦门港"郑和一号"船舶引航系统综合航标、航道、锚地、泊位等助航信息，为引航站的监控中心和各个移动终端开发建设集船舶实时信息采集、显示、查询、监控等功能的综合管理系统。建立了"引航员—调度中心—引航交通"三位一体的高效工作模式，可以实施全面的引航监控，发布航行信息和船舶调度计划，也可以由引航员携带个人终端在船上实现高精度的船舶定位、导航和其他船舶的识别。增强了船舶引航工作的安全水平、引航能力和可操作性，对港口的引航管理与决策产生了积极的促进作用，避免港口海事事故的发生，保护了海洋环境[16]。

　　ECDIS 使得引航员可以直观地看到船舶是否行驶在安全航道上，作为显示背景的海图提供的信息大多是符号化的，而且在海图上很多地理信息被略去，电子海图强调的是对水面区域的信息以及泊位、码头等港口设施的精确描述，存在着对航行环境显示不直观的缺点，对于岛屿、码头区域等地物，问题尤为明显。由此，"郑和一号"船舶引航系统以高分辨力的卫星遥感影像作为背景图层，并叠加符合 S-52 电子海图显示与内容标准的航道、航标、泊位、锚地、水深点等航行环境数据。在遥感影像图中，图面内容要素由高分辨力卫星影像图构成，辅助以一定助航符号来表现或说明制图对象，与普通海图相比，影像图具有丰富、准确的空间信息，内容层次分明，图面清晰易读，能够为引航人员提供直观、翔实的信息，这在能见度不良情况下可以让引航员和船舶驾驶人员在计算机上更清楚地认知周围海域环境，降低了引航员和船舶驾驶人员的操纵心理压力[17]。

　　厦门港船舶引航系统为引航员提供高精度、全天候、辅助功能强的便携式引航服务，减轻船舶引航工作的强度，确保厦门港船舶引航的安全。同时，岸上监管中心可以对全港引航船舶实施实时动态的监管和调度，提高船舶引航工作的效率，加强引航员工作的管理，增强船舶引航的安全，实现厦门港船舶引航管理工作的信息化。

4.4　民　航　导　航

　　空中交通管理的目标是保证空中交通安全，维护空中交通秩序，保障空中交通畅通。根据通信系统、导航系统和监视系统的信息，可以有效实施空中交通管理，包括空中交通服务、空中交通流量管理、空域管理三方面内容。为空中交通管理提供导航信息的系统有定向机/无方向信标(DF/NDB)、仪表着陆系统(ILS)、甚高频全向信标(VOR)、测距器(DME)、卫星导航系统及其增强系统。

　　卫星导航及其增强系统可以为民用航空在航路(en‐route)、终端区(terminal)、进近(approach)、场面滑行(surface)和起飞(departure)等阶段提供导航服务,如图4.7所示,其中进近又分为非精密进近(NPA)、一类垂直引导进近(APV-Ⅰ)、二类垂直引导进近(APV-Ⅱ)、一类精密进近(CAT Ⅰ)、二类精密进近(CAT Ⅱ)、三类精密进近(CAT Ⅲ)和失误进近(missed approach)。

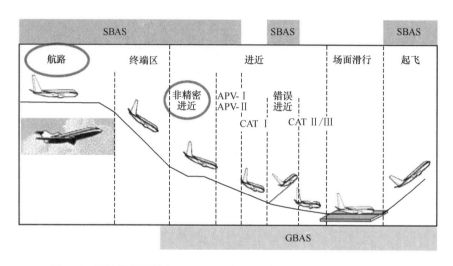

图4.7 星基增强系统(SBAS)和地基增强系统(GBAS)引导民航起降

航路导航是指为民航飞机洋区和大陆空域航路提供定位和导航服务。目前民航在终端区导航使用VOR/DME和NDB系统对飞机进行导航时,为了保证飞机在规定的航路宽度内飞行,必用按照一定的密度设置VOR/DME地面导航台。在山区和沙漠地区,建设地面导航台有一定的困难,大洋航路不能依靠地面设备导航,必须使用卫星导航系统及其增强系统。卫星导航技术+机载接收机自主完好性监视(RAIM)技术+惯性导航技术能够满足洋区航路和大陆空域航路对导航精度、完好性和可用性的要求。卫星导航系统(如GNSS)的广域增强技术能满足大陆空域航路的精度、完好性和可用性的要求。美国联邦航空管理局(FAA)已经批准卫星导航系统作为大洋航路和边远地区航路的主要导航手段、大陆航路的辅助导航手段。终端区导航对卫星导航系统的精度要求介于航路和进近之间,地基增强系统(GBAS)提供的导航服务可以满足民航对于精度、完好性、连续性和可用性的要求,GNSS及其增强系统,包括SBAS、GBAS,可以克服传统地基导航台终端区航道宽度过宽、飞行间隔过大等问题,可以有效地提高飞行效率,减少航班延迟等问题。

国际民航组织(ICAO)将三类精密进近CAT Ⅲ细分为A、B、C三级,A、B、C三级的主要区别是系统对"决断高度(DH)""跑道可视距离(RVR)"或者"能见度"的数值定义不同,其中:CAT Ⅰ允许飞机进近的DH为200英尺(1英尺≈0.3048m),并且RVR不小于1600英尺;CAT Ⅱ允许飞机进近的DH为100英尺,并且最小RVR不小于1200英尺;CAT ⅢA和CAT ⅢB的DH取决于跑道可视情况,若RVR小于700英尺,

CAT ⅢA 进近的 DH 为 100 英尺,否则没有 DH 限值;同样,若 RVR 小于 150 英尺,则 CAT ⅢB 进近的 DH 为 50 英尺,否则没有 DH 限值;CAT ⅢC 没有 DH 和 RVR 的限值,被称为"zero-zero"进近,飞机被引导至快要接触跑道地面的位置处,使飞机自动着陆。ICAO 和 FAA 定义的三类精密进近对卫星导航系统的定位精度和完好性的要求如表 4.2 所列[18-19],表中 NSE 为导航系统误差。

表 4.2　CAT Ⅰ、CAT Ⅱ和 CAT ⅢB 精密进近对定位精度和完好性的要求

类型	CAT Ⅰ	CAT Ⅱ	CAT ⅢB
决断高度	大于 200 英尺	大于 100 英尺	大于 50 英尺
侧向定位精度	16.0m(NSE)	6.9m(NSE)	6.2m(NSE)
垂向定位精度	4.0m(NSE)	2.0m(NSE)	2.0m(NSE)
侧向告警门限	40.0m	17.3m	15.5m
垂向告警门限	10.0m	5.3m	5.3m
告警时间	6s	1s	1s
允许的完好性风险	2×10^{-7}/进近	1×10^{-7}/进近	1×10^{-7}/进近

目前,卫星导航系统的精度、完好性、连续性及可用性 4 个方面都不能满足民用航空对导航服务的性能需求,特别是卫星导航系统的完好性监测能力完全不能满足民用航空对导航服务的生命安全性要求。以 GPS 为例,从精度方面看,在当前无 SA 影响下,GPS 单点定位精度只有 15~25m,这种精度能满足到非精密进近阶段的要求(220m),但不能用于精密进近。从完好性方面看,GPS 本身有一定程度的完好性监测能力,但告警时间太长,通常需要 1h,也不能满足民航 6s 告警时间的要求。从连续性和可用性方面看,GPS 虽然能保证所有地区能有 4 颗以上可视卫星,但在某些时段卫星 GDOP 仍然存在较差情况,如果加上完好性要求,其可用性会更差。因此,为了满足民航对卫星导航系统导航服务的安全性要求,就必须解决上述问题,建立卫星导航的增强系统无疑是解决这一问题的有效途径。

星基增强系统(SBAS)对民用航空用户来说是一个至关安全性的重要系统,利用地球静止轨道卫星广播增强信号,为用户提供测距(ranging)、完好性(integrity)和差分修正(correction)信息,为基本导航系统提供广域、区域甚至本土局域的导航增强服务。SBAS 的主要目标是为航空用户提供完好性保证(integrity assurance),同时还能提高用户的定位精度[20]。

地基增强系统(GBAS)通过多个位置确定的地面参考站监测卫星导航信号,同时监测电离层和对流层等空间天气对导航信号传播时延的影响,生成导航信号的差分改正数和系统完好性信息,再由一部或多部地面发射机将增强信息播发给发射机附近用户,相关信号接口控制文件详见"RTCA/DO-246D,GNSS-based precision approach local area augmentation system (LAAS) signal-in-space Interface Control Document(ICD)",UAS:RTCA,2008。GBAS 通常都是对卫星导航系统的局部区域增强,

利用局域差分技术,计算卫星导航信号的局域改正值,同时通过完好性监视算法,给出系统的完好性信息,一般利用 VHF 无线电地面通信链路向用户播发差分改正数和完好性信息,进而改善卫星导航系统定位精度、完好性以及可用性,服务范围一般为 30 ~ 50km[21-22]。GBAS 对实时定位精度和信号完好性指标要求较为苛刻,主要为机场范围内民航提供精密进近、离场程序和终端区导航作业服务[23]。

在民航飞机着陆和精密进近过程中,针对 GNSS 信号缺乏实时、快速的闭环健康监控手段,国际民航组织定义的 GBAS 是解决引导飞机精密进近过程中卫星导航系统的精度,特别是完好性指标不满足系统要求的问题,用于民航飞机精密进近导航,鉴于 GBAS 服务区域十分有限,美国联邦航空管理局将 GBAS 称为局域增强系统(LAAS)[24]。LAAS 利用差分载波相位平滑伪距修正算法增强 GNSS 标准服务,修正信息通过 VHF 频段无线电链路向视距内的飞机广播,覆盖机场周围小区域(约 45km 半径范围)。与广域增强系统(WAAS)相比较,LAAS 具有更高的定位精度、可用性、连续性和完好性,完好性监测着重在机场小区域范围,告警速度也更快,可以提供垂直定位精度达到 0.5 ~ 1m,优于自动着陆 2.5m 的标准要求,可以直接应用于中小型飞行器的自动起降过程[25]。

目前星基增强系统有美国 WAAS,欧洲地球静止轨道卫星导航重叠服务(EGNOS)系统,日本准天顶导航系统(QZSS)和多功能卫星(星基)增强系统(MSAS),俄罗斯差分校正与监视系统(SDCM)以及印度的 GPS 辅助型地球静止轨道卫星增强导航(GAGAN)系统。当前 SBAS 主要对美国 GPS 导航服务进行完好性增强,播发 L1、L5 频点增强信号,SBAS 系统服务覆盖区域如图 4.8 所示[26]。

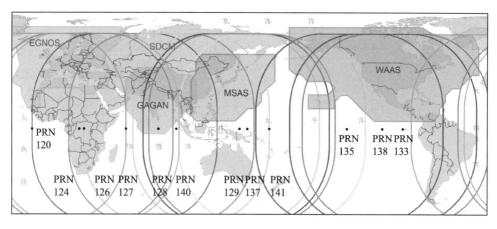

图 4.8 对美国 GPS 进行增强的 SBAS 服务区域(见彩图)

美国的 WAAS、欧洲的 EGNOS、日本的 MSAS 和印度的 GAGAN 已经通过当地民航机构认证,各 SBAS 的认证及应用情况如表 4.3 所列。为了实现星基增强系统的全球无缝链接,目前各个 SBAS 成员国通过 SBAS 国际工作组(SBAS IWG)国际多边协调平台,共同商讨制定双频多星座(DFMC)系统星基增强服务标准。

表 4.3 SBAS 认证及应用情况

系统	首次认证时间	认证服务等级	建设和认证机构
WAAS	2003	LPV-200	美国联邦航空局
MSAS	2007	NPA	日本民航局
EGNOS	2011	APV-Ⅰ	欧洲航空局
GAGAN	2014	RNP 0.1	印度民航局
注:LPV——具有垂直引导的航向定位性能			

美国的 WAAS、欧洲的 EGNOS、日本的 MSAS 已被国际民航认证并得到广泛应用。目前俄罗斯正在开展 SDCM 建设,对 GLONASS 开展星基增强服务,我国正在开展北斗卫星导航星基增强系统(BDSBAS)建设,日本的 MSAS、印度的 GAGAN 等多个 SBAS 将在亚太地区形成高密度覆盖趋势。

为了适应民用航空的导航服务性能需求,SBAS 需要在精度、完好性、连续性和可用性 4 个方面对卫星导航系统进行增强。根据 2006 年 7 月 ICAO 相关卫星导航要求,民用航空导航对 SBAS 的导航安全要求如表 4.4 所列,飞行的不同阶段对卫星导航的性能指标要求是不同的,性能指标同卫星导航系统一样,也是用定位精度、完好性、连续性和可用性来衡量的。详见"ICAO Standards and Recommended Practices", Annex 10, Volume 1 Radio Navigation Aids, July 2006[27]。

表 4.4 民用航空导航对 SBAS 的导航安全要求

典型操作	水平精度(95%)	垂直精度(95%)	完好性	告警时间	连续性	可用性
航路	3.7km	N/A	$(1-1\times10^{-7})$/h	5min	$(1-1\times10^{-4})$/h ~ $(1-1\times10^{-8})$/h	0.99 ~ 0.99999
航路-终端	0.74km	N/A	$(1-1\times10^{-7})$/h	15s	$(1-1\times10^{-4})$/h ~ $(1-1\times10^{-8})$/h	0.99 ~ 0.99999
初始进近,中间进近,非精密进近,起飞	220m	N/A	$(1-1\times10^{-7})$/h	10s	$(1-1\times10^{-4})$/h ~ $(1-1\times10^{-8})$/h	0.99 ~ 0.99999
Ⅰ类垂直引导进近 APV-Ⅰ	16m	20m	$(1-2\times10^{-7})$/进近	10s	$1-8\times10^{-6}$,任何 15s 内	0.99 ~ 0.99999
Ⅱ类垂直引导进近 APV-Ⅱ	16m	8m	$(1-2\times10^{-7})$/进近	6s	$1-8\times10^{-6}$,任何 15s 内	0.99 ~ 0.99999
CAT Ⅰ精密进近	16m	6.0 ~ 4.0m	$(1-2\times10^{-7})$/进近	6s	$1-8\times10^{-6}$,任何 15s 内	0.99 ~ 0.99999

表 4.4 中,SBAS 定义定位精度为飞机实际的位置与机载导航设备解算的位置之间的差别,用导航系统误差(NSE)来表述定位精度,SBAS 通过给用户提供卫星导航系统的卫星星历、星钟以及电离层延迟误差差分改正数,实现民航对导航系统的定位

精度要求。对于给定的某一飞行操作期间,假设在该飞行操作期间的初始阶段系统是可用的,且预测在该飞行操作期间系统也是可用的,SBAS 定义连续性为系统维持规定性能的概率。系统连续性不满足要求意味着系统存在风险,必须中断飞行操作。假设在计划的某一飞行操作期间的初始阶段导航服务是可用的,当系统的精度、完好性、连续性指标满足要求时,对于任意给定用户在任何给定时间,用导航服务可用的概率来度量 SBAS 的可用性。实际上,我们一般用保护级低于相应告警门限的概率来计算系统的可用性。ICAO 将完好性定义为 SBAS 提供差分改正数可信程度的度量,即当导航位置误差超出告警门限,SBAS 系统没有在规定的时间内发出告警信息时,系统可以接受的最大概率。SBAS 系统通过下列两个措施保证系统完好性:

(1)给用户提供卫星/电离层延迟告警信息,通知用户在解算位置过程中,剔除相应卫星/电离层延迟误差改正数。

(2)给用户提供水平保护级(HPL)和垂直保护级(VPL)信息,对于给定的某一飞行操作,国际民航组织的标准和建议措施(ICAO SARPs)定义的空间信号(SIS)完好性要求如表4.5所列,通过比较 HPL 和 VPL 以及相应的告警门限(AL),用户可以评估系统在此飞行阶段的可用性。利用用户差分测距误差(UDRE)改正数以及格网点电离层垂直延迟改正数误差(GIVE),SBAS 可以计算并广播系统完好性边界,用户可以计算 HPL、VPL 超出系统完好性边界的程度[28-30]。

表 4.5　ICAO SARPs 定义的空间信号完好性要求

典型操作	告警时间	完好性	水平告警门限	垂直告警门限
En-route 航路(大洋/大陆)	5min	$(1-10^{-7})/h$	4n mile	不适用
En-route 航路(大陆)	15 s	$(1-10^{-7})/h$	24n mile	不适用
航路-终端	15s	$(1-10^{-7})/h$	14n mile	不适用
非精密进近	10s	$(1-10^{-7})/h$	0.34n mile	不适用
I 类垂直引导进近	10s	$(1-2\times10^{-7})/进近$	40.0m	50m
II 类垂直引导进近	6s	$(1-2\times10^{-7})/进近$	40.0m	20m
I 类精密进近	6s	$(1-2\times10^{-7})/进近$	40.0m	15~10m

利用卫星导航及其系统进行民航飞机提供进近/着陆导航服务时,方案简单,性能可靠,进近和着陆线路灵活,可以增强机场着陆的能力。随着卫星导航技术的不断发展,卫星导航及其增强系统与惯性导航系统形成组合系统(GNSS、GBAS、WAAS、INS)共同为民航提供可靠、安全的导航服务。

4.4.1　工作原理

SBAS 由位置确定的监测站或监测站网络对 GNSS 导航信号进行连续监测,将伪距和载波相位等原始观测数据传送到数据处理中心,数据处理中心根据这些观测数据对空间信号中的各种误差进行分类和建模,计算得到卫星轨道、星钟误差以及电离层延迟误差对应的差分改正数,同时计算系统的完好性信息,再将这些增强信息通过上行通信链路注入 GEO 卫星,由 GEO 卫星将差分改正数和完好性信息以导航增强电文的形式播发给用户,用户接收机接收到增强电文后,可以对测距误差进行修正并根据其中的完好性信息决定系统当前是否可用。同时,GEO 卫星本身也播发测距信号,同时改善了导航卫星星座的 GDOP 值,以此提高 GNSS 的可用性和连续性。SBAS 信息流如图 4.9 所示。

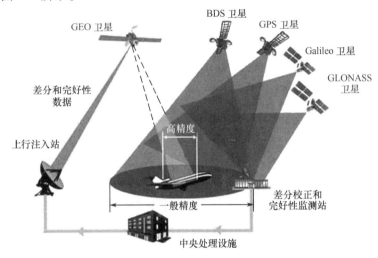

图 4.9　SBAS 信息流(见彩图)

安全性是民航导航服务最为关注的性能,因为飞行安全对于用户来说是最为关键的。为了适应民航的导航需求,SBAS 需要在精度、完好性、连续性和可用性 4 个方面对卫星导航系统进行增强。卫星导航系统的误差源主要有星历误差、星钟误差、电离层与对流层延迟误差、多路径效应及接收机误差。对流层延迟是局部现象,可以通过用户接收机中的补偿模型来减弱。SBAS 采用差分技术提高精度,星历误差、电离层误差延迟为空间相关的误差,星钟误差则是时间相关的误差,SBAS 播发星历误差校正及星历误差校正的变化率。

利用完好性通道(IC)检测技术,地面参考站可以同时得到卫星导航系统的完好性信息。完好性检测不仅要对 GNSS 状况进行检测,还要对广域差分改正数的完好性进行检测。作为测距源的 GEO 卫星的状况及其误差改正的完好性也需要被检测。SBAS 系统主要提供 GNSS 完好性、测距、广域差分校正监测三类服务,三类信息均通过 GEO 卫星广播给用户。

下面以美国的 GPS 的 WAAS 为例简述 SBAS 的工作原理。

4.4.1.1　电离层延迟校正

在 GPS 的选择可用性技术关闭之后,电离层延迟实际就成了导航信号测量的最大误差源。电离层延迟随着时间和地点而变化。因此,SBAS 采用格网点电离层延迟校正技术,将电离层分割成许多(网)格,为各个较小的区域分别提供近乎实时的电离层模型垂直误差数据,使用户有效校正电离层延迟。SABS 将电离层描述为地球上方 350 km 处的球面壳层,壳层上定义了相应的经线和纬线,不同的经纬度就构成了图 4.10 所示的电离层格网,系统广播每一个格网中 4 个电离层格网点(IGP)的垂直电离层延迟数据,用户利用格网内插法便可获得非常精确的电离层延迟。

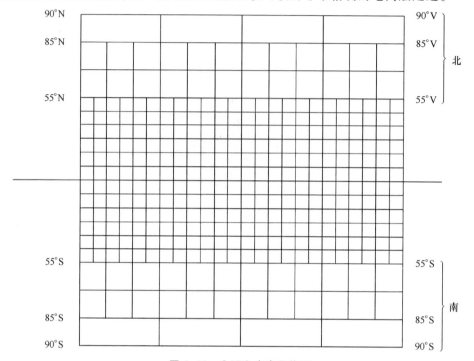

图 4.10 SABS 电离层格网

配备双频接收机的测距与完好性监测站(RIMS)测量可见导航卫星(仰角大于 15°)的电离层延迟数据,再将该数据转换为对应电离层穿刺点(IPP)的垂直电离层延迟数据。所有 RIMS 站得到的垂直电离层延迟数据送入主控中心(MCC),用于计算某一格网的 4 个格网点的垂直电离层延迟。计算电离层延迟改正数的算法有很多,例如,对于第 k 个 IPP,MCC 在计算垂直电离层延迟时,首先以第 k 个 IPP 为圆心,以 R(一般为 1000 km)为半径画圆,采用距离倒数加权法计算该 IPP 的垂直电离层延迟。主控站将电离层延迟校正数据注入 GEO 卫星,由卫星将校正数据播发给服务区内的用户。

SBAS 在广播格网点 IPP 电离层延迟改正数时,还应广播这些改正数对应的格网点电离层垂直延迟改正数误差(GIVE)。GIVE 是格网点经过电离层改正后的真实误差。根据完好性需求,置信度为 99.9%。格网点电离层延迟改正数在一个更新周期内的任意时刻,数据的置信度是 99.9%。

如果 RIMS 能够实时地提供各个格网点的垂直电离层延迟校正和 GIVE 值,用户就可以利用格网内插法获得精确的电离层延迟改正和用户电离层垂直误差(UIVE)值。UIVE 与 GIVE 的置信度均为 99.9%。GIVE 和 UIVE 的计算必须满足完好性、告警时间及精度要求。

(1) 完好性是指由 GIVE 得到的 UIVE 必须以 99.9% 的置信度限定用户电离层改正误差。

(2) 告警时间是指对电离层异常的处理,必须在规定时间内到达用户。

(3) 精度需求包括垂直及水平定位精度和定位保护限值需求。

GIVE 和 UIVE 既要能如实反映导航信号所受的电离层延迟影响,以保证为服务区内的所有用户提供安全服务,并能对电离层异常影响及时做出反应,又要不能估计得太大,以保证导航服务的连续性、可用性。不同用户,定位误差都有最大限值规定,而定位误差是基于 GIVE 和 UIVE 计算得到的,因此,GIVE 和 UIVE 也必须在规定的门限以下。

国际民航组织(ICAO)全球卫星导航系统专家组(GNSSP) GNSS 标准和建议措施相关文件定义完好性为 SBAS 提供增强信息正确性可信任程度的度量措施,这种完好性度量措施还应具备当系统不可用时能够及时、有效地给用户提供告警的能力。完好性包括水平保护级和垂直保护级以及给用户告警的时间。完好性风险(integrity risk)定义为在给定服务时间期间,信号误差超出规定的容差时而没有给用户告警的概率。

大气对流层的温度、压力和相对湿度的空间相关距离很短,SBAS 电文不含对流层延迟校正值,延迟补偿需要接收机内置软件算法给出,一般可以消除 90% 的对流层延迟。

4.4.1.2　完好性监测

SBAS 通过对各类改正数误差的确定及验证来完成对广域差分改正数完好性的监测,广域差分改正数包括卫星星历改正、卫星钟差改正和电离层格网垂直延迟改正。卫星星历改正和卫星星钟改正都是与卫星有关的误差改正,这两种改正数由相应的误差综合给出,以 UDRE 表示。电离层格网点垂直延迟改正相应的误差以电离层格网点垂直延迟改正误差表示。

UDRE 指经差分修正后的空间信号误差引起的用户误差。因此,它是经星历误差修正和卫星钟差修正后的真实用户级误差。考虑完好性的概率要求,若 UDRE 置信度为 99.9%,则有

$$Pr(UDRE > 卫星星历及钟差改正数) \geqslant 99.9\% \tag{4.1}$$

计算 UDRE 应考虑如下方面。

(1) 直接计算:UDRE 计算应直接基于接收到的轨道及钟差误差影响的伪距观测量,能够使用户得到更加严格的完好性保证,对系统所受到的异常影响会尽快做出反应。

(2) 置信度限制的完好性:UDRE 应对系统服务区内的所有位置,以 99.9% 的置

信度给出卫星轨道及钟差改正误差的置信限值。

（3）告警时间：UDRE 要能尽快对异常影响做出反应，且要尽快通过静止轨道卫星广播给用户，处理及播发的总时间不应超过系统规定的 6s 告警时间。

（4）定位可用性：UDRE 越小，可用性越高。用户对 UDRE 的可用性有严格规定。

SBAS 用户根据发布的完好性参数 δ^2_{UDRE}、δ^2_{GIVE} 剔除"不可用"卫星及"不可用"IGP 垂直电离层延迟，然后综合 δ^2_{UDRE}、δ^2_{GIVE} 及用户局部对流层校正残差、多路径误差、接收机观测噪声，并结合当前观测的 GDOP 值，计算 HPL 与 VPL。HPL 和 VPL 分别与水平告警门限（HAL）、垂直告警门限（VAL）相比较，只要有一项超出门限，就说明系统不能保证所需要的完好性需求，随之生成告警。导航系统误差（NSE）大于水平告警门限或垂直告警门限，称为发生了"危险错误引导信息（HMI）"事件。对于精密进近和垂直引导进近操作，如果 VPL 超过 VAL，则 SBAS 应给出"系统不可用（system unavailable）"告警信息，此时系统发生"错误引导信息（MI）"或者"危险错误引导信息（HMI）"事件的概率极高。HMI、MI 与系统不可用之间的关系如图 4.11 所示[30]，

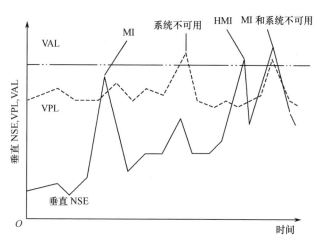

图 4.11　HMI、MI 和系统不可用的关系

SBAS 的增强电文数据格式需要满足国际民航组织的"ICAO SARPs"附录 B 有关空间导航信号的规定，同时机载 SBAS 设备最低性能要求需要完全满足 RTCA 最低运行性能标准（MOPS）DO-229 标准（RTCA MOPS DO-229-D，Minimum Operational Performance Standards for Global Positioning System/Wide Area Augmentation System Airborne Equipment（GPS/WAAS 机载设备最低运行性能标准））。GEO 卫星播发的导航增强信号与 GPS 的民用 L1（1574.42 MHz）信号类似，调制 C/A 测距码，SBAS L1（1574.42MHz）信号特征如表 4.6 所列，采用卷积编码，编码方案如表 4.7 所列[27]。

表 4.6　SBAS L1 信号特征

参数	说明
调制	SBAS 数据与 PRN 测距码模二和后生成扩频信号,扩频信号以二进制相移键控(BPSK)方式调制载波信号
带宽	(1574.42 ± 30.69) MHz,至少 95% 的信号功率包含在 L1 ± 12MHz 带宽内
测距码	Gold 码,码周期为 1ms,伪码速率 1023kbit/s
SBAS 数据	符号速率 500symbol/s,模二和调制(有效 250bit/s)
功率	最低功率 -131 ~ -119.5dBm,用户 5°仰角

表 4.7　卷积编码方案

伪码参数	数值
编码速率	1/2
编码方案	卷积
约束长度	7
多项式发生器	G1 = 171(oct);G2 = 133(oct)
编码顺序	先 G1 后 G2
补零	无

注:oct 表示 8 进制计数法

　　GEO 卫星播发的导航增强信号包含测距信号、差分修正改正数以及完好性信息,其中测距信号的伪随机测距码在基本导航系统伪随机测距码的码族中选择,播发的增强信号与基本导航信号类似,差分修正改正数包括基本导航系统卫星的星历、钟差及电离层延迟。

4.4.1.3　系统可用性

　　定位精度体现了误差的空间分布特性,完好性体现了误差超出门限的概率,连续性体现了定位误差的时间分布特性,可用性表征了精度满足服务要求的可靠性或者说可信度。卫星导航系统的定位精度降低后,系统可用性也随之降低。系统告警门限变小后,可用性也同样随之降低。对于飞机垂直引导进近而言,卫星导航系统的垂直定位精度是较为重要的指标之一,由于卫星导航系统空间段卫星星座的几何特性,导致系统高程解算误差比水平解算误差相对较大。ICAO 的全球卫星导航系统专家组(GNSSP)研究了如何确保 SBAS 用户安全地使用卫星导航系统,同时又满足用户对系统可用性的要求的方法。2000 年 6 月,GNSSP 以 GNSS 标准和建议措施方式确定了 SBAS 完好性算法,2002 年 11 月,完好性算法正式对外发布。

　　国际民航组织修正案 77 附录 10 定义地基增强系统(GBAS)、星基增强系统(SBAS)、空基增强系统(ABAS)均能增强卫星导航系统完好性,ABAS 通过机载用户接收机接收多个卫星的信号,获取冗余的伪距观测来估算系统完好性,GBAS 和 SBAS 借助地面参考站网络来评估系统完好性。此外,GBAS 和 SBAS 还能提供基本导航系统的差分改正数,以进一步提高系统的定位精度。SBAS 的 GEO 卫星除了播发增强信息,还能提供测距服务,由此,进一步提高系统的可用性。因此,SBAS 的完好性服务应该从以下两个方面予以保证。

(1) GNSS/SBAS-GEO 卫星失效,利用地面参考站网络监测导航信号,检测并剔除故障导航信号。

(2) SBAS 播发错误或者不准确的差分改正数,这些不正确的差分改正数由未检测出的地面段故障引起,或者由地面段测量噪声及算法执行过程中异常导致。

上述第(2)种类型的失效模式,系统仍然处于正常工作状态,空间段 GNSS/SBAS-GEO 卫星工作正常,地面段和用户段设备也正常工作,即所谓的"无故障工况(fault free case)",在"无故障工况"情况下发生这类非完好性事件是数据测量和数据处理过程中的固有现象,为了给用户提供可信的差分改正数,需要定义所谓的统计误差边界——HPL 和 VPL。

HMI、MI 和系统不可用之间的关系还可以用"Stanford 图"来表征,Stanford 图用在给定测量期间系统的垂直定位误差(VPE)和 VPL 的关系来说明系统完好性和可用性之间的权衡。例如,2005 年 3 月,欧洲 EGNOS 星基增强系统在法国 Toulouse 的实际测试结果如图 4.12 所示,图中横坐标表示 VPE,纵坐标表示 VPL,对角线将采样点分成两个大的区域,对角线的左面表示系统安全操作区(位置误差(PE)在保护级(PL)范围内),对角线的右面表示系统处于不安全状态(PE 在 PL 范围外),测试结果表明 EGNOS 星基增强系统在测试期间 I 类垂直引导进近 APV-I 是 100% 可用的[30]。

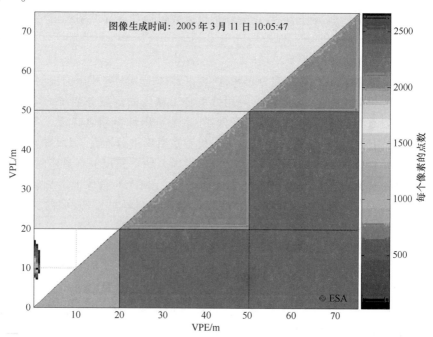

图 4.12　EGNOS 星基增强系统 I 类垂直引导进近 APV-I 实测 Stanford 图(见彩图)

通常可以分别给出水平定位 Stanford 图和垂直定位 Stanford 图。Stanford 图可用来快速检查系统完好性状态，只要确认采样点是否在 Stanford 图的对角线轴上方即可，同时也可借助 Stanford 图判断系统定位结果的安全等级，例如，如果采样点在对角线上方，但是很接近对角线，则说明系统在发生完好性事件的边缘。Stanford 图还可以用来评估系统的可用性是否满足要求，图中纵坐标在告警门限以上的区域表征系统"不可用"。

美国 WAAS 接收机通过接收 GPS 标准定位服务信号和 WAAS 增强信号，可以较高置信度的误差边界获得高精度的位置解算结果，其中差分改正数据用于修正 GPS 标准定位服务的伪距观测量，完好性数据用于计算完好性边界，完好性边界也称为 PL。根据具体的飞行任务，WAAS 用户接收机可以选择计算 HPL 或者同时计算 HPL 和 VPL，通过比较 PL 和 AL，WAAS 用户接收机可以给领航员报告警告信息，WAAS 设计可以保证完好性告警时间(TTA)不超过 6.2 s，否则 WAAS 接收机自主完好性监视/故障检测和排除(RAIM/FDE)模块会在 8 s 内给出告警信息[31]。

4.4.2　系统方案

星基增强系统(SBAS)由空间段、地面段、运行支持段和用户段 4 部分组成，如图 4.13 所示。空间段一般由地球静止轨道卫星组成，播发与卫星导航信号类似的增强信号；地面段生成导航增强信息，由监测站网络、数据处理中心、GEO 卫星控制中心、SBAS 通信网络组成，其中：GEO 卫星控制中心根据数据处理中心计算得到导航增强电文生成增强信号，SBAS 通信网络的任务是建立地面段各个环节的通信链路；运行维护段对 SBAS 的正常运行和维护提供技术支持，负责系统配置管控、系统性能评估、系统维护、系统研发和系统救援等工作；用户段包括能够同时接收 SBAS/GNSS 信号的终端[32]。

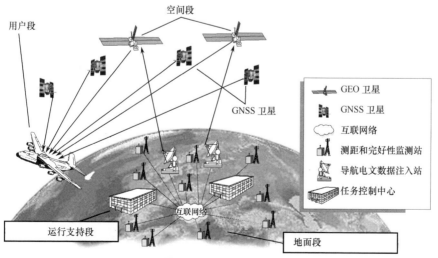

图 4.13　SBAS 组成

SBAS 空间段的地球静止轨道(GEO)卫星负责播发导航增强信号,GEO 卫星一般配置透明转发器载荷,用 C 频段接收地面站上行注入的导航增强信息,利用 L 频段将地面控制段生成的导航增强信息透明转发给用户。为了消除电离层和对流层对增强信号延迟的影响,新一代 SBAS 导航增强转发器除了配置 L1/L5 双频转发器外,还将配置 C 频段下行链路,同时进一步增加下行信号带宽,并将当前的透明转发器改为处理转发器。

SBAS 地面段的主要任务是生成导航增强数据,同时将导航增强数据上注给空间段的地球静止轨道卫星。地面任务段的监测站网络在精密测绘的地点配置多套高精度双频导航监测接收机。要求:监测站的地理精度为 1 ~ 3cm(ITRF);配置高精度、高稳定度的原子钟;能够接收视界范围内所有的导航信号及自身地球静止轨道卫星播发的信号,开展导航信号质量评估,同时监测监测站所在区域电离层延迟的影响;导航信号数据采集频率为 1Hz,完成数据质量检查同时剔除误异常数据,能够在毫秒量级完成导航信号处理;为了避免单点失效问题,一般采用同一监测站的多套接收机观测数据并行开展差分改正数和完好性信息计算。地面任务段的数据处理中心是 SBAS 的核心单元,需要有精确的卫星轨道确定模型(能够区分轨道误差和钟差),确定 SBAS 参考时间和星载时钟偏差修正的精度要优于 2 ns,开展实时电离层延迟估计过程中能够识别局部的和快速变化的空间天气影响,可以根据规定的性能要求在一定区域范围内估算系统完好性。根据监测站网络接收的原始数据,估算导航信号差分改正数、电离层延迟改正数和方差项,计算系统完好性信息,生成导航增强电文。地面段的系统通信网络利用具有高标准、高可靠、大带宽、高冗余大数据交换能力的通信网络,配置满足系统通信安全要求的通信网络设备,建立 SBAS 地面段各个环节的双向通信链路。

地面段的 GEO 卫星控制中心的主要功能是:将数据处理中心生成的导航增强数据进行扩频处理,然后将扩频信号调制到载波信号中;实现生成的增强信号与导航系统保持时间同步;保证增强信号载波与伪码的时间同步(相干);通过接收 SBAS 增强信号,进一步对上行注入信号开展闭环监控。

星基增强系统运行支持段负责 SBAS 的运行支持与维护,对 SBAS 设计、研发、运行与验证阶段的工作提供技术支持,对系统服务性能和用户容量进行仿真,对系统应用进行验证,对增强算法的可靠性进行验证,在线核查系统精度、完好性、连续性和可用性是否满足要求,实时监测系统工作状态,收集整理系统故障和异常情况,预测系统期望的工作性能并当性能劣化时给出告警信息,对系统运行进行维护,开展系统应用验证相关工作,对系统内部产生的增强数据以及外部接收卫星星历、星载误差以及电离层延迟等的数据进行存档。

用户段不受 SBAS 服务提供商的控制,完全由 SBAS 应用市场驱动。SBAS 服务提供商一般提供开放服务、生命安全服务以及商业服务 3 种类型的业务,可以满足不同用户群体的应用需求。对于生命安全服务,SBAS 机载终端需要满足 ICAO 民用航空 SBAS 相关标准,机载设备需要完全满足 RTCA SBAS MOPS DO-229 标准,接收机天线设计需要完全满足 RTCA SBAS MOPS 228 和 301 标准、RTCA TSO（C190,C145b,C146b）标准,此外,还应满足飞行管理系统（FMS）等航空综合电子设备要求。

4.4.3　典型应用

美国广域增强系统（WAAS）为民航提供的导航服务分为水平导航（LNAV）、水平导航/垂直导航（LNAV/VNAV）、没有垂直引导的航向定位性能（LP）、带垂直引导的航向定位性能（LPV）4 种类型。一般利用与评估 GPS 标准定位服务完全兼容的监测接收机来评估 WAAS 性能,飞机进近过程中的要求如图 4.14 所示,图中 DA 表示决断高度,MDA 表示最小决断高度。

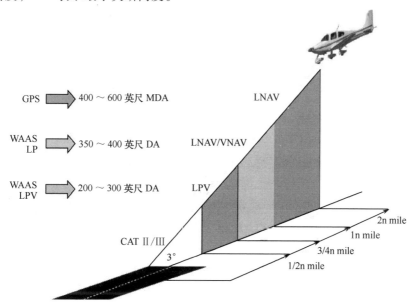

图 4.14　在飞机进近过程中的要求（见彩图）

WAAS 完好性风险定义为当系统估算的位置精度超过 HAL 或者 VAL 时,卫星导航系统在规定的告警时间（time-to-alarm）内没有告警的概率。连续性风险定义为在系统正常工作过程中,系统没有生成告警信息的概率。WAAS 给出危险错误引导信息（HMI）的概率是每次进近（150s）小于 10^{-7},水平或者垂直定位精度（95%）小于 1.6m。当 VPL 小于 50m 时,最大观测误差小于 12m（6σ）,水平和垂直定位精度（95%）小于 4m。WAAS 的最低运行性能标准（MOPS）定义为差分修正的导航解在垂直保护级（VPL）以及水平保护级（HPL）范围内的概率必须满足 99.99999%。因此,误差的真值（True Error）在 10^{7}s 内超过保护级的次数不能多于 1 次。如果计算的保护级超过了相应的告警门限,那么系统将告警,测量的数据不能用于导航服务。如果系统在运行过程中发出了告警信息,则必须针对告警信息给出处理措施,否则系统在整个周期内将被宣布不可用[33-38]。

美国斯坦福大学(Stanford University)在美国加利福尼亚州的国家卫星测试平台(NSTB),对静态用户开展了WAAS的二维平面定位性能评估测试,水平定位性能评估测试结果如图14.15所示,垂直定位性能评估测试结果如图14.16所示,图中横坐标为WAAS给出的位置已被标定的天线的位置测量值和实际位置之间的误差,纵坐标为不同导航解下计算得到的保护级。图4.14和4.15中HMI表示"危险的错误引导信息",MI表示"错误引导信息"。有关广域差分GPS以及WAAS的实时信息可以访问NSTB网站。

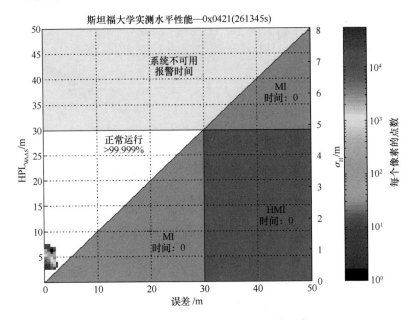

图4.15 WAAS的二维平面定位性能(见彩图)

美国联邦航空管理局(FAA)的技术中心网站www.nstb.tc.faa.gov给出了当前实时的和历史的系统可用性云图。根据WAAS设计、分析和实测数据,WAAS增强信号的性能指标如表4.8所列[31]。

表4.8 WAAS增强信号的性能指标

类型	性能	说明
TTA	6.2s	与指标要求相同
TTA receiver RAIM/FDE	8s	TSO-C145/146
HMI概率	$<1 \times 10^{-7}$/进近(150s)	低于指标要求
连续性	$(1-8 \times 10^{-6})/(15s)$	与指标要求相同

（续）

类型	性能	说明
标称水平精度	1.6m(95%)	性能分析报告
最大水平精度	12m(最大观测量)	
水平精度门限	4m(保守门限(95%))	
标称垂直精度	1.6m(95%)	性能分析报告
最大垂直精度	12m(最大观测量)	
垂直精度门限	4m(保守门限(95%))	
可用性	实时可用性地图	www. nstb. tc. faa. gov

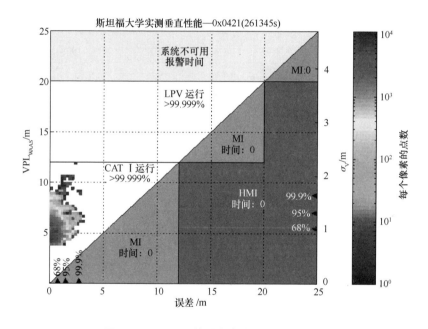

图 4.16　WAAS 的垂直定位性能（见彩图）

　　FAA 的技术中心负责测量和分析 WAAS 的系统性能指标,WAAS 根据民航对带垂直引导的航向定位性能(LPV-200)的导航要求发布当前服务水平(能力),LPV-200服务水平在整个 WAAS 服务区域都是可用的,在服务能力不可用的局部区域,WAAS 在其 GEO 卫星播发的增强信号中要给出服务可用性降级程度的指示信息,如 LPV 或者水平导航/垂直导航(LNAV/VNAV),服务可用性区域可以实时显示在 WAAS 接收机屏幕上。WAAS 的航路导航、终端区导航、水平导航、水平导航/垂直导航、带垂直引导的水平进近、LPV-200 的导航性能要求如表 4.9 所列[31,39]。

表 4.9 WAAS 导航性能需求

类型	En Route	Terminal	LNAV	LNAV/VNAV	LPV	LPV-200
告警时间	15s	15s	10s	10s	6.2s	6.2s
水平告警门限	2nm	1nm	556m	556m	40m	40m
垂直告警门限	不适用	不适用	不适用	50m	50m	35m
HMI 概率	10^{-7}/h	10^{-7}/h	10^{-7}/h	2×10^{-7}/h 再次进近	2×10^{-7}/h 再次进近 (150s)	2×10^{-7}/h 再次进近 (150s)
区域 1 连续性	$(1-10^{-5})$/h	$(1-10^{-5})$/h	$(1-10^{-5})$/h	$(1-5.5 \times 10^{-5})/(15s)$	$(1-8 \times 10^{-6})/(15s)$	$(1-8 \times 10^{-6})/(15s)$
水平精度(95%)	0.4nm	0.4nm	220m	220m	16m	16m
垂直精度(95%)	不适用	不适用	不适用	20m	20m	4m
可用性 (区域 1 覆盖区)	0.99999 (100%)	0.99999 (100%)	0.99999 (100%)	0.99 (100%)	0.99 (80%~100%)	0.99 (40%~60%)
可用性 (区域 2 覆盖区)	0.999 (100%)	0.999 (100%)	0.999 (100%)	0.95 (75%)	0.95 (75%)	不适用
可用性 (区域 3 覆盖区)	0.999 (100%)	0.999 (100%)	0.999 (100%)	不适用	不适用	不适用
可用性 (区域 4 覆盖区)	0.999 (100%)	0.999 (100%)	0.999 (100%)	不适用	不适用	不适用
可用性 (区域 5 覆盖区)	0.99999 (100%)	0.999 (100%)	0.999 (100%)	不适用	不适用	不适用

WAAS 设置一类精密进近（CAT I）的 HAL 为 30m，如果用户定位误差大于 HAL，但在 HPL 范围内，则将提升系统告警状态，从而导致整个系统丧失可用性，即系统不可用，也可能导致系统连续性出现风险。在任何情况下，真值和测量值之间的误差应小于 HPL，否则判定导航系统的 HPL 失效。WAAS 的长期可用性指标是 99.9%，在系统正常运行时，水平定位的可用性指标为 99.999%，VAL 为 12m，仪表垂直引导精密进近 VAL 为 20m。在定位精度、系统完好性和连续性同时满足指标要求时，系统的可用性指标为 99.671%。

WAAS 在北美地区的定位精度已由 10m（95%）提高到水平 3m（95%）、垂直 3.5m（95%），完好性指标满足民航 LPV 和 LPV-200 导航服务要求，可以使飞机在没有配置仪表着陆系统（ILS）的机场仍可实现与 ILS 相当的安全导航服务。ILS 是目前应用最为广泛的飞机精密进近和着陆引导系统，由地面两束无线电信号实现航向道和下滑道指引，建立一条由跑道指向空中的虚拟路径，飞机通过机载接收设备，确定自身与该路径的相对位置，使飞机能够沿正确方向飞向跑道并且平稳下降，最终实现安全着陆。2014 年 8 月，WAAS 可为全美提供 LPV-200 导航服务的覆盖区域云图如图 4.17 所示[39-40]。

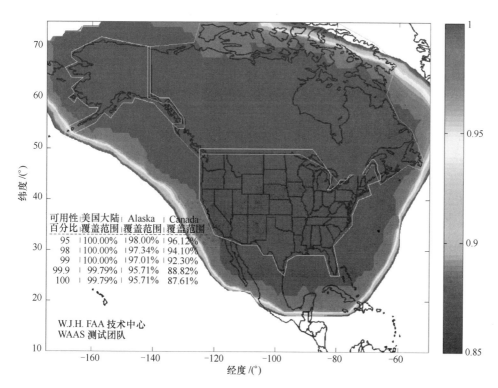

图 4.17　WAAS 的 LPV-200 服务的覆盖区域云图(08/14/14 WEEK 1805 DAY 4)(见彩图)

图 4.17 中深红色部分代表 WAAS 性能最好的区域,覆盖区的性能随时间、空间卫星几何分布以及空间电离层的变化而变化。WAAS 技术规范明确定位精度优于 7.6m(95%),但实测水平定位精度优于 1.0m,垂直定位精度优于 1.5m,因此 WAAS 能够满足用户 CAT I(水平定位精度 16m,垂直定位精度 4m)定位精度要求。GPS 的地基增强系统——LAAS 覆盖半径为 30 英里(1 英里 ≈ 1609.344m)左右的区域,可以支持 CAT II/III;WAAS 与 LAAS 协同工作具备为用户提供航空飞行各个阶段的导航能力。2014 年,WAAS 在全美实现了 LPV-200 服务,目前已经公布了 3656 个 LPV 飞行程序,在 89000 架通航飞机上安装了 WAAS 设备,全美实现 WAAS-LPV 进近服务的机场分布如图 4.18 所示[34]。

WAAS 为民航飞行提供安全可靠的导航服务,同时运行和维护成本较低。例如,在机场安装一套 ILS 设备需要 1000000 ~ 1500000 美元,而一套 WAAS 设备仅需 50000 美元。在全美范围内,有 600 个机场安装了 ILS 设备,其每年的维护费用是 8200 万美元,而 WAAS 可以为 5400 个机场提供服务。

目前 FAA 正在开展双频(L1,L5)多星座导航服务 WAAS 建设,持续升级 GEO 卫星性能、更新现有地面设备[41]。

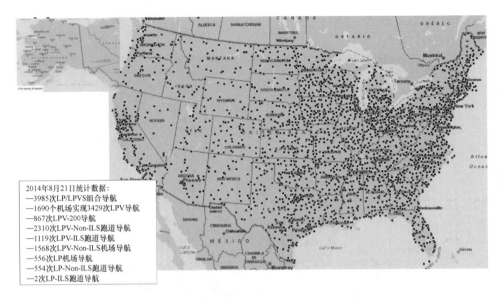

2014年8月21日统计数据：
—3985次LP/LPVS组合导航
—1690个机场实现3429次LPV导航
—867次LPV-200导航
—2310次LPV-Non-ILS跑道导航
—1119次LPV-ILS跑道导航
—1568次LPV-Non-ILS机场导航
—556次LP机场导航
—554次LP-Non-ILS跑道导航
—2次LP-ILS跑道导航

图 4.18　全美实现 WAAS-LPV 进近服务的机场分布

参考文献

[1] 胡刚,金振伟,司小平,等.车载导航技术现状及其发展趋势[J].系统工程,2006,24(1):41-
47.

[2] 甘浩,胡雨.基于 ITS 的智能车辆定位导航系统[J].系统工程,2005(4):B4-B5.

[3] 中国卫星导航系统管理办公室.北斗卫星导航系统建设与发展:第九届中国卫星导航学术年
会大会报告[R].哈尔滨:中国卫星导航学术年会组委会,2018.

[4] 张炳琪.交通运输领域卫星导航增强系统应用发展研究[J].卫星应用,2016(4):17-20.

[5] 张炳琪,方晖,吴晓东,等.基于卫星导航车辆监控系统的超速处罚方法研究[J].全球定位系
统,2013,38(04):45-48.

[6] 李玲,王婷.基于 GPS 定位及 3G 通信客运车辆监控系统设计[J].现代电子技术,2011,34
(18):18-20.

[7] 杨梅.GPS_GPRS 定位系统车载终端的应用设计与实现[J].电讯技术,2004(3):103-107.

[8] 鲍骏.基于北斗定位的车辆监控系统的研究[D].南京:南京理工大学,2014.

[9] 孙超奇,宋秉龙,贾斌,等.基于北斗二代的车辆监控系统研究与应用[J].科协论坛(下半
月),2012(10):77-78.

[10] 李东博,王景光,焦恒.北斗智能交通综合服务系统应用[J].卫星应用,2017(6):45-48.

[11] 兰培真,韩斌,陈伯雄,等.厦门港船舶引航系统的设计与应用[J].集美大学学报(自然科学
版),2007,12(2):130-134.

[12] 陈刚,王一帆,傅金琳,等.惯导速度辅助下 GNSS 高精度定位[J].中国惯性技术学报,2017
(8):466-468.

[13] 马建国,曹可劲,张磊.基于 GPS 信号的海面目标被动探测[J].系统工程与电子技术,2011(5):987-989.

[14] 史国友,贾传荧,贾银山,等.基于 GPRS 和电子海图的船舶导航与监控系统[J].中国航海,2003(4):62-65.

[15] 朱金发,孙文力,汤华.船载自动识别系统手册[M].北京:人民交通出版社,2005.

[16] 张伟."郑和一号"船舶引航系统在厦门港引航工作中的应用[J].中国水运,2016(5):22-24.

[17] 柯冉绚,彭国均,张杏谷."郑和一号"船舶引航系统的设计与实现[J].集美大学学报(自然科学版),2009(10):372-378.

[18] 王鸿锋.全球卫星导航系统(GNSS)在精密进近和着陆中的应用[D].上海:上海交通大学,2003.

[19] 陈鲁宁.浅谈如何完成非精密进近.科技展望,2017(13):309.

[20] WALTER T.Satellite based augmentation systems,springer handbook of global navigation satellite systems.[M].Springer,cham.Teunissen P.J.,Montenbruck O.(eds),2017,[DB/OL](2020-05-20).https://link.springer.com/chapter/10.1007%2F978-3-319-42928-1_12#citeas.

[21] RTCA/D0-246D,GNSS-based precision approach local area augmentation system (LAAS) signal-in-space interface control document (ICD) [S].UAS:RTCA,2008.

[22] 慕阳.GNSS 地基增强系统研究及应用综述[J].现代导航,2014(8):301-309.

[23] 王雷,倪少杰,王飞雪.地基增强系统发展及应用[J].全球定位系统,2014,39(4):26-30.

[24] 高虎,郑金华,程松.局域增强系统电文及完好性监测方法[C]//第六届中国卫星导航学术年会论文集.西安:中国卫星导航学术年会组委会,2018.

[25] 蒋宇志.卫星导航广域增强系统结构及特点[J].电讯技术,2010,50(7):26-30.

[26] 宋炜琳,谭述森.WAAS 技术现状与发展[J].无线电工程,2007(6):50-52.

[27] 康登榜,周玉霞.ICAO CNSS SARPε 技术规范解读[J].数字通信世界,2013(2):73-75.

[28] 邹代昆.民航机载卫星通信地球站设计及其标准简介[J].机械设计与制造工程,2015(10):43-47.

[29] 李晓,周玉霞.GNSS 在国际民航组织中的标准化工作综述[J].航天标准化,2012(4):42-45.

[30] 张彦冬.美国星基增强系统发展现状和未来[J].现代导航,2014(10):379-382.

[31] 周昀,陶晓霞,苏哲,等.卫星导航星基增强系统及信号体制的比较[J].空间电子技术,2016(5):52-56.

[32] 杨甜甜,李锐,陈杰,等.WAAS 性能评估[C]//第八届中国卫星导航学术年会论文集.长沙:中国卫星导航学术年会组委会,2017.

[33] 刘天雄.卫星导航差分系统和增强系统(十)[J].卫星与网络,2018(11):64-66.

[34] 吴显兵.广域实时精密差分定位系统关键技术研究[D].西安:长安大学,2016.

[35] 王春瑞,邓志军,任宪伟.星基广域差分 GPS 的应用与精度分析[J].海洋测绘,2010(4):54-56.

[36] 鲁辉.广域差分 GPS 技术在工程中的发展和应用[J].太原科技,2009(12):76-77.

[37] 张照杰.网络 RTK 定位原理与算法研究[D].济南:山东科技大学,2007.

［38］ 冯威.GPS中央差分定位系统理论与应用研究［D］.成都:西南交通大学,2013.

［39］ 张彦军.StarFire全球高精度广域差分GPS系统［J］.物探装备,2007(2):145-147.

［40］ 王喆.广域差分GPS系统典型应用［C］//第六届航空通讯技术交流会论文集.海口:中国航空学会,2002.

［41］ 刘翔,万茜,曲鹏程,等.WAAS和MSAS增强定位性能评估与分析［C］//第十届中国卫星导航学术年会论义集.北京:中国卫星导航学术年会组委会,2019.

第5章 授时服务

△ 5.1 概 述

人类的生产生活、经济活动、科学试验、国防军事等领域都需要在统一的时间基准上开展,时间是测量精度最高的物理量,测量准确度高于 1×10^{-15}。通过时间频率的测量,可以提高其他物理量和物理常数的测量精度,可以"更细致地观察物质世界"。因此,需要建立标准时间产生、保持、传递和使用的完整体系,而对于时间精度的要求从秒级到纳秒级,甚至皮秒级。

描述一个时间系统涉及采用的时间频率标准、守时系统、授时系统、覆盖范围4个方面内容。通俗地说,守时就是把时间精确地测量出来,授时就是把时间传递出去。铜壶滴漏,又称漏壶、壶漏、刻漏、漏刻,是中国古代利用水的流速来守时的仪器,特别是西汉之后,历朝历代均用漏壶计时。漏壶之所以能够守时,主要是因为水的流速相对恒定,只要不停地加水,就可以保证持续性。地球自转曾经也是人类计时的参考,因为地球自转周而复始,转速相对恒定。现在更为精确的原子钟计时原理也是因为原子振荡频率非常稳定且可以不停地重复。频率稳定、能够周而复始的物质都可以作为计时工具。任何一种时间基准的前提就是要稳定且周而复始,"秒"作为时间单位,只是相对的。对于不同的时间频率标准,其建立和维护的方法也不同。钟鼓楼是中国古代城市建设的标配,晨钟暮鼓是官方向全城百姓授时的工具。打更是中国古代至现代民间的一种夜间报时制度,更夫每天夜里通过敲竹梆子或锣来报时,是一种典型的授时手段[1]。

守时系统用于建立和维持时间频率标准,并用于确定时刻。例如,中国科学院国家授时中心(NTSC)负责我国国家标准时间——北京时间的产生、保持和发播,科学院国家授时中心依靠一组高精度铯(Cs)原子钟通过精密时间比对和计算得到我们所需要的高精度时间,再通过长波和短波发播系统以及卫星、电话、网络等多种途径传递给我国通信、电力、金融、测绘、地震、交通、气象和地质等诸多行业和部门。

授时是指将标准时间传递给用户,以实现时间统一的技术手段,或者说指在全世界任何地方和用户定义的时间参量条件下从一个标准(如协调世界时(UTC))得到并保持精密和准确时间的能力,包括时间传递能力。授时出现问题将会导致一系列的服务出错,并带来严重的后果。

作为卫星导航系统的关键技术,无线电和数字编码技术都涉及信号频率及其准确度问题,时间、频率技术、高精度原子钟等时统设备是卫星导航系统的核心。GPS、GLONASS、Galileo 系统和 BDS 都离不开精确时间,同时又为用户提供高精度授时和时间服务。为了实现精确定位、导航和授时服务,卫星导航系统建立了自己的时间系统。卫星导航系统时间是原子时,其秒长与原子时相同。在地面运行控制系统的监控下,导航卫星播发精确的时间和频率信息的导航信号,是理想的时间同步时钟源,可以实现精确的时间或频率的控制。例如,美国 GPS 地面段负责监控导航卫星星载原子钟时间与系统时间(GPST)的时间同步误差,通过 GPS 的授时服务,用户就与美国海军天文台管理的协调世界时 UTC(USNO)建立了时间尺度的联系。GPS 标准定位服务(SPS)授时服务提供的时间传递误差为 40ns(95%)[2],未来 GPS-Ⅲ 的授时精度将达到 10ns 以内。

卫星导航系统的授时服务给各行各业带来便捷:首先是用户方便地免费使用星载原子钟的精确时间而不要自己装备原子钟;其次在通信系统、电力系统、金融系统等用户利用卫星导航系统精确的授时服务可以实现高精度的时间同步并提高系统的运行效率[3-6]。

◪ 5.2　服务类型

授时服务可以分为军用授时和民用授时两类。民用授时主要包括电力系统(运行调度、故障定位、电力通信网络)、通信系统(移动通信基站、个人用户位置服务)、公路交通(道路导航、救援、车辆管理)、航空服务(航空导航、空中交通管理、搜索与救援)、航海服务(航海导航、港口疏浚、航道搜救、航道测量)、防震救灾(地震观测、地震调查、地震救助、勘测、应急指挥)、公安(户籍管理、交通管理、警卫目标保障、缉毒禁毒、反恐维稳、巡逻布控、安全警卫、指挥调度)、林业(森林防火、森林调查)、气象、广播电视、大地测量、地理测绘、地籍测量等领域。民用授时领域应用对时间精度的需求范围从秒量级到纳秒量级,甚至到皮秒量级[7]。

军用授时则主要用于信息化作战装备、武器平台、大型信息系统时间同步,对时间精度的需求范围从秒量级到纳秒量级。随着信息时代的发展,时间信息成为所有行动的基础,针对越来越复杂的环境,如干扰和欺骗,对授时服务的抗干扰性、抗摧毁性也提出了更高的要求。

时间频率信号是卫星导航系统稳定工作的关键,无线电通信和数字编码技术都涉及信号频率及其准确度问题。在无线通信和网络技术中,时间基准和时间同步是非常重要的参数,通信和网络所涉及的安全、认证和计费都是以时间测量为基础的。例如,中国电信运营的码分多址(CDMA)通信网络通信基站配置了 10 万多个基站收发信机(BTS),这些 BTS 需要统一到一个时间基准以确保运行正常,否则会导致通话切换失败,甚至无法建立通话。CDMA 通信网络对时间同步的要求为同一信道码序列时间误差小于 50μs,同一基站内不同信道发射时间小于 1μs,不同基站导频发射时

间小于 $10\mu s$。为了保证切换成功,基站之间时间同步误差要求在 $1\mu s$ 以内,否则就会导致切换成功率下降[8]。中国移动 TD-SCDMA 通信网络也有类似的时间同步要求,TD-SCDMA 曾采用 GPS 授时服务实现通信网络的时间同步,存在较大的安全隐患。目前,中国移动一方面通过有线传输网络传送精确时间同步信号,另一方面利用我国自主的北斗系统时间作为时间基准,使用北斗时(BDT)与 GPS 时(GPST)双模授时,并互为备份,从时间基准信号的来源和传输两个方面彻底摆脱对 GPS 时的依赖。

▲ 5.3 时 间 基 准

研究卫星的轨道运动规律,既需要一个反映卫星运动过程的均匀时间尺度,也需要一个反映卫星位置的时间计量系统。导航信号传输的时延乘以信号传播速度就是接收机与卫星之间的距离。测量信号传输时延需要用两个不同的时钟,一个时钟安装在导航卫星上以记录无线电信号播发的时刻,另一个时钟则内置于接收机上,用以记录无线电信号接收的时刻,因此,通过比对两个时钟的时刻就能得到信号传播的时间,再与信号传播的速度相乘,就是接收机到卫星的距离。这只是理想的假设,卫星和接收机的时钟必须十分准确而且必须完全同步,否则将失之毫厘,谬之千里。

卫星导航地面运控系统使用原子钟组建立整个系统的参考基准时间,例如 GPS 建立了自身的时间系统 GPST,导航卫星配置高稳定度、高准确度的原子钟,铷原子钟频率天稳定度达到 $1 \times 10^{-14}/d$,氢(H)原子钟的天稳定度指标达到 $1 \times 10^{-15}/d$。通过星地时间同步技术,地面运行控制系统需要定期对导航卫星在轨原子钟进行时间同步调整,使得卫星上的原子钟与系统的参考基准时间保持时间同步到纳秒量级。

导航卫星和地面控制系统都配置了高精度的原子钟,用户机怎么办? 如果用户接收机不配备一个高精度、高稳定度的原子钟,则接收机 $1ms$ 的时间测量误差会带来 $300000m$ 的测距误差! 原子钟一般质量约为 $10kg$,单价约 500000 美元,显然我们不能把原子钟安装到用户接收机中。如果地面接收机也配置一台原子钟,一般用户还买得起接收机吗? 这在工程上也是不能接受的方案。事实上,即使接收机安装上述高精度原子钟,卫星钟和接收机的时钟也不可能做到同步,包括卫星钟和地面运行控制系统更高精度的系统主钟之间也不可能做到完全同步,因此,工程上需要定时对导航卫星的时间和地面运行控制系统的时间进行校准和同步处理,而地面用户接收机接收到导航卫星播发的导航信号后,导航电文中注释有卫星钟的时间信息,接收机解算程序会自动完成与星载原子钟时间的同步处理,因此,给地面接收机配备一般的晶体石英钟就可以了,而接收机与卫星时钟之间存在的偏差,正是卫星导航系统解算用户位置时需要第 4 颗导航卫星的原因所在。

5.3.1 国际原子时

关于时间基准,用原子振荡周期作为计时标准的原子钟出现于1949年,1967年第十三届国际度量衡会议规定[133]铯(Cs)原子基态的两个超精细能级在零磁场下跃迁辐射振荡9192631770周所持续的时间为一个国际制秒,作为计时的基本尺度。1971年"国际标准秒"被更名为"国际原子时(TAI)"。TAI是以原子振荡周期为基准的时间标度,是基于原子秒的均匀稳定的时间标度,国际单位系中将其定义为基本的时间单位。TAI和地球时(TT)只有原点之差,两者的换算关系为(单位是 s)

$$TT = TAI + 32.184 \tag{5.1}$$

TAI是当今最均匀的计时基准,其精度已接近10^{-16}s,10亿年内的误差不超过1s。TAI作为时间标准,是一种加权时间尺度,由全世界65个时间实验室的250多台原子钟共同形成原子时,国际计量局(BIPM)负责统计处理上述不同实验室给出的原子钟数据,采用ALGOS计算方法得到自由原子时(EAL)。TAI则是EAL经过参考基准频标频率修正后导出的。各个时间实验室每月将该实验室原子钟的比对数据 UTC(k)-Clock(k,i)(k 为实验室代码,i 为守时钟代号)发送给BIPM并给出最终标定结果。实际上,EAL是所有钟的加权平均值,BIPM时间部汇总所有这些原子钟的数据,并通过特定的算法得到高稳定度、高准确度的国际原子时。2000年至2003年,BIPM两次改进了 ALGOS算法的取权方法,使TAI的稳定度有了明显的提高。

因此,TAI并不是由一台具体的原子钟保持,而且 BIPM 统计处理后得到的原子时比任何单独使用一台原子钟给出的时间还要稳定,由此又被称为"纸面时间标度"。这里需要指出的是,上述250多台原子钟一般都是铯原子钟,准确度和稳定度极高,3000万年误差1s,同时实验室利用星地双向时间比对技术将原子钟给出的时间和频率与导航卫星播发的时间进行比较,以提高原子时的精度,因此,国际标准秒采用铯原子的谐振频率为基础也就不足为奇了。

TAI是更恒定、更准确的时间基准,不需要进行长期的天文学观测,它的秒长更容易测定且准确度和稳定性都十分高。TAI是精确、均匀的时间尺度,不受地球自转和围绕太阳公转的影响;而世界时(UT)以地球自转速度为基础,地球自转速度不均匀。TAI和UT在1958年1月1日0时设成一致,之后一定会发生偏离,即时间不能保持同步。

有了均匀的时间系统,只能解决对精度要求日益增高的历书时的要求,也就是时间间隔对尺度的均匀要求,但它无法代替与地球自转相关连的不均匀的时间系统。必须建立 TAI 和 UT 两种时间系统的协调机制,这就引进了UTC。尽管这带来一些麻烦,是否取消世界时而采用原子时国际上一直有各种争论和建议,但至今仍无定论,结果仍是保留两种时间系统,各有各的用途。

5.3.2　协调世界时

原子时可以提供非常稳定的时间基准,对于那些要求时间间隔非常均匀的应用系统来说是十分重要的。然而,原子时的时刻却没有实际的物理意义,对于大地测量、天文、导航等与地球自转有关的学术领域来说,需要用世界时确定地球的瞬时位置及其对应的时间。另外,有了均匀的时间系统,只能满足对精度要求日益增高的历书时的要求,也就是时间间隔对尺度的均匀要求,但它无法代替与地球自转相关联的不均匀的时间系统。因为世界时的时刻反映了地球自转的位置,与人们的日常生活息息相关,所以世界时(UT)并不因国际原子时(TAI)的建立而失去它特有的作用。

由于地球自转的不均匀性,TAI 的秒长比 UT 的秒长略短,在 1958 年 1 月 1 日世界时零时,TAI 与 UT1(一类世界时)之差约为零,$(UT1 - TAI)_{1958.0} = 0.0039s$,如果不加处理,由于地球自转长期变慢,UT1 比 TAI 一年大约要慢 1s,随着时间的推移,两者之差逐年积累,这一差别将越来越大,4000 年的时间累积之后,TAI 与 UT1 会差出12h,也就是半天时间,那时根据 TAI 计量的当地时间的午夜,太阳依然高高挂在人们的头顶上,这显然与人们长期形成的"日出而作,日落而息"的日常生活习惯不同。

针对这种现状,为了兼顾不同用户对世界时时刻和原子时秒长两种需要,必须建立两种时间系统的协调机制,国际时间"机构"引入第 3 种时间系统,即 UTC。1972 年 1 月 1 日,第 15 届国际计量大会确认采用一种协调原子时秒长与世界时时刻的时间计量系统,UTC 是一个复合的时间标度,它是由原子钟驱动的时间标度和以地球旋转速率为基准的时间标度组成,以原子时秒长为基础、在时刻上尽量接近世界时的一种时间测量基准。这种时间系统是在原子时和世界时之间人为进行协调的结果,因此,称为协调世界时。从 1972 年起规定原子时和世界时的差值保持在 ±0.9 s 以内。为此,可能在每年的年中或年底对 UTC 作一整秒的调整,即采用跳秒(leap second)的办法加以调整,也称"闰秒",来弥补因地球不均匀的自转而导致的误差,增加1s 称为正跳秒,去掉 1s 称为负跳秒。位于巴黎天文台的国际地球自转服务(IERS)机构根据天文观测资料制定闰秒计划,跳秒一般规定在 6 月 30 日或 12 月 31 日最后一秒调整,具体调整由国际时间局在调整的两个月前通知各国授时台,可以在地球定向参数(EOP)的网站上得到相关的和最新的调整信息。例如,UTC 在 2016 年 12 月31 日的最后 1min 实施闰秒操作,即子夜的最后 1min 拥有 61s,2016 年 12 月 31 日这一天比平时多拥有了 1s,即 86401s。国际原子时已经领先协调世界时整整 35s!

虽然普通民众并不关心 2016 年 12 月 31 日这一天是否比前一天多了 1s,也没有感受到这多出 1s 的影响,但是在科技领域却影响非常重大。每当需要闰秒时,全球的计算机需要手动调整时间,不仅成本高昂,而且增加了出现误差的风险。卫星导航系统和数据网络通信等领域对高精度时间保持具有特别高的要求,必须将闰秒的因素考虑在内,否则有可能出现严重的计算错误。例如,在 GPS 导航卫星播发的电文中给出了 GPS 时和 UTC 之间的偏差信息。

位于巴黎的国际计量局负责制定 UTC(http://www.bipm.fr),UTC 是以位于世界各地 65 个天文台的 250 台铯原子钟和氢原子钟计量的时间为基础,UTC 的秒小数是国际原子时,秒及秒以上的分和时与 UT 一致。UTC 在全球范围内已广泛用于民用及商业时间保持系统以及天文观测领域,中国的广播、电视和电信系统使用的标准时间就是 UTC。目前,世界各国发播的时间信号均以 UTC 为基准,时间信号发播时刻的同步精度为 ±0.0002s。

由 UTC 到 UT1 的换算方法为,首先从 EOP 网站下载最新的 EOP 数据(对于过去距离现在超过一个月的时间,采用 B 报数据,对于其他时间则采用 A 报数据),内插得到 ΔUT,然后按下式计算 UT1:

$$UT1 = UTC + \Delta UT \tag{5.2}$$

通常给出的测量数据对应的时刻 t,如不加说明,均为 UTC,这是国际惯例。UTC 与 TAI 之间的关系为

$$TAI = UTC + 1(s) \times n \tag{5.3}$$

式中:n 为调整参数,由 IERS 机构发布。

5.3.3 卫星导航系统时间

卫星导航系统建立一个独立的时间系统作为整个系统的时间基准是系统提供 PNT 服务的前提,下面以 GPS 为例,简要阐述卫星导航系统时间的建立、保持和传递过程。GPS 为了满足 PNT 服务的需要,建立了 GPS 时(GPST)。GPST 是原子时系统,其秒长与原子时秒长相同,原点规定在 1980 年 1 月 6 日 0 时,与 UTC 时刻一致,此后按照原子秒长累积计时,但不进行跳秒调整。因此,GPST 与 UTC 之间的偏差会逐渐增大,并将一直是秒的整数倍。GPST 与国际原子时之间的关系相对简单,在任一瞬间都有 19s 的固定差,使用 GPS 的用户在进行数据处理和应用最终结果时应当注意上述关系,特别是利用 GPS 作精密时间传递时更要注意不同时间系统之间的转换关系。

GPST 以 USNO 维护的协调世界时作为基准,简记为 UTC(USNO),UTC(USNO) 被保持在国际标准 UTC 的 50ns 以内,国际计量局每个月公布 UTC 和 UTC(USNO) 之间的时间偏差。GPST 1s 的时间长度则采用 TAI 的秒长,即 GPST 以美国海军天文台 USNO 的原子钟组驱动的原子秒时间标度版本的协调世界时,GPST 的原点与 TAI 相差 19s,计算公式为

$$TAI - GPST = 19(s) \tag{5.4}$$

由式(5.3)和式(5.4),GPST 与 UTC 之间的关系为

$$GPST = UTC + 1(s) \times n - 19(s) \tag{5.5}$$

规定 1980 年 1 月 6 日 0 时时刻调整参数为 $n = 19$,即在 GPS 时间系统的标准历元 1980 年 1 月 6 日 0 时,GPST 时与 UTC 时一致。同时,GPST 也是在一系列地面监

控站的氢钟钟组和铯原子钟钟组以及导航卫星星载铯原子钟和铷原子钟的基础上定义的。美国国防部(DOD)GPS 地面段负责管理和调整星载原子钟时间,确保 GPST 与 USNO 维护的 UTC(USNO)保持同步,星载原子钟的精度可以保证 GPST 与 UTC 之间的误差在几纳秒之内,这样通过 GPS 的授时功能,用户与 UTC 建立了时间尺度的联系。因此,GPST 也是"纸面"保持的合成时间。

　　GPST 是一个连续的时间尺度,不需要用闰秒来调整。GPS 导航信号播发 GPST,为用户提供免费的授时服务。从 GPST 标准历元开始,GPST 的一个时间历元描述为"GPS 周"和"GPS 周内秒",GPS 周的计算公式为

$$WEEK = INT[(JD - 2444244.5)/7] \tag{5.6}$$

式中:JD 表示儒略日;INT 表示取整。

　　GPST 历元"GPS 周"依序编号,GPST"零时刻"(标准纪元、第 0 周起点)是 1980 年 1 月 5 日星期六子夜和 1 月 6 日星期日之间的 00:00 时刻,对应 UTC 时刻为"00:00 UTC 6 Jan 1980"。GPS 卫星的导航电文里的 GPST 时间信息是"GPS 周"与 1024 作"模"运算,即从每个 1024 周开始,GPS 导航电文中的周数变为 0,因为导航电文中只用 10 个比特位来表示 GPS 周。第一次星期"翻转",或者"归零",发生在 1999 年 8 月 21 日至 22 日的午夜,2019 年 4 月 6 日,GPS 的周计数发生第二次翻转。显然,地面段处理"归零"运算没有任何困难,但会影响某些用户接收机的解算。"GPS 周内秒"是从星期六到星期日过度的午夜(GPST)开始计数,一周共有 604800s。

　　GPS 导航卫星播发的导航电文数据携带"时间标记",根据导航卫星时钟每 6s 发送一次本星期的当前秒数,导航电文中含有特殊的时间标志位,用来标记导航电文中的每一个子帧被导航卫星播发的具体时刻(The GPS Navigation Message consists of time-tagged data bits marking the time of transmission of each subframe at the time they are transmitted by the SV),这是接收机能够解算导航无线电信号在空间传递时间的充分必要条件。GPS 导航电文中各子帧数据格式如图 5.1 所示[9-11]。

　　其中子帧 1 表征卫星时钟和健康状态,包含星载时钟信息(用于确定导航电文是何时从卫星发射的)、健康状态数据(说明数据是否可靠)、卫星钟改正参数及其数据龄期、星期的周数编号以及电离层改正参数和卫星工作状态等信息。

　　含有 10 个字的子帧总是以遥测字(TLM)和交接字(HOW)两个特殊的字开始,其中交接字的主要作用是帮助用户从所获得的 C/A 码转换到 P 码的捕获,它包括 19bit 截短版本的 GPS 周内时(TOW)、给用户用于防欺骗等目的的两个标志。紧接着的 3bit 表示子帧 ID,表示该 HOW 位于当前 5 个子帧中的哪一个。

　　卫星时间从午夜零时起算,数出 1.5s 周期的重复数,称为 Z 计数,Z 计数由 29 位组成,Z 计数的高 10 位是周数(模 1024),后 19 位是 TOW,以 1.5s 为周期的周期数。Z 计数是以 1.5s 为单位给出的距离上一个 GPS 周转换后的秒数,转换发生在每星期六/星期日子夜零时起算的时间计数,它表示下一子帧开始瞬间的 GPS 时。

　　HOW 中的精简 Z 计数值对应于下一个导航数据子帧播发的时间,每一子帧播送

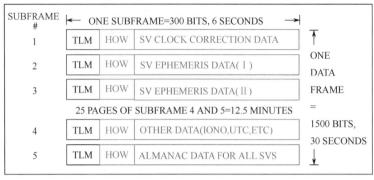

图 5.1　GPS 导航电文数据格式(见彩图)

延续的时间为 6s,以 6s 的步长增加,两个连续子桢之间 Z 计数以 4 递增。GPS 时间、Z 计数和精简 Z 计数 3 种时间测量的关系如图 5.2 所示。为了方便使用,Z 计数一般表示为从每星期六/星期日子夜零时开始发播的子帧数。

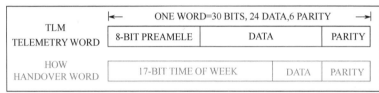

图 5.2　GPS 时间、Z 计数和精简 Z 计数之间的关系

要得到当前子帧的播发时间,精简 Z 计数值应乘以 6 再减去 6s。通过交接字可以实时了解观测瞬时在 P 码周期中所处的准确位置,以便迅速捕获 P 码。一周有 604800s 且 604800/1.5 = 403200,因此,Z 计数的最大值为 403199。

GLONASS 也建立了独立的时间系统——GLONASS 时(GLONASST)。GLONASS 时也是原子时系统,其秒长与原子时秒长相同,并与莫斯科地区的协调世界时(UTC(SU))保持一致,即

$$GLONASST = UTC(SU) + 03h00min \tag{5.7}$$

与 GPST 不同的是,GLONASST 与 UTC(SU)同步跳秒,因而 GLONASST 与协调世界时没有固定的整秒差值。GLONASS 中心站的时间系统由氢原子钟保持,日稳定度优于 5×10^{-14};卫星上安装铯原子钟,日稳定度优于 5×10^{-13}。

5.4　时间频率技术

如何保持时间精度和远距离时钟的同步是一个古老的问题。对于不同的时间频率标准,其建立和维护的方法也不同。历书时是通过观测月球来维护;动力学时是通过观测行星来维护;原子时是由分布不同地点的一组原子钟来建立,并通过时间比对的方法来维护。

维持一个时间系统涉及时间频率的测量和比对、时间系统的守时、时间频率信号的传递 3 个方面的内容。在原子时测量领域,构成时间的基本单位是频率,因此,实验室内部以及实验室之间需要定期进行频率比对,以求得均匀的时间单位。例如,国际原子时由位于世界范围内 65 个国家的国家级实验室的 250 多台原子钟共同给出原子时,国际计量局负责统计处理上述不同实验室给出的原子时并给出最终标定结果。远距离时间比对又称为时间传递或时间同步,它是时间系统建立和维持的基本手段。利用广播、电视、互联网、卫星等技术可以实现远距离时间频率传递,包括单向法、共视法和双向法,目前传递精度最高的方法是卫星双向时间频率传递(TWSTFT)或比对。高精度的远距离时间频率传递技术,是形成世界各国共同参考的标准时间、保持世界各地各实验室的标准时间准确度的重要保证。总之,时间频率技术涉及测时、守时、授时、用时 4 个方面的内容,与用户的关系如图 5.3 所示[12]。

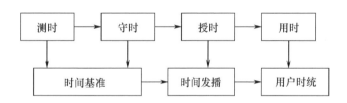

图 5.3　测时、守时、授时、用时与用户的关系

守时系统用于建立和维持时间频率标准,并用于确定时刻。为保证守时的连续性,不论哪种类型的时间系统,都需要稳定的频标。守时系统通过时间频率测量、比对和共视技术,评价系统内不同框架点时钟的稳定度和精确度。习惯上,把不稳定度称为稳定度,例如,国际原子时的稳定度为 $3 \times 10^{-15}/\mathrm{d}$,就是指国际原子时在取样时间内的不稳定性。

授时系统为用户提供授时和时间服务,可以通过电话、广播、电视、电台、网络、卫星等设施和系统实施,它们具有不同的传递精度,可以满足不同用户的需要。卫星导航系统已成为当前高精度长距离时间频率传递的最主要技术手段。目前通过与卫星导航信号的比对来校验本地时间频率标准或测量仪器的情况越来越普遍,原有计量传递系统的作用相对减少。

5.4.1 测时技术

测时技术中常用的3个术语是频率稳定度、频率准确度和时间准确度。单位时间的均匀程度(常用阿伦偏差表示)就是频率稳定度;单位时间的准确程度(频率偏差)就是频率准确度;时刻的准确度(时刻偏差)就是时间准确度。频率准确度用于频率基准,时间准确度用于时间比对。

时间计量标准的要求具有连续性、周期性、均匀性、可复制性、习惯性等特点,历史上使用的时间参照物有:地球自转,产生了世界时系统;地球公转,产生了历书时系统;原子跃迁,产生了原子时系统。太阳的周日视运动确定的时间称为真太阳时,由此确定了基本时间单位——真太阳日和时、分、秒其他时间单位,"秒"的定义最早由法国科学界在1820年提出,它以地球自转周期为标准。19世纪末正式规定:"秒是平太阳日的1/86400",称为世界时(UT)秒。"在天文学中,天体的星历是根据天体动力学理论建立的运动方程而编算的,其中所采用的独立变量是时间参数,这个数学变量被定义为历书时。1960年第十一届国际计量大会上给出了秒的第二次定义:"秒是1900年1月1日零时起算的回归年的1/31556925.9747",这就是回归年秒,又称历书时(ET)。"1967年第十三届国际计量大会定义了国际原子时秒,海平面上的铯-133(CS-133)原子基态的两个超精细能级间在零磁场中跃迁9192631770周所持续的时间为一个原子时秒。1977年,国际计量局(BIPM)的时间频率咨询委员会(CCTF)对秒进行重新定义,增加新的约束条件"铯原子处于平均海平面上绝对零度、零磁场的静止状态"。"1秒"的定义演化过程如图5.4所示,时间测量的精度演进过程如图5.5所示。

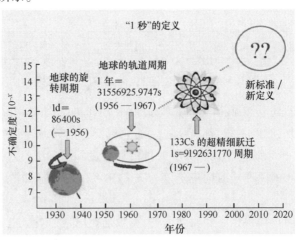

图5.4 "1秒"的定义演化过程(见彩图)

采用原子时作为计时基准前,地球自转曾长期作为时间系统的统一基准。由于地球运动过程中存在地极移动、地球自转长期减慢、季节变化、不规则变化,导致世界

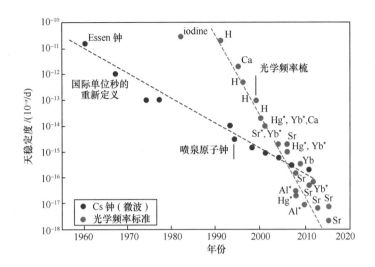

图 5.5　时间测量的精度演进（见彩图）

时存在不均匀性,用户既需要有一个均匀时间基准,又需要该基准与地球自转相协调,由此产生 UTC。UTC 的基本时间单位是国际单位制秒,UTC 在分钟以上精度上是 UT1,UTC 与 UT1 相差不超过 0.9s,超过 0.9s 时需要闰秒,UTC 在秒级以下精度上是 TAI。

5.4.2　守时技术

守时系统用于建立和维持时间频率标准,并用于确定时刻。计时设备需要在非常恒定的环境下连续、稳定、长期运行,以便能够随时得到时间尺度的时间,这就是守时。一般用准确度和稳定度极高的氢原子钟组和铯原子钟组作为“守时钟”协同工作。原子钟的性能不可能完全一致,需要对“钟差”进行统计处理,可以得到钟组组合生成的均匀、准确的时间尺度。历史上时间单位是由天体运动的稳定周期来定义的,要靠天文观察,所以守时以及相关的编订历书任务由天文台完成。现在时间单位改成由电子跃迁过程中所吸收或者辐射的电磁波频率信号来定义,但守时与确定时刻可以相对独立于频率基准来运作,秒长需要由基准来校正。

计时仪器的发展历史代表了科技进步和人类文明史。地球的自转和绕太阳的公转就组成了太阳钟。日晷是人类最古老的计时工具,如图 5.6 所示。随后出现了流体钟,包括水钟和沙钟。中国古代的“铜壶滴漏”就是一种水钟。不依附于天文现象的“漏刻”计时仪器亦至少有 4000 年的历史。在公元前 1400 年,出现的漏壶(沙漏或者滴漏)是第一个摆脱天文现象的计时仪器。公元 1088 年,中国宋朝的机械师苏颂发明的“水运仪象台”(水钟)被认为是第一架真正的机械钟,制造水平堪称一绝。1656 年,荷兰物理学家惠更斯在此基础上给出了单摆的运动方程,并设计了摆钟。

1657 年,仪器制造商 Salomon Coster 据此制作了摆钟。直到 20 世纪 30 年代,摆钟都是世界上最精确的时钟。从 1924 年 2 月 5 日开始,英国格林尼治皇家天文台外面的 24h 制电子时钟每小时向全世界发送 1 次调时信息,定义了标准时间,如图 5.7 所示。

图 5.6　日晷守时

图 5.7　英国格林尼治皇家天文台电子时钟

1927 年,贝尔实验室的 Warren Marrison 和 J. W. Horton 根据石英晶体的压电效应发明了石英钟。1967 年,瑞士人根据同样的原理制作了第一块石英表。原子钟的出现终结了石英钟的辉煌。世界上第一台原子钟是氨分子钟,由美国国家标准技术局于 1949 年建造。第一台准确的原子钟由英国国家物理实验室于 1955 年建造。

导航卫星星载原子钟和地面运行控制系统主钟之间不可能做到完全同步,工程上需要定时对导航卫星的时间和地面运行控制系统的时间进行校准和同步处理,同时还要确保地面主钟以更高的精度和稳定度运行。例如,GPS 地面运行控制系统的主钟位于华盛顿特区的美国海军天文台实验室内,包括由美国 Sigma Tau 公司研制的主动型氢原子钟组(MHM 2010 hydrogen maser standards)和由美国惠普公司研制的铯原子钟组(HP 5071A),分别如图 5.8、图 5.9 所示。主钟时间不仅是 GPS 导航卫星时间校准和同步处理的标准,而且也是美国国防部的军用时间标准。

脉冲星是一种高速旋转的致密中子星,其自转周期非常稳定。自转周期小于 20ms 的脉冲星又被称为毫秒脉冲星,其自转周期的变化率一般小于 1×10^{-20},被誉为自然界中最稳定的时钟。利用脉冲星钟建立和保持的综合脉冲星时系统,有可能比目前的原子时系统具有更高的长期稳定度,并能独立地检测原子时的系统误差。

(a) 氢原子钟　　　　(b) 铯原子钟钟组

图 5.8　GPS 地面运行控制系统的
氢原子钟和铯原子钟钟组

图 5.9　HP 5071A 铯原子钟

5.4.3　授时技术

授时技术是向用户提供授时和时间服务,可以通过电话、广播、电视、电台、网络、卫星等设施和系统实施,它们具有不同的传递精度,可以满足不同用户的需要。晨钟暮鼓是我国古代都城或者寺庙早晚报时的钟鼓声,是典型的授时技术。我国国家授时中心利用短波开展短波无线电授时(频率在 3～30MHz 的无线电波段为短波波段,波长 100～10m),国家授时中心的短波授时服务可以全天连续发播短波无线电时号,呼号为 BPM,如图 5.10 所示,短波授时信号覆盖半径超过 3000km,BPM 的定时精度为毫秒量级,授时精度为 1～3ms。

图 5.10　国家授时中心 BPM 短波授时系统

长河二号系统是我国自主研发的陆基中远程无线电导航系统,能够提供经度、纬度、航向、航速、航程、航迹、标准时间等多种导航参数信息,其标准时间向军用标准时间溯源,授时精度为微秒量级。长河二号导航系统的标准时间服务是长波无线电授时,这个波段适合用于局部地区的标准时间频率传输。

卫星导航系统的授时服务是目前广泛采用的高精度授时方法,具有信号覆盖范围大、传送精度高、传播衰减小等优点。例如,北斗系统的系统时间称为北斗时(BDT),BDT 是地球时的实现,与国际原子时的关系为

$$BDT \approx TAI - 33s = TT - 65.184s \tag{5.8}$$

BDS 的 BDT 由北斗主控站保持,BDS 播发的标准时间是系统保持的 UTC 时间,该时间通过 UTC(NTSC)与国际计量局(BIPM)保持的 UTC 时间建立联系,即

$$|BDT - UTC(BSNC)| < 20ns(模 1s) \tag{5.9}$$

北京卫星导航中心保持的 UTC(BSNC)与 UTC 之间的偏差小于 50ns,即

$$|UTC(BSNC) - UTC| < 50ns \tag{5.10}$$

2018 年 1 月 1 日—2018 年 3 月 30 日期间,北京卫星导航中心(BSNC)保持的 UTC(BSNC)与 UTC 之间的相对时间偏差如图 5.11 所示[12]。

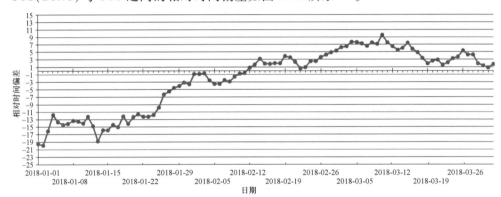

图 5.11　北京卫星导航中心保持的 UTC(BSNC)与
UTC 之间的相对时间偏差(UTC(BSNC) – UTC)

BDT 准确度优于 1×10^{-13},频率准确度优于 2×10^{-14},北斗系统授时服务有两种类型,RNSS 的单向授时精度为 50ns,RDSS 的双向授时精度为 10ns。

5.5　典型应用

随着金融市场的不断发展、信息化程度的不断提高,金融信息系统各个环节不再独自处理各自业务而是协同工作,银行后台服务器及网络设备的数量庞大。服务器都有自己的本地时钟,但是这些时钟每天会产生数秒甚至数分的自走时误差。经过长期运行,时间偏差会越来越大,导致服务器之间的时间各不相同,这种偏差在单机

中影响不太大,但在网络环境下的应用中便会引发严重的问题。从业务影响角度讲,因为时间不统一,就无法推断出业务具体发生时间。因此对银行而言,时间的精准和统一的重要性也逐渐体现出来。要确保信息系统生态稳定、严谨运行,规避信息流动过程中时间不一致导致的技术漏洞及可能造成的商业纠纷,就要确保时间标尺的高度准确和统一[13-14]。

世界各国十分重视金融网络的时间同步问题,股票交易大厅电子显示牌的涨跌信息要和股票交易计算机终端显示出的信息完全同步,例如,金融证券交易通常每秒要成交 1000 笔业务,证券交易网络需要精确的时间同步系统。为了确认交易发生时间及提供下单审计跟踪,目前高准确度和可跟踪网络时间的行业法规日益严格。2018 年 1 月,欧洲证券和市场管理局(ESMA)出台金融工具市场指令(MiFID Ⅱ),要求证券交易系统时间与协调世界时的时间同步最大偏差在 $100\mu s$ 之内,时间分辨力为 $1\mu s$。同样,美国证券交易委员会(SEC)也明确了金融交易系统的时间同步要求,详见 SEC Rule 613 相关规定。对于手动下单,SEC 要求股票交易日期和时标的准确度是 1s 或更好,并可追溯到美国国家标准与技术研究所(NIST)维持的世界协调时[15-16]。目前,我国的授时能力已取得巨大成就,取得了从无到有、从有到精的突破性进步,北斗系统能够提供稳定且符合精度要求的授时服务。在复杂的国际形势下,为国内金融网络以及其他各行业信息系统的稳定运行提供了安全可靠的系统时间。

5.5.1　工作原理

金融网络时间同步技术采用基于网络的时间同步协议,根据不同的精度要求,分为网络时间协议(NTP)和精密时间协议(PTP)两类[17-18]。NTP 或 PTP 依靠北斗系统获取标准时间,结合信息设备全量及分布现状,合理设计时钟同步网络架构,通过时钟同步系统将全辖设备的系统时间与标准时间进行校准统一,可以实现银行信息系统生态时钟标尺的高度准确与统一。

NTP 是目前国际互联网通用的时间服务协议。NTP 采用 Client/Server 架构,基于用户数据包协议(UDP),使用层次式时间分布模型,灵活性高,适应性强,网络开销小,并可容忍一定程度上的网络故障。NTP 的基本工作原理如图 5.12 所示,Device A 和 Device B 通过网络相连,它们都有自己独立的系统时钟,需要通过 NTP 实现各自系统时钟的自动同步。

为便于理解,假设在 Device A 和 Device B 的系统时钟同步之前,Device A 的时钟设定为 10:00:00am,Device B 的时钟设定为 11:00:00am。Device B 作为 NTP 时间服务器,即 Device A 将使自己的时钟与 Device B 的时钟同步。NTP 报文在 Device A 和 Device B 之间单向传输所需要的时间为 1s。系统时钟同步的工作过程如下。

(1) Device A 发送一个 NTP 报文给 Device B,该报文带有它离开 Device A 时的时间戳,该时间戳为 10:00:00am(T1)。

(2) 当此 NTP 报文到达 Device B 时,Device B 加上自己的时间戳,该时间戳为

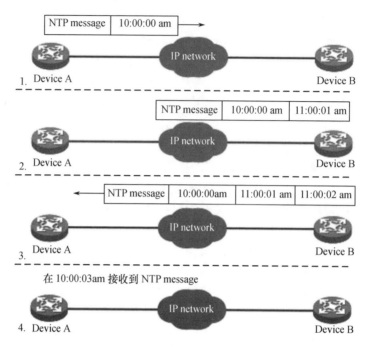

图 5.12　NTP 的基本工作原理

11:00:01am（T2）。

（3）当此 NTP 报文离开 Device B 时，Device B 再加上自己的时间戳，该时间戳为 11:00:02am（T3）。

（4）当 Device A 接收到该响应报文时，Device A 的本地时间为 10:00:03am（T4）。

（5）至此，Device A 已经拥有足够的信息来计算两个重要的参数。

（6）NTP 报文的往返时延 Delay = (T4 - T1) - (T3 - T2) = 2s。

（7）Device A 相对 Device B 的时间差 offset = [(T2 - T1) + (T3 - T4)]/2 = 1h。

这样，Device A 就能够根据这些信息来设定自己的时钟，使之与 Device B 的时钟同步。

为了达到更高的时间同步精度，时间同步网络多采用 PTP 作为时间同步协议。相比 NTP，PTP 能够满足更高精度的时间同步要求，NTP 一般只能达到亚秒级的时间同步精度，而 PTP 则可达到亚微秒级。PTP 域中的节点称为时钟节点，PTP 域基本时钟节点示意如图 5.13 所示[19]。

PTP 定义了以下 3 种类型的基本时钟节点：

（1）普通时钟（OC）：该时钟节点在同一个 PTP 域内只有一个 PTP 端口参与时间同步，并通过该端口从上游时钟节点同步时间。此外，当时钟节点作为时钟源时，可以只通过一个 PTP 端口向下游时钟节点发布时间，也称其为 OC。

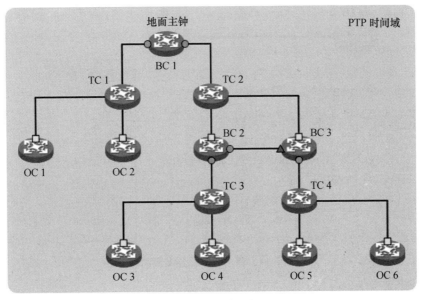

图 5.13　PTP 域基本时钟节点（见彩图）

（2）边界时钟（BC）：该时钟节点在同一个 PTP 域内拥有多个 PTP 端口参与时间同步。它通过其中一个端口从上游时钟节点同步时间，并通过其余端口向下游时钟节点发布时间。此外，当时钟节点作为时钟源时，可以通过多个 PTP 端口向下游时钟节点发布时间，也称其为 BC。

（3）透明时钟（TC）：与 BC/OC 相比，BC/OC 需要与其他时钟节点保持时间同步，而 TC 则不与其他时钟节点保持时间同步。TC 有多个 PTP 端口，但它只在这些端口间转发 PTP 报文并对其进行转发延时校正，而不会通过任何一个端口同步时间。

PTP 同步的基本原理如下，主、从时钟之间交互同步报文并记录报文的收发时间，通过计算报文往返的时间差来计算主、从时钟之间的往返总延时，如果网络是对称的（即两个方向的传输时延相同），则往返总延时的一半就是单向延时，这个单向延时便是主、从时钟之间的时钟偏差，从时钟按照该偏差来调整本地时间，就可以实现其与主时钟的同步。PTP 定义了请求应答（requset_response）机制和端延时（peer delay）机制两种传播延时测量机制，且这两种机制都以网络对称为前提。

请求应答方式用于端到端的延时测量，实现过程如图 5.14 所示[19]，请求应答机制实现过程如下。

（1）主时钟向从时钟发送 Sync 报文，并记录发送时间 t1；从时钟收到该报文后，记录接收时间 t2。

（2）主时钟发送 Sync 报文之后，紧接着发送一个携带有 t1 的 Follow_Up 报文。

（3）从时钟向主时钟发送 Delay_Req 报文，用于发起返向传输延时的计算，并记

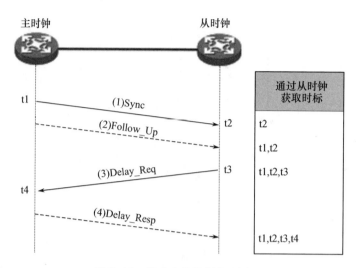

图 5.14　请求应答机制实现过程

录发送时间 t3；主时钟收到该报文后，记录接收时间 t4。

（4）主时钟收到 Delay_Req 报文之后，回复一个携带有 t4 的 Delay_Resp 报文。

此时，从时钟便拥有了 t1 ~ t4 这 4 个时间戳，由此可计算出主、从时钟间的往返总延时为

$$[(t2 - t1) + (t4 - t3)] \tag{5.11}$$

由于网络是对称的，所以主、从时钟间的单向延时为

$$[(t2 - t1) + (t4 - t3)]/2 \tag{5.12}$$

因此，从时钟相对于主时钟的时钟偏差为

$$Offset = (t2 - t1) - [(t2 - t1) + (t4 - t3)]/2 =$$
$$[(t2 - t1) - (t4 - t3)]/2 \tag{5.13}$$

此外，根据是否需要发送 Follow_Up 报文，请求应答机制又分为单步模式和双步模式两种，在单步模式下，Sync 报文的发送时间戳 t1 由 Sync 报文自己携带，不发送 Follow_Up 报文。在双步模式下，Sync 报文的发送时间戳 t1 由 Follow_Up 报文携带。图 5.14 以双步模式为例来说明请求应答机制的实现过程。

与请求应答机制相比，端延时机制不仅扣除转发延时，还对上游链路的延时进行扣除。端延时机制实现过程如图 5.15 所示（双步模式，详见下面内容）[19]。

端延时机制实现过程如下：

（1）主时钟向从时钟发送 Sync 报文，并记录发送时间 t1；从时钟收到该报文后，记录接收时间 t2。

（2）主时钟发送 Sync 报文之后，紧接着发送一个携带有 t1 的 Follow_Up 的报文。

（3）从时钟向主时钟发送 Pdelay_Req 报文，用于发起返向传输延时的计算，并记录发送时间 t3；主时钟收到该报文后，记录接收时间 t4。

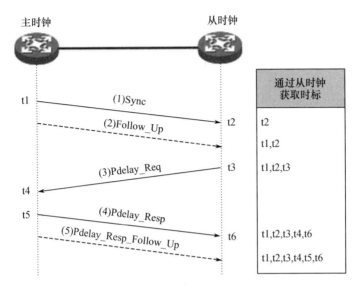

图 5.15　端延时机制实现过程

（4）主时钟收到 Pdelay_Req 报文之后,回复一个携带有 t4 的 Pdelay_Resp 报文,并记录发送时间 t5；从时钟收到该报文后,记录接收时间 t6。

（5）主时钟回复 Pdelay_Resp 报文之后,紧接着发送一个携带 t5 的 Pdelay_Resp _Follow_Up 报文。

此时,从时钟便拥有了 t1～t6 这 6 个时间戳,由此可计算出主、从时钟间的往返总延时为

$$[(t4 - t3) + (t6 - t5)] \tag{5.14}$$

由于网络是对称的,所以主、从时钟间的单向延时为

$$[(t4 - t3) + (t6 - t5)]/2 \tag{5.15}$$

因此,从时钟相对于主时钟的时钟偏差为

$$Offset = (t2 - t1) - [(t4 - t3) + (t6 - t5)]/2 \tag{5.16}$$

此外,根据是否需要发送 Follow_Up 报文,端延时机制也分为单步模式和双步模式两种类型：在单步模式下,Sync 报文的发送时间戳 t1 由 Sync 报文自己携带,不发送 Follow_Up 报文；而 t5 和 t4 的差值由 Pdelay_Resp 报文携带,不发送 Pdelay_Resp_ Follow_Up 报文。在双步模式下,Sync 报文的发送时间戳 t1 由 Follow_Up 报文携带,而 t4 和 t5 则分别由 Pdelay_Resp 报文和 Pdelay_Resp_Follow_Up 报文携带。

在一些不方便架设 PTP 服务系统的地点,可以采用 PTP 与 NTP 相结合的工作模式,来获取高精度的时间同步性能,如图 5.16 所示[20],PTP 的地面主钟（GM）从卫星导航系统获取标准时间,通过 PTP 骨干网将时间传输给 PTP Slave。此 PTP Slave 也是下级子网的 NTP Server,通过 NTP 网络为下级 NTP client 提供服务。一般情况下,NTP client 的时间同步精度取决于 NTP 网络时间同步协议的精度,约数 ms。在此场

景下如想要获取高于 ms 级的时间同步精度,可采用 NTP Server 输出给 NTP client 1PPS(1PPS = 1pulse per second = 1 秒脉冲)来实现高精度的时间同步精度。NTP client 通过 NTP 协议来获取整秒时刻,通过 1PPS 来获取精确的秒起始时刻。

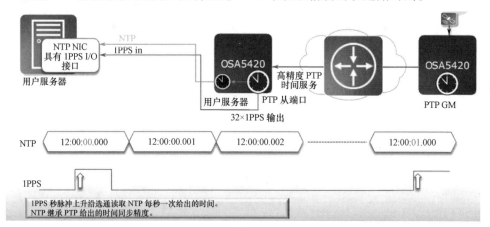

图 5.16　PTP 与 NTP 相结合高精度的时间同步方案(见彩图)

5.5.2　系统方案

时钟同步系统逻辑分层为时钟源层、代理服务器层、终端层三个层次。金融网络时间同步系统要具备一定的冗余度,确保时钟源层、代理服务器层不低于整体的高可用和灾备等级,在任何极端情况下标准时钟均可正常工作、提供服务的目的。金融网络时间同步系统方案如图 5.17 所示。

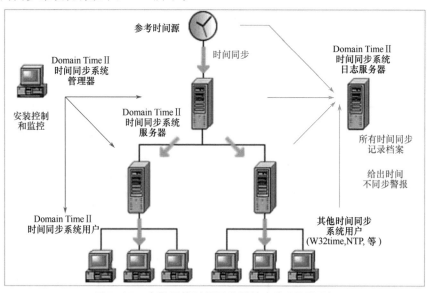

图 5.17　金融网络时间同步系统方案(见彩图)

时钟源层通过接收 GNSS 卫星导航信号,从 GNSS 获取标准的基准时间,为整个信息系统时间标尺提供基本依据。时钟源层由专用的时钟设备构成,是整个时钟同步系统的心脏,典型参数如表 5.1 所列[21]。

表 5.1　时钟源层专用时钟设备典型参数

电气特性	频率范围	GPS 卫星 L1 频点:1575MHz ± 5MHz
		北斗二代卫星导航系统 B1 频点:1561MHz ± 4MHz
	极化方式	右旋圆极化
	天线增益	≥38dB
	噪声系数	≤1.5dB
	反射损耗	− 14dB(即驻波比 ≤ 1.5)
	P − 1	≥ + 10dBm
	干扰抑制	25dB(在离中心频点 ± 100MHz 处)
	供电	3V/5V DC
	工作电流	13mA/3V 26mA/5V
外形结构	最大直径	ϕ96mm
	长度	126mm
	连接电缆	30m 或任选
	连接器	BNC 接头(默认)、N 型(阴)或其他
	安装方式	螺纹(G3/4 英制管螺纹)连接
环境特性	工作温度	− 45 ~ + 85℃
	储存温度	− 50 ~ + 90℃
	相对湿度	100%

代理服务器层从时钟源层获取标准时间,为终端层提供授时服务。系统中代理服务器指 NTP 时间同步服务器,两台设备互为冗余配置,为终端设备提供时间同步,典型参数如表 5.2 所示[21]。

表 5.2　NTP 时间同步服务器典型参数

输入信号	GPS/北斗卫星信号		频点 L1,B1,定时精度 ≤ 30ns,跟踪灵敏度 ≤ − 160dBm
			1 套 30m GPS/北斗双模蘑菇头天线,含安装支架
	内置恒温晶振		
输出信号	网络输出	路数	4 路
		物理接口	RJ45,10M/100M/1000M 自适应
		操作系统	Linux
		处理器	64 位 8 核处理器
		主频	1.4GHz
		内存	1GB

(续)

输入信号	GPS/北斗卫星信号	频点 L1,B1,定时精度≤30ns,跟踪灵敏度≤-160dBm	
		1 套 30m GPS/北斗双模蘑菇头天线,含安装支架	
	内置恒温晶振		
输出信号	网络输出	存储器	8GB
		授时精度	1~10ms(典型值 2ms)
		支持协议	NTP/SNTP V1,V2,V3,V4,UDP,Telnet,TCP,IPv4、IPv6
		用户容量	支持数万台客户端
		NTP 请求量	>14000 次/s
	IPPS 脉冲信号	1 路 TTL,同步误差≤30ns	
	串口 TOD	1 路 DB9,RS232C,年月日时分秒地理位置信息	
环境特性	工作温度	0~+50℃	
	相对湿度	≤90%(40℃)	

　　系统终端层由需要时钟同步的各平台系统分区及各类设备构成,通过代理服务器与时钟源进行时间校准,达到时钟同步的目的。授时服务在军民领域都有着极为广泛的用途,美国国土安全部第 21 号总统政策指令所确定的 16 个关键行业中,就有11 个依赖于精准授时,因此,还需要高度关注授时服务抗干扰能力。

 参考文献

[1] 白浩然.《西游记》里的守时与授时[EB/OL]. [2018-12-18]. https://mp. weixin. qq. com/s/tPfZXjtP0PO4s8lbZWJS7A.

[2] KAPLAN E D. GPS 原理与应用:第 2 版[M]. 寇艳红,译. 北京:电子工业出版社,2007.

[3] 刘天雄. GPS 时是怎么回事?[J]. 卫星与网络,2013(04):65-71.

[4] 刘天雄. GPS 全球定位系统除了定位还能干些什么?[J]. 卫星与网络, 2011(09):52-55.

[5] 刘弘沛,杨帆,周建,等. 北斗导航系统的时间同步技术在电力系统中的应用[J]. 华东电力,2011(3):489-492.

[6] 陈洪卿,陈向东. 北斗卫星导航系统授时应用[J]. 数字通信世界,2011(6):54-58.

[7] 葛悦涛,薛连莉,李婕敏. 美国空军"授时战"概念分析[J]. 飞航导弹,2018(5):19-22.

[8] 杨俊,单庆晓. 卫星授时原理与应用[M]. 北京:国防工业出版社,2013.

[9] Interface specification, IS-GPS-200, Revision D, navstar GPS space segment/navigation user interfaces [S]. CA, El Sequndo:GPS JOINT PROGRAM OFFICE,2004.

[10] Global positioning system, standard positioning service performance standard. 4th edition[S]. CA, El Sequndo:GPS JOINT PROGRAM OFFICE, 2008.

[11] Global positioning system precise positioning service performance standard [S]. CA, El Sequndo:GPS JOINT PROGRAM OFFICE,2007.

［12］韩春好．北斗时间基准与授时服务［C］//CIDEX2018 测绘地理信息技术与装备峰会：北斗 ＋ ＋专题论坛．北京,2018.

［13］李田．银行后台系统时间同步项目研究［D］．北京：北京化工大学,2010.

［14］张城．基于 IEEE 1588 协议的网络同步时钟技术研究［D］.杭州：浙江大学,2013.

［15］MiFID Ⅱ regulation technical standards （RTS）［EB/OL］. ［2017‑10‑6］.https://www.jdsupra.com/topics/mifid‑ii/regulation‑technical‑standards‑rts/derivatives/.

［16］Time synchronization,security,and trust,By Karen ODonoghue. ［EB/OL］.［2017‑10‑6］.https://www.internetsociety.org/blog/2017/09/time‑synchronization‑security‑trust/.

［17］贺鹏,李菁．计算机网络时间同步技术研究［J］.三峡大学学报（自然科学版）,2003(4):319‑322.

［18］黄沛芳．基于 NTP 的高精度时钟同步系统实现［J］.电子技术应用,2009(7):122‑127.

［19］张辉,林福国,吕博,等．高精度时间同步技术发展与展望［J］.电子技术应用,2003(4):7‑10.

［20］BIRAN G. Pragmatic approaches for sync delivery in finance markets,time and money Ⅱ［C］//The Workshop on Time Sync Requirements in Financial Markets. Adva Optical Networking,2017.

［21］胡绍波．局域网时间同步系统设计与实现［J］.计算机时代,2003(4):45‑48.

第6章 军事应用

◢ 6.1 概　　述

卫星导航系统源于军事需求,1973 年 5 月 1 日,美国国防部批准海陆空三军联合研制全球定位系统(GPS),美国国防系统采办和评审委员会(DSARC)批准发展GPS 的目标有两点:一是将 5 枚炸弹投入同一目标上;二是接收机成本小于 10000 美元[1]。可以看出,47 年前美军研发 GPS 的主要目的就是用于武器精确打击,以军事应用主导,同时兼顾民用,为全球用户提供两种类型的服务:一种是为授权用户提供高精度的精密定位服务(PPS);另一种是为全球用户免费提供一般精度的标准定位服务(SPS)。此外,美国国防部还定制了选择可用性(SA)技术,可以人为降低 SPS的定位精度。

1991 年海湾战争中,AGM-84E 斯拉姆远程对地攻击导弹在 GPS 制导下,定点炸毁伊拉克 Mosul 发电厂的控制设备,使其丧失了发电能力,而附近水闸却完好无损,GPS 在战争中大放异彩。在 1999 年科索沃战争中,B2 隐身轰炸机通过 GPS 辅助瞄准系统投放了 130 万磅(1 磅 ≈ 0.4536kg)弹药,对目标的摧毁率达到 87% ,有 90%的弹药落入距离目标瞄准点 40 英尺的范围内[2]。2001 年阿富汗战争中,美军共投放 7000 多枚 JDAM 卫星制导炸弹,占精确制导武器总数的 60% ,摧毁了大量地面目标[2]。2003 年伊拉克战争中,JDAM 是首波饱和攻击的主要武器,战前预计的使用总量高达 50000 枚[3]。从海湾战争到科索沃战争,再到阿富汗战争和伊拉克战争,GPS在精确打击目标过程中发挥了无法替代的作用,同时 GPS 的授时功能保证了对目标打击的协调一致性和有序性。

1995 年 10 月,波音公司研发 JDAM,1998 年 6 月装备美军,在常规炸弹上加装一个带有惯性导航系统(INS)和 GPS 的联合制导装置,将现有的常规炸弹升级为精确制导的"智慧武器",在 GPS 的制导下,能够根据 GPS 定位数据和待打击目标位置之间的偏差,在下落过程中自主不断纠正方向,可以在距离目标 15 英里以外的地区精确击中目标,同时还具备全天候攻击能力[4-6]。JDAM 的打击精度分为 GPS/INS 和INS 方式两种,JDAM 从距离目标 24km 的高度投下,系统设计要求当 JDAM 以 60°水平角方向命中目标时,GPS/INS 方式的命中精度在 13m(CEP)之内,并具有 95% 的可靠性,纯 INS 方式的命中精度在 30m(CEP)之内[7-8]。2002 年 9 月美国空军装备62000 套 JDAM 系统,海军装备 12000 套 JDAM 系统,随着精确制导武器弹药成为主要的空中打击力量,JDAM 已经作为主要的空袭武器大量应用于战争中[7]。

为提高复杂气象条件下的对地精确打击能力,美军提出了 GPS 辅助瞄准系统(GATS)和杀伤辅助恶劣气候瞄准系统(KAATS)[9],用于支持卫星直接制导武器直接瞄准攻击。GPS 辅助瞄准系统采用相对 GPS 定位技术,目标位置是相对载机而言,武器制导系统以载机的位置为参考点,优点是可以消除与 GPS 卫星、信号传播有关的公共定位误差,获得高精度的相对位置信息。目前,美军已在第三代机载瞄准吊舱上实现了 GPS 卫星制导武器的直接瞄准攻击,可以打击动目标,亦可攻击临时位置的地理目标。机载瞄准吊舱与机载 GPS 接收机相连,向 GPS 制导武器提供目标的位置参数教据,位置数据在发射前存入弹载计算机,导弹发射后可以不断修正飞行轨迹,进而连续自动瞄准目标,用于 JDAM 对地精确打击。卫星导航系统在战争中的作用并不亚于杀伤性武器,卫星导航系统是导弹、飞机、军舰作战效能的倍增器。

鉴于卫星导航系统在军事、经济、科技和社会等方面的重要作用,且涉及主权问题,欧盟建设了独立自主的 Galileo 全球卫星导航系统,为欧洲公路、铁路、空中和海洋运输及欧洲共同防务提供 PNT 服务。印度原计划参与欧盟 Galileo 系统研制,但因无法获取对其军事方面的支持而放弃。2006 年 5 月,印度政府批准印度空间研究组织建设印度区域卫星导航系统(IRNSS)。

虽然卫星导航系统已成为高技术战争的重要支持系统,可以有效提高总部对作战部队的指挥控制、军兵种协同作战和快速反应能力,但是卫星导航系统抗干扰能力脆弱,先进的电子干扰技术很容易对卫星导航系统空间段、地面控制段和用户段实施电磁干扰或物理攻击。卫星导航系统上行链路需要地面站向卫星注入星历、卫星钟差和电离层模型参数等导航数据并保持及时更新,敌对方可以通过地面天线对准导航卫星发射大功率干扰信号,使得卫星不能获得地面站更新信息,从而使系统丧失 PNT 服务能力。下行链路是用户实现 PVT 功能的关键,也是最容易被干扰的环节,干扰主要分为压制干扰和欺骗干扰,压制干扰使接收机不能正常接收导航信号,而欺骗式干扰将诱使接收机接收到错误的导航信号,以达到欺骗的目的。

针对电子干扰对 GPS 构成的威胁问题,1994 年,美国国防部支持联合电子战中心(JEWC)研究美国军用 GPS 接收机电子防护和抗干扰相关技术,1995 年,美国国防部组织 Rockwell、BDM、collins、E-System 和 SRI 等几家公司开展“导航战”的研究。1997 年,美军在英国召开的“GPS 应用研讨会”上正式提出了“导航战(NAVWAR)”的概念,使“导航战”成为继“电子战”“信息战”及“网络战”之后提出的新型作战方式。美军“导航战”定义为在复杂电子环境中,确保己方能够有效利用卫星导航系统,阻止敌方使用卫星导航系统,同时不影响战区外和平利用卫星导航系统[10-13]。

根据美军提出的导航战的背景,可以看到导航战实质是从信息战、网络战的内容中剥离出来的一个概念。现代战争的作战形式必然伴随着导航战的出现,所以导航战有着丰富的外延。导航战是针对 GPS 的脆弱性提出来的,但它对现代战争的影响却决不仅仅局限于 GPS,它针对敌对方的所有导航手段与方式开展和进行;导航战的制胜权可以确保己方部队在战场中的相对独立性和主动性;导航战为现代精确制导武器能在战场上发挥效能而保驾护航;导航战的胜利即意味着成功摧毁了对方的导航系统,进而可能达到控制整个战场主动权的目的[14]。

美军导航战理论的提出,不仅使我们意识到导航系统在未来战争中的重要作用,而且势必会加速推进卫星导航的应用和发展。现代战争中抱有使用敌对国或第三方的卫星导航系统的想法无疑是幼稚的,作为一个独立自主的国家,建立和发展独立自主的、抗干扰能力强的卫星导航系统已经迫在眉睫,成为国防建设的重中之重。

6.2 精确打击

《军语》中"精确打击"的概念突出的是火力的突击,而美军《2020 联合构想》中"精确打击"的概念与我军概念有所区别,除火力打击外还要包括"精确机动兵力,精确实施保障"等内容。"精确打击体系"则是实施"精确作战"的核心,是数据链与打击链的有机结合,是指挥控制、侦察预警以及武器打击等多个系统的综合集成。目前,导弹借助卫星导航系统的 PNT 服务,成为精确打击体系的主战装备[15-16]。

在朝鲜战争和越南战争初期,美军发动的对地空袭仍然使用了类似二战时期的大规模地毯式轰炸。这种方式不仅弹药消耗量大,而且在战争中还造成了大量平民伤亡。1968 年越南战争中,清化大桥是越南南北方交通的大动脉,为了彻底摧毁这座大桥,美国空军曾出动 600 多架次飞机,投下 2000 多吨炸弹,损失了 18 架飞机仍未能摧毁该大桥。直到美军出动了 12 架飞机投下 10 枚 GBU-10 系列 Paveway 激光制导炸弹才一举成功炸毁了清化大桥,越南战争开启了精确制导武器的先河。战后,美军对大规模地毯式轰炸战术效能进行了评估,提出了精确打击理念。2003 年伊拉克战争中,JDAM、战斧巡航导弹等 GPS 卫星制导武器达到 80% 的使用率,提升了打击效果,减少了己方的人员伤亡,也降低了作战装备的损失率[17]。

1991 年第一次海湾战争的"沙漠风暴"空袭行动中,在 GPS 引导下,美军 F-117A 隐形轰炸机首次出征,投下的第一枚 GBU-27 激光精确制导炸弹就准确地命中了伊军通信中心。"沙漠风暴"行动中,一座伊拉克空军混凝土机库被第一颗制导反掩体炸弹命中,顶盖被完全穿透,第二颗炸弹从第一颗导弹炸开的洞口穿入建筑物内部,实施了定点精确打击。GPS 制导精确打击武器的出现,改变了美军的作战方式。美军现役精确打击武器主要包括空射战斧巡航导弹、AGM-86C/D 空射巡航导弹、AGM-88R 空地导弹、AGM-84E/H 斯拉姆远程空地攻击导弹、GBU-24、GBU-27、GBU-28 系列 Paveway 激光制导炸弹,GBU-29、GBU-30、GBU-31、GBU-32、GBU-39、GBU-53 系列 GPS/INS 组合导航的 JDAM。GBU-27 Paveway-Ⅲ 激光制导炸弹如图 6.1 所示,炸弹重 2000 磅、长度 4.2m、直径 711mm、翼展 1.65m、打击范围 10n mile。GPS/INS

精确制导 GBU-31 型 JDAM 如图 6.2 所示,炸弹重 2000 磅、长度 3.84m、直径 0.46m、打击范围 15n mile。

图 6.1　GBU-27 Paveway-Ⅲ激光制导炸弹　图 6.2　GPS/INS 精确制导 GBU-31 型 JDAM

美军智库机构战略与预算评估中心(CSBA)高级研究员 Darry D. Watts 对美国海湾战争以来的军事革命进行了详尽的分析,撰写的《精确打击的演化发展》报告提出了区分远程与近程精确打击的参考标准,分析了精确打击弹药采购的资源制约因素,评价了美国在成熟精确打击体制中全球力量投送面临的风险和挑战。Watts 将制导火箭(guided rockets)、自行火炮(artillery)、迫击炮(mortars)和导弹(missiles)归为近程精确打击弹药,因为它们不但射程近,而且不一定需要高级目标定位系统或战斗网络来保证打击精度,在针对已知地点的固定目标或特征明显的地面部队时更是如此。1991 年,第一次海湾战争中美军 F-117 打击巴格达市区固定基础设施所投掷的激光制导炸弹是近程精确打击武器,而利用 MQ-9 死神无人机释放的激光制导炸弹或者 AGM-114 地狱火导弹则属于远程侦察和打击范畴。

实施精确打击的两个重要参数是时间和距离,距离指远程、超远程乃至全球的精确打击范围,卫星导航系统发挥了黏合剂的作用。卫星导航系统与末端战斗单元的有效整合、卫星导航系统与指挥控制系统的融合以及卫星导航系统自身运行的稳定性和效率都是未来精确打击体系研究的重点。20 世纪 80 年代,苏联提出了"侦察打击综合体"的新概念,由精确弹药、广域传感器及近实时反应的自动指挥与控制 3 个部分构成,侦察打击综合体将能够"真正实时地"执行侦察和毁伤任务,与美军精确打击概念相近,对于多目标,精确弹药与低当量核武器破坏效果接近,却少了核武器的间接破坏和升级风险。当时的侦察和打击综合体还不能发现变换位置或时间敏感的目标、不能近实时地对这些目标进行打击。1991 年"沙漠风暴"行动是美国精确打击能力的第一次试验,F-117 在 43 天的战斗中只出动了 2% 的架次,却打击了 40% 的战略目标,创下 80% 的击中记录,大幅提升了空袭效率。战后美国统计分析打击效果发现"1t 精确制导弹药可替代 12~20t 非制导弹药,并且每投送 1t 精确制导弹药时可节省 35~40t 燃料。"[18]

对于精确打击而言,对目标准确及时地获取是其作战思想能够实施的前提。在执行目标获取任务时通过对各种卫星系统的协调使用,能够全天时、全天候、全方位实现对任意目标的捕捉。如何对敌方目标实施精确打击是实施精确作战的核心问题。在海湾战争中,由 GPS 引领下的 B52 轰炸机在万米高空实施作战任务时,可以将炸弹打击的圆概率误差(CEP)缩小至 10m 左右。伊拉克战争中,JDAM 等 GPS 制导武器达到了 80% 的使用率,大幅度提升了打击效果,减少了己方的人员伤亡,也降低了作战装备的损失率[19]。在未来的战争中,新一代精确制导武器将会朝着提高其射程、制导精度、隐身性能和超声速等方向发展,新一代精确对地打击武器将会使未来战争的方式发生革命性的变化。

6.2.1 工作原理

机载卫星导航系统制导武器攻击有直接瞄准攻击和坐标攻击两种方式。对于 GPS 制导武器,坐标攻击方式中采用的是大地直角坐标系中的 WGS-84。目标位置相对地球而言,因而称为绝对定位(或绝对差分),坐标攻击方式可获取较高的目标定位精度,但需要事先侦察,攻击准备时间较长,不能灵活改变攻击目标。直接瞄准攻击方式指根据战场变化,载机火控系统实时、灵活测量目标的准确位置,投放武器攻击目标。直接瞄准攻击方式准备时间短,攻击目标灵活。

直接瞄准攻击以载机坐标系为参考,U 为载机,M 为卫星制导武器,T 为目标,卫星制导武器以 UT 与 UM 的差异为制导误差输入,即以"UT−UM =0"作为直接瞄准攻击的目标,如图 6.3 所示。直接瞄准攻击方式由于空间参考系的不同,采用相对卫星导航系统定位,可以消除大量卫星导航系统的公共误差,通过多次测量目标相对载机的位置而提高相对定位精度,这样可以大幅提高目标相对卫星制导武器的位置精度,从而实现卫星制导武器的直接瞄准攻击[2]。

坐标攻击方式以卫星导航系统自身的空间坐标系为参考,坐标系原点在地心,U 为载机,M 为卫星制导武器,T 为目标,O 为地心,坐标攻击方式的制导原理如图 6.4 所示。卫星制导武器的制导以 OM 与 OT 的差异为制导误差输入,即以"OM − OT = 0"为目标。

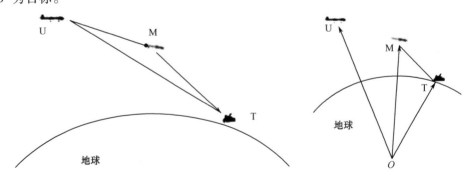

图 6.3　直接瞄准攻击方式的制导　　　　图 6.4　坐标攻击方式的制导

直接瞄准攻击方式难度较大,通常卫星制导武器攻击目标定位误差要求较高,比如 JDAM 为 7.5 m,主要包括载机位置误差和传感器探测目标定位误差。载机的 GPS 位置定位误差为十几米到几十米,机载传感器(雷达或光电探测装置)单次探测目标的定位误差为十几米到百米,这两者误差通常可达到几十米到几百米,不满足卫星制导武器攻击对目标定位误差的需求。

卫星导航系统制导的精确打击弹药攻击固定目标的能力很强,只要能精确确定目标的位置,卫星导航系统制导的精确打击弹药命中率就很高。但是,对于运动目标而言要实现精确打击就难得多,美军认识到了这个问题,正在大力开展研究以改进这种情况。

美军已在第三代机载瞄准吊舱上实现了 GPS 卫星制导武器的直接瞄准攻击,可以打击动目标,亦可攻击临时位置的地理目标。美国 Raytheon 公司研制的先进前视红外吊舱(ATFLIR)与 GPS 机载接收机相连,向 GPS 制导武器提供目标的位置参数数据,待打击目标位置坐标在发射前存入弹体,战斗机投下 JDAM 后,导弹能够根据 GPS 定位数据和待打击目标位置坐标,在飞行过程中不断纠正方向,用于 JDAM 对地打击,命中误差在 13m 之内,并达到 95% 的系统可靠性。

为提高复杂气象条件下的对地精确打击能力、降低成本,在美国海军资助下,波音公司开发了杀伤辅助恶劣气候瞄准系统(KAATS)和 GPS 辅助瞄准系统(GATS),KAATS 系统的核心组件是高性能 SAR 雷达,可快速发现目标,同时生成两张 0.1m 高分辨力的目标图像,图像带有高精度三维坐标的地理信息,这些坐标传给加装数据链的 GPS 制导弹药,GPS 制导导弹根据相对位置偏差实施精确攻击。GATS 采用相对 GPS 定位,目标位置相对载机而言,武器制导以载机的位置为参考点,优点是可"消除与 GPS 卫星、信号传播有关的公共定位误差,获得高精度的相对位置信息"[2]。

由于精确打击弹药分批次作战,后一批次如何打击要根据上一批次的打击效果确定,因此,打击效果评估的时效性要求很高。对精确打击效果评估的重要性不亚于打击本身,它是二次打击的依据,卫星导航系统不仅是精确制导弹药的一种重要制导方式,而且还可以对打击目标命中率进行评估。为了实时获取打击效果,可以在精确打击弹药上装载卫星导航系统接收机,在打击弹药击中目标引爆的瞬间触发用户机进行定位,并将打击的位置信息和时间信息利用星基通信链路回传给指控中心,由此评估打击效果。

6.2.2　典型应用

1991 年 1 月 17 日,以美国为首的多国部队在联合国安理会授权下,以恢复科威特领土完整为理由,美军对伊拉克发动了第一次"海湾战争",是当时人类战争史上现代化程度最高的一场战争,GPS 在这次战争中扮演了非常重要的角色。1990 年 8 月,就在 GPS 第 8 颗 Block Ⅱ 卫星发射入轨当天,伊拉克入侵了科威特,在 1991 年"沙漠风暴"空袭行动开始前,美军又发射了两颗 Block Ⅱ 导航卫星,加上轨道上超期服役的 Block Ⅱ 导航卫星,可为海湾战区提供每天 24h 的二维(经度、纬度)定位服务和每天 19h 的三维(经度、纬度、高程)定位服务。

在空袭行动的最初几分钟内,一支名为"诺曼底"的直升机分队负责攻击伊拉克的 2 个早期预警雷达营,直升机分队由陆军 AH-64 阿帕奇武装直升机和空军 MH-53 特种直升机组成。AH-64 阿帕奇武装直升机火力强大,但是它的导航和目标定位精度非常低,再加上平坦的沙漠地区缺少参照物,因此,很难在夜间发现并攻击敌军目标。MH-53 特种直升机没有装备武器,不具备攻击能力,但是装备了高精度的 GPS 定位和导航设备。在执行攻击任务时,直升机分队充分结合战机的性能特点,在 MH-53 特种直升机的引导下,整个攻击分队利用夜幕作为掩护,采用低空飞行的方式,突破了伊军防线,AH-64 阿帕奇武装直升机一举摧毁了伊军的 2 个早期预警雷达营,打开了伊军的防控防线,使得后续一波接一波对伊拉克军队腹地的大规模轰炸任务能够顺利实施,也确保了其他作战飞机的安全,这次任务对"海湾战争"来说具有非常重要的意义。

为准备海湾战争空袭力量,美国海军列装了 AGM-84E 斯拉姆远程对地攻击导弹,是一种亚声速、空对地攻击导弹,斯拉姆是 SLAM(stand-off land attack missile)的译音,AGM-84E 斯拉姆机载远程对地攻击导弹由原麦道公司"捕鲸叉(harpoon)"反舰导弹发展而来,能够实施全天候、全天时、精确对地攻击。AGM-84E 斯拉姆导弹沿用"捕鲸叉"导弹弹体,导弹结构组成如图 6.5 所示,涡喷发动机,弹长 4.49m,直径 0.343m,翼展 0.914m,战斗部质量 227kg,半穿甲爆破,发射质量 628kg,飞行速度 $Ma=0.9$,巡航高度 60m,射程大于 100km。采用"GPS + 惯导 + 红外末制导"组合制导方案,利用 GPS 对导弹的惯性中段制导段进行误差修正;采用 AGM-65D MAVERICK 空地导弹的红外成像导引头替代原"捕鲸叉"导弹的雷达导引头,由此具备红外成像寻的能力;加装了 WALLEYE 导弹数据链技术,可以接收指令及发送图像信号。导弹发射后,飞行员能通过电视屏幕所显示的图像修正飞行中的导弹轨迹。导弹命中圆概率误差不大于 10m,所以特别适合"外科手术式"精确打击[20]。

AGM-84E 斯拉姆远程对地攻击导弹主要由 A-6、A-7 攻击机和 F/A-18 舰载战斗/攻击机携载。F/A-18C 大黄蜂舰载战斗/攻击机机翼下挂载 AGM-84E 斯拉姆远程对地攻击导弹如图 6.6 所示。1991 年的海湾战争中,为了炸毁伊拉克 Mosul 发电厂的控制设备,瘫痪发电厂发电能力,2 架载有 AGM-84E 斯拉姆远程对地攻击导弹的美国海军 A-6E"入侵者"舰载重型攻击机和 1 架 A-7"海盗"舰载轻型攻击机从部署在红海的"肯尼迪"号航空母舰上起飞,飞越沙特阿拉伯领空,直逼伊拉克境内。进入攻击距离之后,A-6E 发射了一枚斯拉姆导弹,A-7 的飞行员看着从第一枚导弹弹头的摄像机发回的视频,遥控调整导弹的飞行轨迹,在 A-7 的控制下,第一枚斯拉姆导弹绕过一片普通的居民住宅和商业大厦飞向 Mosul 发电厂并将发电站厂房炸开一个大洞;2min 后,另一架 A-6E 发射了第二枚斯拉姆导弹,这枚斯拉姆导弹非常完美地从第一枚导弹炸开的缺口处飞入发电厂内,随后爆炸并从内部将发电厂摧毁,而附近水闸却完好无损,这种"千里穿杨"的功夫让 GPS 一战成名。

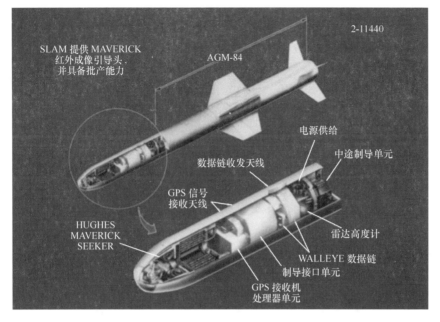

图 6.5 AGM-84E 斯拉姆远程空对地攻击导弹结构组成(见彩图)

图 6.6 F/A-18C 大黄蜂舰载战斗/攻击机携载 AGM-84E 斯拉姆远程对地攻击导弹

为满足美军对精确打击武器的需求,1995 年 10 月,波音公司研发了 JDAM, JDAM 用美军常规 Mk80 系列炸弹尾部加装 GPS/INS 组合导航组件而来,包括 Mk-80-250磅、Mk-81-500 磅、Mk-83-1000 磅和 Mk-84-2000 磅炸弹,对应的编号分别为 GBU-29、GBU-30、GBU-31 和 GBU-32。JDAM 由弹体、弹体稳定翼片、GPS/INS 制导控制部件和尾舵组成,弹体直径 0.46m,长 3.84m,结构如图 6.7 所示,简而言之 JDAM 就是使用了 GPS/INS 制导组件结合常规航弹的战斗部,赋予常规弹药修正落点的能力,而成为全天候、全天时、自动寻的精确打击武器[21]。

1998 年 6 月,美国空军装备 JDAM,JDAM 成为美军主要的空中打击力量。《参考消息》2015 年 1 月 8 日报道,美国战略之页网站 2014 年 12 月 22 日发表题为"以色列和秘密武器库"的报道,以色列从美国订购了 3000 套 GPS/INS 组合导航组件,

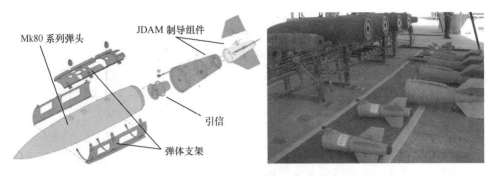

图 6.7　GBU-31/Mk84 型 JDAM 联合直接攻击弹药结构图

每套组件约为 2.76 万美元,每枚 JDAM 价格约为 6.4 万美元。而与其作战效果类似的"战斧巡航导弹"的价格约为 100 万美元。JDAM 具有价格低和性能稳定的特点,正在逐渐取代易受天气影响的激光制导及图像制导武器,而确立其"全天候武器"的地位。

　　科索沃战争是一场由科索沃的民族矛盾引发,以美国为首的北约推动下发生在 20 世纪末的一场高技术局部战争。科索沃战争以大规模空袭为主作战方式,1999 年 3 月 24 日,2 架 B-2 战略隐身轰炸机从 Whiteman 空军基地起飞,经过 30h 连续飞行、两次空中加油后,向南联盟投放了 32 枚 908kg JDAM,这是 B-2 轰炸机的首次参加实战。在整个科索沃战争中,6 架 B-2 共飞行了 45 个架次,对南联盟的重要目标投放了 656 枚 JDAM,B-2 的飞行出动不到战争中飞机总出动量的 1% ,投弹量却达到总投弹量的 11% 。摧毁了南联盟近 33% 的目标。B-2 及投放 GBU-31 型 JDAM 过程如图 6.8 所示。

图 6.8　B-2 战略隐身轰炸机投放 GBU-31 型 JDAM 联合直接攻击弹药

　　科索沃战争第一天,美军一架 B-2 战略隐身轰炸机携带 6 枚 GPS 精确制导的 GBU-31 型 JDAM,用直接瞄准攻击方式,精确地轰炸了塞尔维亚 Obvra 空军基地两条飞机跑道与滑行道之间的 6 个交叉点处,有效地阻止了塞军作战飞机的起飞和降落。机场跑道被轰炸后的图像如图 6.9 所示[2]。

　　在科索沃战争中,北约大量使用 JDAM,凭借空军优势,对南联盟实施高强度轰炸,南联盟防空力量几乎无任何反手之力。值得一提的是南联盟当时唯一的一套捷

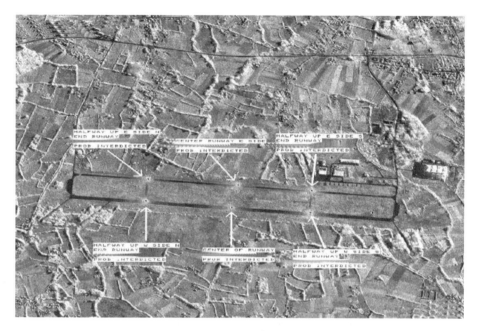

图 6.9　B-2 战略隐身飞机通过 GPS 精确制导 GBU-31 型
JDAM 轰炸 Obvra 空军基地飞机跑道

克 ERA 公司制造的"维拉"无源探测雷达系统探测到了美军 F-117"夜鹰"隐身战斗机,老旧的苏联 S-125 防空导弹将当时世界上先进的隐身轰炸机 F-117 一举击落,打碎了美军 F-117"不可战胜"的神话。S-125 防空导弹使用固体燃料,采用固定发射方式,如图 6.10 所示,转移导弹发射架时须用专用车辆,机动能力有限。

图 6.10　科索沃战争中打掉 F-117 的 S-125 防空导弹

F-117"夜鹰"隐身攻击机由美国洛克希德·马丁公司于 1977 年研发,是一种高亚声速的战术飞机,装两台 F404-GE-FID2 涡扇发动机,采用 GPS/INS 组合导航,配置数字化飞航控制系统,任务规划系统可以协调所有的攻击任务,目标可借由红外线热影像仪确认,并利用雷达测量距离和标定激光制导炸弹的目标。采用一对高展弦比的机翼,为了向两侧折射雷达波,还采用了很高的后掠角的双翼,机体表面涂有可以吸收雷达波的特殊材料,从而使 F-117 具有非常出色的隐身能力。机身内置的两个武器舱提供了 2300kg 的携载能力,携载成对的 GBU-10、GBU-12 或 GBU-27 激光制导炸弹,也能携挂 2 枚风速修正弹药发射器(WCMD)、2 枚 JADM 或是由 GPS/INS 导引的远距遥控炸弹以及 B61 核弹,F-117"夜鹰"隐身战斗机及其武器舱位置如图 6.11 所示。

图 6.11　F-117"夜鹰"隐身攻击机及其武器舱

北京时间 1999 年 5 月 8 日,美军从万里之遥的美国本土 Whiteman 空军基地(AFB)起飞 B-2 战略隐身轰炸机发射了 5 枚 GBU-31 型 JDAM,悍然袭击了中国驻贝尔格莱德大使馆,这 5 枚 JDAM 使用延迟引信,从万米高空俯冲而下,穿透 5 层楼板在地下一层起爆。美军从本土起飞 B-2 战略隐身轰炸机,跨越小半个地球,跑到南联盟,利用 GPS 精确制导导弹精确地轰炸了我大使馆。

为了扩展 JDAM 的射程,美军为 JDAM 加装捆绑式滑翔翼,滑翔翼平时收拢到滑翔翼盒体内,当滑翔翼完全展开时,外形如同菱形钻石,如图 6.12 所示,称为 JDAM-ER,滑翔翼使 JDAM 的射程由 15n mile 扩展到 24n mile,由此进一步提高了载机的生存性[22]。美军 B-1、B-2、B-52、F/A-18 及 F-16 飞机都可携载 JDAM-ER,B-2 可同时用 2 枚 JDAM-ER 分别对两个目标同时进行攻击。

从科索沃战争到阿富汗战争,再到伊拉克战争,GPS 在军事打击中的作用被发挥得淋漓尽致。卫星导航系统制导武器在命中精度方面与激光制导相当,但卫星导航制导武器对烟雾等气候气象条件不敏感并且投放距离更远,使得作战平台也更加安全。在导弹初、中段使用惯导和卫星定位系统可摆脱对地图的依赖,利用卫星导航系统测得导弹与目标的相对位置和相对速度来修正飞行路线可以极大提高导弹发射的灵活性和快速性,并避免了复杂地形条件下地形匹配系统难以胜任的情况。

图 6.12 安装滑翔翼的联合直接攻击弹药 JDAM-ER
（右边三个小图为 JDAM-ER 射出后的滑翔翼展开过程）

6.3 武 器 制 导

巡航导弹是指在大气层内飞行的有翼导弹,巡航导弹的制导方式一般是飞行初段采用惯性导航,中段采用 GNSS/INS 组合导航,末段采用数字景象匹配区域相关、雷达、红外以及雷达/红外双模制导等。以 JDAM 为代表的卫星导航系统制导武器与激光制导炸弹的比较如表 6.1 所列[23]。精确制导武器的发展趋势:重点发展低成本武器和弹药;需要适应恶劣气候的自主式精确制导武器和弹药;强调抗干扰、防区外发射和发射后不管能力;追求高精度瞄准、跟踪和敌我识别能力。

表 6.1 JDAM 与激光制导炸弹的比较

性能	制导方式	
	JDAM	激光制导炸弹
战斗有效性	无天气约束	受外部环境约束
武器携带方式	可安装在所有挂架下	需要 1 个或 2 个吊舱
定位精度(对 CEP)	取决于 GPS 的精度 －13m(有 GPS 辅助) －30m(无 GPS 辅助)	Paveway-Ⅱ达 1～2m Paveway-Ⅲ达 1m 之内
载机易损性	发射后不管 可选择发射高度和发射方位,已达到 最高的攻击有效性和最小的受损性	命中目标前载机不能进行机动,载机接 近目标的飞行方式受到限制
武器射程	3～15n mile(与发射条件有关,不受 外部环境限制)	3～10n mile(云层高度限制了发射高度, 前视红外/激光器限制了射程)

由表 6.1 可以看出,除了打击精度较激光制导炸弹略低外,JDAM 在其他方面比

激光制导炸弹都有明显的优势。为了提高定位精度,美军为 JDAM 研制了合成孔径雷达等新型导引头,可将 JDAM 的打击精度提高到 3m(CEP),采用红外成像焦平面阵列定向攻击弹药可负担导引头(DAMASK)技术,可将 JDAM 的打击精度提高到 2.6m(CEP)。

6.3.1　工作原理

JDAM 的导航、制导与控制系统中主要部件是含有陀螺、加速度计及辅助电路组成的惯性测量单元(IMU)和 GPS 接收机,将 GPS 观测数据与 INS 数据进行同步后送往组合卡尔曼滤波器,组合滤波器给出状态变量(位置、姿态角、速度、陀螺漂移、加速度计零偏、钟差)的最优估计。误差的估值反馈回 INS,并重新校正 INS(陀螺漂移、零偏及刻度因子等)。经过组合滤波器校正后,即使 GPS 不能正常工作,INS 仍完全可以精密导航。GPS/INS 组合导航系统可以提高系统的导航定位性能,尤其适用于高动态应用的环境。GPS/INS 组合导航原理如图 6.13 所示[6]。

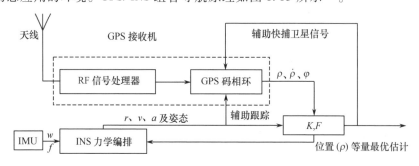

图 6.13　GPS/INS 联合制导原理

GPS 接收机接收军用 P(Y)码信号,并用紧耦合方法与 INS 测量数据组合,GPS/INS 组合制导可以提供更高精度的位置和速度测量结果,降低传感器噪声和信号阻塞概率,提供导弹姿态测量能力。采用 GPS 进行组合制导还可以在不损失精度的同时降低对于 INS 的精度要求,从而提高制导系统的可靠性。GPS/INS 组合制导还可以通过减少搜索区域,提高系统在杂波环境中识别目标的精度。利用 GPS/INS 组合导航中得到的信息(如马赫数、攻角、侧滑角和动压等),采用飞行过程中的数字航迹预测技术,导弹可以连续优化飞行轨迹以及最优化射程和精度等性能指标。

在 JDAM 飞行过程中,采用 Satellite Masking 算法解决需要频繁地更新可见星座问题,存在的常值偏置误差可转换为速度或倾斜角误差。波音公司采用在组合导航卡尔曼滤波器对 JDAM 飞行的运动状态进行估计,在组合导航卡尔曼滤波器中加入视线角偏差(line of sight bias)状态量来估计误差,提高导航精度。在传递对准工作状态下,待估的系统状态为 20 个,包括 3 个速度积分、3 个速度、3 个姿态、3 个陀螺漂移、3 个加速度计误差、3 个加速度计标度因数、2 个数据延迟时间;在发射 JDAM 弹药后的工作状态下,待估系统状态为 22 个,包括 3 个位置、3 个速度、3 个姿态、3

个陀螺漂移、3 个加速度计误差、2 个钟差、5 个卫星基线误差。待估误差状态包括惯性器件的校准、传递对准的时间延迟误差、GPS 接收机钟差以及武器与 GPS 卫星基线误差等。

应用卡尔曼滤波器设计组合导航系统的原理是首先建立惯导系统的误差方程为基础的组合导航状态方程,并在导航系统误差方程的基础上建立组合系统方程。这两个方程为时变线性方程。采用卡尔曼滤波器为惯导系统误差提供最小方差估计,然后利用这些误差的估计值去修正惯导系统,以减少导航误差。另外,通过校正后的惯导系统可以提供导航信息,以辅助 GPS 提高其性能和可靠性。GPS 与 INS 的组合导航可以通过硬件实现或采用软件方式组合。如果是硬件上一体化组合,那么两个子系统在观测过程中就可以实现互相辅助。在高动态应用环境中,采用 INS 的速度信息辅助 GPS 接收机的伪码和载波相位跟踪环路,可以减少环路跟踪带宽、提高抗干扰能力,这种组合方式的优点是有利于减少整个组合系统的体积、重量、功耗,缺点是错误的 GPS 信号会引起错误的平台信号,降低导航精度。

在 JDAM 的 GPS/INS 制导系统中,GPS 信号接收模块(GPSRM)由 Rockwell 公司下属的 CACD(collins avionics and communications division)生产,是单板 GPS 接收机嵌入式模块系列的后续产品。GPSRM 为 L1、L2 双频 5 通道的 P(Y)码接收机,并且还有一个通道用于测量噪声功率。GPSRM 可以输出伪距、伪距变化率和电离层延迟等数据到任务计算机,以支持系统紧耦合组合导航算法;任务计算机可为 GPSRM 提供速度信息,以提高 GPSRM 速度跟踪效果。JDAM 系统安装了两套 GPS 接收天线,JDAM 在攻击目标过程中,即使在俯仰角达到 −90° 的情况下,也不会影响到 GPSRM 对 GPS 信号的正常接收。GPSRM 根据当前的 JDAM 姿态,实时选择星座可见卫星,降低卫星被遮挡的影响,从而减少计算和搜寻时间。在攻击目标时,Satellite Masking 算法可使位置精度衰减因子(PDOP)达到最小。在跟踪卫星时,GPSRM 伪距测量中包含常值偏置(bias)误差。

JDAM 有 5 项技术值得关注,分别是:①采用激光陀螺、光纤陀螺等新型的惯性导航技术;②采用高效、低成本的 GPS 接收机技术;③采用 GPS/INS 耦合技术,含有卡尔曼滤波器设计技术和多种误差估计技术等;④采用 GPS/INS 的机载和弹载组合技术,包括 GPS/INS 传递对准技术、相对 GPS 瞄准攻击技术和 GPS/INS 模型与精度分析;⑤采用 GPS 干扰和抗干扰技术。捷联惯导技术、传递对准技术和 GPS 辅助 INS 技术是 JDAM 导航系统技术的关键。

6.3.2 任务规划

任务规划是对作战飞机实施作战任务所做的计划,其中包括飞机初始位置的选取、攻击目标位置的确定、支援力量的配置、攻击路线的确定、武器的投放和发射地点的选择及攻击批次的确定等内容。任务规划系统采集战争需要的各种情报,进行大规模并行计算仿真,制定任务计划[24-25]。

美国陆海空三军都装备了任务规划系统,用户可通过标准的软件界面,完成规划、分析、储存和下载任务数据的工作。任务规划系统一方面为巡航导弹提供任务数据,如目标位置信息和打击条件等,另一方面,也可为载机提供航迹规划以及发射区范围等信息。采用任务规划系统作为规划辅助措施。例如,JDAM 完成一次精确打击任务需要经过任务规划、装弹起飞、发射准备、传递对准、武器发射以及返回基地6 个阶段,如图 6.14 所示[23]。

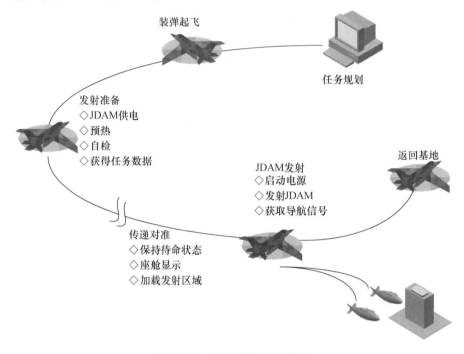

图 6.14   JDAM 精确打击流程

（1）任务规划:对 JDAM 进行任务规划,由任务规划系统获得目标位置信息、命中条件和发射区域位置坐标、地形、地貌等,得到任务数据。

（2）装弹起飞:战机装载 JDAM,将任务数据装载到战机的火控计算机上,战机起飞。

（3）发射准备:战机给 JDAM 加电,JDAM 预热、自检,从战机获得任务数据。

（4）传递对准:JDAM 与战机主惯导进行传递对准,然后 JDAM 可在没有 GPS 信号时独立使用惯性导航系统进行导航和制导,作为 GPS/INS 组合导航系统的备份。传递对准的结果可实时显示在战机座舱显示器上,JDAM 保持在待命的状态,检查是否在允许的发射区域范围内。

（5）JDAM 发射:启动弹载电源、接收 GPS 信号,发射 JDAM,进行自主或组合导航,根据弹载卫星导航接收机定位结果和目标位置信息,弹上制导系统运行制导算法,输出自动驾驶指令,操控武器飞向目标。一般中程制导使用惯性导航或组合导航,末端制导使用雷达、红外等制导方式。

（6）返回基地:战机返回基地,待命。

机载空对空、空对地精确制导武器完成目标打击任务是一个复杂的过程,其中的任务规划系统、捷联惯导系统、传递对准技术、GPS/INS 组合导航技术、自适应最优制导算法是系统的几个重要方面。JDAM 在美军 F-16,F-18,B-1,B-2 和 B-52 等多种载机不同环境下的试验和实战结果表明,GPS/INS 组合导航误差小于 13m,具有发射后不管、GPS 辅助导航、在多种载机平台发射、直接命中目标、全天候作战的特点,JDAM 一经应用就取得有效的打击效果。

6.3.3　典型应用

JDAM 在美军 Mk80 系列炸弹中加装 GPS/INS 制导组件 JADM GBU-32 型联合直接攻击弹药结构组成如图 6.15 所示。制导控制单元是 JDAM 制导炸弹的核心部件,它包括任务计算机、惯性测量单元(IMU)、GPS 信号接收模块(GPSRM)和电源模

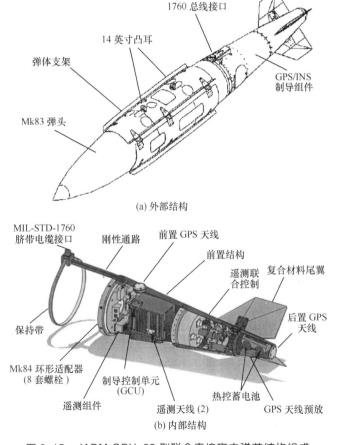

图 6.15　JADM GBU-32 型联合直接攻击弹药结构组成

块。制导控制单元安装在截头圆锥体内,外部采用锥形保护罩用以防止电磁干扰和其他环境因素影响[7,21,23,26]。

JDAM 工作模式分为 GPS/INS 组合导航方式和 INS 导航方式两种,假设要求弹药以 60°水平角方向命中目标,GPS/INS 方式下的 JDAM 打击精度将不超过 13m(CEP),纯 INS 方式下的命中精度不超过 30m(CEP)。JDAM 系统设计时的各部件精度分配如表 6.2 所列[27]。

表 6.2　JDAM 系统设计时的各部件精度分配

误差源	GPS 辅助模式	无辅助信息模式
GPS 子系统	10.1m(CEP)	
IMU	1.5m(CEP)	22.6m(CEP)
制导和操舵	2.2m(CEP)	2.2m(CEP)
软件	2.9m(CEP)	7.5m(CEP)
目标位置	7.2m(CEP)	7.2m(CEP)
作战飞机		15.9m(CEP)
总计	13.0m(CEP)	29.6m(CEP)
需求	13.0m(CEP)	30.0m(CEP)

波音公司对在 30°航向变化的战机实施传递对准,然后从 7.6km 的高空以 $Ma = 0.95$ 的速度投弹的 JDAM 的制导精度进行了仿真分析,结果表明发射误差主要来自战斗机传递对准的位置误差和目标定位误差。对最大偏离目标的试验数据表明,只有在对战机传递位置误差进行补偿的前提下,采用 INS 方式,JDAM 命中精度可达 20m,所以传递对准技术是 JDAM 武器的关键技术之一。

GPS/INS 组合导航控制部件的任务计算机由波音公司 McDonnell 飞机武器部研制,其主要功能是负责制航、自动驾驶和信号接口。惯性测量部件采用 Honeywell 公司制造的 HGl700 IMU。GPS 接收模块采用 Rockwell 公司下属的 CACD 生产的 GPSRM。JDAM 系统控制框图如图 6.16 所示[6],根据任务计算机传来的控制偏转指令,JDAM 弹尾的可动舵面不断调整炸弹的飞行轨迹,控制导弹自动寻的,JDAM 可以从距离目标大约 15km 的地方发射,并攻击所指定的目标。JDAM 制导系统包括导航系统和控制系统两部分。导航系统在炸弹飞行过程中提供位置和速度信息,以及自动驾驶仪设计所需的弹体角速率和加速度信息;控制系统根据导航系统提供的炸弹位置和速度信息,与已知的标称弹道和目标位置信息进行综合,根据所设计的控制律控制炸弹飞向目标,并以一定的制导精度命中目标。

JDAM 系统设计要求当弹药以 60°水平角方向打击目标时,GPS/INS 方式的命中精度将不超过 13m(CEP);INS 方式的命中精度不超过 30m(CEP)。46 次 GPS/INS 方式下的实际打靶试验结果如图 6.17 所示[7],由实测数据可知,系统实际的命中精度

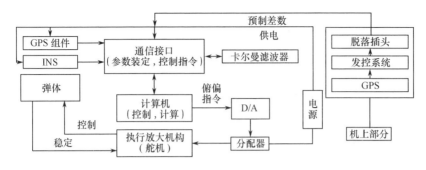

图 6.16　JDAM 系统控制框图

是 10.12m(CEP),满足设计要求。对最大偏离目标的试验数据表明,在对飞机传递位置误差进行补偿的前提下,INS 方式的系统命中精度为 20m。

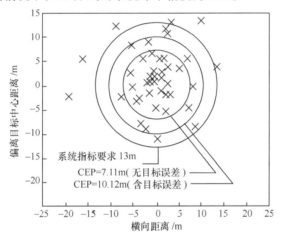

图 6.17　GPS/INS 组合制导 JDAM 打靶试验结果

　　为防止电磁干扰和其他环境因素的影响,GPS 接收机采用两套天线,分别装在该弹尾锥体整流罩前端上部(侧向)和尾翼装置后部(后向),以便在炸弹离机后在水平飞行段和下落飞行段时截获并持续跟踪 GPS 信号。研究表明:如果采用战术级 IMU,则要求可见卫星数大于等于 2 颗,并且当可见星数大于 4 颗时,尽量采用松耦合的体系结构,从而充分发挥高精度 IMU 的短期精度优势;如果采用商业级 IMU,则要求可见卫星数大于等于 3 颗,并且尽量采用紧耦合的体系结构,让 GNSS 的信息对商业级 IMU 造成的较快的误差累积进行充分的校正。

▲ 6.4　授　时　战

　　授时是将标准时间传递给用户,以实现时间统一的技术手段。授时错误将会导致一系列的问题。授时系统负责确定和发播精确的时间。每当整点钟时,中央人民广播电台都会整点报时,中央电视台每天新闻联播开始前也会整点报时,人们便以此校对自己的钟表的快慢。广播电台里的正确时间是哪里来的呢?它是由天文台精密的时钟控制的。那么天文台又是怎么知道这些精确的时间呢?我们知道,地球每天均匀转动一周,因此,天上的星星每天东升西落一次。如果把地球当作一个大钟,天空的星星就好比钟面上表示钟点的数字。星星的位置天文学家已经准确地测定过,也就是说这只天然钟面上的钟点数是精确确定的。天文学家的望远镜好比钟面上的指针。在我们日常用的钟上,是指针转而钟面不动,在这里看上去则是指针"不动","钟面"在转动。当星星对准望远镜时,天文学家就知道正确的时间,用这个时间去校正天文台的钟。这样天文学家就可随时从天文台的钟面知道正确的时间,然后在每天一定时间,例如,整点时,通过电台广播出去,就可以校对钟表,或供其他工作的需要。

天文测时所依赖的就是地球自转,而地球自转的不均匀性使得天文方法所得到的时间(世界时)精度只能达到 10^{-9},无法满足现代科技的需求。时间是测量精度最高的物理量,测量准确度高于 10^{-15}。通过时间频率的测量,可以提高其他物理量和物理常数的测量精度,可以更细致地观察物质世界。一种更为精确和稳定的时间标准应运而生,这就是原子频率标准,简称为原子钟。目前世界各国都采用原子钟来产生和保持标准时间,然后,将时间信号送达用户,这些方法包括短波授时台、长波授时台、低频授时台、电话网、互联网以及卫星等,称为"授时系统"。卫星授时是目前被广泛采用的高精度授时方法,具有信号覆盖范围大、传送精度高、传播衰减小等优点。例如,北斗系统具备单向授时精度 50ns、双向授时精度 10ns 的授时服务能力。

为了实现精确定位、导航和授时服务,卫星导航系统建立了自己的时间基准。在地面运行控制系统的监控下,导航卫星播发含有精确的时间和频率信息的导航信号,是理想的时间同步时钟,可以实现精确的时间或频率的控制。卫星导航系统的地面运行控制系统负责监控导航卫星星载原子钟时间与系统时间之间的时间同步误差,通过卫星导航系统的授时服务,用户就与卫星导航系统的系统时间以及世界协调时建立了时间尺度的联系。

四大全球卫星导航系统都为用户提供高精度的授时服务,高精度、高稳定度时间及其测量技术是卫星导航系统的关键技术,无线电和数字编码技术都涉及时间和频率技术,时统设备是卫星导航系统的核心。军用和民用用户对卫星导航授时服务时间精度的需求范围从秒量级到纳秒量级,甚至到皮秒量级。

美国空军战略与技术中心研究人员提出了"授时战"的概念,并提出美军需重视定位、导航与授时(PNT)中的授时服务的可用性。例如,2017 年 1 月 18 日,欧洲 Calileo 卫星导航系统在轨运行的 18 颗卫星上 9 台原子钟出现了故障并停止运行,危及系统安全稳定运行。2017 年 11 月 24 日,美陆军在联邦商业机会(FBO)网站发布声明,寻求业界开发 PNT 技术新方法,增强士兵作战能力,列举了十一项关注研究领域,其中第八项便是 PNT 系统授时服务可用性,目标是推进军用的准确授时源和时间传输技术发展。

6.4.1　工作原理

全球卫星导航系统(GNSS)能在地球表面或近地空间的任何地点为用户提供全天候的三维坐标和速度以及时间信息。GNSS 主要包括空间段、地面段、用户段 3 个部分,如图 6.18 所示。空间段是星座内的导航卫星,主要功能是向用户段和地面段播发导航信号。地面段包含了世界范围内的监测站和控制站,通过一定的指令保持卫星正确的运行轨道和卫星时钟同步性。地面段还跟踪导航卫星,更新卫星中的导航电文数据,并且保持卫星星座的健康状态。用户段包含了所有的导航接收机设备,接收机用来接收来自 GNSS 卫星的信号,并且用这些导航信息计算用户的三维坐标和时间。

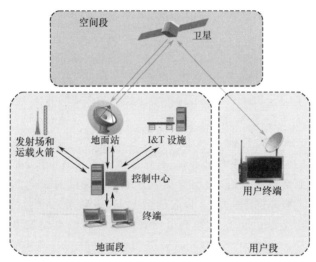

图 6.18　GNSS 空间段、地面段、用户段 3 个组成部分

对于卫星导航系统授时服务的干扰,可以从空间段、地面段和用户段 3 个环节实施。对空间段的干扰包括物理摧毁卫星、干扰卫星通信信道进而影响系统授时服务;地面段包括卫星主控站、注入站、监测站等,上行注入站向卫星注入广播星历、卫星钟差和电离层模型参数等关键导航数据并保持及时更新,对地面段进行物理摧毁或者对导航卫星发射大功率同频干扰信号,使得导航卫星不能获得更新导航数据,由此干扰地面运控系统对卫星的控制,最终造成系统不能提供 PNT 服务。接收导航信号是用户获取时间信息的关键环节,压制干扰(瞄准式干扰、阻塞式干扰和相关干扰等)导致接收机不能接收导航信号;产生式和转发式欺骗式干扰使得接收机接收虚假的导航信号,最终导致用户无法正常使用卫星导航系统的授时服务。在物理摧毁和干扰的过程中,相关元器件还可能发生故障甚至损坏,从而无法在较长一段时间恢复正

常的时间同步功能[28]。

6.4.2 典型应用

在无线通信和宽带网络技术中,时间基准和时间同步是两个非常重要的参数,通信和网络所涉及的安全、认证和计费都是以一个共同的标志——时间为基础的,股票交易大厅电子显示牌的涨跌信息如果要和股票交易计算机终端显示出信息的时间保持一致,就需要精确的时间同步。所谓时间同步就是指用户机的本地时钟与系统标准时钟时间保持一致。电视播出系统中,授时系统是整个播出系统协同工作的关键,如各频道时钟台标发生器标准北京时间的显示、各频道电视节目的准点播出、播出系统的系统时间同步、数字视频播出系统的系统时间同步、新闻直播时间同步,乃至全台的标准时间同步都依赖于这个授时系统。

在3G通信标准中,CDMA和TD-SCDMA均是基站同步系统,TD-SCDMA需要在基站内置GPS接收机实现基站间时间同步,基站工作的切换、漫游等都需要精确的时间,时间同步对于移动通信的重要性不言而喻。我国的CDMA网络通信,曾经因为美国GPS授时问题,出现过瘫痪事件。中国移动一方面通过有线传输网络传送精确时间同步信号,另一方面利用我国自主研发的北斗卫星作为时间信号源,使用北斗卫星导航系统与GPS双模授时,互为备份,最终从时间信号的来源和传输两个方面结合,彻底摆脱对GPS授时服务的依赖。

我国电力企业从电力传输网到电力计算机网络的时间同步系统,都曾经依靠GPS授时服务作为电力系统主时钟源,一旦发生战争等紧急事件,美国军方关闭或调整GPS信号授时服务精度,就必将引发我电力系统出现重大安全事故。我国电网每年都有因GPS授时服务问题而发生事故的情况,给国家带来巨大的经济损失,国家电力安全存在隐患[29-30]。北京国智恒电力管理科技有限公司研发的"北斗电力全网时间同步管理系统",解决了可靠的时钟源、全网时间同步管理和远程实时监测维护三个电力系统时间同步的难题,结束了我国电力安全依靠美国GPS授时服务的历史。北京晚报2010年3月22日报道,北斗时间系统首次被顺利引入我国电网数字化变电站,"北斗电力全网时间同步管理系统"的精准授时系统,以我国自行研制和建立的北斗卫星导航定位系统为基础,结束了我国电力运行时间完全依赖美国GPS的历史,使得以往缺乏安全保障的"美国授时"变为"中国授时",开辟了智能电网建设的新纪元[31]。

在现代化战场上,时间信息几乎是所有作战行动的基础。精确的时间同步是各类武器装备、各级作战指挥系统兼容、信息融合的基础。在整个指挥作战体系中,要形成陆、海、空、天跨域、实时、可靠的态势信息,实现各级指挥所之间的数据交换,实现计算机数据通信网与武器系统平台之间的互联、互通、互操作,均需要各类武器装备、侦察监视平台、数据链、指挥网络之间实现精确的时间同步。唯有精确授时,才能够使"发现即摧毁"的快速协同作战成为可能。战时,一旦军用授时系统被干扰,将会造成整个作战回路的时间不统一,指挥部无法对部队实现准确的指挥、控制,作战人员对武器系统之间也无法做到时间上的精确控制,武器系统则无法实现有效、准确、可靠的打击。因此,攻击敌方的授时系统可快速扰乱敌方的指挥作战秩序,为实现其他攻击提供优势,达到事半功倍的效果。

6.5　导　航　战

卫星导航系统已成为主导信息化战争的高技术系统之一,能够极大地提高军队的指挥控制、多军兵种协同作战和快速反应能力,大幅度地提高了武器装备的打击精度和效能。然而,在频谱对抗日趋激烈的战场电磁环境中,卫星导航系统由于其信号发射功率低、穿透能力差等固有弱点,极易受到电磁干扰和电子欺骗威胁。1991 年海湾战争期间,对伊拉克空袭中美军只有 10% 的武器使用 GPS 制导系统;2003 年第二次伊拉克战争期间,美军大量使用 GPS 末端制导武器,包括战斧巡航导弹、JADM 和 EGBU-27 GPS/激光复合制导炸弹,GPS 精确制导武器使用的比例占到整个武器使用量的 95% 以上,在战争初期频频出现导弹误炸伊拉克邻国事件,缘由伊拉克军方使用 6 套俄罗斯 Aviaconversiya 公司研制的大功率 GPS 信号干扰机对 GPS 开展了有效干扰,暴露了战时 GPS 抗干扰能力比较差、使用不可控、系统安全性不足的问题,2003 年 3 月 25 日,美军维克托·雷诺少将在记者招待会上宣布,英美联军已火力摧毁这 6 套俄罗斯 GPS 信号干扰系统[32],显示美军在导航战中的制导航权能力。

国外试验表明,使用干扰功率为 1W 的干扰机,在 1600MHz 频带上调制噪声干扰,就可以使 22km 范围内的 GPS 接收机不能正常工作,而且发射功率每增加 6dB,有效干扰距离就增加一倍[33]。鉴于 GPS 的脆弱性和抗干扰能力不足问题,以及战时 GPS 一定会遭到对方恶意干扰的事实,为了维持 GPS 在导航领域的技术优势,1997 年,美军提出导航战(NAVWAR)概念,并在美国西海岸开展 GPS 卫星抗阻塞试验。美军对导航战的定义是"在复杂电子环境中,使美军能够有效地利用卫星导航系统,同时阻止对方使用该系统"。实施导航战的场景如图 6.19 所示。

实施导航战计划的目的是在战争中确保自己及盟军不受干扰地使用卫星导航系统,也是战时争夺制导航权的一项具体措施[34]。美军导航战计划主要历程如下[33,35-37]。

(1) 1994 年,美国联合电子战中心(JEWC)在美国国防部支持下,开展 GPS 军用接收机电子防护和抗电子干扰技术研究工作。

(2) 1995 年,美国国防部指定由罗克韦尔、BDM、Collins、E-System 和 SRI International 等几家公司组成研究小组,开始一项为期 13 个月的"导航战"的研究计划,这项计划是美国国防部"先期概念技术演示计划"的一部分,研究内容主要包括 GPS 军用接收机抗干扰技术以及新一代导航卫星的改进技术。

(3) 1996 年,美国国会向国防部发出的防卫授权决议书中,明确指出要加强

图 6.19 导航战的场景示意(见彩图)

GPS 的研究,防止敌对军事力量利用 GPS,又不要妨碍美国自身的军事力量和民用用户使用这一系统,发展新的技术使得 GPS 接收机具有明显的抗有意干扰和其他形式无意干扰或破坏的能力;同年,美国国防部颁布了《国防技术目标》和新版本《军用关键技术清单》,信息战首次被确定为一种战术,并开展了"导航战先期概念技术演示"研究。

(4) 1997 年,美军在英国召开的"GPS 在军事及民事方面的应用"研讨会上,正式提出了"导航战(NAVWAR)"的概念[38],同年在美国西海岸开展了 GPS 卫星抗阻塞干扰试验。

为加强 GPS 在战争中的支撑作用,保持其在全球民用导航应用市场中的领导地位,北大西洋公约组织(NATO)定义导航战为"NAVWAR is defined as preventing the hostile use of PNT information while protecting the unimpeded use of the information by NATO forces and preserving peaceful use of this information outside the area of operations.",即"阻止对方利用 PNT 信息,同时保护北约盟军正常使用 PNT 信息,而战区以外的用户依然能够和平使用 PNT 信息"。美军导航战的核心思想是保护(protect)美国及其盟国正常接收 GPS 信号,阻止(prevent)对方接收 GPS 信号,保持(preserve)战区以外区域 GPS 信号的正常服务,通常称为"3P"政策,如图 6.20 所示,导航战的挑战是"使用同时拒止"。

美军导航战的主要内容为:通过提高导航信号功率,加强 GPS 抗干扰能力;具备电子攻击能力,保护军用导航信号,确保美军战时的制导航权,同时不影响战区以外民用导航信号的服务水平;采取防电子欺骗以及抗射频干扰等措施,提高 GPS 接收机抗干扰能力。导航战研究的内容如图 6.21 所示。

发展军用 GPS 接收机在战场干扰环境下的信号捕获技术,提高军用接收机的抗

图 6.20　导航战中的保护、阻止和保持政策（见彩图）

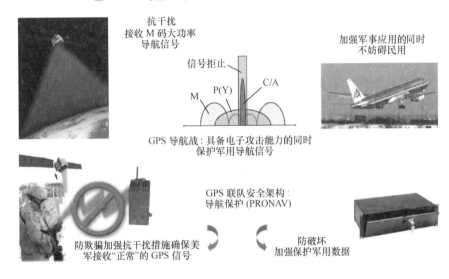

图 6.21　GPS 导航战的主要内容（见彩图）

干扰能力；利用点波束天线技术，对战区 GPS 军用导航信号实施功率增强。这是提高 GPS 抗干扰能力的两个有效措施。例如，GPS Block Ⅲ 卫星将采用点波束天线播发 GPS 军用 M 码信号，信号功率将提高 20dB。

　　实时掌握战场态势，控制制天权意味着掌握战争的主动权，战争中制导航权是制天权的关键技术之一。美军导航战的目标是战时阻止对方具有导航能力，同时己方具备导航能力。导航战不限于卫星导航系统，也包括阻止其他的导航手段，确保战时 GPS 能够有效地为美军服务。同时，为避免或者降低过度依赖 GPS 带来的风险，美国已将 GPS 拒止环境下的定位、导航和授时技术列为今后重点发展方向，研发战时 GPS 的备份导航手段。

6.5.1 卫星对抗技术

6.5.1.1 星座设计

卫星导航系统由卫星星座(空间段)、地面控制及监测网络(地面段)和用户接收设备(用户段)3个相对独立的部分组成,系统中任何一个环节受到攻击或破坏都可能导致系统无法正常使用。攻击或破坏GPS地面控制及监测网络意味着攻击或破坏美国本土军事设施,就是对美国宣战,已超出导航战的范畴,几乎不可能发生。攻击或破坏卫星星座,理论上应用反卫星武器是可能的,但是又有多少国家有能力实施星球大战呢?

下面先考虑系统星座设计层面,全球卫星导航系统空间段导航卫星选择中圆轨道,与采用低轨道时相比,对中轨卫星进行动能武器攻击的难度较大,例如,GPS星座配置24颗MEO轨道卫星,卫星位于6个地心轨道平面内,每个轨道面4颗卫星,每一个轨道平面内各颗卫星之间的升交点角相差60°,相对于赤道面的倾斜角度为55°,任一轨道平面上的卫星比西边相邻轨道平面上的相应卫星超前30°,形成Walker24/6/2星座,GPS卫星星座设计方案如图6.22所示。

Peter H.Dana 9/22/98

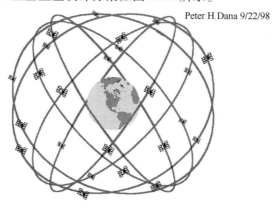

图6.22　GPS卫星星座设计方案

GPS Walker24/6/2星座设计可以保证每个轨道平面内各颗卫星之间的升交点角相差60°,从而防止多颗卫星被一发动能武器同时击毁的风险。类似地,GLONASS采用Walker24/8/2星座,3个轨道面的升交点隔120°,3个轨道平面相对于赤道面的倾角为64.8°,每个轨道面上8颗卫星均匀分布(即平面内的卫星之间相隔45°),两个轨道平面之间的卫星的纬度相差15°,其中21颗工作星和3颗备份星,每颗卫星分配一个唯一的轨位号。Galileo系统采用Walker30/3/1星座,卫星位于3个轨道平面,每个轨道面的升交点相隔120°,每个轨道面上9颗卫星均匀分布,即每个轨道平面内的工作卫星之间相隔40°。

6.5.1.2 信号设计

在设计GPS导航信号时,美国防部提出需要考虑能够适应不同用户要求(军事和民用用户)、能够通过接收导航信号作为唯一标识识别不同卫星、能够通过接收导航信号来确定卫星的轨道位置、能够实现基于导航信号到达时间的原理观测卫星和接收机之间的距离、能够确定卫星的工作状态,把健康状态信息下传给用户,满足高精度实时定位以及满足军事保密等要求。

从技术层面实现美国国防部对 GPS 卫星导航信号的要求是比较复杂的,同时还需要考虑导航信息的类型、数量及编码方法、信号的等效全向辐射功率以及信号的频率分配等技术因素。GPS 卫星同时播发频率为 1575.42MHz 的 L1 和频率为 1227.6MHz 的 L2 两种 L 频段无线电导航信号,包含载波信号、测距码信号以及数据码(NAV/SYSTEM DATA)信号 3 种分量,数据码又称为导航电文(navigation message),测距码分为一般精度的 C/A 测距码(course acquisition code)和高精度的精密测距(precision code)两类。

下面以 GPS 为例来说明导航信号体制的设计。美军开展 GPS 信号设计时,并未充分认识到今天复杂电子环境对 GPS 的无意和有意干扰,军事保密要求 GPS 信号必须淹没在背景噪声之下,系统设计上要求调制 C/A 码的 L1 频点信号比背景噪声功率低 16dB,调制 P(Y)码的 L2 频点信号比 L1 的信号功率低 13dB,GPS L1 频点信号结构如图 6.23 所示。这种设计方案的优点是降低了卫星有效载荷的实现难度(特别是星载信号功率放大部件和星载天线设计难度),缺点是 GPS 导航信号功率极其微弱,导致 GPS 抗干扰能力较弱,发射带内干扰信号,就可以造成 GPS 降低或者丧失服务能力。

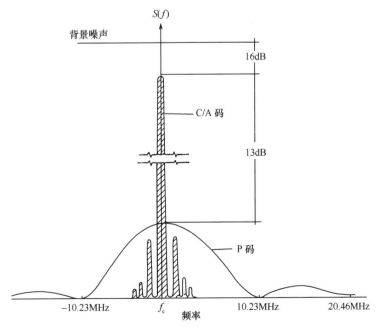

图 6.23 GPS 卫星 L1 频点信号结构

GPS L1 信号到达地面时的功率为-160dBW 左右,导航信号极其微弱,其微弱程度相当于一只 60W 普通灯泡的光从 20000km 的轨道空间照射到地球表面,GPS 卫星信号落地电平比较分析如图 6.24 所示,同 GPS 信号功率相比,60W 家用灯泡的功率是 GPS 信号功率的 2×10^{18} 倍,这样对方用功率较低的干扰信号就能压制干扰 GPS 导航信号,当干扰信号功率超过 GPS 信号功率时,就会造成 GPS 接收机信号失锁。

GPS 信号十分脆弱,容易受到干扰(有意干扰或其他干扰)。
制造 GPS 信号干扰机的成本极低,但干扰效果显著。
因此,对 GPS 信号实施干扰是敌方实施导航战最有效的方法。

卫星信号功率:60W 相当于家用灯泡点亮时的功率

GPS 信号落地功率
0.000 000 000 000 000 05W

卫星 GPS 用户接收机的距离:大约 16000km

干扰机功率:几毫瓦到几十千瓦

图 6.24　GPS 卫星信号落地电平比较分析(见彩图)

GPS 的薄弱环节主要包括如下 4 个方面。

(1) GPS 信号频率固定,因此,在 L1 信号和 L2 信号的频点附近发射其他 L 频段信号时,很容易干扰 GPS 信号。2012 年光平方公司通信网络对 GPS 信号的干扰事件,是近年来卫星导航领域最为瞩目的大事件,折射出卫星导航系统的固有脆弱性以及与其他系统的矛盾冲突等重大问题。

(2) GPS 接收机需要接收 4 颗以上导航卫星的信号才能解算出用户的位置,接收机天线的方向图呈半球状,因此,GPS 接收机天线在空域对射频干扰的抑制能力较弱。

(3) GPS 信号微弱,GPS 民用用户接收到 L1 频段的信号功率为 -160dBW,而我们日常使用的联通手机信号功率则为 -134dBW,也就是说 GPS 用户接收的信号强度大约只有手机信号的 1/400,GPS 用户接收机的灵敏度比较高,较低的射频干扰信号就可以对 GPS 信号产生较大的干扰。

(4) GPS 信号用户接口控制文件已公开发布,民用 C/A 码信号已在国际民用市场上得到广泛的应用,军用 P(Y)码处于半公开状态,因此,只要使干扰信号与 GPS 信号结构类似,GPS 用户接收机就可以"正常"接收干扰信号,很难识别信号的真伪,由此达到欺骗 GPS 用户接收机的目的。

国外学者大量试验表明,干扰范围是干扰功率的函数。地面干扰功率为 1W 的干扰机,大小与碳酸可乐饮料罐相当,天线指向为水平线以上 2°时,就能对 200km 范围内的 GPS 接收机实施有效干扰。当地面干扰机的干扰功率为 100W 时(相当于家里用的电灯泡的功率),干扰机能造成 1000km 范围内的民用接收机不能捕获 C/A 码信号,而军用 GPS 接收机的工作机制一般是先捕获民用 C/A 码信号,然后再由 C/A 码信号引导捕获军用 P(Y)码信号,由此导致军用 GPS 接收机也无法正常工作,如图 6.25 所示。

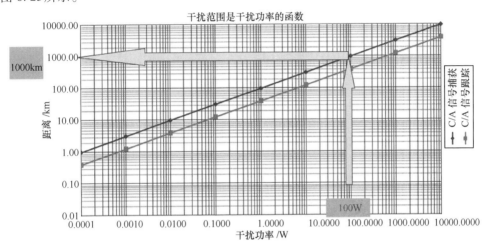

图 6.25　干扰范围与干扰功率的关系(见彩图)

文献[39]研究表明"GPS 接收机处于接收模式时,即使受到距离很远的低功率干扰器的干扰,也很容易丧失信号捕获和跟踪能力"。2013 年 10 月 28 日,美国《防务新闻》周刊网站发表了题为"美国寻求全球定位系统的替代方案"的文章,文章引用美国国防部防务研究和工程办公室主管谢弗的评论"利用现代电子技术做事变得越来越容易,例如干扰全球定位系统信号"。文章指出目前人们生活中离不开全球定位系统,但又不能信赖它,在全球定位系统的弱点变得越来越明显之际,美国军方在试图提高用户接收机和军用定位数据的可靠性。

为了提高 GPS 抗干扰能力,美军拥有中断 GPS 民用信号的能力,而授权用户仍能够正常接收 GPS 军用导航信号。以防卫为手段的现代化计划强调使用新的军用 M 码信号,军用 M 码信号调制到当前 GPS L1(1575.42MHz)和 L2(1227.6MHz)载波信号中,即 L1M 和 L2M 码信号。军用 M 码信号使用被称为"裂缝频谱"(split spectrum)的二元偏置载波信号调制方案,其子载波频率为 10.23MHz,扩展码速率为 5.115Mchip/s,表示为二进制偏移载波(BOC)(10.23,5.115),简写为 BOC(10,5)。二元偏置载波信号调制方案实现军用信号和民用信号频谱分离,并将大部分能量分配在频段的边缘,由此可以提高军用信号的抗干扰能力。L1 频点信号结构中 M 码信号频谱与 C/A 码和 Y 码信号的频谱功率谱密度比较如图 6.26 所示[40],超过 75% 的 M 码的信号功率处于 GPS 规定的 24MHz 带宽之内。

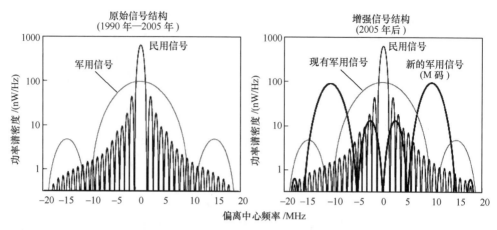

原始信号结构
（1990 年—2005 年）

增强信号结构
（2005 年后）

来源：Congressional Budget Office based on The Interagency GPS Executive Board，GPS L1 Civil Signal Modemization（L1C）．July 30，2004．

注释：GPS ＝ Global Positioning System；nW/Hz ＝ nanowatts per hertz；MHz ＝ megahertz；1 nanowatt ＝ 10^{-9} watt．The scale for the y－axis is logarithmic，not linear．

图 6.26　GPS 卫星 L1 频点 C/A 码、Y 码及 M 码信号功率谱密度比较

1996 年美军实施 GPS 现代化，重点是形成军事应用能力，军用 M 码信号是 GPS 现代化的标志之一，美国国防部的目标是"2020 年要将 M 码送到士兵的手中"。2017 年，GPS Block ⅡF 卫星播发军用 M 码导航信号。地面段一方面开展军用 M 码信号的运控工作，另一方面开展下一代运行控制系统（OCX）即 GPS Ⅲ运行控制系统的建设任务；军用 M 码信号的密钥还要通过美国国家安全局的评审和认证；此外，GPS 军用用户设备（MGUE）的增量计划开始安全审批、开展集成与测试工作，已在 2020 年—2021 年开展海事应用、空军应用、海军应用和陆军应用的多种多样的集成与测试工作。

与此同时，为了争夺民用市场，美军还为 GPS 提供了两个新的民用频点信号，保证战区以外的地方和平利用卫星导航信号。增加新的民用码信号（L2C、L1C、L5），保留原 L1 载波上的 C/A 码民用信号，可以保证不影响战区以外的地方和平利用卫星导航信号，GPS 新增民用信号频谱图如图 6.27 所示。

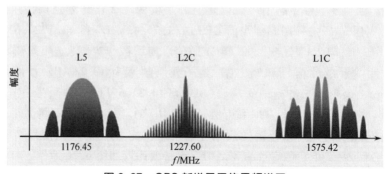

图 6.27　GPS 新增民用信号频谱图

GPS 是美国的,美国政府发展 GPS 的目的是为美国国家安全服务,为了保障美国的安全和自身的利益,GPS 提供两种服务:一种是标准定位服务(SPS),GPS 卫星全世界用户免费播发调制有一般精度测距码(C/A 码)的导航信号;另一种是精密定位服务(PPS),GPS 卫星播发调制有高精度精密测距码(P 码)导航信号,仅供美国军方及授权用户接收。

6.5.1.3 功率增强

首先,鉴于卫星导航信号落地电平较低的问题,卫星导航系统可以从提高导航信号绝对发射功率和实施点波束信号播发两个环节提高导航信号抗干扰能力。卫星导航信号功率增强就是提升信号的发射功率,基本原理是提高信号的绝对发射功率或者使用增强天线改变信号在不同发射角度上的分布。美军首先加大 L1 和 L2 频段的发射功率,Block ⅡR-M 卫星导航信号播发模块由导航信号波形发生-调制-中间功率放大-上变频单元(WGMIC)一个功能组件组成,取代了 Block ⅡR 卫星导航信号播发的五台独立的单机,L1、L2 和 L3 频点导航信号由输出三工器合成后再由 L 频段赋球天线播发,Block ⅡR-M 卫星有效载荷功能模块组成如图 6.28 所示。

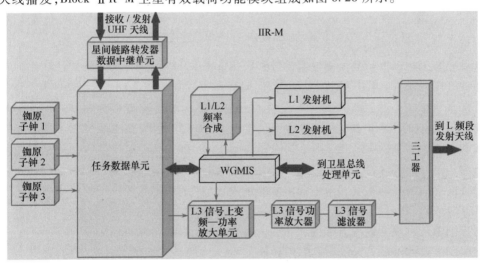

图 6.28　GPS 系统 Block Ⅱ R-M 导航卫星有效载荷功能模块(见彩图)

其次,改善 L1 频段天线和波束控制网络设计。天线阵单元改用了由洛克希德·马丁导航系统部研制的锥形方案,有效增加了信号带宽。此外,对单元和波束控制网络在卫星舱板的布局方案也进行了优化设计,从而改善了整个天线在 L1 和 L2 频段的性能。GPS 的 Block ⅡR-M 系列导航卫星比 Block ⅡR 系列卫星 L1 C/A 和 P(Y)码功率提高了 1 倍,将 L2 P(Y)码的功率提高到 4 倍,地面段可以通过遥控指令调整 C/A 码、P(Y)码和 M 码之间的功率比。此外,还可以进一步调整 L1 和 L2 信号的功率比例,进一步提高军用信号功率。

GPS Block ⅢC 卫星将配置点波束、大功率、反射面天线,如图 6.29 所示,播发军用 M 码信号,军用 M 码信号的功率较 P(Y)信号功率提高 20dBW。M 码信号可以实现全球和重点区域工作方式的切换,在重点区域的卫星信号功率较目前的功率将提高 100 倍,可大幅度增强系统的抗干扰能力[41]。详见 2011 年 1 月 16 日全球卫星导航应用研讨会(UN/UAE/US Workshop On GNSS Applications Dubai)上 Lockheed Martin 空间系统公司导航系统部主任 Michael Shaw 提交的 GPS 现代化报告(GPS Modernization:On the Road to the Future,GPS ⅡR/ⅡR-M and GPS Ⅲ)。

图 6.29　GPS 系统未来 Block ⅢC 卫星在轨展开示意图

战时美军可以调整军用导航信号和民用导航信号的功率比,称为柔性功率(flex power)技术,提高军用导航信号功率,同时降低民用导航信号功率,以进一步提高系统抗干扰能力。目前 GPS Block Ⅱ系列卫星导航信号落地电平为 -160dBW,计划 2025 年发射的 Block ⅢC 系列导航卫星将在 L1 和 L2 频点采用数控点波束天线播发大功率军用 M 测距码信号,将导航信号功率提升 100 倍后,用户接收到的信号电平将为 -140dBW,这将大幅度提高系统的抗干扰能力。增大导航卫星信号发射功率可以提高导航信号的幅度和与干扰信号的信噪比,使敌对方的现有干扰机干扰能力下降甚至失效,此时敌对方只能进一步提高干扰机的功率,但这样很容易被美军机载无源探测系统发现并被火力摧毁。

GPS 设计点波束天线播发军用导航信号的目的是支持军事打击,在直径几百千米范围内播发功率增强 20dB 的点波束 M 码信号,可以有效提高战时系统抗干扰能力。一个高增益可动点波束天线可以用来产生一个有方向性的区域增强信号(直径几百千米)。GPS Block Ⅲ系列导航卫星的抗干扰能力比 Block Ⅱ系列导航卫星提高约 21dB,其中定向点波束技术的贡献约为 15dB。未来播发大功率的 M 码信号的不再追求全球覆盖。

目前,导航卫星一般采用全球波束覆盖天线,主瓣波束覆盖整个地球,在导航卫星提供功率一定的情况下,使用窄波束天线将信号波束集中在一个较小区域,实现波束区域内的导航信号功率增强。高增益天线的增益通常是和各向同性天线作对比的,如果 1W 的高增益天线要达到 100W 的各向同性天线在某一地区的效果,那么它所覆盖的面积,只有各向同性天线的 1/100。反过来,高增益天线的体积很大,波束越窄,天线越大。导航信号干扰源定位技术以信号扩频技术为基础,使用高灵敏度接收机、三极短基线天线阵列和数字信号处理技术对干扰源进行探测、识别和定位,识别干扰源的位置后,利用干扰源位置信息引导卫星导航制导武器对干扰源进行火力摧毁。

点波束天线技术对于用户接收方案有较大影响,用户设备要具有接收更高信号功率的能力。另外,对于大功率的点波束天线技术来说,不仅确保增强的信号发送到地面上,还意味着系统具备及时应对信号需求改变的能力。用户需要在较高的信号功率和存在干扰条件下,具有与平时类似的良好信号跟踪性能。作为军用的点波束天线技术,发送高于一般信号20dB 的 M 码军用导航信号,在战区民用信号将会受到干扰,其影响大概可以分为两个方面:一是发射点波束需要消耗功率,在卫星的总功率一定的条件下,会减小民用信号的功率;二是虽然 M 码和其他原有的 GPS 信号有很好的隔离,错开了 C/A 码、LC2 和 P(Y)码的中心频点所在频率,但是信号相互间还是存在干扰,特别是功率提高了 20dB 之后,系统内的相互干扰不容忽视。

6.5.1.4　选择可用性

GPS 选择可用性(SA)技术是针对未授权用户而有意降低定位精度的技术,包括干扰 GPS 卫星基准频率信号的 δ 技术和在导航电文上引入误差的 ε 技术。δ 技术就是对 GPS 卫星的基准频率 10.23MHz 人为地施加周期为几分钟的呈随机特征的高频抖动噪声信号,而这种信号是随机的,因为 10.23MHz 信号是卫星信号(载波、测距码、数据码)的时间和频率基准,故所有派生信号都引入一个"快变化"的高频抖动噪声信号,人为降低了测距精度。ε 技术就是人为地将卫星星历中轨道参数的精度降低到 200m 左右,轨道参数偏差具有长周期、慢变化、随机性特征,由此降低民用信号定位精度。

1991 年 7 月 1 日,美国政府对 GPS 实施 SA 技术,使一般用户水平定位精度由 7~15m 一夜之间下降到 100m,高程定位精度由 12~35m 下降到 157m 左右。这种影响是可以改变的,在美国政府认为必要的情况下,可以进一步降低民用 C/A 码信号定位精度。SA 技术是针对非授权用户的,对于能够利用精密定位服务的用户,则可以利用密钥自动消除 SA 技术的影响。2000 年 5 月 1 日 SA 技术关闭前后,24h 连续定位结果如图 6.30 所示,纵坐标为纬度,横坐标为经度,坐标单位为"m",SA 技术使得定位数据不但劣化而且离散[42],相关内容详见 http://www.gps.gov/systems/gps/modernization/sa/data/。

SA 技术人为增大民用接收机的误差,引起全球民用用户强烈不满,为了摆脱或者减弱 SA 技术的影响,研究发现利用差分技术可以大幅度消除选择可用性技术中 δ 技术引入的误差,显著地提高了定位精度。差分技术是将一台 GPS 接收机安置在参考站上进行观测,根据参考站确定的位置,计算出参考站到卫星的伪距改正数,并由参考站实时将这一改正数播发给用户,用户接收机在接收 GPS 导航信号的同时,也

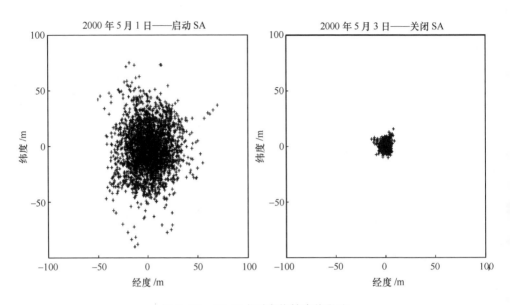

图 6.30　SA 技术对定位精度的影响

接收到参考站发出的改正数,并对定位结果进行改正,从而提高定位精度。

与此同时,俄罗斯 GLONASS 打破了美国对卫星导航服务一家独大的局面,既可为用户提供独立的定位服务,又可与 GPS 联合解算位置,降低了完全依靠美国 GPS 给用户带来的风险,因此,引起了国际社会的广泛关注。此外,美国政府也有意抢占全球卫星导航系统应用市场先机的考量,因此,1996 年初,美国政府曾宣布将在 10 年内终止选择可用性技术。

美国国防部和运输部于 1997 年启动了"GPS 现代"计划,2000 年 1 月,美国国防部关于"局部屏蔽 GPS 信号"技术试验获得成功,坚定美国政府推进 GPS 现代化的信心,提高民用 GPS 定位精度和可用性。在上述各方面因素的综合作用下,美国总统比尔·克林顿宣布停止对 GPS 卫星实施 SA 技术,从 2000 年 5 月 1 日午夜开始,一般民用用户能够获得 ±23m(95%)的平面位置定位精度, ±33m(95% 置信度)的高程定位精度,200ns(95% 置信度)的定时精度,一夜之间一般民用用户的接收机定位精度提高了约 10 倍,关闭 SA 技术后,标准定位服务定位精度变化如图 6.31 所示,也标志着美国启动实施"GPS 现代化"计划[43],相关内容详见 http://www.gps.gov/systems/gps/modernization/sa/data/。

关闭 SA 后,GPS 授时服务的 1PPS 的标准偏差由 100.3ns 减少到 51.8ns,如图 6.32所示,特别是 1 PPS 的峰峰漂移显著减小,这对于基于高精度原子钟实现时间同步、满足精密定位需要的用户来说至关重要。

实测表明,实施 SA 后,普通用户水平定位精度由 7~15m 下降到 100m 左右,高程定位精度由 12~35m 下降到 157m 左右。美国政府可以进一步降低利用 C/A 码

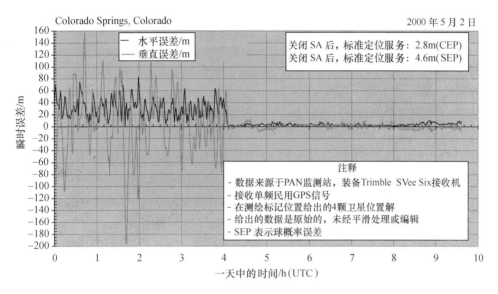

图 6.31　美国 GPS 关闭 SA 技术后标准定位服务定位精度变化(见彩图)

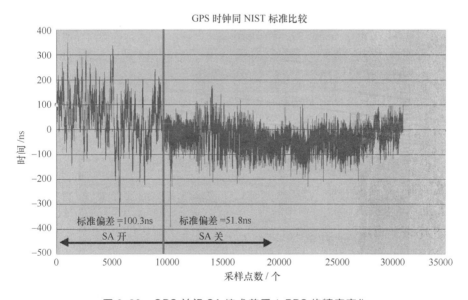

图 6.32　GPS 关闭 SA 技术前后 1 PPS 的精度变化

进行定位精度。SA 技术是针对非授权用户的,对于军用等授权用户,则可以利用密钥自动消除 SA 技术的影响。美军取消 SA 措施后,有效提高了一般民用接收机的定位精度,单点水平定位精度可以达到 22.5m,SA 取消前后的单点水平定位精度比较如表 6.3 所列[44]。

表 6.3　SA 政策终止前后的单点水平定位精度　　　　　　　　　　单位：m

误差源	SA 误差	电离层延迟	对流层延迟	星历差	多路径效应	用户距离差	HDOP距离差	总计
SA 政策终止前	24	7.0	2.0	2.3	2.1	25.0	1.5	75.0
SA 政策终止后	0	7.0	0.2	2.3	2.1	7.5	1.5	22.5
注：HDOP—水平精度衰减因子								

2009 年 9 月 21 日，美国 GPS 用户协会 John Langer 主任在 48 届 GPS 民用服务接口委员会（CGSIC）年会报告，2000 年 5 月 1 日，GPS 关闭 SA 后，SPS 的用户测距误差（URE）锐减，由关闭前的 6m 降低到 2008 年的 1m，如图 6.33 所示[45]。

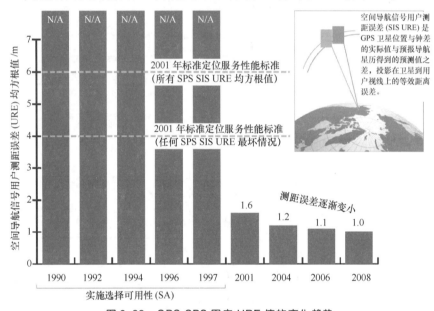

图 6.33　GPS SPS 用户 URE 值的变化趋势

虽然美国政府暂时终止了 GPS 的 SA，但为保证美国国家安全，需要每年评估一次是否继续实施 SA，终止 SA 技术后，L1 信号广播星历的精度仍然在 10～30m 之间，GPS 差分定位技术无法消除 SA 中 ε 技术带来的轨道参数误差，目前美国军方致力于开发和使用区域导航信号的关闭能力。读到这里，您也许不会不理解美国政府为什么早早终止了 GPS 的 SA，美国政府不是迫于一般用户的压力，而是 GPS 差分定位技术、俄罗斯 GLONASS 等带来的竞争压力，以及美国有了更高明的"区域性失效"技术来限制用户对民用导航信号的使用！

6.5.1.5　反电子欺骗技术

如果知道了授权信号特征，利用欺骗型干扰发射机，在 GPS 的 L1 和 L2 频点发射调制有错误导航电文参数的虚假导航干扰欺骗信号，就可以诱使授权用户 GPS 接收机错误锁定到干扰欺骗信号上，并产生错误的定位结果。为了防止这种电子欺骗干扰,美国采取了反电子欺骗(AS)技术,对军用 P 测距码进一步加密,引入高度机密的 W 码,将 P 码与 W 码进行模 2 相加,将 P 测距码转换成 Y 测距码。由于 W 码高度机密,所以非授权用户无法利用 P 测距码进行精密定位。

SA 和 AS 技术是各自独立实施的。只有在美国国家处于紧急状态时,才启用 W 码,实施 AS 技术。在上述措施的影响下,目前不同用户利用 GPS 进行实时定位可能达到的精度如表 6.4 所列[46]。

表 6.4　实时单点定位精度(平面定位)　　　　　　　　单位:m

措施		方式			
		标准定位服务(SPS)		精密定位服务(PPS)	
SA	AS	C/A 码	P 码	C/A 码	P 码
关	关	40	10	40	10
开	关	100	95	40	10
开	开	100	—	40	10
关	开	40	—	40	10

军用与民用服务分开,即提供 SPS 和 PPS 两种定位服务,增加选择可用性技术和反电子欺骗技术并不能保证美军在战场上的信息绝对优势,因为系统自身的薄弱环节并未解决。

6.5.2　控制段对抗技术

对于地面控制段,主控站、监测站和注入站存在被攻击的可能性,特别是全球范围建立的无人值守监测站更容易遭受恶意破坏。监测站接收卫星信号,也存在被干扰或欺骗的可能。因此,针对控制段的攻击有两类:一类是对主控站、监测站进行直接的攻击或植入病毒破坏,以使地面注入站不能工作或注入错误信息;另一类是干扰监测站对导航卫星信号的接收,以使主控站不能获得正确的卫星信息。

地面控制段可以从提高卫星导航系统地面设备(包括主控站、注入站、监测站和相关数据链)的抗电子干扰能力和抗物理摧毁能力两个维度提高导航战中的对抗能力,一般卫星导航系统要在异地设置备份主控站、多个上行注入站,目的就是提高导航战中的生存能力。

卫星导航系统基于星间链路(ISL)的自主运行技术也可被看作一种特殊的抗干扰措施。例如,GPS Block ⅡR 的自主运行功能可以在 180 天无地面站支持的条件下,保持 URE 小于 6m 的精度;而 GPS Block ⅡF 可在与运行控制段(OCS)失去联系时,在自主导航模式下工作约 60 天,URE 不高于 3m 定位。自主导航功能的提出,进一步降低了空间段对地面控制段的依赖。当地面主控站受到攻击或者上注链路被干扰无法工作时,GPS 仍可利用自主运行功能,在一定时间内提供基本的 PNT 服务。

星间链路在卫星导航系统中担负着两项重要任务:一是导航卫星利用高速星间

链路实现导航电文向全星座卫星分发,是实现"本土布站＋星间链路"上注导航数据方案的基础;二是星间链路是卫星实现自主运行功能的关键技术。卫星导航系统利用星间链路进行数据传输和双向测距,实现钟差及轨道位置等参数的修正,使卫星导航系统在没有地面站支持的情况下仍能长时间维持较高的定位精度和导航性能。

在导航战环境中:跳频通信系统能有效对抗扫频干扰;通过扩展频带,增加跳频的频率数目,可以有效地对抗宽频带阻塞式干扰;通过提高跳频速率,则能有效地对抗跟踪式干扰。与此同时,载波频率的快速跳变使得敌方难以截获信息,即便敌方截获到部分频率,由于跳频序列的伪随机特性,敌方也无法预测下一个载波频率,因此很难获得有效的信息。

目前 GPS 主控站(MCS)可以支持 Block Ⅱ 系列导航卫星的运行控制任务,为适应对未来 Block Ⅲ 导航卫星星座的运控,除了监控 L2 C、L1 C、L1 M 、L2 M、L5 等新的导航信号外,还要监控核爆探测信号(NDS)、卫星遇险报警系统(DASS)信号、星间链路载荷信号。因此,GPS 地面段启动了下一代(地面)运行控制系统(OCX)的建设工作,OCX 的运控系统软件以升级完善为主,新增的任务是借助星间链路实现对星座所有卫星的一站式测控、任务规划及自主导航,利用美国联邦航空管理局(FAA)认证的 WAAS 算法,提供 GPS 完好性和连续性运行控制服务,满足民航精密进近服务要求。2010 年 2 月 18 日,美国国防部将建设 OCX 的合同授予美国 Raytheon 和 Northrop Grumman 公司,分别开展空间任务系统和智能信息系统的研发,OCX 现代化的路线图如图 6.34 所示。

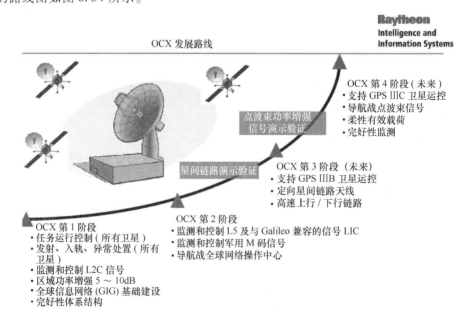

图 6.34　GPS 的 OCX 现代化路线图

Raytheon 公司于 2010 年 5 月完成了 OCX 技术基线评审,2011 年 8 月完成了 OCX 初步设计评审,2015 年 8 月开展了 OCX 第一阶段的建设工作,系统建成后可以全面支持 Block Ⅲ 导航卫星的运行控制业务。OCX 建设采取循序渐进的发展方式,最终完全取代当前的 OCS,满足未来 2030 年美国对 GPS 的军事和民用需求[47]。

6.5.3 用户段对抗技术

接收机只有正常接收导航信号,卫星导航系统的 PNT 服务才能发挥效益。卫星导航信号落地电平一般约为 −160dBW,淹没在周围环境的白噪声中,且容易受到各种电磁干扰的影响。卫星导航系统民用信号对用户免费使用,为了促进用户终端的研发,各卫星导航系统均公开了民用信号接口控制文件(ICD),导航信号的频点以及信号结构均对外发布,导航信号的频点和调制方式也是全部公开的,这样对方很容易对导航信号实施干扰。例如,GPS L1 信号的中心频率为 1575.42MHz,L2 信号的中心频率为 1227.6MHz,比较容易开展压制式干扰,即干扰信号的中心频率与 L1、L2 信号的中心频点一致,只要干扰信号能量大于 GPS 信号能量即可。此外,通过重构导航电文也能开展欺骗式干扰,2011 年 12 月 4 日,伊朗工程师通过重构 GPS 信号导航电文数据,诱使美国洛克希德·马丁 RQ-170"哨兵"无人机(UAV)降落到伊朗东北部的喀什马尔市附近,是经典的导航欺骗干扰案例。

6.5.3.1 干扰技术

对卫星导航信号的干扰分为无意干扰和恶意干扰两类,商用高功率无线电发射机产生的谐波、超宽带雷达、广播电台、移动卫星通信设备和个人便携式电子设备等都会造成对卫星导航信号的无意干扰。2011 年光平方公司干扰 GPS 服务是一起典型的无意干扰事件。光平方公司主要经营卫星移动通信业务,拥有 1525 ~ 1559MHz 和 1626.5 ~ 1660.5MHz 的频谱资源。随着光平方单模用户数量增加,对 GPS 的干扰问题日渐突出,从而引发了相关各界的强烈反对。2011 年 1 月 26 日,美国 GPS 产业委员会首先向美国联邦通信委员会(FCC)提出抗议。2011 年 3 月,美国航空、农业、运输、建筑、测绘等产业及 GPS 设备制造和服务提供商共同成立"拯救 GPS 联盟",要求美国国会协调解决光平方公司通信业务对 GPS 信号的干扰问题。2011 年 9 月,美国军方指责光平方公司通信网络会导致美军大量武器装备降低甚至丧失对 GPS 信号的接收能力,从而影响军队的作战能力。随着事态进一步升级,2011 年 10 月,美国国会要求光平方公司暂停地面通信网络建设和运营服务。

与无意干扰相比,恶意干扰则是利用卫星导航信号特性,采用特殊技术使接收机产生较大的定位误差甚至无法捕获卫星信号。对卫星导航系统用户接收机的恶意干扰实际就是对系统的下行信号实施干扰,包括压制式干扰和欺骗式干扰两种方式。压制式干扰又叫阻塞干扰,利用导航信号落地电平低的特点,用干扰机发射一定带宽、频率和功率的同频段干扰信号,干扰信号的能量远大于导航信号,干扰信号通过遮蔽对方卫星导航系统的信号频谱,使对方卫星导航接收机不能正常接收卫星播发的信号,从而导致接收机不能正常工作。

阻塞干扰技术难度低、易于实现。海湾战争期间,美军 GPS 制导武器对伊拉克实施了精确打击,然而伊军使用了俄制 GPS 干扰机之后,导致美军 GPS 制导武器出现了较大偏差。压制性干扰包括单频瞄准式(或连续波)干扰、带内窄带噪声干扰和同频带宽带干扰(或阻塞式干扰)3 种压制式干扰方式。压制式干扰信号过大很容易丧失隐蔽性,所以寻找合适的干扰功率是导航电子对抗的基本要求。导航接收机内置完好性检测软件可以检测出干扰信号,如图 6.35 所示。

图 6.35　干扰机开启和关闭对 GPS 接收机的影响

1999 年巴黎航展上,俄罗斯 Aviaconversiya 公司展示了便携式 GPS 信号干扰机,主要技术指标为输出功率 4W,质量 17.6 ~ 22 磅(1 磅 ≈ 0.45kg),功耗 22W,如图 6.36 所示。在 2003 年海湾战争中,伊拉克军方使用的俄罗斯研制的 GPS 信号干扰机如图 6.37 所示,能对现有 GPS 的两个频段信号实施有效的干扰。

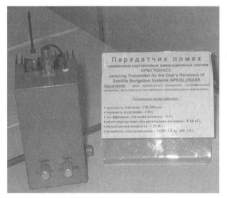

图 6.36　俄罗斯研制的便携式 GPS 干扰机　　图 6.37　俄罗斯研制的 GPS 信号干扰机

干扰信号功率越高,干扰范围越大,干扰机价格越贵,但也更容易被识别和被摧毁,干扰功率与干扰范围和成本的关系如图 6.38 所示。试验表明,一台 1W 的跳频噪声 GPS 信号干扰机,可以使 22km 范围内的民用 GPS 用户机不能正常工作。典型干扰信号包括连续波(CW)信号、扫频信号、窄带(NB)噪声信号、宽带(WB)噪声信号、频谱匹配信号(测距码干扰机)以及欺骗信号,干扰信号的有效性与其生成复杂性成正比,如表 6.5 所列。

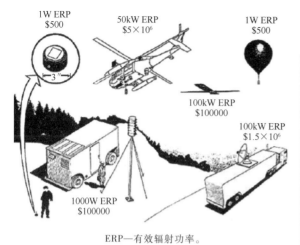

ERP—有效辐射功率。

图 6.38　GPS 信号干扰机能力及成本示意

表 6.5　干扰信号的有效性与
其生成复杂性的关系

干扰信号类型	
连续波（CW）	更有效但更复杂或者说生成效率越低
扫频 CW	
窄带（NB）噪声	
扫频 NB	
宽带（WB）噪声	
频谱匹配信号（测距码干扰机）	
欺骗信号	

接收机抗干扰能力、干扰机信号功率以及有效干扰范围之间的关系如图 6.39 所示，图中横坐标为干扰机信号有效干扰范围（单位：km），纵坐标为接收机抗干扰能力（单位：dB）。军用接收机的抗干扰指标是在 5～50km 范围内，不受 10W 干扰机的干扰[48]。干扰效果用进入接收机内部的干扰信号功率除以 GPS 信号功率所得到的效果比来表示，这个比率称为干信比，单位为 dB。

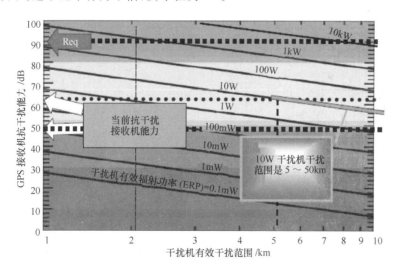

图 6.39　目前装备的 GPS 接收机抗干扰能力（见彩图）

便携式 GPS 信号干扰机的发射功率很容易做到 100W，甚至更高功率，因此，未来军用接收机的抗干扰指标应至少达到 90dB，这样即使当干扰机达到 1000W 时，在 2.5km 范围内，军用接收机仍然能够正常工作，这样可在强干扰环境下保持 GPS 的定位能力，如图 6.40 所示，干扰功率每增加 6dB，有效干扰距离增加 1 倍。

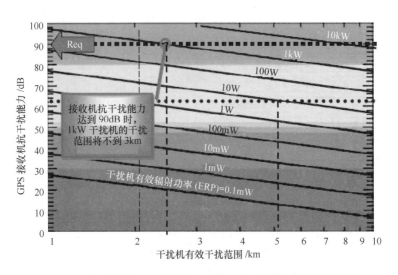

图 6.40　未来军用 GPS 接收机具有 90dB 抗干扰能力（见彩图）

欺骗干扰是根据卫星导航定位原理,通过给出虚假导航信息(卫星星历和钟差等数据)或增加信号传播时延,使接收机测量的伪距产生偏差的技术。这分别对应于"生成式"和"转发式"两种干扰体制。转发式欺骗干扰将干扰机收到的真实导航信号引入一定的时间延迟,同时把功率放大后再发射出去,使得一定范围内的接收机捕获欺骗干扰信号,欺骗干扰信号只是完成转发,技术上相对容易实现,不需要知道导航信号的伪码和电文数据,而且欺骗信号的功率也比真实导航信号略大,接收机难以辨别且被捕获跟踪的概率较高。

生成式欺骗干扰利用卫星导航信号的产生原理,在已知民用测距码的生成方式的前提下,干扰机自主生成与真实导航信号相似的欺骗信号,欺骗信号具有相同的频率,虚假的导航电文,并通过加大信号功率的方式使接收机误以为模拟信号是真实的卫星信号,欺骗信号凭借功率优势逐渐将真实相关峰剥离跟踪环路,进而控制跟踪环路,生成式欺骗干扰工作原理如图 6.41 所示。生成式欺骗信号测距码相位超前真实信号,因而不会被当作多路径信号,所以隐蔽性更强,而真实的卫星信号则被当作多路径信号而被接收机摒弃。欺骗干扰通过对导航电文进行设定,将接收机的定位坐标指向欺骗干扰所期望的地点[38]。

欺骗式干扰就是干扰机播发虚假的 GNSS 卫星星历和历书,即卫星的轨道参数是错误的,或者增加信号传播时延,使测量的伪距产生偏差。接收机接收到虚假导航信号后,虚假的导航电文参数将导致 GNSS 接收机解算出错误的位置信息。相比压制式干扰,欺骗式攻击的潜在危害性更大,因为目标接收机并没有意识到威胁的存在。欺骗式干扰机对接收机定位结果的影响如图 6.42 所示。

2011 年 12 月 4 日,伊朗伊斯兰革命卫队工程师先利用阻塞干扰迫使美军 RQ-170"哨兵"无人机进入应急状态,再用干扰机播发重构的 GPS 信号导航电文数据,诱

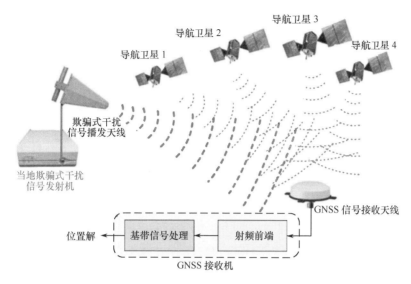

图6.41 生成式欺骗干扰工作原理示意图(见彩图)

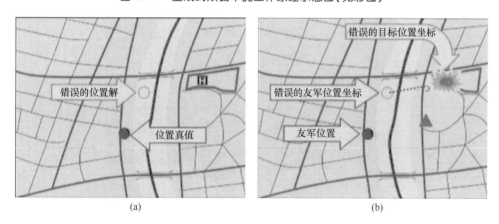

图6.42 欺骗式干扰干扰机对接收机定位结果的影响(见彩图)

使美军RQ-170"哨兵"无人机降落到伊朗东北部的喀什马尔市附近,成为经典的导航欺骗干扰案例,如图6.43所示。这种产生式的欺骗干扰因为可以将目标地点按期望设定,对精确制导武器来说是非常致命的,因此军用的导航信号会采用与民用信号不同的特定加密方式来避免这一威胁。

此外,针对导航信号的干扰还有分布式干扰技术,将众多空间分布的干扰机在重点保护地域配置为全方位的三维干扰网络,包括地面干扰机、空中干扰机(承载平台可为无人机、平流层飞艇、气球)、海面漂浮干扰机等,如图6.44所示。这些干扰机不仅可以压制较大区域内的导航接收机正常接收信号,也可以压制雷达、通信台的能力,是未来信息化战场上对抗导航网、预警机、分布式雷达网和通信网的有力手段。

图6.43　伊朗伊斯兰革命卫队工程师利用干扰技术诱捕美军RQ-170"哨兵"无人机

图6.44　分布式干扰示意图(见彩图)

对用户接收机的干扰一般以转发式欺骗干扰为主,辅以相关压制干扰,即压制干扰和欺骗干扰相结合的组合干扰方案,首先采取压制干扰,使干扰区内的接收机失锁并转入信号搜索状态,然后再切换到转发式欺骗干扰,使接收机锁定在虚假的导航卫星信号上。自适应调零天线技术能使接收机的天线在干扰源方向的增益为零,从而不受干扰,因此,采用单一干扰方式、单个干扰源的干扰方法很难达到预期的干扰效果,可以在地面和空中实施组合干扰,这样既可以降低对干扰功率的要求,又能扩大干扰范围。

6.5.3.2　抗干扰技术

针对卫星导航信号落地电平低、易受干扰的特点,可以采用多种抗干扰技术。单阵元抗干扰技术和多阵元(阵列)抗干扰技术是两种典型的方法。单阵元抗干扰技术包括时域滤波、频域滤波和时频域滤波技术。多阵元抗干扰技术包括空域滤波和空时自适应抗干扰。抗干扰算法的基础是信噪比提升,抗干扰算法在带来抗干扰能力的提升时,均导致信噪比的回退,因此,要使抗干扰算法达到预期效果,前提是信噪比高出捕获门限。因此抗干扰能力提升的首要措施是提高导航信号的发射功率,即所谓的功率增强。美国国防高级 GPS 接收机(DAGR)以及改进型 DAGR 的抗干扰能力曲线如图 6.45 所示,图中横坐标为有效干扰范围,纵坐标为干扰机信号功率[49-50]。

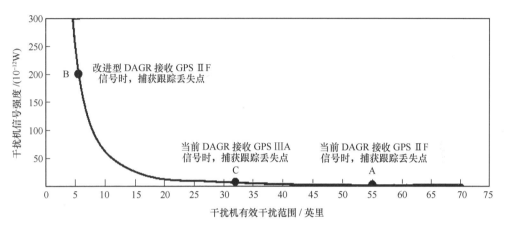

图 6.45　有效干扰范围与干扰机信号功率之间的关系

为了解决导航信号抗干扰能力不足的问题,可以在导航接收机的接收天线、前置放大器、自动增益控制器、下变频器、模数转换器、伪码跟踪环路、载波跟踪环路及导航滤波器等环节采取抗干扰措施,如图 6.46 所示。

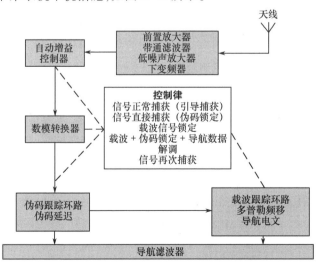

图 6.46　GPS 接收机导航信号接收链路示意

1）射频干扰检测技术

通过分析导航信号的自身性质,并结合干扰源发射出干扰信号的干扰模式及其干扰策略,可以采用射频干扰检测技术以及抗干扰技术来解决接收机干扰问题。射频干扰检测技术是接收机检测到射频干扰信号后,一旦干扰信号影响了导航信号的完好性就立即报警,如图6.47所示,并以载噪比的方式量化给出射频干扰的大小。

警告
检测到干扰信号
单频信号接收

2006年9月16日
伊拉克巴格达

接收机利用自动增益控制（AGC）器控制下变频器的输入电压,测量射频干扰信号的干信比,同时计算出导航接收机天线和前端输入的射频干扰信号的功率。其优点是在导

图6.47　干扰检测模块发出警告信息

航接收机的数字接收通道以及信号处理器中采用码环和载波环增强技术,利用码环和载波跟踪环滤波器,提高接收机的抗干扰能力。典型电磁干扰测量接收机如图6.48所示,

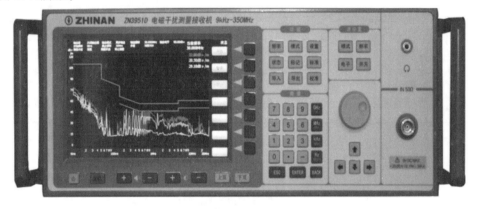

图6.48　电磁干扰测量接收机（见彩图）

2013年5月,美国GPS卫星有效载荷研制方ITT Exelis公司研制成功GPS干扰源检测定位设备"Signal Sentry 1000",该产品能够自动检测并定位任何有意或无意的GPS干扰信号,同时显示干扰源的经度、纬度和海拔高度信息。GPS干扰源位置可以直观地显示在电子地图上,如图6.49所示。

2）时域抗干扰技术

时域抗干扰技术利用导航扩频信号具有类似高斯白噪声信号的特性,具有不可预测性,而压制干扰一般具有窄带特性,能够进行预测,所以采用有限冲击响应自适应滤波器可以根据干扰的位置自适应调节抽头系数,或者采用自适应无限冲击响应陷波器对干扰信号进行陷波,对存在干扰的频带进行陷波处理,从而抑制干扰达到捕获的目的。但是对于欺骗信号,时域滤波不能够对其进行检测和滤除。时域抗干扰

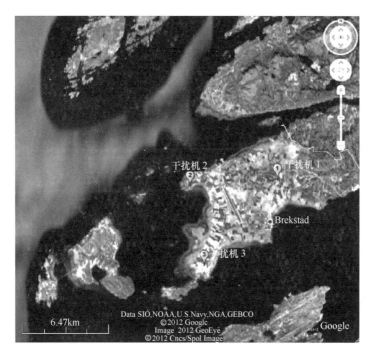

图 6.49　导航信号干扰源位置显示在电子地图上（见彩图）

有限冲击响应自适应滤波器结构如图 6.50 所示。

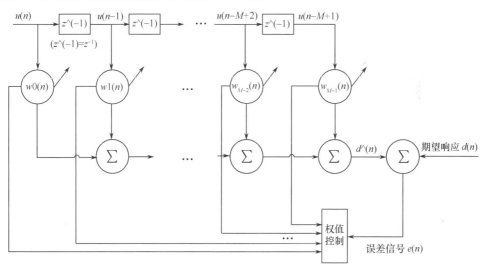

图 6.50　时域抗干扰有限冲击响应自适应滤波器结构

3）频域抗干扰技术

频域抗干扰技术利用干扰信号在频域具有较强的聚集性,而类似高斯白噪声的导航信号在频域平坦且幅度远低于干扰信号,所以可将信号从时域变换到频域,通过设置门限判断干扰信号频谱,将干扰频谱滤除,即可以达到抑制干扰的目的。对于欺骗信号,频域滤波不能对其进行检测和滤除。

在导航接收机的数字接收通道前端增加数字中频滤波环节,特别是采用窄带干扰处理技术,将离散傅里叶变换技术用在数字中频信号的数字信号处理中,例如频域幅度处理技术,如果没有射频干扰信号,则热噪声功率谱在频域中是比较均匀的,如果在信号中存在射频窄带干扰信号,则它将在热噪声功率谱中出现明显异常谱线,这种异常谱线在离散傅里叶变换求逆前可以被滤除。频域抗干扰算法框图如图 6.51 所示。

IFFT—反向快速傅里叶变换。

图 6.51　频域抗干扰算法框图

一般的导航接收机:采用截止频率特性比较陡的无源滤波器,用来抑制功率较大的导航干扰信号;在接收机的前置放大器中增加限幅器,阻止脉冲干扰,保护前置放大器不受大功率脉冲信号的干扰;在导航接收机中的前置放大器和下变频器处增加干扰信号滤波器,使得导航接收机不易受到带外强功率信号干扰。

4）自适应调零天线技术

将自适应天线阵列技术用在导航接收机的接收天线环节,自适应调零天线阵列包括多个阵元,阵中各个天线阵元与微波网络连接,微波网络与处理器连接,处理器对从微波网络送来的信号进行处理后反馈调节微波网络,使各阵元的信号增益和相位发生变化,从而在天线阵的方向图中产生对着干扰源方向的零深,以降低干扰的影响,可控接收方向图天线（CRPA）组成及工作模式如图 6.52 所示。零深的个数由阵元的个数决定,理论上 N 元阵可以控制 $N-1$ 个零深。理想情况下,自适应天线可使导航接收机的抗干扰能力提高 40 ~ 50dB。

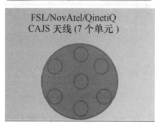

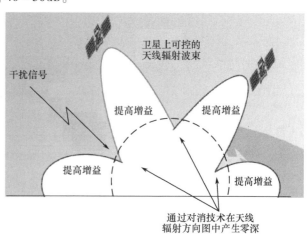

图 6.52　CRPA 组成工作模式示意（见彩图）

自适应调零天线技术是提高导航接收机抗干扰能力的重要方法。空域滤波技术也存在一些不足：首先，空域滤波技术基于窄带假设，对于宽带干扰的处理效果并不理想；其次，空域滤波技术难以处理相干干扰和多路径干扰；再次，如果一个干扰源离某颗导航卫星的角度间隔很近，针对该干扰的自适应调零措施也将使得该颗卫星的信号被有效衰减并导致有效信号不可用；最后，在实际应用中，自适应调零天线的阵元尺寸不能太大、阵元数量不能太多、阵元功耗不能太高，从而降低了自适应天线阵的抗干扰性能。

5）空时自适应抗干扰技术

空时自适应处理（STAP）抗干扰技术利用时间延迟扩展权值个数，相当于在不增加自适应调零天线阵元数量条件下提高了天线自由度，从而增加了可以处理的干扰信号的数量。延迟时间 $T \leqslant 1/B$，B 为传输信号带宽。如果滤波器延迟结束为 N，这样每路长度为 $(N-1)T$ 的滤波器能够形成不同时间延迟的信号，从频域上看，相当于把一个宽带信号分成 N 个频段进行窄带处理。处理器提供选择更多的权值实现宽带干扰信号处理，同时保护导航信号的目标。卫星导航空时自适应处理工作原理如图 6.53 所示。

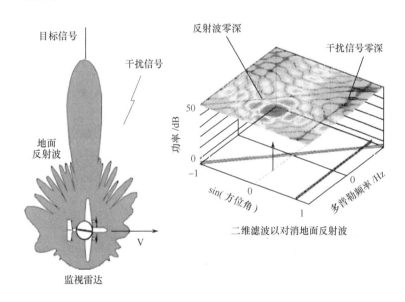

图 6.53 STAP 工作原理（见彩图）

空时自适应抗干扰技术是一种宽带信号处理技术，对多路径干扰、窄带干扰、宽带干扰等复杂干扰具有较好的抑制效果，使得接收机整体抗干扰能力可以达到65dB。空时自适应技术代表着导航接收机抗干扰技术的发展趋势，是导航接收机抗干扰技术的重大突破。美国已将空时自适应抗干扰技术应用于装备联合远程空对地导弹（JASSM）的导航接收机中。

6）军码直接捕获技术

以 GPS 为例,目前现有军用 GPS 接收机接收军用 P(Y)码信号的机制是先捕获民用 C/A 码信号,然后由 C/A 码信号引导捕获 P(Y)码信号,由于 C/A 码只有 25dB 的抗干扰能力,很容易被干扰,而 P(Y)码的干信比为 43dB,因此,采用多个相关器技术以及小型高稳定时钟技术,可以实现对军用 P(Y)码进行直接捕获,使军用 GPS 接收机的抗干扰能力提高 18dB。

7）改进现役接收机

导航用户接收机的灵敏度比较高,微弱的干扰信号就可以对导航信号产生较大的干扰。例如,一个 10W GPS 信号干扰机的有效辐射干扰信号功率与干扰范围 (km)之间的关系如图 6.54 所示,图中的三条曲线分别是干扰接收机军码跟踪曲线、干扰接收机民码跟踪曲线以及干扰接收机信号捕获曲线,横坐标为干扰范围,纵坐标为干扰机有效辐射功率(ERP)[51]。

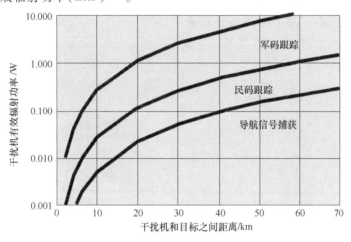

图 6.54　有效辐射功率与干扰范围之间的关系

诺斯普罗・格鲁曼公司已研制出 30~40dB 抗干扰改进型 GPS 接收机,采用"反干扰自主完好性监控外推"技术,耦合惯性导航和载波相位测距结果,减小 GPS 跟踪回路的带宽,从而减少干扰信号进入 GPS 接收机的电平。罗克韦尔・柯林斯公司和洛克希德・马丁公司为 JASSM 研制联合研制出"时间-空间抗干扰接收机 (G-STAR)",采用"天线调零和波束操纵"技术,设计出一个时间-空间适配器,当适配器检测出干扰信号时,便将其信号调整到零,在抑制干扰信号的同时,能自动指向 GPS 卫星的波束,即提高在导航信号方向上的增益。

8）接收机自主完好性监测

导航接收机自主完好性监测(RAIM)技术利用冗余观测量监测用户定位结果的完好性,目的是在位置解算过程中检测出发生异常的卫星,并保障定位的精度。为了正常开展接收机自主完好性监测,必须有冗余的观测量。一般来说,需要可见卫星数

5 颗以上才能进行完好性监测;需要 6 颗以上才能辨识出故障卫星。接收机自主完好性监测算法有伪距残差判决法、伪距比较法、校验矢量法以及最大解分离法。

6.5.4　其他防御技术

6.5.4.1　伪卫星技术

伪卫星(PL)是一种布设于地面上的发射定位信号的发射机,通常发射类似于 GNSS 信号的信号。除了测试验证 GNSS 原理和性能外,伪卫星还能够在可见导航卫星数目不足的情况下起到替代导航卫星的作用,提升系统的可用性和完好性。在室内、洞穴等极端环境中,伪卫星甚至可以完全取代导航卫星星座。在干扰环境下,通过伪卫星功率增强可以提升用户机的抗干扰能力和导航战能力。

伪卫星定位系统是一个模拟 GNSS 的区域定位系统,采用独立的坐标系和时间标准,基本理论和技术都源于 GNSS。用 4 颗以上的伪卫星作为信号源来模拟 GNSS 信号系统中的导航卫星,发射类似 GNSS 的导航信号,并用参考接收机和主控站完成系统的时间同步控制,系统内的用户接收机接收伪卫星信号,最终解算出接收机在信号区域中的位置,伪卫星定位系统组成示意图如图 6.55 所示。目前伪卫星已被发展成为增强 GNSS 的信号源,不仅能够增强 GNSS 卫星的几何精度因子,而且在某些情况下可以替代 GNSS 卫星。

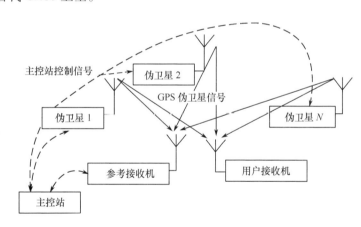

图 6.55　伪卫星定位系统组成示意图

伪卫星定位系统主要由伪卫星、主控站、参考接收机和用户接收机 4 部分组成:作为信号源的伪卫星至少要有 4 颗,伪卫星发射类似 GNSS 的单频导航信号;主控站是伪卫星系统的控制中心,完成 GNSS 中的监测站、控制站和注入站三站合一的功能,负责控制系统时钟同步、生成指令、注入导航数据等任务;参考接收机是系统的反馈部分,用来接收伪卫星的信号,获取每颗伪卫星的状态,并将信息传送给主控站;用户接收机完成伪距测量、导航电文解算及定位。

伪卫星定位系统工作时,主控站首先配置伪卫星的测距码序列号,将导航数据注入伪卫星,高精度参考接收机可以测量伪卫星时间同步误差并将信息反馈给主控站,主控站同时调整伪卫星测距码播发时间,用户接收机测量伪距、解调导航电文并解算用户位置。由于伪卫星导航信号功率较 GNSS 信号的功率大很多,因而可以提高用户的抗干扰能力。伪卫星应用主要有伪卫星辅助 GNSS 定位和伪卫星独立定位两种模式。前者伪卫星可以提供导航信息,弥补 GNSS 卫星数量的不足,对 GNSS 的辅助增强改善了定位系统的可靠性和完好性;后者在 GNSS 信号被遮挡情况下,可以采用伪卫星导航星座,独立地进行定位服务。

伪卫星辅助定位模式适用于用户视场可见 GNSS 卫星数量不足,为了增加伪距观测量,可以根据测区的地形以及 GNSS 星历设计伪卫星的安装位置,在地表增加一定数量的伪卫星,与基本系统组合定位,由此改善 GNSS 卫星的几何精度衰减因子(GDOP),提高 GNSS 的定位精度、连续性、完好性和可用性,如图 6.56 所示。此外,还可以通过在合适的位置设立参考站,并在参考站与流动的工作站之间建立数据链,按照传统的差分工作模式对流动站在 GNSS 信号严重被遮挡的情况下进行定位。由于工作环境的复杂性,有时并不总能保证可以在工作区域建立固定的参考站,如果改用伪卫星收发器就可以省去在流动站的工作区域内建立参考站。

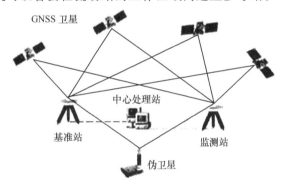

图 6.56　伪卫星辅助 GNSS 定位

在伪卫星辅助 GNSS 定位模式下,伪卫星信号也可以由空基平台发送,空基伪卫星(APL)不仅能提高定位精度,而且可以保证自身不被恶意干扰。在低轨通信卫星系统增强 GNSS 方面,美军利用铱星通信系统播发 GPS 完好性(iGPS)增强信号及"卫星授时与定位(STL)"信号,可以提高 GPS 的完好性和抗干扰能力,试验表明铱星的增强信号显著提高了接收机自主完好性监测故障检测和识别概率,STL 信号则可以实现独立定位服务。在提升 GNSS 完好性方面,伪卫星最引人注目的应用是飞行器精密进近与着陆导航服务。伪卫星信号在增强卫星 GDOP、改善可用性和完好性,以及提高定位精度方面都有明显效果。由于在仰角比较低时,伪卫星的载波相位测量也具有较高的精度,伪卫星还用于形变监测等许多高精度定位服务领域。

在一些特殊环境,例如高楼林立的城市、山区峡谷、地下隧道及室内等环境,GNSS 信号被遮挡,这时可以使用一定数量的伪卫星组成导航星座,独立为用户提供定位服务,称为伪卫星独立定位模式,其系统如图 6.57 所示。关于伪卫星室内定位,有学者提出了用矢量跟踪环和卡尔曼滤波替代原来的标量跟踪环等新的算法。

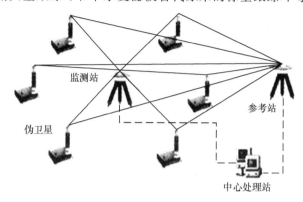

图 6.57　伪卫星独立定位系统

伪卫星独立定位模式中伪卫星能够与 GNSS 已有卫星建立时空联系,并作为导航台播发导航信号,从而提升 GNSS 的服务性能。相对于 GNSS,它是用户;相对于其他下级用户,它又是导航台。可以将伪卫星看作 GNSS 导航信号的中继器,它的时间同步于 GNSS,以自己的时空基准为基础发射导航信号。传统伪卫星主要是补充 GNSS 信号的不足,侧重于信号层的增强,通过增加新的导航信号实现精度衰减因子(DOP)的改善和完好性的提升。

传统伪卫星一般指陆基伪卫星,随着技术进步和需求提升,伪卫星平台也逐步发展到无人机、临近空间飞行器、低轨卫星。根据使用场合的不同,伪卫星发射的信号频段、调制方案、多址接入等方式与 GNSS 信号可以不同。例如,为了解决伊拉克战争期间暴露的俄制 GPS 信号干扰机对美军 GPS 接收机的干扰问题,2000 年 4 月,美国国防高级研究计划局(DARPA)开展了利用无人机播发 GPS 功率增强信号效果的研究,美军在"全球鹰"和"捕食者"无人机上安装了一种名为"Pseudolites"的伪卫星,在伊拉克上空创造一个微型"GPS 星座"。"Pseudolites"伪卫星首先捕获 GPS 信号,然后将信号放大后播发给地面部队,四颗"Pseudolites"伪卫星可以为用户提供一个导航解。试验表明,当无人机播发的信号功率为 100W 时,地面接收机接收到的信号强度比来自 MEO GPS 卫星的信号强度增加 45dB。利用无人机播发功率增强信号可以有效压制对方干扰信号,使美军在受干扰的战场环境中保持精确导航的能力。

针对 GNSS 信号被遮挡时,用户无法定位问题,澳大利亚 Locata 公司研发一种新型的定位系统——Locata。Locata 定位系统由导航信号收发机 LocataLite、时间同步网络 LocataNet 以及用户接收机 LocataRover 组成。Locata 定位系统可以独立为用户提供定位服务,也可以与卫星导航系统联合工作,为用户提供高精度、高可靠性的定位服务。导航信号收发机 LocataLite 由导航信号发射模块和信号接收模块组成,两个模块的时间由同一个时钟驱动。用户接收机 LocataRover 根据自身信号结构特征只需要对传统卫星导航接收机做适当修改即可。

在 Locata 定位系统初始运行阶段,导航信号收发机 LocataLite 通过时间同步网络 LocataNet 消除各自的钟差,可以实现纳秒量级的时间同步精度。在系统稳定运行阶段,用户接收机 LocataRover 通过接收 4 个以上导航信号收发机 LocataLite 播发的导航信号,基于 TOA 测距和三边定位原理就可以实现厘米级的定位。

为了克服导航信号收发机 LocataLite(伪卫星)与用户接收机 LocataRover(接收机)之间距离差异带来的"远近效应"问题,Locata 定位系统采用 CDMA 和 TDMA(时分多址)相结合的信号结构技术体制,用户接收机 LocataRover 采用卫星导航系统传统的 CDMA 技术实现不同测距码的多址接入和伪距观测,导航信号收发机 LocataLite 采用 TDMA 技术实现不同测距码导航信号的播发。Locata 定位系统将 1ms 划分成 10 个连续的时隙,每个时隙长度为 100μs,时隙之间没有保护带,10 颗 LocataLite 伪卫星被分配到 10 个不同的时隙发射导航信号,形成一个 TDMA 时帧,LocataLite 伪卫星的导航信号发射模块在不同的 TDMA 时帧按照跳时图案滑动,200 个 TDMA 时帧形成一个超帧,Locata 定位系统以一个超帧为周期连续播发 Locata 导航信号。

目前,Locata 定位系统采用 S 频段(2.4GHz)播发两路导航信号,避免了前期采用 L 频段(1.5GHz)播发导航信号时与 GPS 等传统卫星导航系统导航信号之间的干扰问题。此外,LocataLite 伪卫星可以根据应用场景和用户需求灵活调整信号功率(目前信号功率是 GPS 导航信号的 100 万倍)。Locata 定位系统在美国空军白沙导弹靶场的测试结果表明,当 GPS 信号被彻底干扰时,能够在宽阔的沙漠地带为用户提供可靠的定位服务。

应用伪卫星接收机设计时,首先要考虑与已有 GNSS 接收机的兼容问题。由于伪卫星信号功率通常远高于 GNSS 信号,如果伪卫星信号工作在 GNSS 频段,则会对 GNSS 信号形成较强的多址干扰。而且,接收机还面临大电平动态范围的考验。因此,为了开发一个稳定的伪卫星接收机,必须考虑伪卫星信号传播与接收的各种操作条件。此外,应在尽量少改动已有 GNSS 接收机的情况下,实现对伪卫星信号的接收。只修改接收机软件或采用软件无线电架构被认为是解决这类问题的有效措施。

其次要考虑时间同步问题。时间同步是基于测距原理实现定位的基础。与 GNSS 卫星不同的是,伪卫星配置的时钟的精度相对比较低,在全部采用伪卫星定位的应用中,时钟同步则显得更为重要。如果时钟同步误差能够控制在载波相位的误差级别,则单差分整数相位模糊问题可以得到有效解析,可以获得厘米级的定位精度。对于伪卫星系统与 GNSS 之间的时间同步,可以采取卫星授时的模式,采用载波相位和精密单点定位(PPP)技术可以获得更高的时间同步精度。对于伪卫星之间的时间同步事宜,可以采取共视法或双向测距比对的方法。当伪卫星坐标位置已知时,可以采取类似 Locata 的 TimeLoc 时间同步技术,通过单向高精度测距扣掉伪卫星间直线距离的方式,实现伪卫星之间的高精度时间同步。

然后要考虑远近效应问题。由于伪卫星的信号功率比 GNSS 的信号功率大很多,因此,会导致出现两种情况,当接收机天线与伪卫星比较近时,伪卫星信号可能被认为是一种干扰;反过来,当接收机天线与伪卫星距离特别远时,伪卫星信号则比较弱,难以被捕获和跟踪。这个现象被称为远近效应(near-far effect),当用户在伪卫星邻近的区域内活动时可能会使得其接收到的伪卫星强度呈现出高动态变化。Parkinson 博士提出通过伪卫星信号增加一个固定的周期脉冲、使用比 GPS 导航信号测距码更长的编码序列等措施可以解决远近效应问题。

最后要考虑误差修正问题。在伪卫星应用特别是室内定位应用中,多路径效应和非视距传播是一个复杂的问题。在静态定位中,多路径效应引起的偏差是一个常量。在动态模式下,这些偏差则变得随机,使得偏差难以建模修正处理。

6.5.4.2　GNSS/INS 组合导航

在某些特殊情况下,会发生接收机视界范围内导航卫星数量短时间内不满足定位方程的要求,这时导航接收机可以利用惯性测量单元(IMU)给出的导航信号的多普勒频移、接收机的速度、加速度和姿态等测量信息,接收机可以由此外推用户位置坐标,GNSS/IMU 数据融合组合导航接收机方案如图 6.58 所示,导航滤波器状态矢量包含惯性设备误差。1996 年,学术界提出了 GNSS/IMU 组合导航体系的概念,当集成观测量分别选择"速度/位置""伪距/载波"和"I/Q 累积值"时,分别对应松耦合、紧耦合或极紧耦合集成结构。

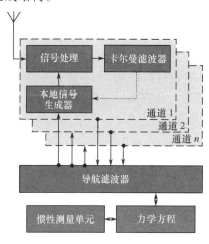

图 6.58　GNSS/IMU 数据融合组合导航接收机方案(见彩图)

GNSS/IMU 数据融合组合导航接收机信息流如图 6.59 所示,导航滤波器状态矢量包含惯性测量单元(IMU)误差、IMU 输出位置和速度信息,然后与 GNSS 模块测量的伪距、多普勒频移等观测量组合。根据 IMU 给出的位置和速度信息以及 GNSS 给出的卫星星历,组合系统可以更加准确地给出 GNSS 信号的伪距与多普勒频移测量预测值,而这些测量预测值与 GNSS 实际测量值相减形成误差信号,误差信号再经过卡尔曼滤波后就得到对 INS 定位、测速结果的校正量,最终输出位置与速度的最优估计。INS 输出的用户位置和速度结果给 GNSS 接收机提供了用户运动的参考轨迹,将 GNSS 定位这个非线性卡尔曼滤波问题转化成一个线性化卡尔曼滤波问题。

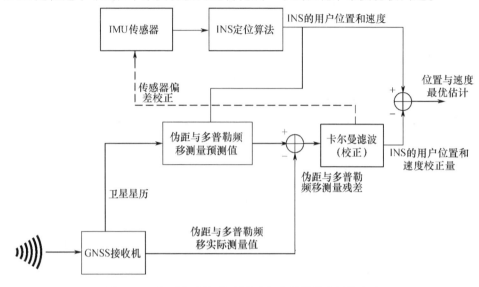

图 6.59　GNSS/IMU 数据融合组合导航接收机信息流

极紧耦合结构是 GNSS 接收机介入程度最深的组合导航结构。它一方面直接采用相关器的输出 I、Q 两路数据作为集成滤波器的输入;另一方面,它打破了传统 GNSS 接收机的跟踪环模式,而通过数据融合结果直接调整伪码数字控制振荡器(NCO)和载波 NCO。由于极紧耦合体系下,系统可以利用 INS 短时精度高的优点,在 NCO 控制时消除了平台的动态影响,所以可以降低 GNSS 信号的跟踪带宽。当一路或几路 GNSS 信号由于干扰失锁的时候,组合系统仍然可以预测平台的动态范围,从而在一定时间内估计信号的多普勒和相位偏移。一旦有了信号,再次捕获的时间就可以减少。

利用 INS 提供的平台信息辅助 GNSS 接收机的码环和载波环,即 GNSS/INS 组合导航技术,可以使 GNSS 接收机环路的跟踪带宽变窄,从而进一步抑制 GNSS 信号带外干扰,可以提高 GNSS 接收机的抗干扰能力为 10 ~ 15dB。目前这种组合导航技术已在各类军用飞机、舰船、巡航导弹、精确制导炸弹等武器系统中得到广泛应用。

6.5.4.3　射频信号直接采样

射频信号直接采样(DRFS)技术是解决卫星导航接收机射频前端兼容接收所有 L 频段导航信号的可行途径,射频信号直接采样射频前端组成如图 6.60 所示,宽频段射频前端首先对导航信号进行放大和滤波,然后利用高速率模数转换器对信号直接进行采样,再对采样信号进行下变频得到数字中频信号,最后对数字中频信号进行搜索、跟踪、解扩、解调、译码处理,得到 PVT 导航解。

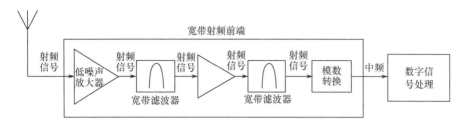

图 6.60　射频信号直接采样卫星导航接收机射频前端结构组成

　　加拿大的 MDA 公司研发了一款能够接收四大全球卫星导航系统射频信号直接采样接收机,结构组成如图 6.61 所示,利用 NovAtel 公司的 GPS-704X 天线接收导航信号,利用 Hittite 公司噪声系数为 1.3dB 的低噪声放大器(LNA)获得 30dB 宽带增益放大,然后利用 Avago 公司的宽带增益放大器模块(GBA)进一步放大射频信号,GBA 放大增益为 22dB,再利用 RFM 公司的窄带滤波器剔除带外噪声信号,该型窄带滤波器具有 15.3MHz 带宽(3dB),中心频点与 GPS L1 频点 C/A 信号一致(1575.42MHz),末级放大器采用 Hittite 公司的宽带可变增益放大器(VGA),增益调整范围是 −13.5 ~ +18dB,以调整模数转换器的输入功率,最后采用 Atmel 公司的模数转换器 AT84AS004 对 L1 频点信号采样,由此获得最佳的转换分辨力[52]。

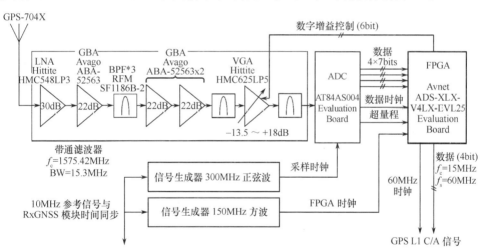

LNA—低噪声放大器;ADC—数模转换器;FPGA—现场可编程门阵列。

图 6.61　射频信号直接采样卫星导航接收机结构组成

　　DRFS 技术利用 FPGA 数字电路实现射频信号的下变频处理,因此,通过选择采样频率就可以利用一个射频前端实现同时对多个导航信号的宽频射频信号直接采样,这种方法的主要缺点是高频采样导致功耗较大、宽频信号处理导致对更快的数字处理能力以及对采样抖动较为敏感。

用户端卫星导航信号的功率非常低,通常低于信号热噪声,例如对于 GPS L1 频点的 C/A 信号来说,用户端的信号功率为 -158.5dBW,这意味着导航信号对接收机产生的热噪声比较敏感,因此,降低接收机的噪声系数对设计导航接收机至为关键。此外,为了满足对宽频带所有导航信号放大的要求,需要串联多级放大器,由此会造成系统不稳定问题;设计具有较低插入损耗、较高带外噪声信号抑制能力的宽带滤波器对于保持射频信号直接采样接收机来说也是非常重要的。

6.5.5　导航战案例解读

6.5.5.1　背景说明

2018 年 4 月 14 日,UTC 凌晨 1 点,美军对叙利亚开展军事打击。军事打击前,叙利亚及其周边地中海部分区域 GPS 接收机不能正常工作,有媒体文章认为美军战时关闭了 GPS 信号,一时间众说纷纭。关于 GPS 信号关闭,应该说大部分人是以讹传讹。美国导航战政策指出,即使在发生战争等这样特殊的条件下,除开战区外仍然保持和平民用。战区是指发生战争的局部地区,一旦关闭 GPS 信号,就会影响大片区域[53]。

本节通过数据分析揭示接收机不能正常工作问题与美俄双方发动的导航战有关,美军并没有关闭 GPS 信号。美军在实施军事打击过程中,叙利亚利用俄制 GPS 干扰机对 GPS 信号实施干扰,美军对 GPS 实施了功率增强措施以提高导航信号的载噪比,由此提高 GPS 的抗干扰能力。这次导航战时间历程如下:

(1) 2018 年 4 月 12 日—13 日,叙利亚地区 GPS 信号受到严重干扰,导致部分 GPS 接收机失效。

(2) 2018 年 4 月 13 日 12:07—18:36(UTC),GPS 19 颗卫星的 L1W、L2W 军用导航信号相继进行了功率增强,增强幅度为 3 ~ 6dB。

(3) 2018 年 4 月 14 日凌晨 1 点(UTC),美英法对叙利亚开展军事打击。

(4) 2018 年 4 月 17 日 16:30—18:30(UTC),GPS 关闭功率增强信号。

2018 年 4 月 26 日,Ben Brimelow 在 Business Inside 撰文:"General reveals that US aircraft are being disabled in Syria-the most aggressive electronic warfare environment on Earth"(US aircraft 'disabled' in Syria, most aggressive electronic warfare-Business Insider. html),文章转发了美国全国广播公司的报道——俄罗斯研制的 GPS 信号干扰机的干扰严重影响了美军在叙利亚的军事打击行动,干扰了美军 EC-130 电子战飞机等武器装备的定位、导航和授时功能,美国特种作战司令部(USSOCOM)司令官 Raymond Thomas 将军指出叙利亚已成为电子战的前沿。

2018 年 4 月 30 日,Dana Goward 在 https://rntfnd.org/网站撰文"Russia Undermining World's Confidence in GPS",文章指出,过去一年来,俄罗斯军事部门持续加强对美国 GPS 信号实施干扰的研究,战时典型俄制 GPS 干扰系统如图 6.62 所示,对 GPS 信号的广域欺骗(wide area spoofing)已是俄罗斯国防战略的一部分,俄罗斯研制的 GPS 信号干扰机可以导致 GPS 完全失效,而不影响 GLONASS 的正常使用[54]。

图 6.62　战时典型俄制 GPS 干扰系统

2018 年 4 月 17 日,中国航天电子技术研究院测试评估中心在其微信公众号发表"战争期间美国关闭叙利亚地区 GPS 服务了么?"[55],测试评估中心选取叙利亚周边 3 个 GPS 信号监测站数据,对 L1C/A 信号的性能开展了详细的分析,监测站分别是:距大马士革约 140km 的 BSHM 站,配置 JAVAD 监测接收机;距大马士革约 220km 的 DRAG 站,配置 LEICA 监测接收机;距大马士革 350km 的 RAMO 站,配置 JAVAD 监测接收机。3 个监测站的位置如图 6.63 所示。2018 年 4 月 16 日,中海达潘国富研究员在微信公众号 Geososo 发表《叙利亚地区 GPS 信号质量分析报告》[56],中海达选取距离叙利亚首都大马士革直线距离 100 ~ 150km,位于黎巴嫩的 AKAR、FEKH、

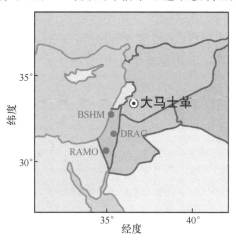

图 6.63　BSHM、DRAG、RAMO 监测站

GMMM、SWDN 4 个 CORS 站的数据,对 GPS 的 L1 和 L2 频点导航信号以及北斗系统的 B1 和 B2 频点导航信号的性能开展了分析,这 4 个卫星跟踪站的位置如图 6.64 所示,监测站配备中海达 VNet 6 plus 大地测量型专业级接收机,具有扼流圈天线以提高抗多路径干扰能力,信号捕获能力远远高于普通导航接收机。本节据此开展了进一步的详细分析。

图 6.64 　AKAR、FEKH、GMMM、SWDN 4 个 CORS 站的位置

6.5.5.2　数据分析

目前 GPS 的民用信号有 L1C/A、L1C、L2C、L5C,其中 L1C/A 应用范围最广,历史最悠久,中国航天电子技术研究院测试评估中心对 L1C/A 信号的跟踪性能进行了分析,2018 年 4 月 12 日—14 日,DRAG 监测站 LEICA 监测接收机的监测结果如图 6.65所示,图中绿线是可见卫星数目,红线是 PDOP 值,监测结果表明军事打击前叙利亚上空 GPS 卫星工作正常,监测接收机能够正常跟踪 GPS 卫星信号,可见卫星数量和 PDOP 值可以满足定位要求。RAMO 监测站的监测结果与 DRAG 监测站的数据类似,BSHM 站稍有不同。

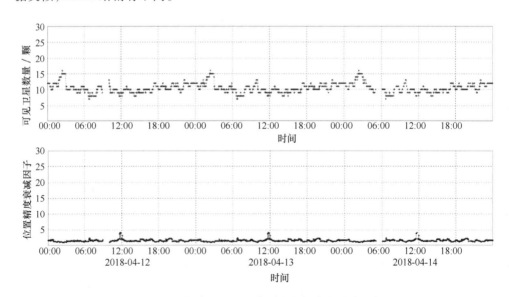

图 6.65　DRAG 监测站 LEICA 监测接收机的监测结果(见彩图)

BSHM 监测站离叙利亚首都大马士革最近,2018 年 4 月 13 日 UTC 2:00—2:54,5:18—5:42,6:14—6:23,BSHM 监测站卫星跟踪出现问题,导致 JAVAD 监测接收机工作出现了异常,原因比较复杂,最大可能是附近存在强烈的干扰信号,给一般用户的认识是 GPS 信号出现中断的假象,BSHM 监测站的可见 GPS 卫星数量和 PDOP 值如图 6.66 所示,图中绿线是可见卫星数目,红线是 PDOP 值。在上述 3 个时间段,所有卫星播发的导航信号的信噪比出现明显降低现象,同时 BSHM 站的定位结果出现异常,如图 6.67 所示,但未出现长时间的连续故障。

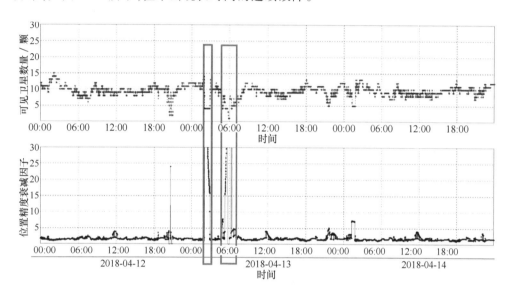

图 6.66　BSHM 监测站 JAVAD 监测接收机的监测结果(见彩图)

　　由图 6.63 ~ 图 6.67 可以看出,BSIIM 测站的 GPS 信号监测接收机受到了严重的干扰,而距离 BSHM 不远的 DRAG 站的 GPS 信号监测接收机并未受到干扰。GPS 卫星采用赋球波束天线播发 L 频段导航信号,所以 GPS 不具备在叙利亚等特别小的区域内定点关闭导航信号的能力,BSHM、DRAG 和 RAMO 等监测站的数据可以证明 GPS 没有关闭其导航信号,但区域内存在较强干扰,影响了接收机对 GPS 信号的跟踪性能,甚至导致部分接收机不能接收 GPS 导航信号。

　　中国航天电子技术研究院测试评估中心进一步分析了 2018 年 4 月 10 日—16 日 GPS L1C/A、L2C、L1P 与 L2P 导航信号的信噪比变化情况,结果表明 4 月 13 日后 L1 C/A 导航信号信噪比有所下降,L2C 没有明显变化,L1P、L2P 均有信噪比变大情况,说明军用 P 码信号功率做了增强,平均在 3 ~6dB(由于数据中 P 码的观测方式为 Z 跟踪技术,尚不确定接收机内部 L1P 与 L2P 信噪比间的关系),降低了 C/A 信号功率,平均在 0.5 ~1dB,如图 6.68 所示,横坐标轴是年积日,103 对应 4 月 13 日,纵坐标轴是信噪比。

　　中海达潘国富微信公众号文章"叙利亚地区 GPS 导航信号质量分析报告"给出

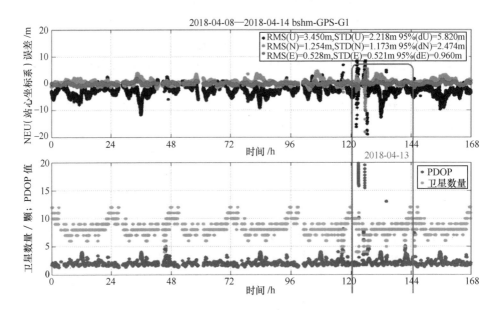

图 6.67　2018 年 4 月 13 日 UTC 2:00-2:54、5:18-5:42、6:14-6:23BSHM
监测站 L1C/A 信号异常（见彩图）

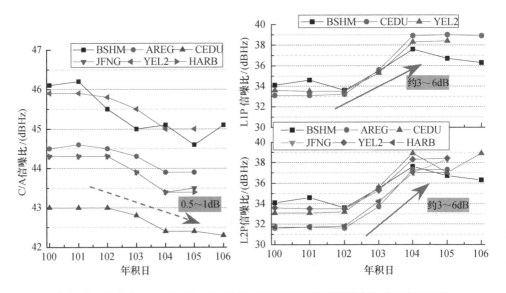

图 6.68　2018 年 4 月 10 日—16 日 GPS 导航信号信噪比的变化情况（见彩图）

了类似的监测结果,2018 年 4 月 13 日,AKAR 监测站卫星跟踪中断情况,GPS 和北斗系统导航信号同时受到干扰,信号质量非常差,从 4 月 13 日凌晨左右接收机就已经有明显的失锁现象,从下午开始甚至出现了中断,导航信号信噪比曲线波动非常大,24 小时的信噪比曲线如图 6.69 所示,信噪比曲线波动非常大,可以看出 AKAR 监测站受到较强烈的干扰。

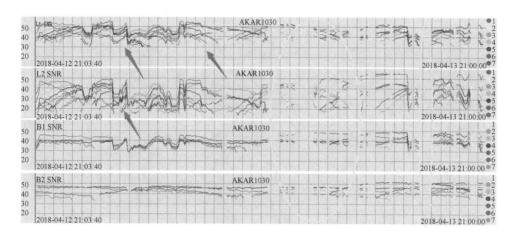

图 6.69 2018 年 4 月 13 日 GPS 和北斗系统导航信号
信噪比变化情况（AKAR 监测站）（见彩图）

2018 年 4 月 12 日—14 日 GPS 军码导航信号的信噪比变化情况如表 6.6 所列，相对于 4 月 12 日的信噪比，从 2018 年 4 月 13 号开始，AKAR、FEKH、GMMM 监测站 L2 频点导航信号的信噪比（S2）提高了 3 ~ 5dB（24 小时平均值）。GPS 的 L2 频率调制了军用 P（Y）码信号，显然这次军事打击行动期间，美军提高了 L2 频点军用导航信号的发射功率，以提高军用接收机抗干扰能力。

中国航天电子技术研究院测试评估中心根据全球导航信号监测数据，确认 2018 年 4 月 12 日—4 月 14 日有 19 颗 GPS 导航卫星实施功率增强措施，DRAG 监测站测得的 GPS 卫星 L2 P（Y）导航信号的信噪比如图 6.70 所示，这些卫星均是 2005 年以后发射的 Block ⅡR-M、Block ⅡF 卫星，如表 6.7 所示，也进一步证实 Block ⅡR 之后的 GPS 卫星配置了导航信号功率增强载荷，而之前发射的 Block ⅡR、Block ⅡA 卫星均不具备导航信号功率增强功能。

2018 年 5 月 8 日，根据芬兰国家大地控制网（National Geodetic Network）芬兰参考站（FinnRef）对全球卫星导航系统的监测数据，芬兰大地测量研究所（FGI）公开发布了 GPS 军用 L2 频点和民用 L1 频点导航信号的落地电平变化情况（2018 年 4 月 13 日—17 日）。芬兰参考站监测结果表明美军对叙利亚军事打击期间，美军提高了 GPS 军用 L2 P（Y）导航信号的功率，L2 P（Y）信号的信噪比提高了约 4dB；同时降低了民用 L1 C/A 码导航信号的功率，L1 C/A 码信号的信噪比降低了约 1dB，如图 6.71 所示。显然美军为了配合这次对叙利亚的军事打击，通过提高 L2 频点军用 P（Y）码导航信号的功率，同时降低 L1 频点 C/A 码导航信号功率，可以有效提高军用双频高精度导航接收机的性能和可靠性[57]。

表 6.6　GPS 军用 P(Y) 导航信号信噪比变化情况

序号	结论	文件	系统	开始时间	时长/h	间隔/s	丢失历元	S1(>30)	S1(<30)	S2(>30)	S2(<30)	S5(>30)	S5(<30)	σ S1	σ S2	σ SS	IOD
1	不合格	AKAR1020	GPS	4-11 21:0	23.53	20	155	47	39.2	34.4	22.2	-	-	5.4	9.2	-	141
2	不合格	AKAR1020	GLN	4-11 21:0	23.53	20	155	47.3	41.1	45.8	39.5	-	-	5.3	5.3	-	0
3	不合格	AKAR1020	BDS	4-11 21:0	23.53	20	155	40.5	36.3	46.7	41.2	-	-	4.3	3.7	-	119
4	不合格	AKAR1030	GPS	4-12 21:3	23.94	20	751	47.3	39.3	38.1	25.3	-	-	5.3	9.9	-	204
5	不合格	AKAR1030	GLN	4-12 21:3	23.94	20	751	47.9	40.8	46.2	39.1	-	-	5.4	5.5	-	0
6	不合格	AKAR1030	BDS	4-12 21:3	23.94	20	751	41.1	36.6	46.6	41.2	-	-	4.1	3.6	-	65
7	不合格	AKAR1040	GPS	4-13 21:0	23.99	20	826	44.4	37	36.8	25.8	-	-	4.9	10.5	-	154
8	不合格	AKAR1040	GLN	4-13 21:0	23.99	20	826	47.1	39.8	45.8	38.1	-	-	5.6	5.6	-	2
9	不合格	AKAR1040	BDS	4-13 21:0	23.99	20	826	38.9	35	46.3	41.1	-	-	3.8	3.4	-	155
10	不合格	FEKH1020	GPS	4-11 21:0	23.96	20	1137	50.1	41.2	42	26.4	-	-	5.4	9.1	-	0
11	不合格	FEKH1020	GLN	4-11 21:0	23.96	20	1137	49.5	42.8	46.3	39.8	-	-	4.7	5.4	-	0
12	不合格	FEKH1020	BDS	4-11 21:0	23.96	20	1137	43.8	36.4	47.6	41.6	-	-	4.3	4.0	-	0
13	不合格	FEKH1030	GPS	4-12 21:3	23.95	20	245	49.5	40.7	43.5	28	-	-	5.3	9.8	-	0
14	不合格	FEKH1030	GLN	4-12 21:3	23.95	20	245	49.7	42.3	46.7	39	-	-	5.1	5.9	-	0
15	不合格	FEKH1030	BDS	4-12 21:3	23.95	20	245	43.1	38.3	47.2	41.4	-	-	3.9	3.8	-	0
16	不合格	FEKH1040	GPS	4-13 21:0	23.99	20	134	48.7	39.9	46.8	31.5	-	-	5.2	10.6	-	4
17	不合格	FEKH1040	GLN	4-13 21:0	23.99	20	134	50	42	46.9	38.7	-	-	5.4	6.0	-	0
18	不合格	FEKH1040	BDS	4-13 21:0	23.99	20	134	42.7	38.3	47	41.5	-	-	3.7	3.6	-	0
19	不合格	GMME1020	GPS	4-11 21:0	23.99	20	0	50.4	40.1	43.9	32.7	-	-	6.0	9.1	-	7
20	不合格	GMME1020	GLN	4-11 21:0	23.99	20	0	48.8	40.6	43.7	36.4	-	-	5.3	5.6	-	1
21	不合格	GMME1020	BDS	4-11 21:0	23.99	20	0	43.7	37.4	45.9	40.6	-	-	4.5	3.5	-	2
22	不合格	GMME1030	GPS	4-12 21:0	23.99	20	0	49	39	42.4	31.9	-	-	6.2	8.9	-	360
23	不合格	GMME1030	GLN	4-12 21:0	23.99	20	0	48.7	40.4	43.6	36.3	-	-	5.4		-	1

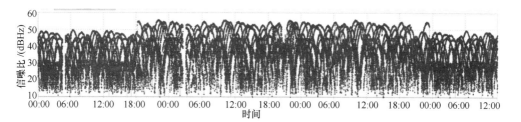

图 6.70 GPS 卫星 L2 P(Y)信号的信噪比变化情况(2018 年 4 月 12 日—4 月 14 日,DRAG)

表 6.7 信号功率增强的 GPS 卫星(2018 年 4 月 13 日)

序号	PRN	卫星类型	发射日期	在轨时间/月	功率增强时刻
1	32	II-F	2016/2/5	25.4	14:23:00
2	10	II-F	2015/10/30	28.4	13:53:00
3	8	II-F	2015/7/15	32.3	12:31:00
4	26	II-F	2015/3/25	36.1	15:49:00
5	3	II-F	2014/10/29	40.3	15:41:00
6	9	II-F	2014/8/2	43.1	15:19:00
7	6	II-F	2014/5/17	46.4	12:07:30
8	30	II-F	2014/2/21	46.8	16:24:00
9	27	II-F	2013/5/15	58	16:36:00
10	24	II-F	2012/10/4	65.2	12:26:00
11	1	II-F	2011/7/16	78.3	18:36:00
12	25	II-F	2010/5/28	91.9	13:15:00
13	5	IIR-M	2009/8/17	103.9	14:04:00
14	7	IIR-M	2008/3/15	121	16:28:00
15	29	IIR-M	2007/12/20	123.7	13:01:00
16	15	IIR-M	2007/10/17	125.8	11:55:00
17	12	IIR-M	2006/11/17	136.3	15:02:00
18	31	IIR-M	2006/9/25	138.3	15:00:00
19	17	IIR-M	2005/9/26	149.3	14:31:30

6.5.5.3 信号质量分析

2013 年,中国科学院国家授时中心建设了以高增益大口径导航信号接收天线为核心的 GNSS 空间信号质量评估系统,陕西昊平观测站配置的口径 40m 高增益大口径卫星导航信号接收天线如图 6.72 所示,能够捕捉导航信号细微的异常变化,卫星导航信号质量评估系统能够微观、多层次、全面、无死角地对导航信号展开分析。

全球卫星导航系统(GNSS)提供全球范围内的定位、导航、授时服务,涉及人类日

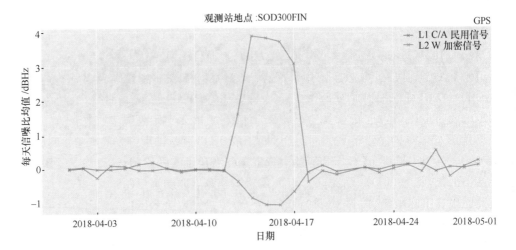

图 6.71　GPS 导航信号信噪比均值变化情况

（2018 年 4 月 13 日—4 月 17 日,SOD300FIN）（见彩图）

图 6.72　中国科学院国家授时中心昊平观测站

高增益大口径(40m)卫星导航信号接收天线

常生活、生命安全等多个方面,用户对 GNSS 服务也提出了更高的要求。GNSS 空间信号质量优劣同系统的高精度服务和完好性紧密相关,对空间信号质量进行监测和评估,是确保系统提供高精度、高可靠性服务的重要手段。GNSS 空间信号质量评估就是通过对导航信号的精细观测,综合评估信号生成、空间传播、地面接收处理等环节对导航信号质量的影响。2018 年 8 月 10 日,中国科学院国家授时中心石慧慧等在微信公众号发布《为了战争,美国故意关闭了 GPS 信号?——叙利亚战争期间导航战的真相》[58]。

通过与前期的 GPS 信号长期监测数据进行比较,中国科学院国家授时中心发现叙利亚战争期间 GPS Block ⅡF 及 Block ⅡR-M 两个系列导航卫星播发的信号发生了变化,信号多路恒包络复用方式和信号功率配比均发生了变化。分析 4 月 16 日监测结果,发现 Block ⅡF4/PRN27、Block ⅡRM6/PRN7 卫星的 L1 载波和 Block ⅡF4/PRN27、Block ⅡF7/PRN9 卫星的 L2 载波的调制方式由"C/A 码 + P 码 + M 码"三路复用变为"C/A 码 + P 码"两路复用,Block ⅡF4 卫星导航信号功率谱如图 6.73 所示,其中现代化军用 M 码的调制方式为 BOC(10,5)[58]。

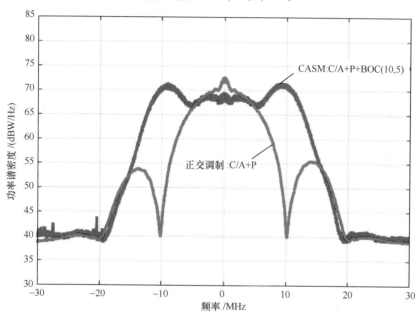

图 6.73 GPS Block ⅡF4 卫星导航信号功率谱变化情况(见彩图)

图 6.73 中蓝色的曲线为军事打击前导航信号的功率谱,即利用民用 C/A 码、军用 P 码、军用 M 码三路恒包络复用方式播发,红色曲线军事打击过程中导航信号的功率谱,为民用 C/A 码和军用 P 码两路恒包络复用方式播发。军事打击战争期间,美军把军用 M 码信号暂时关闭了,导航信号的功率谱的形状也就发生明显变化,很多军事迷可能不理解为什么把现代化的军用 M 码信号暂时关闭呢?其实原因很简单,大量过去已装备美军部队的武器配置的 GPS 接收机还没有接收现代化的军用 M 码信号的能力。

暂时关闭军用 M 码信号还有一个明显的好处,GPS 卫星有效载荷功率放大器的功率是固定的,减少一路军用 M 码信号的播发,就可以提高军用 P(Y)码信号的功率,P(Y)码信号也称为 W 码信号。在信号复用方式改变的时间内,美国向叙利亚进行了空袭,发射了多枚战斧巡航导弹。可见,美国打击叙利亚期间为实现导航战目的,主动关闭军用 M 码信号但是,仍然保留播发民用 C/A 码信号。

Block ⅡF10 卫星的 L1 频点功率谱变化情况如图 6.74 所示,可以看出中心频点 ±1MHz 带宽之内,两条曲线的尖端基本重合,高度没有发生变化,即信号功率未发生明显变化,也就是 C/A 码功率基本不变。中心频点 ±20M 带宽之内,蓝色曲线比红色曲线高很多,即功率谱抬升明显,也即 P 码功率明显增强。

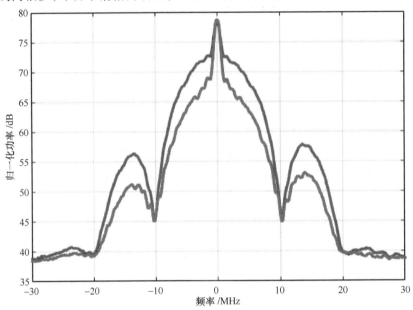

图 6.74　GPS Block ⅡF10 卫星的 L1 频点军用 P 码导航信号功率谱功率增强(见彩图)

对信号进一步分析可以看出,美军提高军用导航信号功率有两种方式:一是类似 Block Ⅱ F4/PRN27 和 Block ⅡRM6/PRN7 卫星,导航信号三路恒包络复用变成两路恒包络复用,由此提高军用 P 码信号功率,然后再对军用 P 码信号进行韧度提升;二是类似 Block ⅡF7 和 Block ⅡF10 卫星,导航信号两路恒包络复用,对军码信号直接进行了功率增强,直接对军用 P 码线进行韧度提升。叙利亚战争期间几颗 GPS 卫星信号的功率比变化情况如图 6.75 所示。

6.5.5.4　结论

2018 年 4 月 14 日,美英法联军对叙利亚开展军事打击期间,GPS 正常为军民用户提供 PNT 服务,美军没有关闭民用 C/A 码导航信号,但调整了导航信号的分量和功率配比。一是增加军用 P(Y)码信号功率,由此提高军用接收机跟踪捕获军用导航信号的能力,可以有效改善军用双频高精度导航接收机的性能和可靠性;二是略微降低民用 C/A 码信号功率,只要没低于 ICD 中承诺的最低电平,民用接收机就可以正常接收导航信号,所以对一般用户影响不大;三是叙利亚首都大马士革附近存在较强干扰信号,影响了部分民用接收机的使用,用户接收机的抗干扰能力决定了其接收 GPS 导航信号的能力。通过这三种措施,提高军用 P 码信号载噪比,降低民用 C/A 信号载噪比。这样,军用 GPS 接收机的定位性能得到显著提升,但对叙利

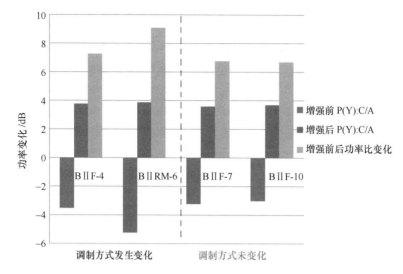

图 6.75　功率增强前后 L1 频点功率比变化(见彩图)

亚以及周边地中海部分区域的民用用户造成了不利影响。

　　鉴于美军军用装备导航接收机的配置情况,美军对 GPS L2 军用 P(Y)码信号实施了功率增强,采取了"三步走"的策略,首先是关闭军用 M 码信号(C/A + P + M 三路复用改变为 C/A + P 两路复用);其次是基本保持民用 C/A 码功率不变,同时提高军用的 P 码功率;最后是针对民用 C/A 码信号进行战场区域压制干扰,致使部分 C/A 码的接收机失效。

　　在开展导航信号的拒止与欺骗干扰设计中,要综合考虑干扰与欺骗信号的覆盖范围、功率增强幅度、覆盖区内的干扰效果、对覆盖区内正常导航信号的影响、对覆盖区范围之外用户的影响以及卫星实现的资源等因素。这些条件相互制约,功率增强 10 ~ 20dB,就可以实现对半径 500 ~ 1500km 范围内目标信号的有效干扰,同时对覆盖区内其他正常导航信号的影响可以接受,对覆盖区之外的正常信号影响可以忽略,不影响对用户的正常服务。

　　点波束的功率增强技术是提高系统拒止与欺骗干扰的有效方法之一,建设北斗系统过程中应借鉴并发展点波束功率增强技术,除了在战时实现有用信号的功率增强以提高抗干扰能力之外,还可以针对具体目标有计划地实现可控的拒止与欺骗干扰,从而在未来的导航战中争得主动地位。基于点波束导航信号功率增强的拒止与欺骗干扰功能需要卫星导航系统多颗卫星联合工作才能有效实现战术意图,因此,在开展系统设计时除了要充分考虑可移动点波束天线的覆盖范围与指向精度、干扰与欺骗信号的生成方式等技术外,还要仔细考虑卫星星座构型对增强效果的影响、多星协同工作对目标区域作用的时间与空间一致性等。

　　未来战场的空间范围会不断增大,而目标的尺度会越来越小、速度会越来越快。战争的胜负在很大程度上取决于在大时空范围内对高速、微小、微弱目标的侦察、跟踪、捕获和摧毁能力。现代化信息战争要求提高基于信息系统的体系作战能力。

参考文献

[1] PARKINSON B W. Global positioning system:theory and applications. American Institute of Aeronautics and Astronautics [M]. Washington,DC:American Institute of Aeronautics and Astronautics Inc. ,1996.

[2] 王满玉,张坤,刘剑,等.机载卫星制导武器直接瞄准攻击研究[J].应用光学,2011(4):598-601.

[3] Joint direct attack munition GBU-30,GBU-31,GBU-32[EB/OL].[2016-7-6]. http://www. fas. org/man/dod-101/sys/smart/jadm. htm.

[4] 郭修煌.精确制导技术[M].北京:国防工业出版社,1999.

[5] 袁建平,方群,郑鄂.GPS在飞行器定位导航中的应用[M].西安:西北工业大学出版社,2000.

[6] 蒲阳,黄长强,王勇.联合直接攻击弹药(JDAM)设计原理分析[J].空军工程大学学报(自然科学版),2002(6):18-20.

[7] 卞鸿巍,金志华.联合直接攻击弹药精确制导技术分析[J].中国惯性技术学报,2004(3):76-80.

[8] 田璐,杨建军,呼玮.GPS在高动态精确打击武器中的应用研究[J].飞航导弹,2010(1):70-74.

[9] 廖朝佩.利用相对GPS技术的精确打击概念[J].飞航导弹,1996(1):175-182.

[10] 刘天雄.GPS现代化及其影响(Ⅰ)[J].卫星与网络,2014(12):52-56.

[11] 刘天雄.GPS现代化及其影响(Ⅱ)[J].卫星与网络,2015(4):54-57.

[12] 刘天雄.GPS现代化及其影响(Ⅲ)[J].卫星与网络,2015(5):60-66.

[13] 刘天雄.GPS现代化及其影响(Ⅳ)[J].卫星与网络,2015(6):56-60.

[14] 邹昂,陆勤夫.导航战对高技术战争的影响及对我军的启示[J].空间电子技术,2010(4):26-29.

[15] 窦超.从精确打击到精确保障[J].军事评论,2014(2):40-51.

[16] 张令军,秦大国,袁玉卿.基于精确打击体系的卫星系统及其发展探析[J].装备学院学报,2015(6):58-61.

[17] 穆永民,霍梦兰.美国军用航天装备发展现状及发展趋势[J].国防科技,2012(4):27-31.

[18] 姬少丽.美国精确打击历史回溯[J].国防科技,2014(6):97-102.

[19] 穆永民,霍梦兰.美国军用航天装备发展现状及发展趋势[J].国防科技,2012(4):27-31.

[20] KOPP C. McDonnell-Douglas AGM-84A harpoon and AGM-84E SLAM, Australian aviation, March. [EB/OL].[2018-5-1]. 1988,https://www. ausairpower. net/TE-Harpoon. html.

[21] Boeing Company. JDAM-The smart solution affordable,accurate,autonomous,adverse weather[EB/OL].[2018-5-1]. http://www. boeing. com/defense-space/missles/jdam/jdamspace. htm.

［22］叶兆峰,魏国福.波音公司获 JDAM 和 SDB 生产合同［J］.飞航导弹,2009(3):52.

［23］陈凯,鲁浩,阎杰.JADM 导航技术综述［J］.航空兵器,2007(3):25-33.

［24］何煦虹.飞航导弹任务规划系统的现状及发展趋势［J］.飞航导弹,2009 (5):15-18.

［25］唐金国.美军任务规划系统的现状、发展和关键技术［J］.军事运筹与系统工程,2003 (3):62-64.

［26］KLOTZ H A, DERBAK C B. GPS-aided navigation and unaided navigation on the joint direct attack munition［C］. IEEE Position Location & Navigation Symposium,1998.

［27］卞鸿巍.联合直接攻击弹药 JDAM 传递对准技术分［J］.弹箭与制导学报,2003(4):68-71.

［28］葛悦涛,薛连莉,李婕敏.美国空军"授时战"概念分析［J］.飞航导弹,2018(5):19-22.

［29］郭斌,单庆晓,肖昌炎,等.电网时钟系统的北斗/GPS 双模同步技术研究［J］.计算机测量与控制,2011,19(1):139-141.

［30］于跃海,张道农,胡永辉.电力系统时间同步方案［J］.电力系统自动化,2008,32(7):82-86.

［31］北斗电力全网时间同步管理系统［N］.北京晚报,2010-03-22.

［32］李文革,黄晓利,徐芸.从伊拉克战争看导航战在信息化战争中的作用［C］//全国第二届导航战学术研讨会论文集.北京,2004.

［33］吴志金.导航战技术发展趋势［J］.国防科技,2005(12):24-26.

［34］向吴辉,黄辉,罗一鸣.关于导航战概念的探讨［J］.现代防御技术,2006,34(5):65-68.

［35］刘天雄.导航战及其对抗技术（Ⅰ）［J］.卫星与网络,2014(8):52-58.

［36］刘天雄.导航战及其对抗技术（Ⅱ）［J］.卫星与网络,2014(9):62-67.

［37］刘天雄.导航战及其对抗技术（Ⅲ）［J］.卫星与网络,2014(10):56-59.

［38］李隽,楚恒林,蔚保国,等.导航战技术及其攻防策略研究［J］.无线电工程,2008,38(7):36-39.

［39］刘志春,苏震.GPS 导航战策略分析［J］.全球定位系统,2007(4):9-13.

［40］HOLMES J K, RACHAVAN S. GPS signal modernization update summary［C］//Proceedings of the 58th Annual Meeting of The Institute of Navigation and CIGTF 21st Guidance Test Symposium, Albuquerque, NM,2002.

［41］SHAW M. GPS Modernization:on the road to the future GPS ⅡR/ⅡR-M and GPS Ⅲ［C］//International Global Navigation Satellite 1 Global Navigation Satellite Systems Society (IGNSS) 2009 symposium,2009.

［42］陈俊勇.GPS 技术进展及其现代化［J］.大地测量与地球动力学,2010(6):1-4.

［43］BROWN L N. Selective availability turned off, June 1, 2000［EB/OL］.［2018-5-1］. https://www. pobonline. com/articles/84412-selective-availability-turned-off.

［44］张玉册,杨道军.现代化 GPS 系统的发展趋势与导航战［J］.现代防御技术,2003,31(5):33-42.

［45］曹冲.GPS 现代化及其令人刮目的规划部署［J］.卫星与网络,2018(7):22-23.

［46］袁建平,罗建军,岳晓奎.卫星导航原理与应用［M］.北京:中国宇航出版社,2004.

［47］陈勖,李尔园.全球定位系统(GPS)现代化运行控制段(OCX)的进展与现状［J］.全球定位系统,2010(2):56-60.

[48] 张玉册,杨道军. 现代化 GPS 系统的发展趋势与导航战[J]. 现代防御技术,2003(10):33-36.

[49] Congressional Budget Office. The global positioning system for military users:current modernization plans and alternatives,October 28,2011,Report[EB/OL]. [2015-8-6]. https://www. cbo. gov/publication/42727.

[50] 方秀花,尹志忠,李丽. 美国防部 GPS 现代化计划及其备选方案解读[J]. 装备学院学报,2012,23(3):83-86.

[51] 潘寒尽,邱学军. GPS 发展现状及军事应用[J]. 数字通信世界,2011(2):64-66.

[52] Direct RF sampling GNSS receiver design and jitter analysis,positioning [EB/OL]. [2016-10-1]. http://dx. doi. org/10. 4236/pos. 2012. 34007.

[53] 曹冲. 为什么一打仗就拿 GPS 说事？[EB/OL]. [2018-4-20]. http://www. satpro. com/news-brow. asp? cid = 1022.

[54] Russia undermining world's confidence in GPS[EB/OL]. [2018-4-20]. https://rntfnd. org/2018/04/30/russia-undermining-worlds-confidence-in-gps/.

[55] 战争期间美国关闭叙利亚地区 GPS 服务了么？[EB/OL]. [2018-04-17]. https://mp. weixin. qq. com/s/te_iobvqsK5gjSxAYRBRzQ.

[56] 叙利亚地区 GPS 信号质量分析报告[EB/OL]. (2018-04-16). https://mp. weixin. qq. com/s/D3_2c9d6mdcW_ZLP3FHTlA.

[57] Unusual high power events in GPS signal on 13-17 April[EB/OL]. [2018-4-25]. https://www. maanmittauslaitos. fi/en/topical_issues/unusual-high-power-events-gps-signal-13-17-april.

[58] 石慧慧,王雪,饶永南,等. 为了战争,美国故意关闭了 GPS 信号？—叙利亚战争期间"导航战"的真相[EB/OL]. [2018-04-16]. https://mp. weixin. qq. com/s/TRjHA1oAyi_8kM_kXXrTZA.

第7章 展 望

◢ 7.1 综合 PNT 体系

卫星导航系统为各类武器装备提供精确的位置、速度和时间信息,但是导航信号从生成、播发、传播到接收的过程中会受到干扰和影响,特别是导航信号极其微弱,在物理遮挡(森林、城市、室内、地下、水下)、电磁干扰(无意干扰、有意干扰)环境下,卫星导航系统的定位精度、连续性、完好性和可用性存在风险,对于依赖卫星导航系统作为 PNT 信息源的用户,将可能面临灾难性的后果。

试验表明 1W 的跳频噪声 GPS 信号干扰机,可以使 22km 范围内的 GPS 用户机不能正常工作。干扰信号功率越高,干扰范围越大。典型干扰信号包括连续波信号、扫频信号、窄带噪声信号、宽带噪声信号、频谱匹配信号(测距码干扰)以及欺骗信号,干扰信号的有效性和其生成复杂性成正比。

当前,美军积极推动 GPS 保护、强化和增强(PTA)计划,并采用立法、执法的方式,将 GPS 作为国家重要时间和空间基础设施,避免对 GPS 的非法干扰的同时,寻求 GPS 备份和替代方案,谋求保证在 GPS 异常情况下,用户利用备份系统获得稳健、可靠、高精度的 PNT 服务,形成新的军事信息系统非对称优势。

2002 年,美国国家安全航天办公室提议研究美国国家综合 PNT 体系,目的是:确保美国在 PNT 领域的国际领先;确保在高对抗条件下的 PNT 服务能力;确保在任何时间、任何地点的 PNT 服务;确保 PNT 设施建设资源统筹,效益最大。2008 年发布《国家定位导航授时体系结构研究最终报告》;2012 年《美国联邦无线电导航计划》增加了 PNT 体系结构;2014 年,美国国防高级研究计划局(DARPA)公布了重点发展不依赖 GPS 的 5 类 PNT 新技术。美国国家 PNT 体系,以自主导航、通信与导航融合等为途径,采用开放式体系,增强复杂环境适应性,满足未来对抗条件下的军用 PNT 需求,有效牵引量子信息科学等基础科学研究。美军综合 PNT 体系面向陆海空天全面高性能无缝覆盖,战略规划包括如下 4 个方面。

(1)增强复杂环境下服务的完好性。美国国家 PNT 体系,以 GPS 现代化为基础,以自主导航和各种可用导航信息源为补充,增强物理遮蔽、电磁干扰等复杂环境下的 PNT 能力,部署和建立"增强型罗兰"(e-LORAN)等 GPS 备份系统,满足未来对抗条件下的军用 PNT 需求。2014 年 6 月,DARPA 发布了题为《在对抗环境下的空间、时间与方向定位信息技术》的招标书,拟开发不依赖于 GPS,可在对抗环境下使用的综合 PNT 体系,要求导航信号覆盖半径不小于 10000km,系统定位精度 10m,授时精度 30ns。2018 年 1 月,美国国防部在拉斯维加斯举行大规模空中作战演习,为了演练武器装备无 GPS 支持下的作战效能,仅依靠 e-LORAN 系统、惯性导航系统以及雷达导航等定位方式,开展实战演习。

(2) 开展 PNT 核心组件、材料和制造工艺的关键技术攻关。为了解决卫星导航信号被拒止情况下用户的 PNT 服务问题,实现 GPS 的备份,2010 年 1 月,DARPA 提出"微型定位、导航与授时(Micro-PNT)系统"研究项目,利用 MEMS 技术的最新进展,融合芯片级原子钟和微型 IMU 技术,通过对微小型化的原子钟、惯性导航装置的集成,可用于多种武器平台的 Micro-PNT 服务,降低武器作战平台对 GPS 的依赖,提供各种作战条件下的 PNT 服务。DARPA 下属战略技术办公室(STO)负责系统级的技术开发,微系统技术办公室(MTO)负责组件以及新型制造工艺和材料的开发。

(3) 开展系统级预研攻关。DARPA 的 STO 主导自适应导航系统(ANS)、对抗环境下的空间、时间与方向定位信息(STOIC)、精确鲁棒惯性制导弹药(PRIGM)等 PNT 系统级预研。ANS 项目于 2011 年启动,主要研究冷原子干涉陀螺仪技术,开发可利用雷电等外部机会信号的导航校准新算法与软件结构,已先后完成了平台演示验证和端对端的演示验证,能够满足室内、"城市峡谷"、丛林、水下、地下等弱卫星信号环境及强对抗环境的 PNT 需求。STOIC 系统于 2015 年春季启动,立足"量子辅助感知与读取"研究成果,开发稳健的远程参考信号源、漂移小于 1ns/月的新型光学时钟和实现不同战术数据链之间的时钟精确转换,即将进入详细设计和样机系统开发阶段。在 Micro-PNT 的基础上,PRIGM 项目于 2016 年启动,主要由诺斯罗普·格鲁曼公司承担,计划投入 1630 万美元,应用微机电系统和集成光子技术,在 GPS 无法提供服务的情况下,提供武器制导以及在发射和飞行阶段的导航服务。

(4) 美国政府采用全球合作的方式,完善 GPS 产业生态,积极开展 Galileo 系统、GLONASS、北斗系统等全球卫星导航系统的兼容与互操作的国际合作。2017 年 11 月 29 日,中国卫星导航系统委员会王力主席与美国国务院乔纳森·马戈利斯助理副国务卿在北京举行了中美卫星导航会晤,中国卫星导航系统管理办公室冉承其主任与美国国务院空间和先进技术办公室戴维·特纳副主任签署了《北斗与 GPS 信号兼容与互操作联合声明》,两系统在国际电信联盟(ITU)框架下实现射频兼容及民用信号互操作,并将持续开展兼容与互操作合作。中美卫星导航合作具有广阔前景,加强北斗系统与 GPS 之间的合作,将会带动诸多领域的创新发展,为全球用户带来更好的 PNT 服务。

卫星导航系统作为国家 PNT 体系的基石,不仅具有显著的军民融合属性,能够为坚定实施军民融合发展战略提供示范带动引领作用,而且具有巨大的市场发展潜力,提升经济社会发展和国防军队现代化建设的水平。我们必须一方面加快北斗全球系统的建设,同时深入研究综合 PNT 体系及其相关技术,形成自主可控时空基准战略能力。自主时空 PNT 服务体系以北斗系统为核心,采用北斗系统的空间坐标和时间参考标准,融合天文导航、脉冲星导航、量子导航、微 PNT、伪卫星、低轨移动卫星系统、水下导航等不同背景、不同原理的多元化 PNT 信息源,实现多源 PNT 系统观测信息函数模型的统一表达,建立优化的随机模型和计算方法,实时或近实时地确定各类观测信息在融合过程中的方差或权重,控制各观测异常对综合 PNT 参数的影响,提升综合 PNT 体系可用性和连续性,增强稳健性和可靠性。

▲ 7.2　导航通信一体化

　　导航通信一体化发展的初始动力来源于导航应用中对位置报告的需求。导航系统只给用户提供定位、导航与授时服务,并不能满足众多导航应用场景中告诉他人我在哪里和知道他人在哪里的要求。这种需求催生了导航与通信在终端设备层次、数据传输层次进而向系统层次的一体化发展。

　　北斗一号双星定位系统基于卫星无线电测定业务(RDSS)为用户提供有源定位服务,其特点是通过用户应答,在完成快速定位的同时,实现了向外部系统的用户位置报告的功能。RDSS 是北斗系统的特点和亮点,是区别于 GPS、GLONASS 和 Galileo 系统仅有 RNSS 工作体制的重要特征,可以提供快速定位、位置报告、短报文通信和高精度授时服务。在全球卫星移动通信频率、轨道资源、综合国力等多方面因素的考量下,北斗系统的导航和通信一体化设计是中国国情与技术基础的必然选择,在 20 世纪末,既能定位又能通信的北斗一号双星定位系统光芒四射! 具备短报文功能的卫星导航系统可以在搜索与救援、应急指挥和救灾减灾以及态势感知等业务发挥重要作用,代表了未来卫星导航系统的一个发展趋势。随着我国北斗三号全球卫星导航系统的建设,我们期待北斗导航系统提供全球化的报文通信与数据传输服务更加精彩。

　　2014 年 3 月 8 日,马来西亚航空公司 MH370 航班失联,导致用户对自身位置报告业务需求十分迫切。目前解决用户位置报告问题有两种方法:一种是北斗系统的 RDSS,其特点是由用户以外的控制系统完成定位所需的无线电参数的确定、位置计算和位置报告;另一种是 RNSS 和卫星通信业务双系统实现用户位置确定和位置报告。IMO 建议客机利用 GPS 定位,将航向、航速、飞行高度等飞行数据利用卫星通信系统同步传送到空管中心,每 15min 传一次。美国和欧洲加大研发力度:一方面通过 Iridium NEXT 铱星系统和 Inmarsat 海事卫星系统这两个全球卫星通信系统将机载 GPS 终端的定位信息反馈给空管中心,实现民航的航路跟踪和位置报告服务;另一方面制定新的全球海上遇险与安全系统(GMDSS)和全球空中遇险与安全系统(GADSS)业务规范,实现民航和海事全球航行跟踪与生命救援服务。

　　中国应继承发展北斗一号双星定位系统的报文通信业务和 RDSS 有源定位体制,实现民航和海事全球航行跟踪与生命救援服务。有了报文通信业务,就可以实现用户的位置报告,解决了"我在哪里"和"你在哪里"的难题,实现搜索与救援、态势感知、应急广播、指挥调度等北斗特色服务。2008年汶川地震时,所有地基通信设施均被损坏,震区与外部通信失联,救援部队进入重灾区后就是利用北斗系统的短报文通信服务突破了通信盲点,与外界取得联系,通报了灾情,指挥部得以及时做出救灾决策。借助北斗系统的报文通信服务,如果马航MH370飞机配置了北斗双星定位体制的接收机,飞机的位置就会实时反馈到民航空管中心,失联的许多悲剧也就不会发生!

随着我国移动通信卫星"天通"一号的开通运营,已有厂家推出了集成卫星导航功能与移动通信卫星通信功能的一体化芯片。当前,位置报告服务的应用主体是车载移动终端和个人手持移动终端,多采用3G/4G移动通信网络报告位置。未来随着物联网技术的发展与普及,数量庞大的物联网移动终端或传感器将成为位置服务应用的主体,超低功耗成为影响用户体验和应用普及的一项重要指标。NB-IoT窄带蜂窝物联网通信标准有望成为面向物联网位置服务应用卫星导航芯片的标准配置。

导航通信的一体化发展不仅体现在设备产品一体化的技术层面上,国际上导航通信产业间的兼并组合展示了导航与通信行业间的一体化发展趋势,未来导航与通信的融合将进一步演进出导航通信在商业运行模式上的一体化发展。

推动导航通信一体化发展的另一动力是提升导航系统应用的性能需求。导航应用性能的提升分为导航增强、辅助导航和协同导航几种方式。导航增强一般是指利用广播通信系统播发或通信网络传递导航系统误差改正数据和告警信息,提升导航系统的定位精度与完好性性能。辅助导航一般是指利用移动通信网络传递卫星导航系统的星历,提供导航用户终端初始位置、初始时间和导航信号多普勒频偏等辅助信息,缩短导航用户的首次定位时间,提升导航系统在城市繁华街区和室内等场景下的可用性。协同导航一般是指军用通信网络用户在通信的同时,利用数据通信链路信号完成彼此间的距离测量或信号到达角度测量以及测量数据的交换,协助用户终端实现定位授时功能,提升导航系统在导航信号部分遮挡以及遭受电磁干扰等复杂环境下的可用性。

移动通信网络已进入5G时代,5G通信网络有望为移动终端提供优于百米的初始定位精度和优于$10\mu s$的初始时间精度,可将移动终端的首次定位时间缩短至1s内,大幅改善手机用户的导航定位体验。基于5G移动通信网络的到达时间差定位(OTDOA)等多种定位方法可以获得较高的定位精度,提升室内定位应用水平。正如中国工程院院士、武汉大学刘经南教授所说:"星基与地基增强技术的一体化、通信与导航功能的一体化才是"智能时代"卫星导航系统的建设方向。"

7.3 低轨移动通信系统增强服务

近年来,国内外许多厂家推出了卫星数目从几十颗到数百颗、甚至数千颗的大型低轨移动通信卫星星座计划,有些已经开始着手建设。低轨移动通信卫星即可播发卫星导航系统的差分改正数据起到导航增强的作用,为卫星导航用户终端提供初始的位置、时间和频谱辅助,提高导航终端的复杂环境可应性,起到辅助导航的作用。由于这些潜在的发展能力,基于低轨卫星星座的导航增强及导航通信一体化发展备受瞩目。其中已经建成并投入使用的美国铱星移动通信卫星系统就是其中的代表。铱星系统采用时分双工-频分多址-时分多址(TDD-FDMA/TDMA)通信信号体制,在这个框架内增设了专门用于卫星授时与定位(STL)业务,可以为地面移动终端提供十几米量级定位精度和亚微秒量级授时精度服务,并具备一定的室内定位授时能力。铱星系统不仅在系统层次上设计了导航通信一体化的导航增强信号方式,而且其STL 定位授时业务信号可直接由市场上的导航通信一体化芯片货架商品接收处理。未来,低轨移动通信卫星与地面移动通信网络相融合,在 5G 通信信号基本体制LTE-OFDM(长期演进-正交频分复用)的基础上,天地一体、导航通信一体,是今后基于移动通信网络导航增强与辅助服务的一个技术发展方向。

早在 20 世纪 70 年代,美国军方就提出了基于战术数字通信网络的通信、导航和识别综合化的联合战术信息分配系统(JTIDS)。JTIDS 采用时分多址加扩频的通信方式,移动终端在捕获同步通信信号的同时测量收发终端间的信号传播延迟,获取信号发送端到接收端的伪距。时分体制下,系统中的某个移动终端依次测量与其他终端间的伪距,接收其他终端的位置报告计算自身的位置,并在分配的时隙中将自身的位置广播出去。这样计算得到的位置是相对于系统中其他终端的位置,所以这种导航方式也称为集团相对导航。集团相对导航存在网络位置整体漂移和旋转的问题,需要卫星导航提供绝对坐标参照加以锚固。卫星导航信号微弱、易受干扰、复杂环境适应性差,而军事战术通信系统的信号功率远强于卫星导航信号,有更强的复杂电磁环境适应性,二者间的协同定位是近期军事导航领域的一个技术发展方向。

资源有效利用和应用便捷性需求是推动导航通信一体化进一步发展的又一动力。资源有效利用不仅是用户终端层次的导航通信硬软件资源一体化利用,美国宇航局又提出了基于软件无线电的导航测控一体化卫星载荷研究计划,开展了利用已有的或即将建设的深空探测通信网络提供深空导航定位的可行性研究。另外,由于卫星无线电导航频谱资源已近饱和,寻找合法使用的频率资源成为卫星导航新技术应用需要考虑的一个重要课题。研究适合 TDMA/FDMA 窄带信号体制的高精度导航技术,基于软件无线电和认知无线电的工作原理,在信号频谱复杂变化的通信频段求得导航信号的生存之路也许是解决未来导航频率资源利用的一个途径。

美国 GPS 现代化涉及导航卫星、地面运行控制段以及用户终端,针对 GPS 现代化方案主要是增强导航卫星能力,导致现代化建设成本较高、周期较长问题,美国国会预算办公室(CBO)对 GPS 现代化方案进行了分析,并于 2011 年 10 月 28 日发布了《针对军事用户的 GPS 现代化计划与备选方案》[1]。CBO 的 GPS 现代化方案则侧重于提高接收机性能和借助卫星通信系统增强卫星导航系统完好性,称为 GPS 现代化的备选方案。

GPS 现代化备选方案一包括研发导航接收机定向接收天线和调零线以及利用惯性导航系统提供的辅助信息提高接收机对导航信号的处理能力和噪声去除以及抗干扰能力,备选方案二是依托美国铱星低轨移动通信系统来增强 GPS,借助铱星通信系统实现 GPS 完好性(iGPS)增强。

下一代铱星系统 Iridium NEXT 空间星座由 66 颗卫星组成,均布在 6 个极地轨道组网运行,如图 7.1 所示,每个轨道平面有 11 颗卫星,轨道高度 780km,轨道倾角 86.4°,每颗铱星可在地球表面产生 48 个点波束,如图 7.2 所示,覆盖区直径 4700km,可以同时处理大约 1100 个话音线路,星座中卫星与卫星之间利用星间链路实现互连互通,每颗卫星可与 4 颗卫星相连,包括同一轨道平面内的前后卫星,以及相邻轨道面的两颗卫星。

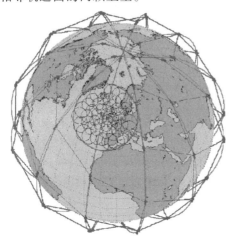

图 7.1　铱星系统组网星座图(见彩图)

图 7.2　每颗铱星在地球表面生成
48 个点波束(见彩图)

铱星系统采用 TDMA/FDMA 通信体制,用户到卫星的上行链路采用 L 频段(1616 ~ 1626.5MHz),信号总带宽为 10.5MHz。利用 FDMA 通信体制将这个信号带宽分成 240 个信道,每个信道带宽为 31.5kHz,为了防止相邻信道之间发生干扰,将相邻信道的频带间隔定为 41.67kHz。铱星系统对每个信道采用 TDMA 通信体制以进一步提高系统通信容量,铱星系统突发帧的数据速率为 50kbit/s,其 TDMA 帧长度为 90ms,由 4 个上行链路时隙和 4 个下行链路时隙组成,每个时隙由一段时间隔开。

作为商业卫星通信系统,铱星系统采用定制的铱星数据传输模式(ITM)传输数据信息包,每个 ITM 包都带有一个包头,每颗卫星把 ITM 包由馈线链路、星间链路或者用户链路传输到目的地。为了减少路由时间,ITM 包的路由算法采用门阵列技术实现。

iGPS 由铱星系统地面运行控制中心、iGPS 系统差分与完好性参考站、在轨运行的铱星以及 iGPS 系统用户接收机 4 部分组成。iGPS 系统差分和完好性参考站位于铱星星下点,差分参考站对 GPS 卫星播发的导航电文中的参数(星历、钟差、电离层延迟等)误差进行修正,同时监测在轨 GPS 卫星运行情况,结合伪距观测量的状态域改正数或者观测值域改正数生成相应的完好性信息。iGPS 系统差分参考站将导航电文、差分修正数据、时间参考数据以及完好性信息上传给铱星,铱星接收 iGPS 系统差分参考站上传的信息后再转发给地面 iGPS 系统用户。以铱星星下点为中心,铱星每个点波束的覆盖范围为半径 750 英里的区域内,用户均可以接收精度差分与完好性增强信号,iGPS 系统的信息链路如图 7.3 所示。

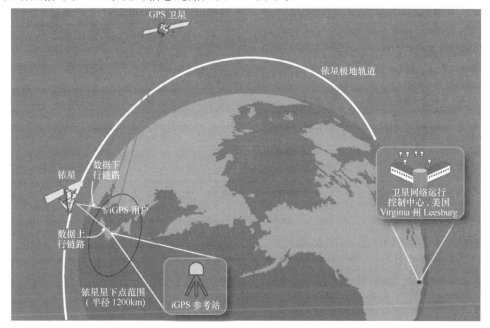

图 7.3　铱星系统对 GPS 完好性增强信息链路(见彩图)

铱星下行频段为 L 频段的 1616～1626.5MHz,接近 4 大全球卫星导航系统 L1 频点导航信号的中心频率(1.5GHz),例如,GPS 和 Galileo 系统 L1C/A、L1C、L1P(Y)、L1M、E1-OS 和 E1-PRS 导航信号的中心频点为 1575.42MHz,GPS L1 信号带宽为24MHz,Galileo 系统 E1 信号带宽为 32.736MHz,因此,一般用户利用一部导航接收机同时接收导航卫星播发的信号和铱星播发的增强信号在技术上是可行的(共用接收机天线和射频前端,数字信号处理基带不同),如图 7.4 所示,即利用铱星系统采用信息/信号增强方式增强 GPS,提高 GPS 完好性在技术上也是可行的,不会对一般用户带来额外负担。

铱星系统对 GPS 的增强体现在 4 个方面:①铱星能够播发功率相对比较大的导航增强信号,落地信号电平和抗干扰能力较 GPS 信号提升 30dB,可以使得 GPS 接收机在干扰环境中具有更高的抗干扰能力;②利用铱星播发导航专用信号,可以辅助

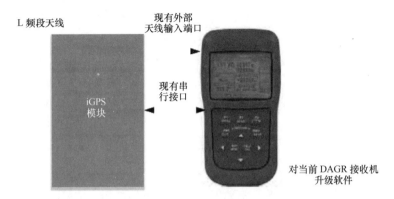

图 7.4　内置铱星系统 iGPS 模块 GPS 完好性增强接收机

GPS 提升抗欺骗能力；③利用全球覆盖的铱星系统播发差分改正数及完好性信息，可以提高 GPS 的定位精度、增强系统完好性以及系统的可用性；④利用铱星信号的多普勒频偏测量，大幅缩短 GPS 高精度载波相位测量收敛时间、缩短 RTK 初始化时间。

美军利用铱星移动通信系统来增强 GPS 的 PNT 服务，充分利用低轨卫星空间星座构型变化快的优势，解决了利用载波相位测距过程中的模糊度解算问题，进而实现了厘米级精度的广域差分定位[2-3]。接收机自主完好性监测（RAIM）是根据接收机的冗余观测量来监测定位结果的完好性。用户利用铱星播发的增强信号，一方面可以提高伪距观测量的数量，另一方面可以改善用户观测的空间几何结构，降低几何精度衰减因子（GDOP）值，进而提高用户完好性监测的成功率[4]。

2019 年 1 月，新一代铱星移动通信系统完成了卫星的升级换代，除了传统的话音和数传服务，还提供卫星授时与定位服务。新一代铱星播发卫星授时与定位（STL）脉冲信号，信号落地电平比 GPS 信号高 30dB，具有较强的抗干扰能力；同时信号加密后，具有防欺骗能力。新一代铱星 STL 服务的授时精度（UTG）为 200ns，定位精度为 30~50m，首次定位时间为秒级（500km）。因此，战时铱星系统 STL 服务可以作为 GPS PNT 服务的备份。

7.4　天地一体化信息网络

天地一体化信息网络就是通过天基网络与地面网络的融合建设，实现地球近地空间中陆、海、空、天各类用户与应用系统之间信息的高效传输与共享应用。美军基于网络中心战及军事转型需要，于 2000 年提出全球信息网格（GIG）项目，利用天基骨干网、地面国防信息基础设施，把预警探测、情报、指挥控制、后勤保障和作战单元融合在一起，强调天空地一体、统一服务，使任何士兵、武器单元都能及时获取战场信息，最终实现基于天地一体化信息的全谱优势。

2016 年 3 月，第十二届全国人民代表大会第四次会议审议通过了《中华人民共和国国民经济和社会发展第十三个五年规划纲要（草案）》，将天地一体化信息网络列入了"科技创新2030——重大项目"。天地一体化信息网络是国家战略公共信息基础设施，按照统一的体系结构和协议标准，重点建设天基信息网，协同对接地面互联网和移动通信网天地一体化信息网络，支撑我国战略安全通信、移动宽带服务、热点区域增强、联合信息支援、航天信息支援、防灾减灾服务、反恐维稳支持、航空信息服务、海洋信息服务和信息普惠服务等十大典型应用。

天地一体化信息网络技术体制设计主要包括移动通信传输体制、宽带接入传输体制、宽窄带协同通信体制、混合路由交换体制设计等内容，时间和空间基准在天地一体化信息网络设计中的作用尤为重要，需要广域甚至全球性厘米级位置服务和纳秒级时间同步服务。正如刘经南院士认为无论是正在推进的"制造业2025"计划还是"工业4.0"，都要求各类设备能在统一精准时空下协同作业，或者能自适应运行和调控。"未来工业智能运行和控制对时间精度的要求是纳秒级的，对定位的要求可能达毫米级或更高。"

卫星导航系统为全球用户提供全天候、全天时、高精度的定位、导航和授时服务，在不同行业实现了天地一体化信息融合应用。现有卫星导航系统依靠地基增强技术已能实现实时厘米级定位和纳秒级时间同步的高精度服务。"人有智能是因为有时间、空间的感知能力，然后依据需要做出决策，并实现在精确位置精准时刻对目标、对象或事件实现调控。如果让万物都具备精准的时空定位告知能力和对变化了的场景或状态等进行适应性调控，我们就使万物具备了人类的智能，人类将进入一个智能时代。"正如刘经南院士所说："在这样的一个智能时代，精准定位技术必然要成为一个基础设施，提升卫星导航系统的定位、导航和授时精度已成大势所趋。"由此，只有发展卫星导航系统的地基增强系统以及星基增强系统，才能满足天地一体化信息网络对时空定位的连续性、完好性、可用性的需求。

参考文献

[1] The GPS for military users: current modernization plans and alternatives[EB/OL]. [2011-12-12]. http://www.cbo.gov/new_pubs. October 2011.

[2] JOEGER M. Iridium/GPS carrier phase positioning and fault detection over wide areas[C]//Proceeding of ION GNSS 2009. Savannah, Georgia, 2009.

[3] JOEGER M. Analysis of Iridium-augmented GPS for floating carrier phase positioning[J]. Journal of the Institute of Navigation, 2010,57(2):137-160.

[4] 秘金钟. GNSS完备性监测理论与应用[M]. 北京:测绘出版社,2012.

缩 略 语

1D FFT	1 Dimension Fast Fourier Transform	一维快速傅里叶变换
1PPS	1 Pulse per Second	1 秒脉冲(信号)
ABAS	Aircraft Based Augmentation System	空基增强系统
ACARS	Aircraft Communications Addressing and Reporting System	飞机通信寻址与报告系统
ADC	Analog to Digital Converter	数模转换器
ADS-B	Automatic Dependent Surveillance-Broadcast	广播式自动相关监视
ADS-C	Automatic Dependent Surveillance-Contract	合同式自动相关监视
AGC	Automatic Gain Control	自动增益控制
AIS	Automatic Identification System	(船舶)自动识别系统
AL	Alarm Limits	告警门限
ANS	Adaptive Navigation System	自适应导航系统
APL	Air Based Pseudolite	空基伪卫星
APV-Ⅰ	Approach with Vertical Guidance-Ⅰ	Ⅰ类垂直引导进近
APV-Ⅱ	Approach with Vertical Guidance-Ⅱ	Ⅱ类垂直引导进近
AROF	Ambiguity Resolution on the Fly	在航模糊度解算
ARPA	Automatic Radar Plotting Aid	自动雷达标绘仪
AS	Anti-Spoofing	反电子欺骗
ATC	Air Traffic Control	空中交通管制
ATFLIR	Advanced Targeting Forward Looking Infrared	先进前视红外吊舱
BC	Boundary Clock	边界时钟
BCS	Bridge Coordinate System	桥梁坐标系
BDS	BeiDou Navigation Satellite System	北斗卫星导航系统
BDSBAS	BDS Satellite Based Augmentation System	北斗星基增强系统
BDT	BDS Time	北斗时

BIH	Bureau Internationale de l'heure	国际时间局
BIPM	Bureau International des Poids et Mesures	国际计量局
BOC	Binary Offset Carrier	二进制偏移载波
BPSK	Binary Phase-Shift Keying	二进制相移键控
BSNC	Beijing Satellite Navigation Center	北京卫星导航中心
BTS	Barycentric Terrestrial System	地球参考系
	Base Transceiver Station	基站收发信机（台）
CAAC	Civil Aviation Administration of China	中国民用航空管理局
CAN	Controller Area Network	控制器局域网络
CAT Ⅰ	Category Ⅰ of Precision Approach	Ⅰ类精密进近
CAT Ⅱ	Category Ⅱ of Precision Approach	Ⅱ类精密进近
CAT Ⅲ	Category Ⅲ of Precision Approach	Ⅲ类精密进近
CBO	Congressional Budget Office	美国国会预算办公室
CCTF	Consultative Committee for Time and Frequency	时间频率咨询委员会
CDMA	Code Division Multiple Access	码分多址
CDTI	Cockpit Display of Traffic Information	驾驶舱交通信息显示
CEP	Circular Error Probability	圆概率误差
CGCS2000	China Geodetic Coordinate System 2000	2000 中国大地坐标系
CGSIC	Civil GPS Service Interface Committee	GPS 民用服务接口委员会
CNS	Communication Navigation Surveillance	通信、导航及空中监视
CORS	Continuously Operating Reference Station	连续运行参考站
CRC	Cyclic Redundancy Checks	循环冗余校验
CRPA	Controlled Reception Pattern Antenna	可控接收方向图天线
CSBA	Center for Strategic and Budgetary Assessments	战略与预算评估中心
CTP	Conventional Terrestrial Pole	协议地球极
CTRS	Conventional Terrestrial Reference System	协议地球参考系
CTS	Conventional Terrestrial System	协议地球坐标系
CW	Continuous Wave	连续波
DA	Decide Altitude	决断高度
DAGR	Defense Advanced GPS Receiver	国防高级 GPS 接收机
DAMASK	Direct Attack Munitions Affordable Seeker	定向攻击弹药可负担引导头

DARPA	Defense Advanced Research Projects Agency	美国国防高级研究计划局
DASS	Distress Alerting Satellite System	卫星遇险报警系统
DEM	Digital Elevation Model	数字高程模型
DF/NDB	Direction Finder/Non Direction Beacon	定向机/无方向信标
DFMC	Dual-Frequency Multi-Constellation	双频多星座(系统)
DGNSS	Differential GNSS	差分全球卫星导航系统
DGPS	Differential GPS	差分 GPS
DH	Decide Height	决断高度
DME	Distance Measurement Equipment	测距器(设备)
DOD	United States Department of Defense	美国国防部
DOP	Dilution of Precision	精度衰减因子
DORIS	Doppler Orbitography and Radio Positioning Integrated by Satellite	星基多普勒轨道和无线电定位组合系统
DOT	United States Department of Transportation	美国交通部
DRFS	Direct RF Sampling	射频信号直接采样
DSARC	Defense Systems Acquisition Review Council	国防系统采办和评审委员会
DTM	Digital Terrain Model	数字地形模型
EAL	Echelle Atomique Libre	自由原子时
ECDIS	Electronic Chart Display and Information System	电子海图显示与信息系统
ECEF	Earth Centered Earth Fixed	地心地固(坐标系)
EGNOS	European Geostationary Navigation Overlay Service	欧洲地球静止轨道卫星导航重叠服务
EIRP	Effective Isotropic Radiated Power	有效全向辐射功率
ELT	Emergency Location Terminal	(航空机载)应急定位发射机
ENC	Electronic Navigation Chart	电子航海图
EOP	Earth Orientation Parameter	地球定向参数
EPIRB	Emergency Position Indicating Radio Beacon	(船载)应急无线电示位标
ERP	Efective Radiated Power	有效辐射功率
ESMA	European Securities and Markets Authority	欧洲证券和市场管理局
ET	Ephemeris Time	历书时
FAA	Federal Aviation Administration	(美国)联邦航空管理局

FBO	Federal Business Opportunities	(美国)联邦商业机会(网站)
FCC	Federal Communications Commission	(美国)联邦通信委员会
FDE	Fault Detection and Exclusion	故障检测和排除
FDMA	Frequency Division Multiple Access	频分多址
FFT/FHT	Fast Fourier Transformation/Fast Hadamard Transformation	快速傅里叶变换/快速哈达玛变换
FGI	Finnish Geospatial Research Institute	芬兰大地测量研究所
FIS-B	Flight Information Service-Broadcast	飞行信息服务广播
FMCC	France MCC	法国任务控制中心
FMS	Flight Management Systems	飞行管理系统
FOA	Frequency of Arrival	到达频率
FPGA	Field-Programmable Gate Array	现场可编程门阵列
G/T	Gain / Temperature	品质因数(增益/温度)
GADSS	Global Air Distress and Safety System	全球空中遇险与安全系统
GAGAN	GPS-Aided GEO Augmented Navigation	GPS辅助型地球静止轨道卫星增强导航(系统)
GATS	GPS Assist Targeting System	GPS辅助瞄准系统
GBA	Gain Block Amplifier	增益放大器模块
GBAS	Ground Based Augmentation System	地基增强系统
GCU	Guidance Control Unit	制导控制单元
GDOP	Geometry Dilution of Precision	几何精度衰减因子
GEO	Geostationary Earth Orbit	地球静止轨道
GEOSAR	Geostationary Earth Orbit Search and Rescue	地球静止轨道卫星搜救
GFSC	Goddard Flight Space Center	NASA戈达德航天飞行中心
GFSK	Gauss Frequency Shift Keying	高斯频移键控
GIG	Global Information Grid	全球信息网格
GIS	Geographic Information System	地理信息系统
GIVE	Grid Point Ionosphere Vertical Delay Error	网格点电离层垂直延迟改正数误差
GLONASS	Global Navigation Satellite System	(俄罗斯)全球卫星导航系统
GLONASST	GLONASS Time	GLONASS时
GM	Ground Master	地面主钟

GMDSS	Global Maritime Distress and Safety System	全球海上遇险与安全系统
GMS	Galileo Mission Segment	Galileo 任务段
GMSK	Gaussian Minimum Shift Keying	高斯最小移频键控
GNSS	Global Navigation Satellite System	全球卫星导航系统
GNSSP	GNSS Panel	全球卫星导航系统专家组
GPRS	General Packet Radio Service	通用分组无线服务
GPS	Global Positioning System	全球定位系统
GPSRM	GPS Receiving Module	GPS 信号接收模块
GPST	GPS Time	GPS 时
GSC	Global Signalling Channel	全域标示信道
GSM	Global System for Mobile Communication	全球移动通信系统
HAL	Horizontal Alert Limits	水平告警门限
HDOP	Horizontal Dilution of Precision	水平精度衰减因子
HMI	Hazardously Misleading Information	危险错误引导信息
HOW	Hand Over Word	交接字
HPL	Horizontal Protection Levels	水平保护级
HTTP	Hyper Text Transfer Protocol	超文本传输协议
IAG	International Associational of Geodesy	国际大地测量协会
IALA	International Association of Lighthouse Authorities	国际灯塔导航机构协会
IC	Integrity Channel	完好性通道
ICAO	International Civil Aviation Organization	国际民航组织
ICD	Interface Control Document	接口控制文件
IERS	International Earth Rotation Service	国际地球自转服务 (机构)
IFFT	Invert Fast Fourier Transformation	反向快速傅里叶变换
IGP	Ionosphere Grid Points	电离层格网点
iGPS	Integrity GPS	GPS 完好性
IGS	International GNSS Service	国际 GNSS 服务
IGSO	Inclined Geosynchronous Orbit	倾斜地球同步轨道
IHO	International Hydrographic Organization	国际航道组织
ILS	Instrument Landing System	仪表着陆系统
IMO	International Maritime Organization	国际海事组织

IMU	Inertial Measurement Unit	惯性测量单元
INS	Inertial Navigation System	惯性导航系统
Inmarsat	International Maritime Satellite	国际海事卫星
InSAR	Interferometric Synthetic Aperture Radar	干涉合成孔径雷达
IPP	Ionosphere Pierce Point	电离层穿刺点
IRNSS	Indian Regional Navigation Satellite System	印度区域卫星导航系统
ISDN	Integrated Service Digital Network	综合业务数字网
ISL	Inter-Satellite Link	星间链路
ITM	Iridium Transfer Mode	铱星数据传输模式
ITRF	International Terrestrial Reference Frame	国际地球参考框架
ITRS	International Terrestrial Reference System	国际地球参考系统
ITS	Intelligent Transportation Systems	智能交通系统
ITU	International Telecommunications Union	国际电信联盟
IUGG	International Union of Geodesy and Geophysics	国际大地测量学与地球物理学联合会
JASSM	Joint Air to Surface Stand off Missile	联合远程(攻击)空对地导弹
JDAM	Joint Direct Attack Munitions	联合直接攻击弹药
JEWC	Joint Electronic Warfare Center	(美军)联合电子战中心
JPEG	Joint Photographic Experts Group	联合图像专家组(图像压缩编码格式)
JTIDS	Joint Tactical Information Distribution System	(美军)联合战术信息分配系统
KAATS	Kill Assist Adverse Weather Targeting System	杀伤辅助恶劣气候瞄准系统
LAAS	Local Area Augmentation System	局域增强系统
LADGPS	Local Area Differential GPS	局域差分 GPS
LEO	Low Earth Orbit	低地球轨道
LEOSAR	Low Earth Orbit Search and Rescue	低地球轨道搜索与救援
LHCP	Left Handed Circularly Polarized	左旋圆极化
LNA	Low Noise Amplifier	低噪声放大器
LNAV	Lateral Navigation	水平导航
LNAV/VNAV	Lateral Navigation/Vertical Navigation	水平导航/垂直导航
LP	Localizer Performance without Vertical Guidance	没有垂直引导的航向定位性能

LPV	Localizer Performance with Vertical Guidance	具有垂直引导的航向定位性能
LTE	Long Term Evolution	长期演进
LUT	Local User Terminal	本地用户终端站
MAF	Moving Average Filter	移动平均滤波器
MCC	Master Control Center	主控中心
	Mission Control Center	任务控制中心
MCS	Main Control Station	主控站
MDA	Minimum Decide Altitude	最小决断高度
MELP	Mixed Excitation Linear Prediction	混合激励线性预测(编码)
MEMS	Micro-Electro-Mechanical System	微机电系统
MEO	Medium Earth Orbit	中圆地球轨道
MEOLUT	Medium Earth Orbit Local User Terminal	中圆地球轨道本地用户终端站
MEOSAR	Medium Earth Orbit Search and Rescue	中圆地球轨道搜索与救援
MGUE	Military GPS User Equipment	GPS 军用用户设备
MI	Misleading Information	错误引导信息
MiFID	Markets in Financial Instruments Directive	金融工具市场指令
MLAT	Multilateration	多点(时差)定位
MOB	Man Overboard	落水人员
MOPS	Minimum Operational Performance Standards	最低运行性能标准
MSAS	Multi-Functional Satellite Augmentation System	多功能卫星(星基)增强系统
MTCF	MEOLUT Tracking Coordination Facility	MEOLUT 跟踪协作设施
MTO	Microsystems Technology Office	微系统技术办公室
NASA	National Aeronautics and Space Administration	(美国)国家航空航天局
NATO	North Atlantic Treaty Organization	北大西洋公约组织
NAVWAR	Navigation War	导航战
NB	Narrow Band	窄带
NCO	Numerically Controlled Oscillator	数字控制振荡器
NDS	Nuclear Detection Signal	核爆探测信号
NEMP	Nuclear Electromagnetic Pulse	核爆电磁脉冲
NEU	East North Up	东-北-天坐标系
NGSO	Non-Geostationary	非地球静止轨道

NIST	National Institute of Standards and Technology	（美国）国家标准与技术研究所
NOAA	National Oceanic and Atmospheric Administration	（美国）国家海洋与大气管理局
NPA	Non-Precision Approach	非精密进近
NSE	Navigation System Error	导航系统误差
NSTB	National Satellite Test Bed	（美国）国家卫星测试平台
NSWC	Naval Surface Warfare Center	美国海军水面作战中心
NTP	Network Time Protocol	网络时间协议
NTSC	National Time Service Center	中国科学院国家授时中心
OC	Ordinary Clock	普通时钟
OCS	Operational Control Segment	运行控制段
OCX	Next Generation Operational Control System	下一代运行控制系统
OFDM	Orthogonal Frequency Division Multiplexing	正交频分复用
OSI	Open System Interconnect	开放系统互联
OTDOA	Observed Time Difference of Arrival	到达时间差定位（法）
PBN	Performance Based Navigation	基于性能的导航
PDA	Personal Digital Assistant	便携式计算机
PDL	Positioning Data Link	定位数据链
PDOP	Precision Dilution of Position	位置精度衰减因子
PE	Position Error	位置误差
PL	Pseudolite	伪卫星
	Protection Levels	保护级
PLB	Personal Locator Beacon	个人遇险定位信标
PNT	Positioning Navigation and Timing	定位、导航与授时
POI	Point of Interest	兴趣点
PPM	Pulse Position Modulation	脉冲位置调制
PPP	Precise Point Positioning	精密单点定位
PPS	Precise Positioning Service	精密定位服务
PRIGM	Precision Robust Inertial Guidance Munitions	精确鲁棒惯性制导弹药
PRM	Precision Runway Monitoring	精密跑道监视
PRN	Pseudo Random Noise	伪随机噪声
PTA	Protect Tough and Augment	保护、强化和增强

PTP	Precision Time Protocol	精密时间协议
PVT	Positioning Velocity and Timing	位置、速度和时间
Q-ANPI	QZSS Safety Confirmation Service	QZSS 生命安全确认服务
QPSK	Quad-Phase Shift Key	四相相移键控
QZSS	Quasi-Zenith Satellite System	准天顶卫星系统
RA	Resolution Advisory	决策咨询警告
RAIM	Receiver Autonomous Integrity Monitoring	接收机自主完好性监测
RCC	Rescue Coordination Centers	搜救协调中心
RDSS	Radio Determination Satellite Service	卫星无线电测定业务
RHCP	Right-Handed Circularly Polarized	右旋圆极化
RIMS	Rangeing and Integrity Monitoring Station	测距与完好性监测站
RLS	Return Link Service	返向链路服务
RLSP	Return Link Service Provider	返向链路服务提供方
RMS	Root Mean Square	均方根
RNAV	Regional Navigation	区域导航
RNP	Required Navigational Performance	所需的导航性能
RNSS	Radio Navigation Satellite Service	卫星无线电导航业务
RS	Remote Sensing	遥感
RTCA	Radio Technical Commission for Aeronautics	航空无线电技术委员会
RTCM	Radio Technical Committee for Marine Services	海事无线电技术委员会
RTD	Real Time Differential	实时差分
RTG	Real Time GIPSY	实时 GIPSY(一种用于全球双频 GPS 差分定位服务系统的软件)
RTK	Real Time Kinematics	实时动态
RVR	Runway Visual Range	跑道可视距离
SA	Selective Availability	选择可用性
SAR	Search and Rescue	搜索与救援
	Synthetic Aperture Radar	合成孔径雷达
SARPs	Standards and Recommended Practices (for GNSS)	(GNSS)标准和建议措施
SBAS	Satellite Based Augmentation System	星基增强系统

SBAS IWG	SBAS International Working Group	SBAS 国际工作组
SDCM	System of Differential Correction and Monitoring	(俄罗斯)差分校正与监视系统
SEC	Securities and Exchange Commission	(美国)证券交易委员会
SEP	Spherical Error Probable	球概率误差
SIS	Signal in Space	空间(导航)信号
SLAM	Stand-off Land Attack Missile	斯拉姆(空对地攻击导弹)
SLR	Satellite Laser Ranging	卫星激光测距
SMR	Surface Movement Radar	场面监视雷达
SNL	Sandia National Laboratory	美国山迪亚国家实验室
SPS	Standard Positioning Service	标准定位服务
SSR	Secondary Surveillance Radar	二次监视雷达
STAP	Space Time Adaptive Process	空时自适应(信号)处理
STDMA	Self-organizing Time Division Multiple Access	自组织时分多址
STL	Satellite Time and Location	卫星授时与定位
STO	Strategy Technology Office	战略技术办公室
STOIC	Spatial Temporal and Orientation Information in Contested Environment	对抗环境下的空间、时间与方向定位信息(技术)
TAI	Temps Atomique International	国际原子时
TC	Transparent Clock	透明时钟
TCAS	Traffic Collision Avoidance System	空中防撞系统
TDD	Time Division Duplexing	时分双工
TDMA	Time Division Multiple Access	时分多址
TDOP	Time Dilution of Precision	时间精度衰减因子
TIS-B	Traffic Information Service-Broadcast	交通信息服务广播
TLM	Telemetry Word	遥测字
TOA	Time of Arrival	(信号)到达时间
TOW	Time of Week	周内时
TT	Terrestrial Time	地球时
TTA	Time to Alert	告警时间
TWSTFT	Two-Way Satellite Time and Frequency Transfer	卫星双向时间频率传递
UAT	Universal Access Transceiver	通用访问收发机

UAV	Unmanned Aerial Vehicle	无人机
UDRE	User Differential Range Error	用户差分测距误差
UDP	User Datagram Protocal	用户数据包协议
UERE	User Equivalent Range Error	用户等效距离误差
UHF	Ultra High Frequency	特高频
UIVE	User Ionosphere Vertical Error	用户电离层垂直误差
URE	User Range Error	用户测距误差
USNO	United State Naval Observatory	美国海军天文台
USSOCOM	United States Special Operation Commands	美国特种作战司令部
UT	Universal Time	世界时
UTC	Coordinated Universal Time	协调世界时
VAL	Vertical Alert Limits	垂直告警门限
VDL	Very High Frequency Data Link(Mode)	甚高频数据链(模式)
VGA	Variable Gain Amplifier	可变增益放大器
VHF	Very High Frequency	甚高频
VOR	Very High Frequency Omnidirectional Range	甚高频全向信标
VPE	Vertical Position Error	垂直定位误差
VPL	Vertical Protection Levels	垂直保护级
VPN	Virtual Private Network	虚拟专用网络
VSAT	Very Small Aperture Terminal	甚小口径卫星终端站
VTS	Vehicle Traffic System	船舶交通管理系统
WAAS	Wide Area Augmentation System	广域增强系统
WADGPS	Wide Area DGPS	广域差分 GPS
WARTK	Wide Area Real Time Kinematics	广域实时动态定位
WB	Wide Band	宽带
WCMD	Wind Corrected Munitions Dispenser	风速修正弹药发射器
WGMIC	Wave Generation Modulation Intermediate-amplifier Converter Unit	导航信号波形发生-调制-中间功率放大-上变频单元
WGS-84	World Geodesic System 1984	1984 世界大地坐标系